黔北务正道铝土矿
成矿理论及预测

Metallogenic Theory and Prediction of Bauxite Deposits in the
Wuchuan-Zheng'an-Daozhen Area，Northern Guizhou Province，China

黄智龙　金中国　向贤礼　谷　静　武国辉
陈兴龙　苏之良　赵远由　叶　霖　邹　林　　著

国家重点基础研究发展计划项目（2007CB411402）
国家十二五科技支撑项目（2011BAB04B04）
贵州省省长基金项目（黔科教办［2008］04）　　　　联合资助
贵州省地质勘查基金（TK2009-004）
矿床地球化学国家重点实验室开放基金（出版专项）

科学出版社
北　京

内 容 简 介

黔北务正道铝土矿是渝南-黔中铝土矿成矿带的重要组成部分，成矿条件优越，为全国第一批 47 个整装勘查区之一，但成矿理论研究程度低，严重制约了成矿预测研究。本书在总结前人地质资料的基础上，通过系统的地质学、矿物学、元素地球化学和碎屑锆石年代学研究，探讨了该区铝土矿成矿地质条件、成矿环境以及成矿物质来源，揭示了铝土矿的成矿作用过程，建立了成矿模式，总结出区域成矿规律和找矿标志；结合遥感及地球物理找矿方法研究，初步集成了该区铝土矿成矿预测方法体系，建立了有效的找矿模型；同时对该区进行了成矿预测，取得了重大找矿突破。

本书可供从事矿床学、地球化学和成矿预测等有关的科研、教学、地质勘探人员和研究生参考。

图书在版编目（CIP）数据

黔北务正道铝土矿成矿理论及预测／黄智龙等著 . —北京：科学出版社，2014.12

ISBN 978-7-03-042457-0

Ⅰ．黔… Ⅱ.①黄… Ⅲ.①铝土矿–研究–贵州省 Ⅳ.①P578.4

中国版本图书馆 CIP 数据核字（2014）第 268348 号

责任编辑：王 运／责任校对：韩 杨
责任印制：肖 兴／封面设计：华路天然

科 学 出 版 社 出版

北京东黄城根北街 16 号
邮政编码：100717
http://www.sciencep.com

中国科学院印刷厂 印刷
科学出版社发行 各地新华书店经销

*

2014 年 12 月第 一 版 开本：787×1092 1/16
2014 年 12 月第一次印刷 印张：16 3/4
字数：400 000

定价：**168.00 元**
（如有印装质量问题，我社负责调换）

前　言

　　铝土矿是铝工业建设和发展的决定因素，我国铝工业是产业关联度较高的产业，铝生产量、消费水平与 GDP 的相关系数分别达到 0.980 和 0.933（罗建川，2006）。铝土矿是我国较为紧缺的大宗矿产之一，近十年消耗量居世界前列，2011 年中国进口铝土矿总量为 4484.49 万 t，同比增长 49.73%，对外依存度高达 60%（中国铝业网，2011；中国商情网，2012）。铝土矿矿产资源供需矛盾日益突出，影响国家铝资源安全与社会和谐稳定，制约铝企业生存和铝行业可持续发展。因此，创新成矿理论和找矿方法，实现找矿突破，是迫在眉睫的艰巨任务和重大课题。

　　黔北务（川）-正（安）-道（真）地区铝土矿是渝南-黔中铝土矿成矿带的重要组成部分，成矿条件优越，为全国第一批 47 个整装勘查区之一。该区铝土矿调查始于 20 世纪 60 年代，至 20 世纪 90 年代主要开展了区域调查和预查工作，仅在局部矿区开展了普查工作，总计提交资源量 1600 余万 t，这与该区具有优越的成矿条件、良好的找矿远景、巨大的找矿潜力极不吻合。但是，务正道地区铝土矿研究程度低、找矿难度大。①地质认识难度大：研究区地质环境复杂、地壳多期次、多旋回隆升作用强烈、成矿演化机制不清、成矿作用过程不明，导致成矿规律的认识难度明显加大；②技术难度大：矿床主控因素模糊、矿体定位规律不清晰、大厚度覆盖层干扰大、矿体埋藏深度大、高地压、水文条件复杂等因素，导致传统成矿理论与找矿技术方法难以达到预期找矿效果；③地形条件恶劣：地处武夷山区，峡谷深切、高山纵横，找矿勘探工作困难重重。

　　21 世纪初，贵州省有色金属和核工业地质勘查局三总队、地质矿产勘查院开展了新一轮选区调查工作，通过找矿潜力分析，认为务正道地区具有寻找大型、超大型铝土矿的前景。该成果受到有关部门的高度重视，相继获得国家重点基础研究发展计划（973 计划）项目（2007CB411402）、国家十二五科技支撑项目（2011BAB04B04）、贵州省优秀科技教育人才省长基金项目（黔科教办［2008］04）和贵州省地质勘查基金（TK2009-004）等项目支持，贵州省有色金属和核工业地质勘查局地质矿产勘查院、中国科学院地球化学研究所和贵州省有色金属和核工业地质勘查局三总队联合，围绕创新成矿理论和找矿增储的目标，在前人工作和研究的基础上，对该区铝土矿进行了系统的成矿规律和成矿预测研究，揭示了成矿规律，初步集成了找矿方法技术体系，实现了找矿重大突破。

　　全书共分八章。第一章首先从全球和我国铝土矿分布介绍了铝土矿资源概况，然后从矿床类型、含矿岩系、成矿环境、成矿物质来源和成矿过程等方面综述了铝土矿主要研究进展，同时概述了黔北务正道铝土矿勘查历史和研究现状，最后介绍了本书主要研究内容和取得的主要成果。第二章从地层、构造、岩相古地理和矿产等方面介绍了务正道铝土矿区域地质背景。第三章从矿区地质、矿体地质和矿石特征等方面介绍了务正道地区 4 个典型矿床的地质特征，包括务川县瓦厂坪矿床、道真县新民矿床、道真县三清庙矿床和正安县新木–晏溪矿床。第四章首先根据矿石类型和矿物组合介绍了务正道铝土矿的矿石学特征，然后从矿物成分及铝矿物形成等方面总结了该区铝土矿的矿物学特征。第五章首先介绍了务正道铝土矿主量元素、微量元素和稀土元素地球化学特征，然后根据这些地球化学资料分析了该区铝土矿成矿物源、成矿环境和成矿过程。第六章首先介绍了务正道铝土矿矿层及下伏地层黄龙组和韩家店组中碎屑锆石的形貌及阴极发光特征，然后介绍了这些碎屑锆石的稀土含量、配分模式、成因类型以及提供的物源信息，最后根据碎屑锆石 U-Pb 定年结果分析了成矿物质来源。第七章首先分析了务正道铝土矿成矿条件和主要控矿因素，然后从铝矿物形成过程和成矿过程中元素活动规模等方面分析了该区铝土矿成矿过程，最后建立了成矿模型、总结了区域成矿规律。第八章首先介绍了务正道铝土矿遥感和地球物理方法成矿预测的试验结果，然后根据主要找矿标志和找矿方法建立了找矿模型，最后介绍了该区铝土矿找矿预测成果。

各章编写分工是：前言，黄智龙、金中国、向贤礼、谷静；第一章，黄智龙、向贤礼、谷静、金中国、邹林；第二章，金中国、武国辉、黄智龙、向贤礼、苏之良、陈兴龙、赵远由、谷静、邹林；第三章，金中国、黄智龙、武国辉、向贤礼、苏之良、陈兴龙、邹林、赵远由、谷静、叶霖；第四章，黄智龙、向贤礼、谷静、金中国、叶霖；第五章，黄智龙、金中国、谷静、向贤礼、叶霖、邹林、陈兴龙、赵远由、苏之良；第六章，黄智龙、金中国、谷静、向贤礼、武国辉、叶霖；第七章，黄智龙、金中国、向贤礼、谷静、武国辉、陈兴龙、邹林、苏之良、赵远由、叶霖；第八章，金中国、武国辉、邹林、赵远由、苏之良、黄智龙。全书由黄智龙、金中国、向贤礼和谷静统一修改定稿。

研究过程中得到贵州省有色金属和核工业地质勘查局、中国科学院地球化学研究所各级领导的大力支持和帮助，同时得到中国科学院地球化学研究所刘丛强院士和胡瑞忠研究员的指导。除本书作者外，参加野外和室内研究工作的还有各合作单位的许多科研和地质勘探人员。中国科学院地球化学研究所、中国科学院地质与地球物理研究所、西北大学地质系、中国地质大学（武汉）和南京大学现代分析测试中心完成了本次工作的分析测试。中国地质科学院矿产资源研究所裴荣富院士、中国科学院地球化学研究所刘丛强院士、胡瑞忠研究员、裴愉卓研究员、张乾研究员、毕献武研究员、温汉捷研究员、钟宏研究员、宋谢炎研究员，昆明理工大学韩润生教授、李峰教授、冉崇英教授、王学焜教授、胡煜昭教授，贵州大学何明勤教授、杨瑞东教授以及贵州省有色金属和核工业地质勘查局三总队苏书烂教授级高级工程师等以不同方式审阅过全书或部分章节，并提出了宝贵的修改意见。中国科学院地球化学研究所矿床地球化学国家重点实验室资助了部分出版经费。在此一并表示真诚的谢意！

感谢国家科技部、国家财政部、中国地质调查局、贵州省科技厅和贵州省有色金属和核工业地质勘查局资助的科研项目，有机会让贵州省有色金属和核工业地质勘查局地质矿产勘查院、中国科学院地球化学研究所、贵州省有色金属和核工业地质勘查局三总队密切合作，开展对黔北务正道铝土矿的成矿理论和成矿预测研究。

由于各种原因，书中的认识和解释难免有不妥之处，敬请批评指正。

目　　录

第一章 绪 论

第一节 铝土矿资源概况

铝是地壳中分布最广泛的元素之一，在自然界中多呈氧化物、氢氧化物和含氧的铝硅酸盐形式存在。金属铝是世界上仅次于钢铁的第二重要金属，具有密度小、导电导热性好、易于加工及其他优良性能，广泛应用于国民经济各部门，是建筑、交通运输、包装以及电器、飞机制造、机械和民用器具等不可缺少的原材料。铝土矿指工业上能利用的，以三水铝石、一水软铝石或一水硬铝石为主要矿物所组成的矿石，其应用领域有金属和非金属两个方面，金属用途是生产金属铝的最佳原料，也是最主要的应用领域，用量占世界铝土矿总产量的90%以上；非金属用途主要是耐火材料、研磨材料、化学制品及高铝水泥等的重要原料。

一、世界铝土矿分布

世界范围铝土矿资源较为丰富，主要分布在热带、亚热带地区，遍及五大洲50多个国家（图1-1）。美国地质调查局（USGS）公布的数据显示，世界铝土矿资源总量（探明储量+次经济资源+推测资源）约为550亿~750亿t，其中非洲160亿~200亿t、南美洲190亿~250亿t、大洋洲70亿~100亿t、亚洲80亿~130亿t、加勒比海地区20亿~30亿t、欧洲30亿~40亿t。世界铝土矿资源分布相对集中，据USGS（2010）统计，目前全球铝土矿探明储量约为270亿t，几内亚和澳大利亚探明储量高居前两位，分别约为74亿t和62亿t，占50.37%，位于3~6位依次为越南21亿t、牙买加20亿t、巴西19亿t和印度7.7亿t，我国约为7.5亿t，占全球探明储量的2.78%，位于第7位。探明储量超过亿吨的国家还有圭亚那7亿t、希腊6亿t、苏里南5.8亿t、哈萨克斯坦3.6亿t、委内瑞拉3.2亿t和俄罗斯2亿t。

世界铝土矿按下伏基岩性质大体可分为三种类型（刘中凡，2001），即红土型、岩溶型和沉积型（齐赫文型）铝土矿。其中红土型铝土矿下伏基岩为铝硅酸盐岩，如玄武岩、花岗岩、粒玄岩、长石砂岩、麻粒岩等，在热带-亚热带气候条件下，经红土化作用形成，与基岩呈渐变过渡关系。该类型矿床储量占世界总储量的86%左右，主要分布于南、北纬30°之间热带-亚热带大陆边缘的近海平原、中低高地、台地和岛屿上，Bárdossy 和 Aleva（1990）将全球这种类型铝土矿划分为8个成矿省（图1-1）：南美地台成矿省（L_1）、巴西东南部成矿省（L_2）、西非成矿省（L_3）、东南非成矿省（L_4）、印度成矿省（L_5）、东南亚成矿省（L_6）、西澳及北澳成矿省（L_7）和东南澳成矿省（L_8）。

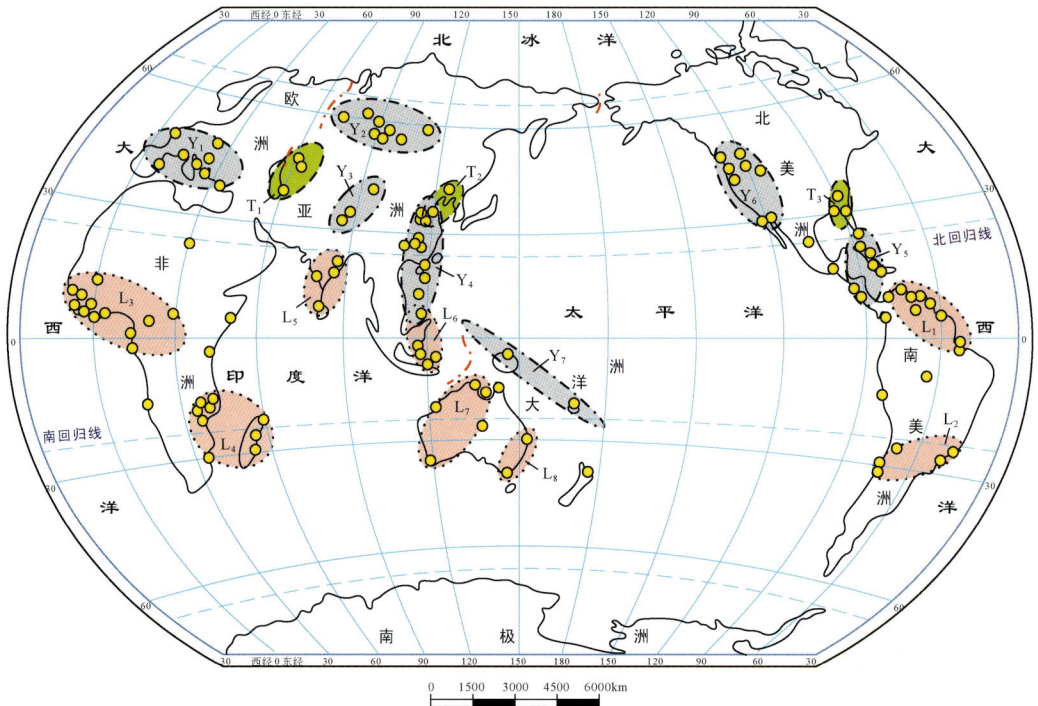

图 1-1　世界铝土矿分布略图（据 Bárdossy and Aleva, 1990；修改）

红土型铝土矿：L_1-南美地台成矿省，L_2-巴西东南部成矿省，L_3-西非成矿省，L_4-东南非成矿省，L_5-印度成矿省，L_6-东南亚成矿省，L_7-西澳及北澳成矿省，L_8-东南澳成矿省；岩溶型铝土矿：Y_1-地中海成矿带，Y_2-乌拉尔-西伯利亚-中亚成矿带，Y_3-伊朗-喜马拉雅成矿带，Y_4-东亚成矿带，Y_5-加勒比海成矿带，Y_6-北美洲成矿带，Y_7-太平洋西南成矿带；沉积型铝土矿：T_1-东欧成矿省，T_2-中朝成矿省，T_3-北美成矿省

　　岩溶型铝土矿是覆盖在灰岩、白云岩等碳酸盐岩凹凸不平岩溶面上的铝土矿，与下伏基岩呈不整合或假整合接触关系，矿体为古红土风化壳被剥蚀、长距离（30～40km）搬运、沉积于岩溶地形中形成。此类型铝土矿储量占世界总储量的 13% 左右，主要分布于北纬 30°～60° 间及附近的温带地区，Bárdossy 和 Aleva（1990）将全球这种类型铝土矿划分为 7 个成矿带（图 1-1）：地中海成矿带（Y_1）、乌拉尔-西伯利亚-中亚成矿带（Y_2）、伊朗-喜马拉雅成矿带（Y_3）、东亚成矿带（Y_4）、加勒比海成矿带（Y_5）、北美洲成矿带（Y_6）和太平洋西南成矿带（Y_7）。我国铝土矿主要为这种类型，分布于东亚成矿带（Y_4）。

　　沉积型（齐赫文型）铝土矿是覆盖在铝硅酸盐岩剥蚀面上的碎屑沉积铝土矿，与下伏基岩一般呈不整合接触关系，没有直接成因关系，成矿物质由远方红土风化壳搬运而来，矿床规模较小，其储量仅占世界总储量的 1% 左右。此类型矿床分布于温带，典型矿床产于俄罗斯齐赫文市，中国、朝鲜和美国也有分布，Bárdossy 和 Aleva（1990）将全球这种类型铝土矿划分为 3 个成矿省（图 1-1）：东欧成矿省（T_1）、中朝成矿省（T_2）和北美成矿省（T_2）。

二、中国铝土矿分布

我国铝土矿资源较为丰富，华北地台、扬子地台、华南褶皱系及东南沿海均有分布（图1-2），其中晋中-晋北、豫西-晋南、渝南-黔中三个成矿带成矿条件优越，资源远景较好，桂西-滇东等成矿带也有一定的远景。中国地质调查局根据已有成矿地质条件，预测我国铝土矿资源总量可达50亿t。目前，我国已探明铝土矿矿区300多处，储量大于2000万t的大型-超大型矿床31个，500万~2000万t的中型矿床83个，分布于全国19个省、自治区、直辖市，主要集中于山西、贵州、河南和广西四个省（区）（图1-2），探明储量合计占全国总储量的90.9%，其中山西41.6%、贵州17.1%、河南16.7%、广西15.5%。

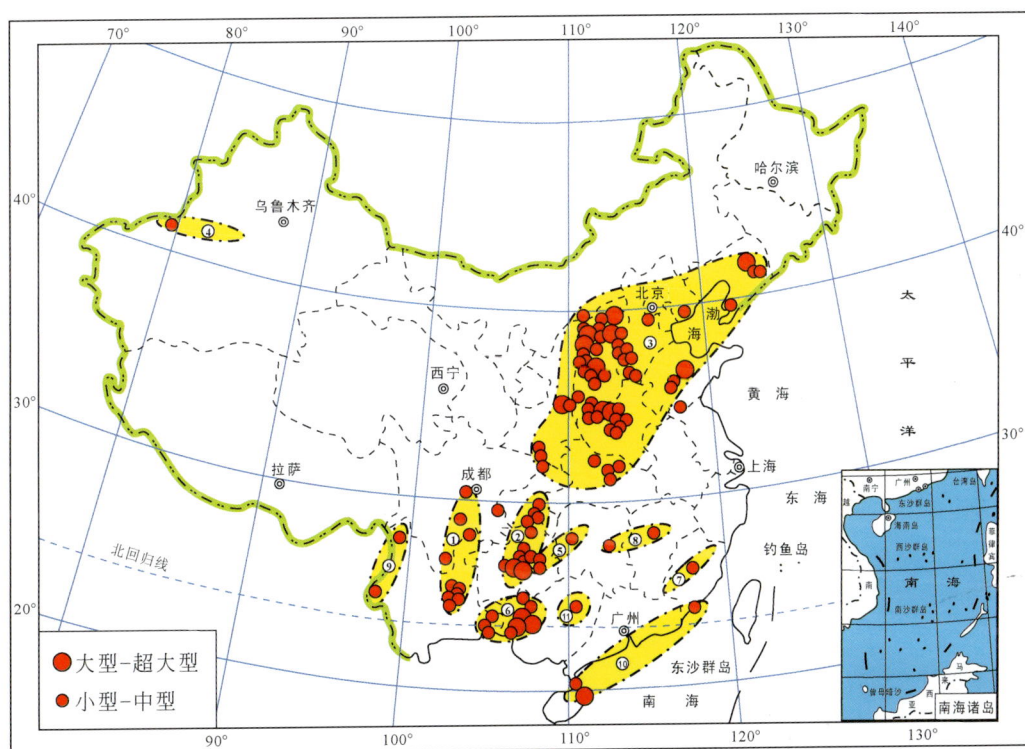

图1-2 中国铝土矿分布略图（原始资料据中国地质调查局；略修改）

成矿区（带）划分（据刘长龄和王双彬，1990）：①-康滇成矿带；②-黔渝成矿区；③-华北成矿区；④-南天山成矿带；⑤-湘黔成矿区；⑥-滇桂成矿区；⑦-闽南成矿区；⑧-赣中成矿区；⑨-滇西成矿区；⑩-东南沿海成矿区；⑪-桂中成矿区

山西铝土矿主要分布在孝义、交口、汾阳、阳泉、盂县、宁武、原平、兴县、保德、平陆等42个县（市）境内，面积约6.7万km²，探明储量居全国第一，预测资源总量可达20亿t；贵州铝土矿主要分布在"黔中隆起"南北两侧的遵义、息烽、开阳、瓮安、正安、道真、修文、清镇、白云、乌当、平坝、织金、荀江、黄平等十几个县（区、市）境

内，面积约 2400km²，探明储量居全国第 2 位，预测资源总量超过 10 亿 t；河南铝土矿集中分布在黄河以南、京广线以西的巩县、登封、偃师、新安、三门峡、陕县、宝丰、鲁山、临汝、禹县等十几个县（市）境内，面积大于 3 万 km²，探明储量居全国第 3 位，预测资源总量可达 10 亿 t；广西铝土矿集中分布在平果、田东、田阳、德保、靖西、桂县、那坡、果化、隆安、邕宁、崇左等十几个县（市）境内，面积超过 2000km²，探明储量居全国第 4 位，预测资源总量超过 8 亿 t。

刘长龄和王双彬（1990）根据我国铝土矿分布特征，划分出 11 个成矿区（带）（图1-2）：①康滇成矿带、②黔渝成矿区、③华北成矿区、④南天山成矿带、⑤湘黔成矿区、⑥滇桂成矿区、⑦闽南成矿区、⑧赣中成矿区、⑨滇西成矿区、⑩东南沿海成矿区、⑪桂中成矿区，其中华北成矿区、黔渝成矿区和滇桂成矿区成矿条件优越，目前探明的绝大部分大中型矿床都分布于这 3 个成矿区内，如山西和河南铝土矿分布于华北成矿区、贵州铝土矿主要分布于黔渝成矿区、广西铝土矿主要分布于滇桂成矿区。

第二节　铝土矿研究进展

国际上铝土矿研究起步于 20 世纪初期，目前已对世界上许多重要的铝土矿成矿区（带）、典型矿床进行了系统研究，在成矿背景、成矿条件、矿床地质、控矿因素、物质组成及来源、成因类型、成矿过程以及成矿预测等诸多方面取得了许多研究成果；虽然我国铝土矿研究起步相对较晚，但在上述各方面同样取得了一系列研究进展。

一、矿床类型

目前，铝土矿还没有统一的分类标准和命名方案，国内外学者从物质组成、矿体形态、地质产状、基岩类型、矿床成因以及产出大地构造背景等方面对其进行过分类。根据成矿过程，Fox（1932）将铝土矿划分为 2 种类型，即铝硅酸盐岩风化形成的红土型铝土矿和碳酸盐岩风化形成的钙红土型或地中海型铝土矿；C. Ф. 马列夫金（1934；转引自韩景敏，2005）将铝土矿划分为 4 种类型，即红土型、交代型、生物成因型和变质型铝土矿；Vadász（1951）将铝土矿划分为红土型、岩溶型和机械碎屑沉积型铝土矿三大类。根据成矿古地理环境，Архангельский（1937）将铝土矿划分为海相沉积铝土矿和湖相沉积铝土矿两大类；М. Ф. 维库洛娃（1946；转引自韩景敏，2005）将铝土矿划分为红土型、潟湖型、湖泊型、谷地型和古喀斯特洼地型铝土矿 5 种类型。根据成矿大地构造背景，Пейве（1947）将铝土矿划分为台地型铝土矿和地槽型铝土矿两大类；Ю. К. 戈列斯基（1960；转引自韩景敏，2005）将铝土矿划分为三大类，即地台稳定地段的铝土矿、地台活动地段的铝土矿和地槽区的铝土矿。根据成矿基岩，Bárdossy（1982）将铝土矿主要划分为喀斯特型和红土型两类，前者为产于碳酸盐岩古喀斯特面之上的铝土矿，后者为产于铝硅酸盐岩之上的红土型铝土矿，这是目前应用最广泛的铝土矿分类方案（Bárdossy and Aleva，1990；D'Argenio and Mindszenty，1995；Horbe and Costa，1999；Mordberg et al.，2001；Laskou，2003；Mameli et al.，2007；Deng et al.，2010）。

　　铝土矿形成受多种因素控制，在实际工作过程中，许多学者对矿床类型进行了更详细的划分，如 Бушинский（1975）首先将铝土矿划分为 3 个大类、5 个亚类和 13 个类型，3 个大类包括红土型大类、沉积型大类（碎屑的或再沉积的红土）和溶液沉积大类，其中沉积型大类按基岩性质分为产于铝硅酸盐岩之上的铝土矿和产于碳酸盐岩之上的铝土矿两个亚类，按赋存条件及与红土的距离，进一步细分为坡地型、谷地型、近坡地型、近喀斯特型和远喀斯特型 5 个类型，其中远喀斯特型主要产于地槽区，其余 4 个类型主要产于地台区；Bárdossy（1982）首先将铝土矿分为三大类，即红土类（产于火成岩、变质岩等铝硅酸盐岩之上）、喀斯特类（产于碳酸盐岩喀斯特侵蚀面之上）和过渡类（源于残积红土，后经搬运再沉积于铝硅酸盐岩之上），其中喀斯特类又细分为 6 个类型：地中海型（原地型）、哈萨克斯坦型（准原地型，含矿岩系中除铝质岩外，尚有碎屑岩和碳质岩类）、阿里埃日型（介于红土类和喀斯特类之间）、提曼型（原地、准原地，含矿岩系中除铝质岩外，尚有碎屑岩，时有煤层）、萨伦托型（异地型，早先已形成的铝土矿，后经搬运再堆积于喀斯特洼地中）和土尔斯克型（淋滤型）。

　　我国学者也提出过多种铝土矿类型划分方案，全国矿产储量委员会（1984）将我国铝土矿划分为 3 个类型，即沉积型、堆积型和红土型；章柏盛（1984）将我国铝土矿分为 4 个类型，即沉积型、堆积型、古风化壳型和红土型；殷子明（1988）根据成矿大地构造背景，将世界铝土矿划分为 4 个类型，即地槽型、地台型、地洼型和大洋活动区型；廖士范和梁同荣（1991）将我国铝土矿划分为 2 个类型，即古风化壳型（Ⅰ型）和红土型（Ⅱ型），其中Ⅰ型包括 4 个亚类，即贵州修文式、贵州遵义式、广西平果式和河南新安式，Ⅱ型包括福建漳浦式；刘平（1996）将我国铝土矿划分为红土型、堆积型、沉积型及其他类型四大类，同时根据赋矿地层时代、成矿环境、基岩岩性及矿石工业类型等特征，将贵州沉积类铝土矿划分为 5 个类型，即猫场型、后槽型、仙人岩型、凤王槽型和大竹园型；国土资源部 2003 年发布实施的《铝土矿、菱铁矿地质勘查规范》（DZ/T 0202—2002）则以规范形式将我国铝土矿划分为沉积型、堆积型、红土型三种，其中沉积型又分为产于碳酸盐岩侵蚀面上和产于铝硅酸盐岩之上的铝土矿两个亚类。

　　另外，刘长龄（1987）对我国铝土矿进行了详细的成因类型划分，首先根据我国大地构造将铝土矿划分为地台区铝土矿及地槽区铝土矿，然后根据主要成矿作用划分出 8 个大类及 2 个准大类，再根据矿物组合、沉积环境等特征划分出 21 个成因类型及 9 个准成因类型。

二、含矿岩系

　　含矿岩系层序研究有助于揭示铝土矿的形成过程和指导成矿预测，国内外学者通过对世界典型铝土矿矿集区沉积学、层序地层学、沉积古地理、矿田构造、地貌地形学、岩溶学和数理统计等多学科综合研究，建立了铝土矿含矿岩系的层序格架（文献众多，略）。以下主要简介我国主要铝土矿矿集区含矿岩系的层序格架。

1. 华北铝土矿

　　含矿岩系层序严格受喀斯特地形控制。华北 G 层铝土矿溶斗型矿体内部，自下到上包括铝质黏土、豆鲕状铝土矿、块状铝土矿、铝土质黏土、碳质泥页岩、砂岩/灰岩（顶板）；溶斗周围隆起处，自下而上包括风化壳（铁质黏土）、块状铝土矿、铝土质黏土岩、碳质泥页岩、砂岩/灰岩（顶板）；局部地形更高的区域，层序中缺失铝土矿层，自下而上包括风化壳（铁质黏土）、铝土质黏土岩、砂岩/灰岩（顶板）。G层铝土矿溶洼型矿体内部，自下而上包括铝质黏土（含菱铁矿黏土）、豆鲕状铝土矿、黏土质铝土矿/黏土岩/碳质泥页岩、块状铝土矿、铝质黏土岩、碳质泥页岩、砂岩/灰岩（顶板）；向溶洼开口方向延伸，层序组成逐渐减少，自下而上包括铁质黏土、块状铝土矿、铝土质黏土、碳质泥页岩、顶板砂岩/灰岩（图1-3）。

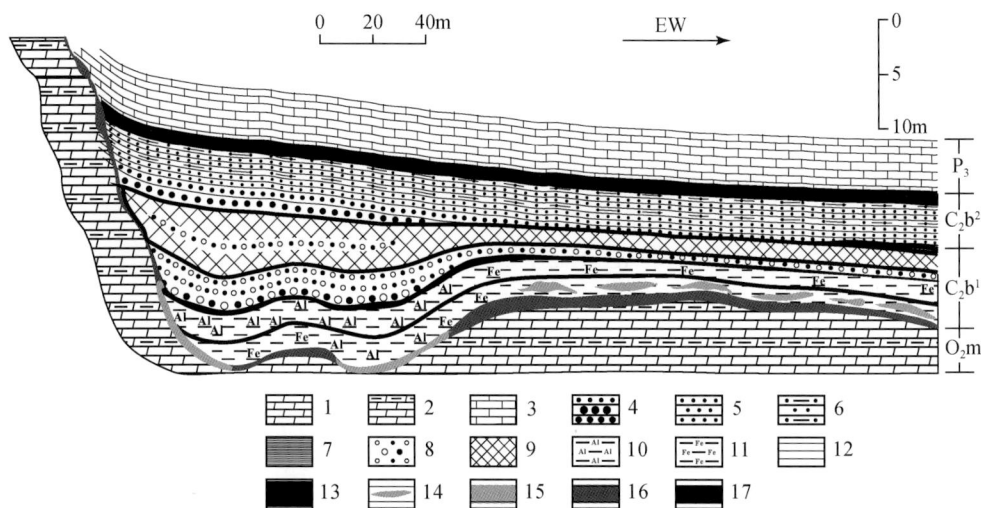

图 1-3　华北溶洼型铝土矿层序格架示意图（据王庆飞等，2012）

1-白云岩；2-泥质白云岩；3-灰岩；4-粗砂岩；5-砂岩；6-泥砂岩；7-泥页岩；8-豆鲕粒铝土矿；9-块状铝土矿；10-铝质黏土；11-铁质黏土；12-碳质泥岩；13-杂色泥页岩；14-铁锰质团块；15-铝质泥岩；16-铁质风化壳；17-煤层

2. 桂西铝土矿

桂西喀斯特型铝土矿包括二叠系沉积型和第四系堆积型两种类型。喀斯特型铝土矿赋存于二叠系三合组底部，茅口组古喀斯特面之上，含矿岩系层序受古喀斯特地形地貌控制（图1-4），主体由下部的铁质黏土岩/铁帽和上部的含铝岩系组成，在喀斯特洼地中，经常包含两个以上铝土矿-碳质泥岩/黏土岩旋回，在岩溶高地，通常只包含一个铝土矿-碳质泥岩/黏土岩旋回。堆积型铝土矿赋存于岩溶洼地内的第四系岩溶堆积红土层中，含矿岩系层序从底向上包括红土层、堆积型铝土矿和上部黏土层。

3. 桂中铝土矿

红土型铝土矿主要分布在泥盆系、石炭系岩溶准平原内低丘、矮岭和台地的第四系红土层中，具有明显的垂向分带性，自下向上依次为灰岩、黏土层、铝土矿层、表土层，由于水动力条件，不同地区含矿岩系垂直分带存在明显差异，剖面类型主要包括：①底板灰岩之上为表层土，矿化较弱；②底板灰岩之上为铝土矿层，含矿率较高；③底板灰岩之上为黏土层、铝土矿层；④自下而上为黏土层、铝土矿层、表层土或没有表层土；⑤单一的

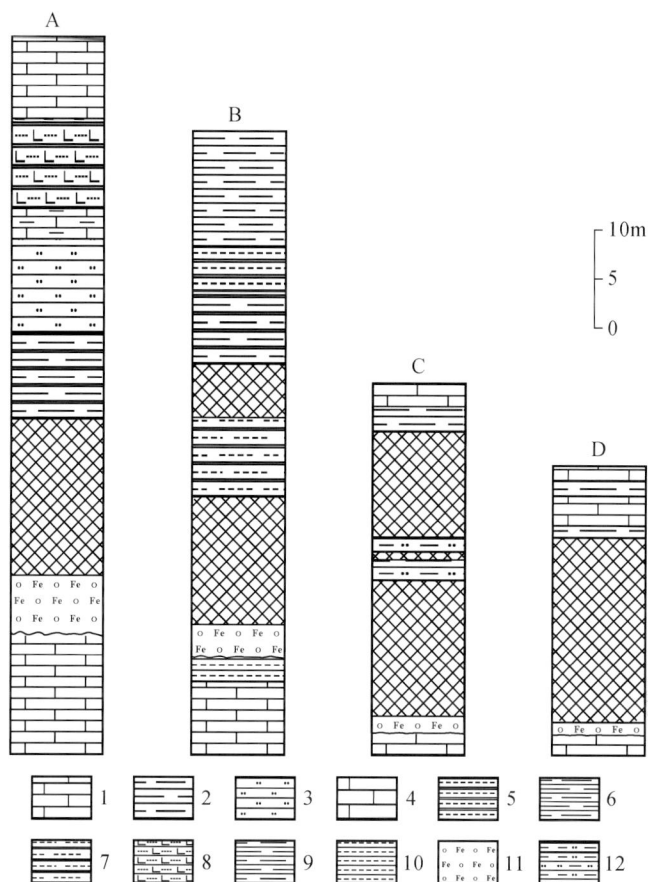

图 1-4 桂西二叠系铝土矿含矿岩系层序组成特征（据王庆飞等，2012）

A-平果高基铝土矿；B-平果太平 11 号矿体；C、D-平果那沙 37 号铝土矿体；1-粉砂岩；2-粉砂质泥岩；3-碳质页岩；4-泥页岩；5-碳质泥页岩；6-钙质泥页岩；7-铝土岩；8-黏土岩；9-灰岩；10-泥质灰岩；11-铁帽；12-铝土矿

铝土矿层；⑥高岭土层、表层土。

4. 黔中铝土矿

赋矿地层主要为上石炭统九架炉组，主要包括两种剖面类型（刘平，1995），第一为铁质岩-铝质岩类型，下部主要为铁质黏土岩、绿泥石黏土岩、绿泥石岩，常夹块状、豆鲕状的赤铁矿、绿泥石铁矿、菱铁矿及褐铁矿透镜体和结核，局部构成铁矿体，并时与黄铁矿体共生，剖面中上部为铝质岩，包括各种类型的铝土矿和铝土岩，常夹黏土岩，偶尔有碳质黏土岩和劣质煤；第二为黏土岩-铝质岩类型，下部主要为伊利石黏土岩，常含星点状、结核状、致密块状黄铁矿，局部构成工业矿体，中上部为各种铝质岩夹黏土岩，偶尔夹碳质黏土岩和劣质煤。

三、成 矿 环 境

成矿古地理条件是影响成矿环境的重要因素，前人通过沉积层序、沉积构造、古生物化石、微量元素、同位素等特征对国内外许多铝土矿矿集区沉积环境进行过研究。吴国炎（1996）对豫西喀斯特型铝土矿沉积环境进行了全面的归纳、总结和分析，根据岩性组合、沉积构造以及微量元素等特征，将全区中石炭统分为 3 大相组、4 个相和 10 个微相，在此基础构建了成矿期岩相古地理图，认为研究区存在秦岭、中条山与嵩箕等古陆，地形整体西南高、东北低，这种古地理格局不仅对岩溶洼地的发育有重要控制作用，也控制了铝土矿和黏土矿的分带性。

事实上，很多研究方法可以用来分析铝土矿的成矿环境，如传统的地质调查方法、沉积相、岩相古地理、矿物学、岩石学和地球化学等，目前已总结出多种判别成矿环境的地球化学指标：①陆相淡水环境 B<60ppm、过渡相半咸水环境 60ppm<B<100ppm、海相咸水环境 B>100ppm（李国胜和杨锐，1992；邓宏文和钱凯，1993；孙镇城，1997）；②海相沉积物中 Sr 通常大于 160ppm、陆相沉积物中 Sr 小于 160ppm（俞缙等，2009），陆相沉积物中 Sr/Ba<1、海相沉积物中 Sr/Ba>1、半咸水沉积物中 0.6<Sr/Ba<1（王益友等，1979）；③V/Zr 为 0.12～0.40 指示陆相环境、0.25～4.0 指示海相环境（陈平和柴东浩，1997）；④咸水环境生物标志化合物姥鲛烷（Pr）/植烷（Ph）为 0.2～0.8、过渡环境为 0.8～2.8、淡水环境为 2.8～40（梅博文和刘希江，1980）。研究表明铝土矿成矿环境主要为表生环境，岩相古地理大致可分为三类：陆相、海相以及海陆过渡相。

1. 陆相

Schwarz（1997）通过对德国中部 Vogelsberg 铝土矿和母岩结构构造进行分析，认为其形成环境为陆相环境；Mongelli 和 Acquafredda（1999）指出意大利晚白垩世岩溶型铝土矿形成于水不饱和的环境；王志华等（2004）认为山西宽草坪铝土矿形成于陆相环境，局部可能受到海水的影响；Chardon 等（2006）利用 B、Ga、Sr、Ba 等对沉积环境较敏感的微量元素分析，判定西非三合铝土矿为陆相沉积环境；Laskou 和 Economou- Eliopoulos（2007）通过 Th/U 值分析认为希腊 Pamassos-Ghiona 铝土矿的成矿环境为陆相环境。

2. 海相

范忠仁（1989）通过分析 V/Zr、Sr/Ba、B/Ga 值，认为河南中西部的铝土矿主要为海相环境，局部地段可能有淡水作用；戴塔根等（2003）对桂西铝土矿及围岩的稀土元素进行分析，认为原生沉积型铝土矿形成于海相的沉积环境，堆积型铝土矿则由原生沉积型铝土矿风化淋滤而成；王力等（2004）的研究同样认为桂西原生沉积型铝土矿形成于海相环境，属于海相碎屑沉积矿床；李中明等（2009）利用沉积物中 B 含量与水盐度的函数关系，结合 B、Ga、Rb 三角图判别出豫西郁山铝土矿的成矿环境为海相。

3. 海陆过渡相

汤明章和刘香玲（1996）通过对山西宁武铝土矿的成因类型进行分析，认为其形成于海陆过渡环境下的水流机械分异作用和胶体化学沉积分异作用；李海光（1998）通过对比铝土矿与海水硫酸盐的 $^{32}S/^{34}S$ 值，得出该区铝土矿的成矿环境为封闭半封闭的潟湖海湾环境；张巧梅等（2002）等在对铝土矿矿石的物质成分及其特征研究的基础上，指出石寺铝土矿沉积于滨海湖泊；程鹏林等（2004）的研究说明贵州清镇猫场矿区的高铁铝土矿成矿环境为海水掺和下的湖盆沉积；陈旺（2007）指出豫西济源西部铝土矿形成于早期海侵之后的陆地湖泊环境。

四、成矿物质来源

红土型铝土矿成矿物质来源，可以根据铝土矿的物质组成和矿石结构揭示与潜在母岩间的关系（Bárdossy and Aleva，1990；Horbe and Costa，1999）；由于喀斯特型铝土矿的形成过程复杂，揭示成矿物质来源一直是成矿过程研究的难点，国外许多学者通过对这种类型铝土矿地质学、岩相学、矿物学和地球化学的综合研究来追踪成矿母岩（Mordberg et al.，2001；Öztürk et al.，2002；Laskou，2003；Laskou et al.，2005；Mameli et al.，2007）。近年来诸多地球化学方法应用于喀斯特型铝土矿物源探索，如 Ni-Cr 对数双变量图解（Schroll and Sauer，1968）、Ga-Zr-Cr 三角图解（Özlü，1983）、微量元素富集系数 R（Özlü，1983）、$Eu/Eu^* - TiO_2/Al_2O_3 - Ti/Cr$ 图解（Mongelli，1997；Mameli et al.，2007）和相对不活动元素比值（MacLean and Kranidiotis，1987；MacLean，1990；MacLean and Barrett，1993；Kurtz et al.，2000；Calagari and Abedini，2007）等，揭示矿床成矿物质可能来源：碳酸盐岩（MacLean et al.，1997）、基岩岩屑（Bárdossy，1982）、火山灰（Lyew-Ayee，1986；Morelli et al.，2000）、风搬运物质（Pye，1988；Brimhall et al.，1988）以及铁镁质岩石（Calagari and Abedini，2007；Mameli et al.，2007）。

我国学者对喀斯特型铝土矿物质来源也做了大量研究工作，取得许多高水平成果。对华北喀斯特型铝土矿的物质来源存在以下三种观点：①底板碳酸盐岩（范法明，1989；丰恺，1992；吴国炎，1997；郭连红等，2003；袁跃清，2005；贺淑琴等，2007），认为碳酸盐岩虽然 Al 含量低，但风化剥（溶）蚀的厚度大，可以提供足够物源；②古陆（刘长龄，1985；卢静文等，1997），认为矿床均围绕矿带周缘曾存在的古陆（如箕山古岛、嵩山古岛、五台山古岛等）分布，古陆上各种铝硅酸盐岩的 Al 含量高，可以提供足够物源；③混合来源（孟祥化等，1987；刘长龄，1988，1992；范忠仁，1989；施和生等，1989；王绍龙，1992；杜大年，1995；吴国炎，1996；温同想，1996），认为成矿物质来自底板碳酸盐岩和矿集区内部古陆岩石。

目前对桂西铝土矿的物质来源有三种观点：①基岩（曹信禹，1982；张起钻，1999；王力等，2004），通过铝土矿与下部碳酸盐岩中的稳定元素比值对比，认为矿体下部的碳酸盐岩是主要的成矿母岩；②铁镁质岩（罗强，1989；陈其英和兰文波，1991），根据铝土矿矿石中微量元素和铁镁质岩石中微量元素比值类似，认为二叠纪地层中的铁镁质岩为成矿提供了部分成矿物质；③古陆（李启津和杨国高，1996），根据铝土矿围绕古陆分布，认为古陆中的变质岩是成矿母岩。

五、成矿过程

铝土矿成矿过程研究有近 100 年历史，20 世纪 30~40 年代，认为铝土矿是水体中一般的沉积矿床（e.g. Utley，1938；Harder，1949）；50 年代，提出铝土矿为胶体化学沉积，氧化铝以胶体溶液形式搬运至海湖和湖盆地边缘沉积（e. g. Tallen，1952；Hill，1955）；60 年代开始，许多学者主张碎屑沉积，提出红土化成矿的观点（e. g. Ahmad and Jones，1969）；70 年代，有学者提出"红土沉积粗粒碎屑岩型学说"（Бушинский，1975）；90 年代至今，很多学者逐渐认识到铝土矿为多阶段、多环境、多成因的产物，认为红土型铝土矿是含铝岩石不断地原位风化作用形成，喀斯特型铝土矿的成矿过程复杂（e. g. Bárdossy and Kovács，1995；MacLean et al.，1997；Liaghat et al.，2003；Calagari and Abedini，2007；Taylor and Eggleton，2008；Zarasvandi et al.，2008；Muzaffer Karàdag et al.，2009；Dariush Esmaeily et al.，2010；Liu et al.，2010；Zarasvandi et al.，2010）。

Öztürk 等（2002）将喀斯特型铝土矿的成矿作用划分为三个阶段：①成矿元素的溶解淋滤阶段，Al、Fe、Mn 和 Ti 较稳定的元素在强酸性条件下从高度风化的富铝母岩中溶解淋滤出来，随着水中 pH 的增加，这些元素在灰岩表面富集成矿；②元素迁移至有利地带富集阶段，早期形成的铝土矿中的 Al、Fe 和 Ti 氧化物、氢氧化物以及黏土矿物呈细碎屑态被搬运至岩溶洼地中富集；③反复脱硅去铁富集成矿阶段，成矿物质通过反复脱硅、去铁作用进一步富集，Si、Mn 等通过发育的喀斯特排水系统迁移到海洋。

廖示范和梁同荣（1991）认为我国喀斯特型铝土矿的形成经过三个阶段：①陆生阶段-红土风化作用阶段，即原地残积、堆积或异地堆积阶段，为铝土矿提供了丰富的物质来源，形成铝矿物、黏土矿物、Fe-Ti 氧化物等富 Al 矿物；②迁移阶段，富 Al 红土层被海水（或湖水）浸没，逐渐深埋地下，经成岩后生作用改造形成原始铝土矿层，被后期沉积岩层覆盖；③表生富集阶段，原始铝土矿层随地壳抬升至地表，由于地表水或地下水的后期改造作用，使 Si、Fe 淋失，Al 富集，形成品位更富的铝土矿。

刘长龄（2005）将中国喀斯特铝土矿的成矿模式概括为"多阶段、多因素、不同程度的连续成矿"，其中生物有机质的作用对成矿作用影响最大，不仅表现在原岩的风化阶段或红土化阶段（叶连俊，1998），也表现在搬运、沉积阶段，同时还表现在成岩、后生、表生以及后期风化等成矿的各个阶段。还有学者认为微生物是矿物风化的最重要的因素之一（李莎等，2006），腐殖酸可以增强水体系中 Si、Al、Fe 以胶体态溶解迁移的能力（MacGowan and Surdam，1988），加速成矿母岩脱 Si、脱 Fe、富 Al 过程，对铝土矿形成具有重要意义（廖士范等，1991；叶连俊，1993；陈履安，1996；雷怀彦和师育新，1996；刘长龄和覃志安，1999；刘长龄，2005；Laskou and Economou-Eliopoulos，2007）。我国岩溶型铝土矿形成于古赤道附近的古热带地区，气候湿热、雨水充沛、生物繁盛，红土化的古风化壳岩石除遭受物理风化、化学风化外，还受到生物作用，微生物的活动及有机质分解产生较多的 CO_2、H_2S 和有机酸，使水介质的 pH 与 Eh 有很大的变动，从而使风化壳岩石进一步风化，强烈遭受红土化和铝土矿化。

第三节　务正道铝土矿研究现状

一、勘查历史

据《中国矿床发现史·贵州卷》记载（中国矿床发现史贵州卷编委会，1996），黔北务（川）-正（安）-道（真）地区铝土矿发现于 20 世纪 60 年代。20 世纪 60 年代初，贵州省地质矿产局三岔河队、遵义综合队、娄山关队等对分布于遵义地区内的铝土矿进行了预查、普查工作，先后完成《贵州遵义铝土矿新站矿区普查评价报告》（1961）、《贵州遵义铝土矿团溪矿区仙人岩—龚家大山矿段踏勘普查报告》（1962）和《贵州道真—正安铁、铝、煤、硫及铅锌矿普查踏勘报告》（1962）。

20 世纪 60 ~ 70 年代，贵州省地质矿产局 108 地质队和四川省地质矿产局 107 地质队分别完成了 1∶20 万正安幅和南川幅的区域地质、矿产和水文调查，建立了完整的地层系统，基本查明区内的构造、沉积体系及主要矿产分布特征；同期，贵州省地质矿产局 102 队和贵州省有色金属和核工业地质勘查局三总队在渝黔沿线开展了包括铝土矿在内的综合找矿，提交了《黔北铝土矿成矿远景区划》（1978），初步总结了铝土矿区域成矿规律和找矿方向。

20 世纪 80 ~ 90 年代，贵州省有色金属和核工业地质勘查局三总队和贵州省地质矿产局地质科学研究所、106 队先后在道真、正安、务川县境内开展了铝土矿找矿勘探工作，在区内发现一些新的铝土矿床（点），主要对大竹园、大塘、中关、新木等矿床（点）进行了预查-普查阶段工作，提交（333）资源量 1616.4 万 t。

该区铝土矿大规模地质找矿工作始于 21 世纪初，贵州省有色金属和核工业地质勘查局三总队和地质矿产勘查院开展了新一轮选区调查工作，通过找矿潜力分析，认为务正道地区具有寻找大型、超大型铝土矿的前景。2001 ~ 2003 年，贵州省有色金属和核工业地质勘查局三总队对务川瓦厂坪铝土矿区进行踏勘及预查工作，探获平均品位 $Al_2O_3$68.64%、A/S（Al_2O_3/SiO_2，下同）21.4、平均厚度 1.74m 的铝土矿矿体，随后转入普查、详查工作，2007 年提交（332）+（333）资源量 4397 万 t；2003 ~ 2005 年，贵州省地质矿产勘查开发局 106 地质大队对务川大竹园铝土矿床开展了普查工作，提交（333）+（334?）资源量 4087 万 t；2006 ~ 2008 年，贵州省有色金属和核工业地质勘查局地质矿产勘查院承担了中国地质大调查项目"贵州黔北地区铝土矿评价"，初步评价了务正道地区铝土矿资源远景和潜力，先后对道真新民、麦李树、三清庙、岩坪等矿区进行预查、普查和详查工作，提交（332）+（333）+（334?）资源量约 3000 万 t；同时贵州省有色金属和核工业地质勘查局三总队对正安新木、晏溪等矿区进行了普查和详查，2009 年提交（332）+（333）+（334?）资源量 2812 万 t。

近年来，贵州省有色金属和核工业地质勘查局、贵州省地质矿产勘查开发局联合中国地质大学（武汉）、中国科学院地球化学研究所等科研单位，在国家资源补偿费、中国地质大调查、贵州省基础性公益性研究等项目支持下，在务正道地区又相继取得了铝土矿重大找矿突破，至 2012 年 9 月 30 日，已评审备案的各类别铝土矿资源量约 2.6 亿 t，有工程控制、未评审备案的各类别铝土矿资源量约 4.5 亿 t。目前，该区已完成整装勘查工作，探获各类别铝土矿总资源量超过 7 亿 t，将成为贵州省重要的铝资源和铝加工基地。

二、研 究 现 状

务正道铝土矿是渝南-黔中铝土矿成矿带的重要组成部分（图 1-5），按 Bárdossy 和

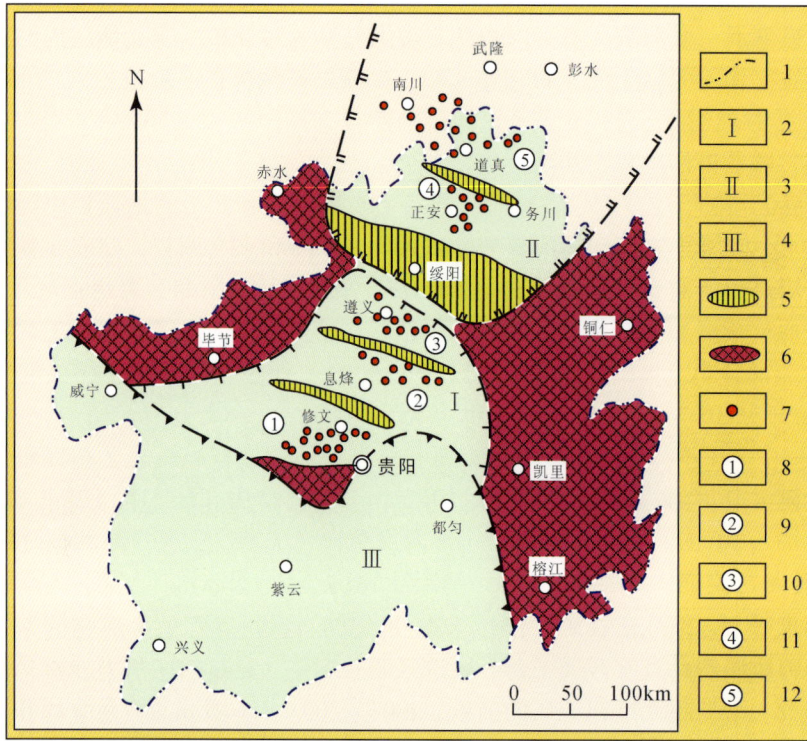

图 1-5　渝南–黔中铝土矿成矿带地质略图（据刘平，2007；略修改）

1-省界；2-早石炭世铝土矿含矿岩系沉积区；3-晚石炭世铝土矿含矿岩系沉积区；4-石炭纪无铝土矿的海相地层沉积区；5-无矿带或基本无矿带；6-未沉积区；7-铝土矿床（点）；8-修文铝土矿区；9-息烽铝土矿区；10-遵义铝土矿区；11-正安铝土矿区；12-道真铝土矿区

Aleva（1990）的划分方案，该区在全球铝土矿分布中位于东亚成矿带、矿床类型为岩溶型（图 1-1）；按刘长龄和王双彬（1990）的划分方案，该区在全国铝土矿分布中主要位于黔渝成矿区（图 1-2）；前人将该区铝土矿划分为碎屑岩系侵蚀基准面上的沉积型铝土矿床（刘巽峰等，1990；廖士范和梁同荣，1991，1999；刘平，1996）。许多学者对该区铝土矿进行过研究（文献众多，略），在成矿条件、控矿因素、成矿环境、成矿过程、成矿规律以及成矿预测等方面都取得一系列研究成果。

1. 成矿条件

务正道地区具有优越的成矿条件，主要表现在：①区域构造及地史演化研究表明（贵州省地质矿产局，1987；刘巽峰等，1990），该区在寒武纪—中志留世为长期接受沉积的沉降区，沉积了分布范围广、厚度大的富铝硅酸盐岩，为铝土矿成矿准备了丰富的物源。②该区位于北纬 8.2°（廖士范，1989），刘巽锋等（1990）估算该区铝土矿风化成矿的年气温为 33.4~40.1℃，属赤道附近低纬度的古海洋热带；在炎热潮湿、雨量充沛、植物发育的气候条件下，适宜风化作用的进行，有利于岩溶作用的发生和发展，促使富铝质的风化物在适宜的环境中重新迁移富集，有利于铝土矿的形成。③该区含矿岩系自下而上为韩家店组或黄龙组古侵蚀面→冲积平原相、冲积扇相（绿泥石岩、铝土质黏土岩）→浅湖相（铝土矿）→沼泽相（碳质页岩）→局限台地相（栖霞组灰岩）（刘巽锋等，1990；赵远由，2012），显示有利的成矿岩相古地理环境。

2. 成矿时代

务正道铝土矿成矿时代是一个长期争论、至今尚未解决的问题，主要有三种观点：①二叠纪梁山期（陈有能等，1987；苏书灿，1990；武国辉等，2006；郝家栩等，2007；赵晓东和王涛，2008；金中国等，2009；杜远生等，2013）；②早石炭世（廖士范，1988，刘巽锋等，1990；廖士范和梁同荣，1991；刘泽源等，1993）；③晚石炭世（刘平，1992，1996，2007；李宗发，1997），这些观点主要是根据该区铝土矿地质特征及下伏地层古生物化石推测。

前人对黔北铝土矿也进行过部分精确定年分析，但获得的数据并不理想。贵州省地质矿产局 106 地质大队[①]对遵义铝土矿带后槽矿床九架炉组上段铝土岩和下段水云母黏土岩进行了全岩 Rb-Sr 等时线法定年，获得 2 个时间跨度很大的年龄，分别为 236.0±14.5Ma 和384.5±31.9Ma。贵州省地质矿产局地质科学研究所[②]对遵义铝土矿带后槽矿床 1 件铝土岩和道真铝土矿带偏岩矿床 1 件水云母黏土岩进行了 K-Ar 同位素定年，也获得 2 个差别很大的年龄，分别为 371Ma 和 203Ma；同时对 2 个矿床 9 件铝土矿样品进行了古地磁测定，其中有5 件为反向磁化，属基阿曼反磁极性间隔，间隔跨越的时间为距今 300～240Ma。

3. 主要控矿因素

务正道地区铝土矿受多种因素控制，主要为：①岩相古地理控矿，该区铝土矿主要形成于滨浅湖相、局部为沼泽相沉积环境（刘巽锋等，1990；廖士范，1992；赵远由，2012；崔滔等，2013），矿床均聚集于志留系韩家店组砂页岩形成的溶蚀洼地中，洼地中心往往矿层厚度大、矿化连续、矿石质量好，突起的溶丘、溶锥分布地段，含矿岩系及矿层薄或尖灭。②构造控矿，该区有规模不等的向斜构造十几个，覆盖面积超过 3000km²，目前发现的铝土矿床（点），多产于向斜构造扬起端和转折部位（刘巽锋等，1990；武国辉等，2008；刘幼平等，2010）。③地层和岩性控矿，该区铝土矿严格受梁山组地层和岩性控制，梁山组地层集中分布在向斜构造中，厚度相对稳定、展布连续、保存完好，为铝土矿成矿提供了有利场所；铝土矿常赋存于含矿岩系（梁山组地层）的中部，主要与含矿岩系上部的钙质页岩、铝土质黏土岩和铝土岩关系密切，含矿岩系厚度与矿层厚度成正比（武国辉等，2008；金中国等，2009；刘幼平等，2010）。④古地形地貌控矿，该区铝土矿成矿及矿层厚度变化与古地形地貌关系密切，古地形地貌低洼处常形成富厚矿体，在隆起的岩溶孤峰、古风化面产状变化较大地段，矿层变薄、矿石质量较差，有时见无矿天窗（刘巽锋等，1990；杜定全等，2007；武国辉等，2008）。

---

① 贵州省地质矿产局 106 地质大队. 1988. 贵州省遵义-息烽铝土矿沉积区含铝岩系划分对比及物质组成初步研究. 科研报告.
② 贵州省地质矿产局地质科学研究所. 1986. 贵州省黔北铝土成矿地质条件及远景分析. 科研报告.

4. 伴生元素

务正道地区许多铝土矿床含矿岩系及矿体均伴生多种元素，且伴生元素组合相似，主要为碱土元素 Li，过渡元素 V 和 Cr，稀有元素 Zr、Hf、Nb、Ta、Th 和 U，贵金属 Ag 和分散元素 Ga，其中多种元素达综合利用指标（谷静，2013），如鲁方康等（2009）报道务川瓦厂坪铝土矿床和含矿岩系中的 Ga 含量分别为 56.1～131ppm、平均 91.0ppm 和 25.1～47.6ppm、平均 36.8ppm，均达到全国矿产储量委员会办公室（1987）确定的铝土矿中 Ga 的综合利用指标 20ppm。

国内外许多铝土矿床，尤其是岩溶型铝土矿床，富集 REE，部分矿床 REE 含量达到工业品位（Mordberg，1993；Deng et al.，2010）。谷静（2013）、金中国等（2013）和汪小妹等（2013）的分析资料显示，务正道地区铝土矿并不富集 REE，Al_2O_3 含量大于 60%、A/S 值大于 3.0 的铝土矿，ΣREE 在 13.5～268ppm。但在该区多个矿床的矿层底部发现强烈富集 REE 的样品（谷静，2013；黄苑龄，2013），ΣREE 介于 1000～6500ppm 之间，配分模式为 LREE 富集型，这些样品的 Al_2O_3：26.20wt%～37.15wt%、SiO_2：24.79wt%～47.37wt%、A/S：0.72～1.05；同时在这些样品中发现 REE 独立矿物氟碳钙铈矿、磷钇矿和氟菱钙铈矿（谷静，2013；黄苑龄，2013；汪小妹等，2013；Gu et al.，2013）。

5. 成矿物质来源

务正道地区铝土矿的下伏地层为中下志留统韩家店组砂页岩，部分矿床在含矿岩系与韩家店组之间有薄层中石炭统黄龙组灰岩。由于黄龙组灰岩在区内很少分布，且一般厚度不足 5m，Al_2O_3 含量小于 2wt%，不可能提供大量成矿物质；中下志留统韩家店组砂页岩在区内广泛分布，厚逾 400m，且铝质含量丰富，Al_2O_3 在 20wt% 左右，具有为铝土矿提供物源的潜力。

刘平（1999）通过对该区铝土矿富集率、稀散元素和稀土元素特征以及各种组分间相互关系等方面的研究，认为成矿母岩主要是韩家店组砂页岩，黄龙组灰岩可能与铝土矿的形成无关；该区韩家店组砂页岩与铝土矿具有相似的 REE 配分模式（谷静，2013；金中国等，2013；汪小妹等，2013），两者的不活动元素（Zr、Ta、Nb、Ta、Th 等）具有相似的变化规律、且与 Al_2O_3 和 TiO_2 明显正相关（谷静，2013），均支持韩家店组砂页岩为铝土矿的直接物源。

6. 成矿过程

务正道地区不同矿床的矿物组合相似，矿石中的铝矿物主要为一水硬铝石和一水软铝石（勃姆石），黏土矿物主要为高岭石、绿泥石和蒙脱石，铁矿物主要为针铁矿和赤铁矿，钛矿物主要为锐钛矿，碳酸盐矿物主要为白云石和方解石。黄苑龄（2013）和金中国等（2013）通过镜下观察和电子探针分析，将该区铝矿物的形成划分为 3 个阶段：第一，相对富铝矿物（原始矿物）脱硅、富铁形成黏土矿物阶段；第二，黏土矿物脱硅、脱铁、富铝形成三水铝石阶段；第三，三水铝石脱水形成一水铝石阶段。从韩家店组（$S_{1-2}hj$）→梁山组（P_2l）中下部铝土质黏土岩、黏土岩、绿泥石岩过程中，发生了明显的脱硅、富铝作用；从 P_2l 中下部铝土质黏土岩、黏土岩、绿泥石岩→铝土矿过程中，黏土矿物进一步脱硅、脱铁、富铝，形成铝土岩或铝土矿。

三、存在主要问题

虽然前人通过对务正道铝土矿地质特征、矿物组合、岩相古地理、成矿时代和地球化学的研究，在成矿条件、控矿因素、成矿环境、成矿过程、成矿规律以及成矿预测等方面都取得一系列成果，但有关该区铝土矿成矿规律和成矿预测研究还存在许多亟待解决的科学问题，主要表现在以下几方面。

1. 成矿时代

成矿时代是揭示成矿动力学背景、成矿物质来源、成矿机制和建立切合实际的成矿模式的关键。前人多根据务正道地区铝土矿地质特征及下伏地层古生物化石推测成矿时代，获得的结果存在很大争论，如二叠纪梁山期（陈有能，1987；苏书灿，1990；武国辉等，2006；郝家栩等，2007；赵晓东和王涛，2008；金中国等，2009；杜远生等，2013）、早石炭世（廖士范等，1988，1991；刘巽锋等，1990；刘泽源等，1993）、晚石炭世（刘平，1992，1996，2007；李宗发，1997）等。虽然也有学者对黔北地区铝土矿进行过全岩 Rb-Sr 等时线法和云母黏土岩 K-Ar 同位素定年，但结果相差甚远（前文），加之铝土矿的形成经历了多阶段的脱硅、脱铁、富铝作用，这些定年方法的适用性存在很多质疑，可信度较差。可见，务正道铝土矿成矿时代至今悬而未决，严重制约了成矿机制的深入探讨和成矿模式的建立。

2. 成矿环境

成矿环境对铝土矿形成至关重要，也是重要的控矿因素和找矿标志之一。虽然前人通过务正道地区岩相古地理、层序地层学和矿物学等方面的研究，初步确定铝土矿主要形成于滨浅湖相、局部为沼泽相沉积环境（陈宗清，1990；刘巽锋等，1990；廖士范，1992；赵远由，2012；崔滔等，2013），但缺少更详细的古微相和系统的地球化学的证据支持。值得一提的是，地球化学是揭示铝土矿成矿环境的重要方法之一，前人已总结出多种判别成矿环境的地球化学指标（前文），目前务正道铝土矿已积累了大量地质勘探资料，但地球化学数据相对较少、系统性较差，除务川瓦厂坪和大竹园矿床外，其他矿床的地球化学资料均很零散，制约了区域成矿环境的探讨。

3. 成矿物源

成矿物质是铝土矿形成的基础，对成矿规模及找矿方向有决定性作用。前人通过务正道铝土矿含矿岩系剖面测量、矿物共生演化以及 REE 地球化学等的研究，确定矿层下伏中下志留统韩家店组砂页岩为铝土矿的直接物源（刘平，1999；谷静，2013；金中国等，2013；汪小妹等，2013）。笔者认为，韩家店组砂页岩为经历长期长距离迁移沉积形成，可视为务正道铝土矿的直接物源，但不是最终物源，要揭示该区铝土矿成矿过程，应该追踪最终物源。由于铝土矿化作用过程中，元素的活动行为受母岩成分、元素在母岩中赋存形式、元素化学性质、成矿物理化学条件、成岩和后期改造等诸多因素的影响（Mordberg，1996），传统的元素和同位素地球化学方法示踪铝土矿物源往往存在多解性（Deng et al.，2010）；另外，不同地区铝土矿中微量元素组成和变化规律存在很大差异，根据局部地区铝土矿地球化学特征建立的指标和图解，判别其他地区铝土矿物质来源也具有一定不可靠性。因此，急需更直接、更有效、更可靠的方法示踪务正道铝土矿的成矿物源。

4. 成矿过程

铝土矿的形成经历了复杂的成矿过程，揭示成矿过程是矿床成因和成矿规律研究必不可少的重要环节，同时对成矿预测具有指导作用。前人通过对务正道铝土矿地质特征、岩相古地理、矿物学、地球化学等方面的研究，已初步揭示该区铝矿物的形成经历了 3 个阶段（黄苑龄，2013；金中国等，2013）：第一，相对富铝矿物（原始矿物）脱硅、富铁形成黏土矿物阶段；第二，黏土矿物脱硅、脱铁、富铝形成三水铝石阶段；第三，三水铝石脱水形成一水铝石阶段。谷静（2013）和金中国等（2013）参照国内外岩溶型铝土矿成矿模式，将该区铝土矿成矿过程划分为 4 个阶段：第一阶段，风化和搬运阶段；第二阶段，原位风化阶段；第三阶段，搬运和重新沉积阶段；第四阶段，后生改造阶段。这些成矿阶段的划分还需要更全面、更系统的矿物学、年代学及地球化学资料的支持，不同阶段之间矿物学、地球化学演化有待深入研究，结合区域同类型矿床对比研究，才能全面总结区域成矿规律，建立切合实际和指导成矿预测的成矿模型。

5. 成矿预测

近年来，务正道铝土矿找矿取得重大突破，找矿方法主要是传统的综合地质找矿方法，其他先进的找矿方法，如遥感、地球物理等，在该区很少开展，严重影响找矿方法体系的集成和找矿模型的建立。国内外找矿实践证明，遥感在铝土矿资源调查、找矿远景评价、找矿异常圈定过程中具有不可替代的作用（陈松岭，1990；刘沛等，2003；罗允义，2003；高光明等，2007；成功等，2009，2012；李领军等，2010；刘建楠，2010；江海东等，2011；张云峰等，2012；罗一英等，2013），地球物理在铝土矿找矿靶区圈定和隐伏矿定位预测过程中也发挥了重要作用（易永森和周鹤鸣，1990；Rezessy and Sores，1990；罗小南和蔡运胜，2003；吕佩炎等，2004；袁树森等，2006；杨瑞西等，2008；王桥等，2012；樊金生等，2013）。因此，在务正道地区开展铝土矿遥感、地球物理等找矿方法研究，结合综合地质找矿方法，对该区集成铝土矿快速的找矿方法体系和建立有效的找矿模型，均具有重要意义。

第四节　研究背景和研究意义

一、研究背景

铝土矿是铝工业建设和发展的决定因素，我国铝工业是产业关联度较高的产业，铝生产量、消费水平与 GDP 的相关系数分别达到 0.980 和 0.933（罗建川，2006）。铝土矿是我国较为紧缺的大宗矿产之一，近十年消耗量和进口量快速增长（图 1-6），目前均居世

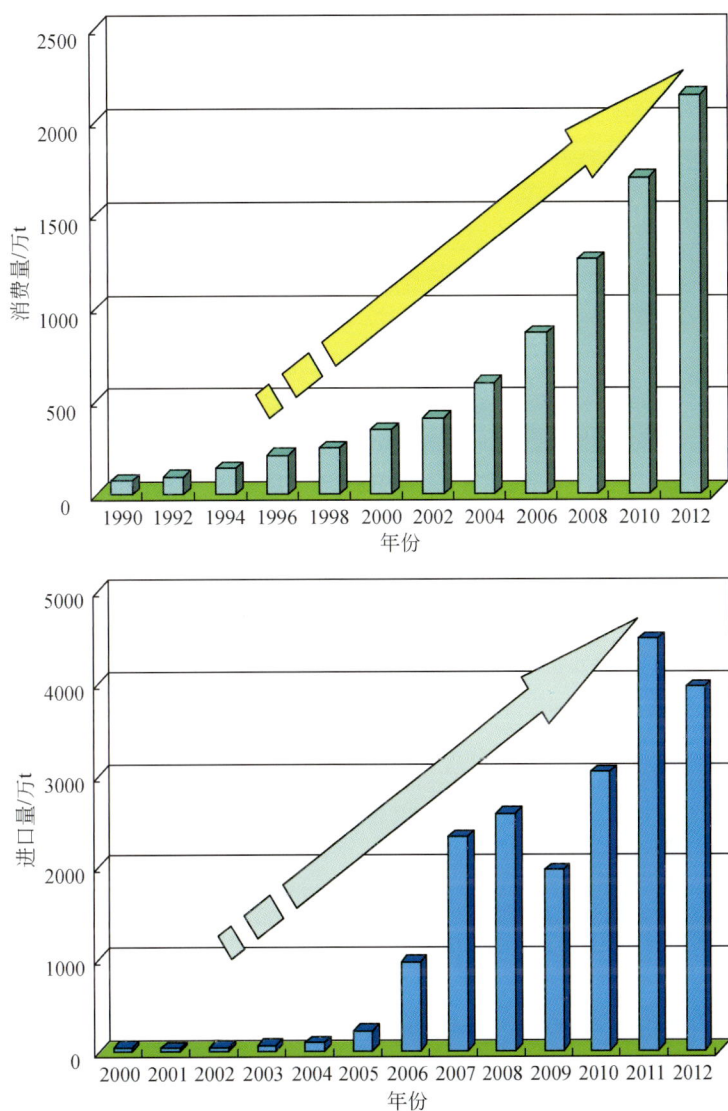

图 1-6　我国近年来铝土矿消费量（上）和进口量（下）统计结果

（原始资料据中国地质调查局）

界前列，2011 年中国进口铝土矿总量为 4484.49 万 t，同比增长 49.73%，对外依存度高达 60%（中国铝业网，2011；中国商情网，2012）。矿产资源供需矛盾日益突出，影响国家铝资源安全与社会和谐稳定，制约铝企业生存和铝行业可持续发展。因此，创新铝土矿成矿理论和找矿方法，实现找矿突破，是迫在眉睫的艰巨任务和重大课题。

黔北务正道地区铝土矿是渝南–黔中铝土矿成矿带的重要组成部分（图 1-5），成矿条件优越，为全国第一批 47 个整装勘查区之一。该区铝土矿调查始于 20 世纪 60 年代，至 20 世纪 90 年代主要开展了区域调查和预查工作，仅在局部矿区开展了普查工作，总计提交(333)+(334?)资源量 1600 余万 t，与该区具有优越的成矿条件、良好的找矿远景、巨大的找矿潜力不吻合。

21 世纪初，贵州省有色金属和核工业地质勘查局三总队和地质矿产勘查院开展了新一轮选区调查工作，通过找矿潜力分析，认为务正道地区具有寻找大型、超大型铝土矿的前景。该成果受到有关部门的高度重视，贵州省有色金属和核工业地质勘查局、贵州省地质矿产勘查开发局联合中国地质大学（武汉）、中国科学院地球化学研究所等科研单位，在国家资源补偿费、中国地质大调查、贵州省基础性公益性研究等项目支持下，在该区取得铝土矿重大找矿突破，至 2012 年 9 月 30 日，已评审备案的各类别铝土矿资源量约 2.6 亿 t，有工程控制、未评审备案的各类别铝土矿资源量约 4.5 亿 t。目前，该区已探明各类别铝土矿总资源量超过 7 亿 t，将成为贵州省重要的铝资源和铝加工基地。

许多学者对务正道铝土矿地质特征、矿物组合、岩相古地理、成矿时代和地球化学进行过研究（前文），在成矿条件、控矿因素、成矿环境、成矿过程、成矿规律以及成矿预测等方面都取得一系列成果，但有关该区铝土矿成矿规律和成矿预测研究还存在许多亟待解决的科学问题，如成矿时代需要精确可靠的定年方法确定，成矿环境需要更丰富、更系统的岩相古地理（尤其是古微相）、矿物学和地球化学资料补充完善，成矿物源需要更先进、更可靠的方法追踪，成矿过程需要更全面、更系统的地质–地球化学资料精细刻画，伴生元素分布规律、富集特征、赋存状态以及资源前景、综合利用价值需要查定和评价，快速有效的找矿方法体系需要遥感、地球物理等方法补充和集成……。解决这些问题，既瞄准科学目标，也面向国家需求。

二、研究意义

针对务正道铝土矿成矿理论和成矿预测研究中存在的部分亟待解决的科学问题，以区内近年来发现的代表性铝土矿床为对象，利用 LA-ICP-MS 等先进的分析测试技术，对务正道铝土矿进行系统的地质学、年代学、矿物学和地球化学研究，以此查明成矿条件和主要控矿因素、厘定成矿时代、揭示成矿物质来源、精细刻画成矿作用过程、总结区域成矿规律、建立切合实际的成矿模型；结合代表性地区的遥感影像解译和地球物理测量，集成该区铝土矿找矿方法体系，建立找矿模型。这对丰富和完善贵州铝土矿成矿理论具有重要意义，同时对区域铝土矿成矿预测、实现找矿突破具有重要现实意义。

第五节　研究内容和主要成果

一、主要研究内容

总体研究思路：通过成矿理论研究，查明成矿条件及主控因素，揭示成矿背景及成矿过程，总结成矿规律和找矿标志，建立成矿模型，解决到那里找矿的问题；通过找矿方法研究，建立找矿模型，成矿模型与找矿模型有机结合，圈定找矿靶区，解决如何找矿问题；通过工程验证（这部分主要由地勘单位完成），实现找矿突破。主要研究内容如下。

1. 成矿背景和成矿条件研究

通过区域构造配置、重大地质事件与构造和沉积环境演化、碎屑锆石年代学研究，揭示成矿动力学背景与岩相古地理特征，通过典型剖面测量、岩相古地理分析、典型矿床地质特征研究，查明成矿条件及主要控矿因素。

2. 成矿过程和成矿规律研究

通过典型矿床的矿物学、地球化学研究，查明地层、含矿岩系及铝土矿的矿物组合、结构构造、化学成分及伴生元素分布规律和赋存状态研究，结合成矿动力学背景、成矿条件、主要控矿因素及碎屑锆石年代学研究成果，确定矿床成因类型，揭示成矿物质来源，精细刻画成矿作用过程，总结区域成矿规律，建立成矿模型，优选找矿标志。

3. 找矿方法研究

在基础地质和成矿理论研究基础上，通过遥感信息提取，浅层地震、高密度电阻率及 TEM 等地球物理测量及异常解译，结合成矿规律及找矿标志研究成果，优选找矿方向及远景地段，圈定找矿靶区，集成找矿方法技术体系，建立有效的找矿模型。

4. 工程验证

对优选的找矿靶区，按规范进行工程验证（由地勘单位完成，论文引用验证结果）；对验证效果理想的地区按规范进行详查，计算出各种级别储量（由地勘单位完成，论文引用详查结果）；即时反馈工程验证和详查过程中获得的各种地质信息，总结经验教训，补充和完善建立的成矿模型和找矿模型。

二、取得的主要成果

1. 查明务正道铝土矿成矿条件及主控因素，揭示成矿过程和区域成矿规律，建立成矿模型，为找矿预测提供理论支撑

通过区域构造演化分析、岩相剖面测量、矿物成分查定、碎屑锆石 U-Pb 定年和矿床地球化学研究，阐明务正道铝土矿成矿作用与区域构造隆升事件关系密切，查明矿床主要形成于滨浅湖沉积环境、铝矿物主要为一水软铝石和硬水铝石，获得成矿时代为 277Ma 左右、与含矿岩系二叠系梁山组时代一致，揭示成矿直接母岩为志留系寒家店组、最终物源为区域含火山岩基底、成矿过程经历了脱硅—脱铁—富铝作用，初步查明矿床富集稀有、稀土和分散元素，同时在富稀土层中发现多种独立稀土矿物；在此基础上，建立了成矿模型，揭示了区域成矿规律，为找矿预测提供了理论支撑。

2. 在务正道铝土矿成矿规律研究基础上，结合遥感信息提取技术、多种地球物理测量及异常解译，优选出找矿标志，初步集成了找矿方法技术体系，为找矿预测提供了方法技术

在矿床地质和成矿理论研究基础上，总结出务正道铝土矿包括岩相古地理、构造、地层岩性和古地形地貌等在内的主要控矿因素，优选出地形地貌、岩相古地理、向斜构造、含矿层及底板岩性、地下水等多方面的找矿标志，结合遥感信息提取技术、多种地球物理测量及异常解译，初步集成了本区铝土矿找矿方法技术体系，建立了有效的找矿模型，为找矿预测提供了方法技术。

3. 务正道铝土矿成矿模型与找矿模型有机结合，找矿取得重大突破

根据务正道铝土矿成矿地质条件、主要控矿因素、遥感影像解译、地球物理测量以及地物遥综合找矿标志，以向斜为构造单元，结合含矿岩系出露情况及保留程度、已知矿床规模的大小、矿床（点）的集中分布程度、地质工作程度等，预测出 14 个成矿远景区，其中 Ⅰ 类 6 个、Ⅱ 类 3 个、Ⅲ 类 5 个。经部分成矿远景区工程验证，相继在务川瓦厂坪、大竹园，正安新木-晏溪，道真新民等地取得铝土矿找矿重大突破。

第二章 区 域 地 质

务正道铝土矿位于贵州省北部，包括贵州省道真县、正安县东北部、务川县西北部，地理坐标东经107°00′~108°00′，北纬28°20′，面积约4500km²（图2-1）。大地构造位置一级构造单元位于扬子准地台（Ⅰ），二级构造单元位于黔北台隆（Ⅰ₁），三级构造单元位于遵义断拱（Ⅰ₁A），四级构造单元位于凤冈北北东向构造变形区（Ⅰ₁A²）（图2-2）。成矿区是渝南–黔中铝土矿成矿带的重要组成部分（图1-5），所在区域大地构造位置特殊、构造活动强烈且具多期性、赋矿地层广泛分布、铝土矿矿床和矿点星罗棋布（图2-3），具有十分有利的成矿地质背景和成矿地质条件（廖士范，1989；梁同荣和廖士范，1989；刘巽峰等，1990；廖士范和梁同荣，1991；武国辉等，2006；陈兴龙和龚和强，2010；刘幼平等，2010）。

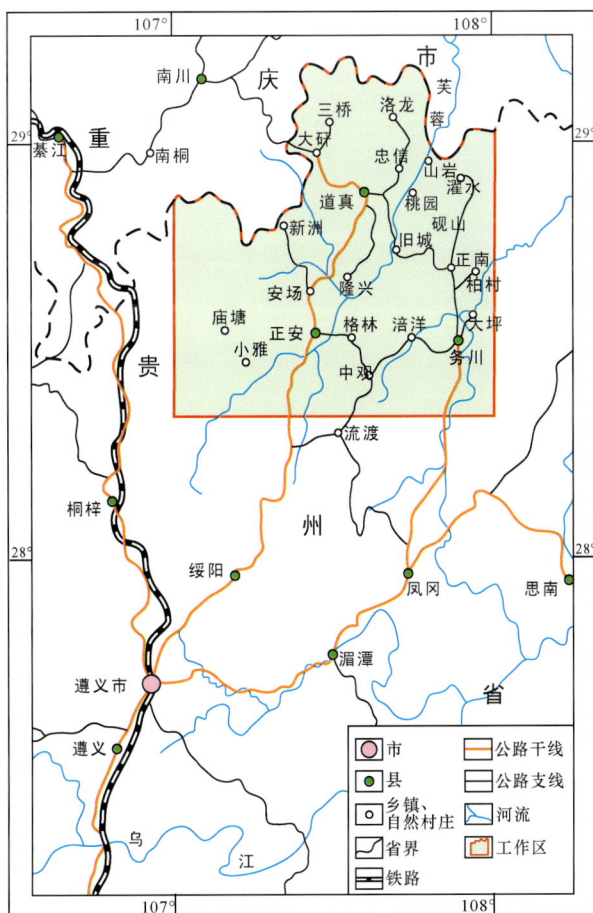

图2-1 务正道铝土矿交通位置图

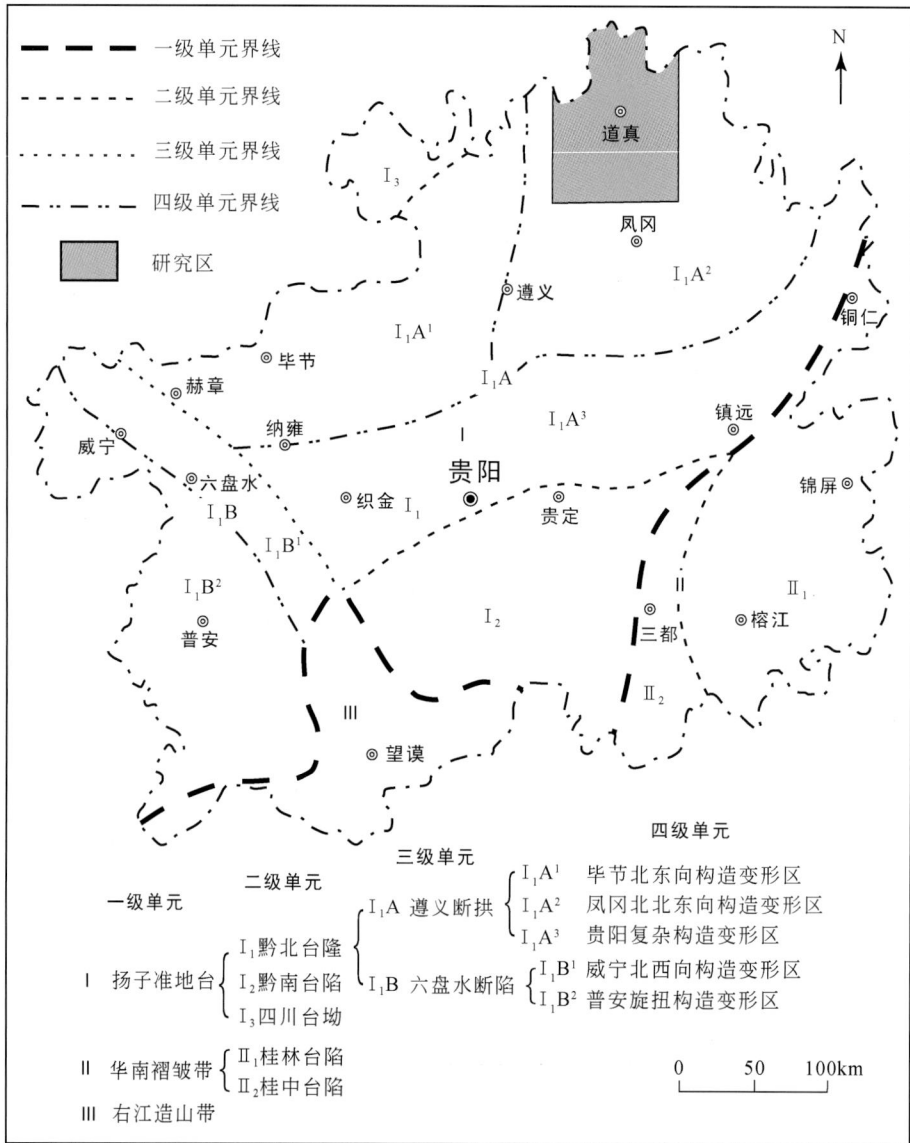

图 2-2　务正道铝土矿大地构造位置（据贵州省地质矿产局，1987；略修改）

第一节　区 域 地 层

一、基　　底

　　黔北地区基底地层只有零星分布的板溪群，与区域晚元古代青白口纪对应，为一套巨厚大陆边缘地槽型的陆源碎屑沉积（刘巽锋等，1990），时限为 800～1000Ma（冯学仕和王尚彦，2004）。与之时限对应的下江群和丹洲群在黔东地区广泛分布，主要由浅变质陆源碎屑岩和火山碎屑岩组成（贵州省地质矿产局，1987）。出露于黔东北梵净山地区和黔东南九万大山地区的梵净山群和四堡群，是贵州出露的最老地层（贵州省地质矿产局，1987），与中元古代蓟县纪对应，是一套厚逾万米的浅变质绿岩系，下部以枕状基性熔岩为主、夹层状基性–超基性岩，上部为变质砂页岩，时限为 1000～1600Ma（冯学仕和王尚彦，2004）。

二、盖　层

黔北地区震旦纪地层零星分布，上统灯影组为台地相碳酸盐岩沉积、陡山沱组为台地湖坪–浅滩相沉积，下统南沱组为陆地冰川相沉积、马路群为冰河（湖）相沉积（刘巽锋等，1990）。务正道地区出露最老地层为寒武系，除缺失泥盆系以外，寒武系至第四系均有分布，沉积厚度最大达 8951m，其中以下古生界出露最广（图 2-3，表 2-1）。

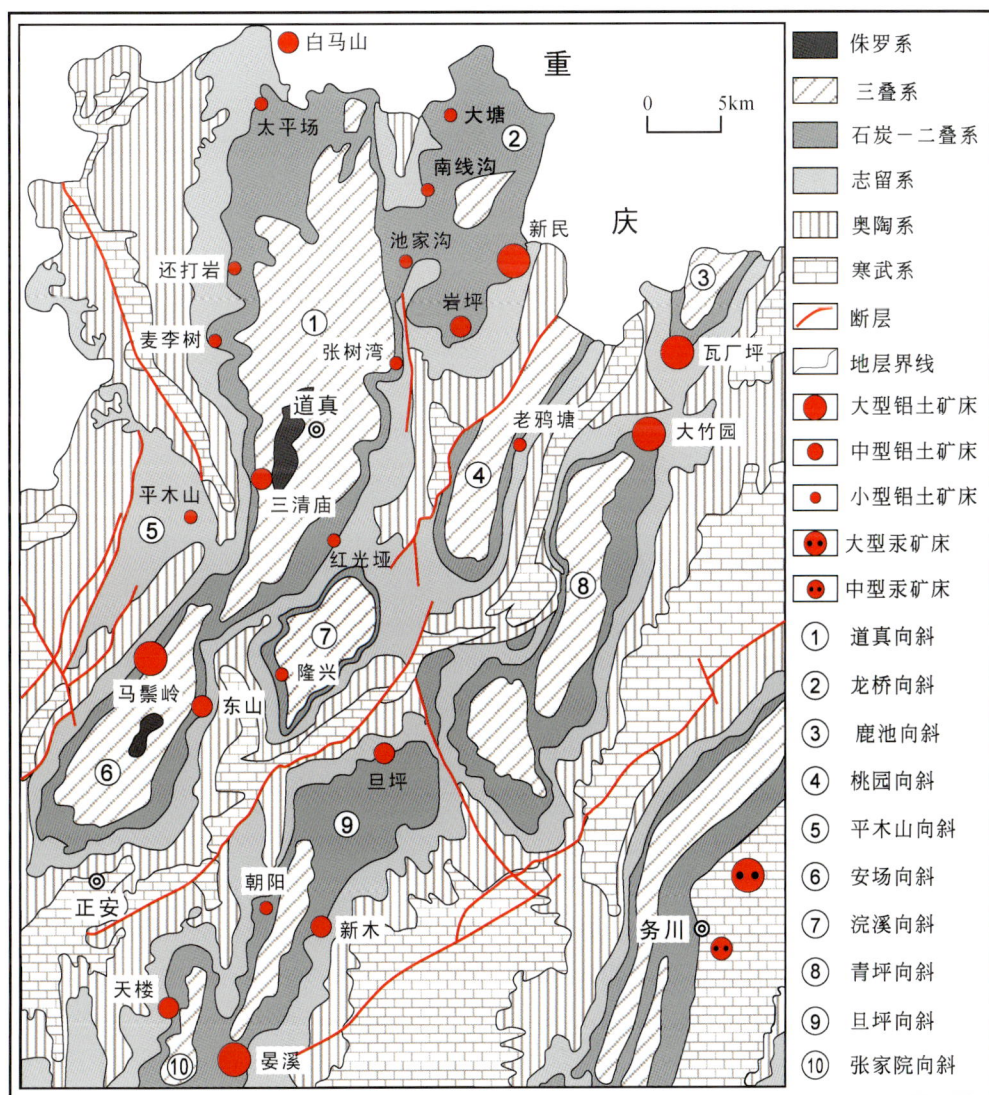

图 2-3　黔北务正道铝土矿地质图（据武国辉等，2008；略修改）

表 2-1 务正道地区地层简表（据金中国等，2013）

界	系	统	组（群）	代号	厚度/m	主要岩性特征
新生界	第四系			Q	0~20	黄色、褐黄色黏土、砂土及砾石层
中生界	侏罗系	下统	珍珠冲组	J_1z	0~192	黄灰岩页岩夹薄层粉砂岩
			綦江组	J_1q	0~10	灰白色厚层状粗–中粒岩屑石英砂岩
	三叠系	上统	须家河组	T_3x	0~87	青灰、灰白色中厚至块状岩屑石英砂岩，局部夹薄煤层
		中统	狮子山组	T_2sh	0~212	灰色、灰绿色灰岩夹泥灰岩、钙质泥岩
			松子坎组	T_2s	0~387	紫红、灰褐等杂色泥岩夹灰岩、白云质灰岩及泥灰岩，底部夹"绿泥石岩"
		下统	茅草铺组	T_1m	547~693	浅灰色薄至厚层灰岩、白云质灰岩及白云岩
			夜郎组	T_1y	287~647	黄褐色泥岩、灰色中厚层至厚层状灰岩、紫红色页岩等
上古生界	二叠系	上统	长兴组	P_3c	41~67	浅灰至深灰色中厚层至厚层灰岩
			吴家坪组	P_3w	115~147	为灰岩、泥岩、硅质岩互层的含煤沉积
		中统	茅口组	P_2m	240~372	深灰色中厚层至块状灰岩，夹白云质灰岩，含燧石
			栖霞组	P_2q	93~179	浅灰、深灰色厚层灰岩夹燧石灰岩，含碳质泥岩
			梁山组	P_2l	0~14	浅灰、灰绿色泥岩、铝土质泥岩、碳质泥岩，含铝土矿，为区域内含铝层位
	石炭系	中统	黄龙组	C_2h	0~10	浅灰色中厚层至块状灰岩
下古生界	志留系	中下统	韩家店群	$S_{1-2}hj$	121~682	黄绿色或紫红色页岩夹少量薄层砂岩、粉砂岩
		下统	石牛栏组	S_1nl	0~145	生物碎屑灰岩、瘤状泥灰岩、粗晶灰岩
			松坎组	S_1sk	0~180	灰–深灰色薄层钙页岩，页岩与薄层泥质灰岩、泥灰岩互层
			龙马溪组	S_1lm	0~195	黑色碳质页岩，灰黄色钙质或粉砂质页岩
	奥陶系	上统	五峰组	O_3w	3~7	黑色薄板状砂质泥岩
			涧草沟组	O_3j	1.8~5.5	黄绿、灰黄色页岩及泥灰岩
		中统	宝塔组	O_2b	24~48	灰色中厚层状灰岩，具龟裂纹构造
			十字铺组	O_2s	15~19	浅灰、灰色中厚层至厚层状灰岩
		下统	湄潭组	O_1m	211~320	褐棕、灰绿色页岩，夹粉砂岩及粉砂质泥岩
			红花园组	O_1h	34~74	灰色薄至中厚层状灰岩夹少量白云质灰岩
			桐梓组	O_1t	140~225	灰、浅灰色中厚层状灰岩、白云岩
	寒武系	中上统	娄山关群	$\in_{2-3}ls$	725~790	灰色中厚层细粒白云岩夹薄层泥质白云岩

寒武系分布于各大复背斜轴部，为一套以碳酸盐岩为主的浅海相沉积；奥陶系主要分布于各大复背斜两翼，为浅海台地相碳酸盐岩和碎屑岩；志留系常形成褶皱构造闭合圈，中下统韩家店组（$S_{1-2}hj$）最发育，为一套浅海页岩、粉砂岩夹灰岩；石炭系仅在区内古地理环境为低凹地带断续沉积，零星出露，岩性为灰岩或白云质灰岩，古生物化石确定为中石炭统黄龙组（C_2h）；二叠系在区内大面积分布于向斜两翼，其中梁山组（P_2l）为滨海–河湖沼泽相沉积，为铝土矿赋矿地层；三叠系分布于各向斜轴部，下统为浅海台地相

碳酸盐沉积，中统为滨海–浅海相碎屑岩夹碳酸盐岩沉积，上统为滨海沼泽–陆相碎屑岩沉积；侏罗系仅分布于安场向斜与道真向斜轴部，为陆相碎屑岩沉积；第四系在区内分布广泛，主要为残坡积、冲积、洪积物。

三、含矿岩系

研究区含矿岩系为中二叠统梁山组（P_2l），岩性组合为泥岩、铝土质泥岩、铝土矿、碳质泥岩或劣煤、黏土岩，含少量黄铁矿、赤铁矿和菱铁矿。分布范围及保存面积严格受向斜构造控制，小向斜或向斜扬起端或转折部位保存较好，北部向斜较南部向斜保存完整；受沉积环境及后期构造破坏影响，道真向斜东翼中南段、浣溪向斜北东段连续性较差，桃园向斜西翼及南段未见出露。据金中国等（2013）统计，该区含矿岩系出露长约670km、保留面积约2100km^2（表2-2），目前已发现并进行铝土矿勘查的地段不足500km^2，暗示该区进一步找矿潜力巨大。

表2-2 务正道地区含矿岩系分布特征表

序号	向斜名称	出露长度/km	出露宽度/km	保存面积/km^2	主要矿床（点）
1	道真向斜	120	2～18	600	麦李树、三清庙
2	龙桥向斜	40	5～7	200	新民、岩坪
3	鹿池向斜	20	1～10	50	瓦厂坪、岩风阡
4	桃园向斜	55	2	110	老鸦塘、燕子岩
5	平木山向斜	20	0.5～1.5	40	平木山
6	安场向斜	60	1～4	200	东山、马鬃岭
7	浣溪向斜	45	1～3	70	浣溪、隆兴
8	青坪向斜	85	2～10	300	大竹园
9	旦坪向斜	120	1～14	385	新木–晏溪、旦坪
10	张家院向斜	32	4～7	80	张家院矿床（天楼矿床）

注：据金中国等（2009）；补充修改。

第二节 区域构造

务正道铝土矿大地构造位于扬子陆块南部被动边缘褶冲带的凤冈北北东向褶皱区内（图2-2），所在区域经历了多次构造运动，如武陵运动、雪峰运动、加里东运动、海西运动、印支运动、燕山运动、喜马拉雅运动等，主构造线方向自南西部的北东向、至北东部逐步扭转成北北东–南北向（图2-4）。

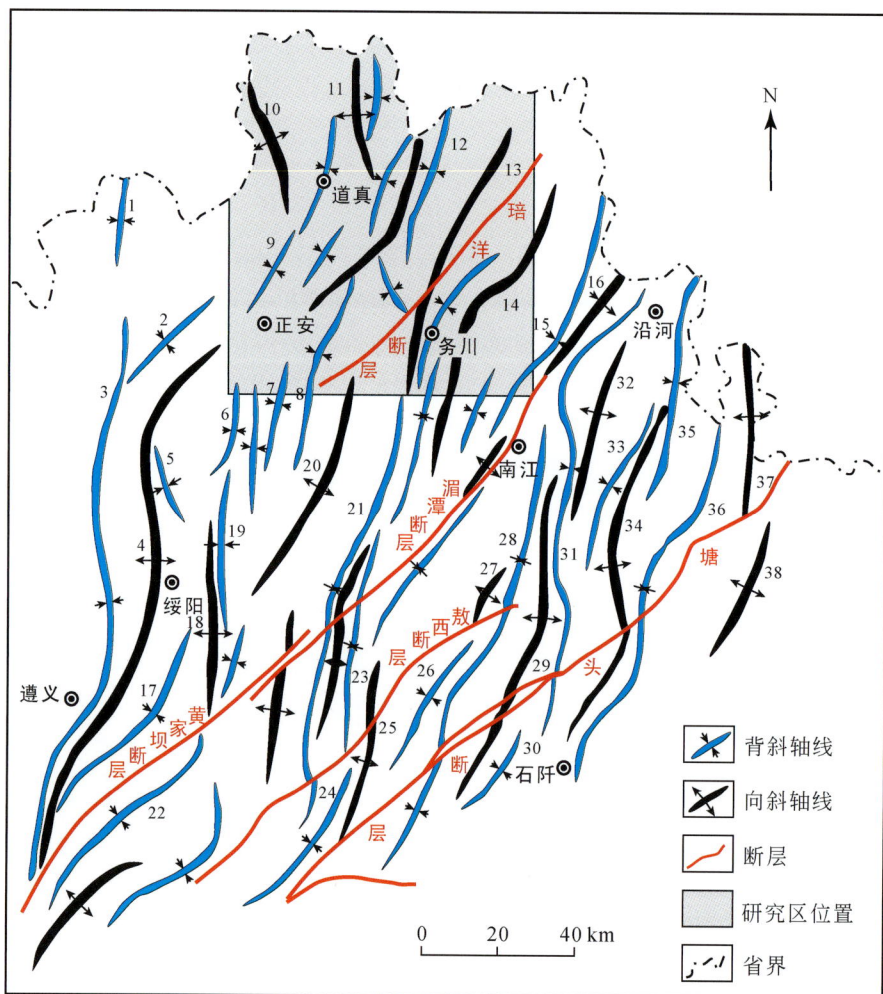

图 2-4　凤冈北北东向构造变形区主要构造形迹（据贵州省地质矿产局，1987；略修改）

1-金佛山向斜；2-台白向斜；3-乌江向斜；4-铜鼓坪背斜；5-茅垭向斜；6-辽远向斜；7-和平向斜；8-旦坪向斜；9-安场向斜；10-大阡向斜；11-洛龙背斜；12-櫂水向斜；13-镇南背斜；14-金鸡岭背斜；15-长丰向斜；16-土地坳背斜；17-肖山向斜；18-李家坝背斜；19-大路槽向斜；20-永安背斜；21-永兴背斜；22-团溪向斜；23-邪川向斜；24-天文向斜；25-后坝背斜；26-天桥向斜；27-黄土背斜；28-徐家坝背斜；29-英武溪背斜；30-市坪向斜；31-唐头向斜；32-沿河背斜；33-蕉家铺向斜；34-石阡背斜；35-铜西向斜；36-郎溪向斜；37-鸡公岭背斜；38-梵净山背斜

一、褶　皱

区域上北北东和北东向褶皱构造极为发育（图 2-4）。东缘为梵净山背斜，轴部出露中元古界及新元古界基底地层；其西为古生界至中生界组成的一系列褶皱，至西部则为与南北向构造发生了明显复合关系的褶皱。褶皱排列方式以轴向近南北为主，单个褶皱常显 S 形弯曲，一般长数十千米至百余千米、宽十余千米。背斜与向斜总体上相间发育，形成"隔槽式"褶皱，西部常以复式背向斜形式出现。背斜较开阔，核部常由寒武系组成，奥陶系、志留系、二叠系沿翼部呈环形分布，规模大、延伸长，后期地质作用破坏强烈，岩层倾角平缓，一般10°~20°；向斜较狭窄，保存较完整，轴部多为三叠系地层，倾角较陡，一般30°~40°，个别达60°~70°。

务正道地区分布规模不等的10个向斜（图2-3，表2-3），这些向斜构造对该区铝土矿的形成与分布有着重要的影响，区内所有铝土矿床和矿点均出露于向斜内，如道真向斜分布太平场、刘家沟、麦李树、三清庙等中、小型矿床及矿点，龙桥向斜分布新民、岩坪等大、中型矿床及大塘、南线沟、池家沟等矿点，鹿池向斜分布瓦厂坪大型矿床和岩风阡中型矿床，桃源向斜分布老鸦塘、燕子岩、小茶园等小型矿床和矿点，平木山向斜分布平木山矿点，安场向斜分布马鬃岭、东山等大、中型矿床，浣溪向斜分布隆兴等矿点，青坪向斜分布大竹园大型矿床，旦坪向斜分布新木–晏溪、红光坝等大、中型矿床，张家院向斜分布张家院（天楼）中–大型矿床。

表2-3 务正道地区主要向斜特征表

名称	位置及轴向	主要地质特征
道真向斜	研究区北部西缘，区内最大的含铝岩系构造单元，南起于云峰，向北经道真、菱霄，直至背垭口进入重庆境内。轴向北北东0°~10°	轴向长约46km，宽2~18km；核部由侏罗系下统、三叠系中下统地层组成，两翼分别为二叠系中上统及志留系中下统地层；北段两翼地层平缓而开阔，西翼倾角18°~45°，东翼倾角14°~27°，向南逐渐变窄，岩层倾角变陡，西翼倾角38°~80°，东翼倾角15°~28°。含矿岩系出露长约120km，宽2~18km，保存面积约600km²；已知的铝土矿床和矿点有太平场、刘家沟（还打岩）、麦李树、三清庙等
龙桥向斜	研究区北段中部的道真县内，北端延伸进入重庆市武隆县内。轴向北东10°左右	贵州省境内轴向长约26km，宽5~7km，西翼保存不完整；轴部主要为下三叠统地层，两翼依次为二叠系中上统、上石炭统及志留系中下统地层；两翼地层产状较平缓，西翼倾角15°~30°，东翼倾角20°~42°，轴部较开阔；向斜区北北东向低序次的张扭性断层发育。贵州省境内含矿岩系出露约40km，宽5~7km，保存面积约200km²；已知的铝土矿矿床和矿点有岩坪、新民、大塘、南线沟、池家沟等
鹿池向斜	研究区北部东缘的务川县境内，呈北东向展布于贵州务川县–重庆市彭水县之间。轴向北东20°~25°	轴向长超过50km（贵州境内10.6km），最宽处约10km；核部由三叠系下统地层组成，两翼分别为二叠系中上统、上石炭统及志留系中下统地层；两翼地层产状变化大，南段的扬起端西翼相对陡，倾角一般大于40°，东翼相对缓，倾角10°~20°；北段东翼较陡，倾角25°~30°，西翼相对缓，倾角10°~18°；近轴部有一条与之平行的规模大、延伸长正断层，两翼主要分布一些规模小、延伸不大的层间断裂。含矿岩系沿两翼分布总长超过20km（不含重庆境内），宽1~10km，保存面积约50km²；已发现和探明瓦厂坪大型、岩风阡中型铝土矿床
桃园向斜	研究区中部的道真县境内。轴向北东15°~20°	轴向长约23km；轴部为三叠系下统地层，两翼依次为二叠系中上统、上石炭统及志留系中下统地层；总体上南部较缓，北部偏陡，西翼中部及北部受构造破坏，不完整。含矿岩系主要分布于东翼及西翼南段，长约55km，宽1.22~10.44m，保存面积约110km²；已知的铝土矿床和矿点有老鸦塘、燕子岩、小茶园等
平木山向斜	研究区西部中段的道真县境内，轴向近南北	轴向长约8km；轴部出露最新地层为上二叠统长兴组，两翼依次为上二叠统吴家坪组、中二叠统栖霞组及茅口组、中二叠统梁山组和志留系中下统韩家店组地层；出露较完整，形态对称，两翼倾角变化不大，25°左右。含矿岩系出露长约20km，宽2.62~7.88m，保存面积约40km²；发现有平木山铝土矿点等

名称	位置及轴向	主要地质特征
安场向斜	研究区西部南缘的道真、正安两县境内，轴向北东 20°~25°	斜轴长约 26km；轴部在安场一带出露最新地层为侏罗系下统綦江组、珍珠冲组，两翼依次为三叠系下统、二叠系中上统、上石炭统及志留系中下统地层；北段两翼地层狭窄，向南逐渐变宽阔，岩层倾角南部较缓、北部较陡，西翼倾角 35°~52°，东翼倾角 25°~56°。含矿岩系出露长约 60km，宽 1.30~12.57m，保存面积 200km²；已发现东山、马鬃岭等铝土矿床（点）
浣溪向斜	研究区西部中段的道真县境内，轴向北东 40°~50°	轴线呈波状延伸，长约 15km；轴部在道真一带出露最新地层为三叠系下统夜郎组，两翼依次为二叠系中上统、上石炭统及志留系中下统地层；较为对称，南部和北部受断层破坏，西北翼倾角 13°~35°，东北翼倾角 19°~41°。含矿岩系出露长度约 45km，宽 0~4.53m，保存面积约 70km²；已发现隆兴等铝土矿床（点）
青坪向斜	研究区东侧中段，轴向总体近南北	轴向长约 36km，宽 0.5~5km；轴部地层为下三叠统茅草铺组，两翼依次为下三叠统夜郎组、上二叠统、中二叠统、上石炭统、中下志留统地层；总体为东缓西陡的不对称向斜。含矿岩系露头线单翼长 36~40km，宽 2~10km，保存面积约 300km²；已探明大竹园大型铝土矿床
旦坪向斜	研究区南端的正安县境内，轴向北东 20°~25°	轴向长约 35km，宽 1~14km，呈较典型的北宽南窄楔状型；轴部地层为三叠统夜郎组，两翼为上二叠统、中二叠统、中下志留统地层；区域上，旦坪向斜是黔北一系列复式背向斜的组成部分，岩层呈单斜状，东翼倾向 290°~255°，倾角 25°~70°，西翼倾向 65°~110°，倾角 25°~58°。含矿岩系出露长度约 120km，宽 0~4m，保存面积约 380km²；已探明新木—晏溪、红光坝等大-中型铝土矿床
张家院向斜	研究区南部的正安县境内，轴向近南北	轴向长约 16km，宽约 4~7km；轴部出露最新地层为下三叠统夜郎组，两翼依次为上二叠统长兴组、吴家坪组、中二叠统茅口组、栖霞组、梁山组和志留系中下统韩家店组，地层出露完整，总体呈对称形态产出；向斜西翼产状平缓、稳定，8°~12°，但东翼断层发育，受构造影响，产状变化大，北段 24°左右，中段 20°~60°，南段 10°~52°。含矿岩系出露长约 32km，宽平均 5km，保留面积约 80km²。已发现张家院（天楼）铝土矿床

注：含矿岩系指中二叠统梁山组（P_2l）；表中未列研究区东南部的务川向斜和农场向斜。

二、断　裂

相比之下，区域断裂构造不太发育，主要为北东-北北东向断层，其次为相对晚期的北西向断层，总体呈多字格状排列（图 2-3、图 2-4）。北东-北北东向断层多沿背斜轴部及两翼∈—S 等老地层中分布，长往往数千米至数十千米，以逆冲断层为主，如涪洋断裂、芙蓉江断裂、碧峰断裂、瑞溪断裂、堡上断裂等；北西向断层切断相对早期的北东-北北东向断层，规模相对较小，长数千米，性质不明，如大矸坝断裂和黄土坎断裂等。

第三节　岩相古地理

武国辉等（2006）根据前人对黔北地区沉积层序划分、沉积相类型及特征、沉积古环

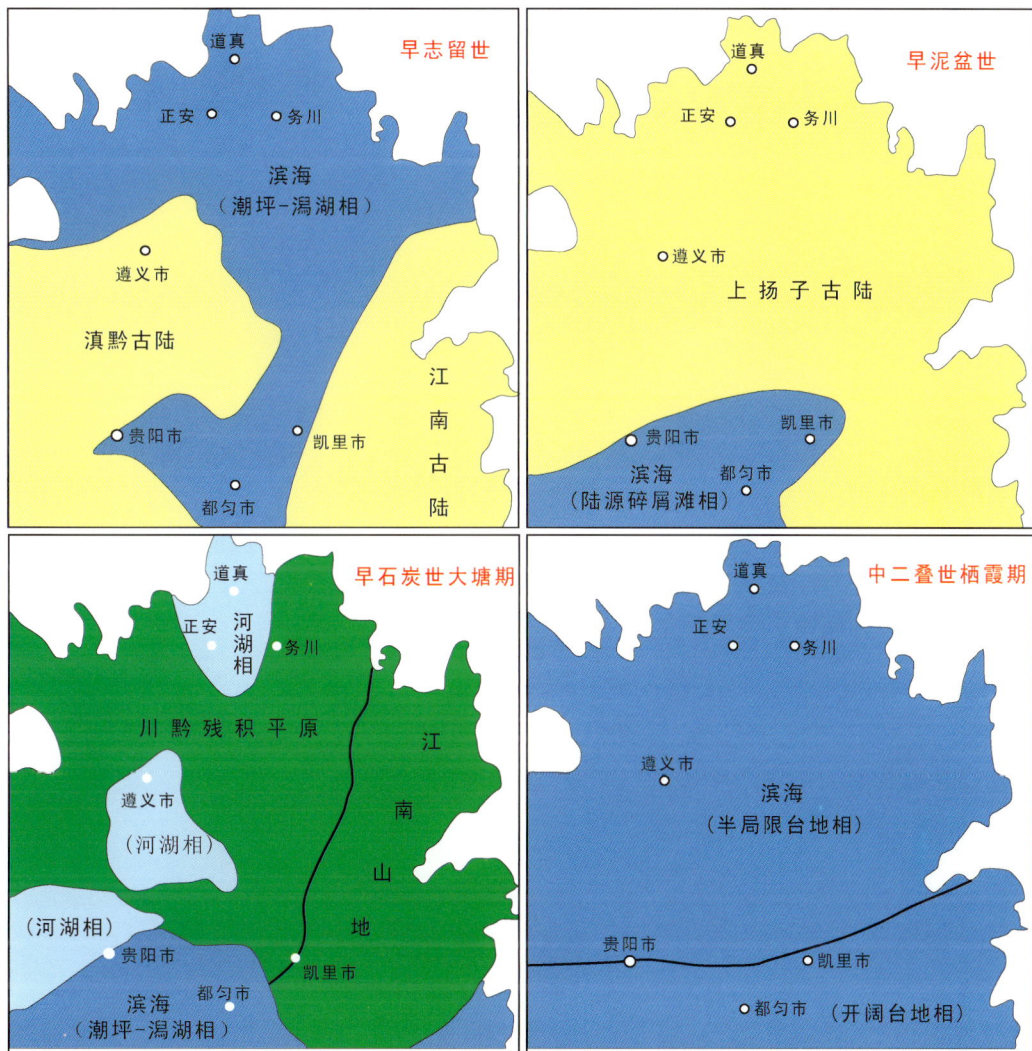

图2-5 务正道地区古地理演变趋势图（修改自武国辉等，2006）

境和沉积古地理特征等的研究成果，综合出务正道地区岩相古地理演化趋势图（图2-5），该区岩相古地理演化与区域构造运动、地壳演化以及铝土矿成矿作用关系密切。

贵州出露最老的地层为黔东北梵净山群和黔东南的四堡群，时限780～1000Ma（曾雯等，2005；陈文西等，2007；汪正江，2008；林广春，2010；汪正江等，2009），认为是新元古代Rodinia超大陆裂解裂谷盆地沉积，厚度数千米至近万米，伴有大量基性火山岩和花岗岩侵入，如黔东南摩天岭花岗岩锆石U-Pb年龄为826.8±5.9Ma（高林志等，2010），黔东南从江县宰便辉绿岩锆石U-Pb年龄为848±15Ma（王劲松等，2012）。

武陵运动使贵州新元古宙地层褶皱上升成陆，成为被动大陆边缘环境，形成西高东低的古地形（王立亭等，1994）；雪峰运动使贵州除东南部外的大部分地区上升为陆，使早期沉积地层进一步固结，完成由洋壳向陆壳、大陆地壳从活动性边缘类型向稳定地台类型转化，形成扬子陆块。雪峰运动后的晚震旦世—中奥陶世，区内遭受大规模的海侵，接受大面积的碳酸盐沉积和陆源碎屑沉积。务正道地区出露最老地层为寒武系，岩相古地理演化大体可划分为3个阶段（贵州省地质矿产局，1987）：加里东期（寒武纪—志留纪）、海西—印支早期（泥盆纪—晚三叠世中期）、印支晚期—燕山期（中生代—新生代）。

一、加里东期

区域内寒武纪至中志留世总体为沉降区，接受了巨厚的海相沉积，构成了一个广阔的由海侵至海退的巨大沉积旋回。中奥陶世末的都匀运动，使黔中和黔南发生了大规模的海退，陆地抬升形成古陆，黔中古陆初步形成，接受广泛剥蚀而大量缺失晚奥陶世—早志留世沉积；研究区形成封闭的滞流海盆，早志留世早期沉积黑色笔石页岩，中晚期沉积演变为前陆盆，沉积一套以紫红色页岩、含泥质石英砂岩、细砂岩为主的陆源碎屑岩，夹少量的浅水碳酸盐岩。志留纪末的加里东运动（广西运动），使黔北地区乃至贵州整体隆升为陆，裂陷盆地消亡。图2-6显示，南川—道真—务川一带，奥陶系地层厚度总体为北厚南薄，志留系地层厚度东厚西薄，表明研究区加里东运动后，南部、西部更接近隆起的古陆边缘，遭受强烈的风化剥蚀作用。

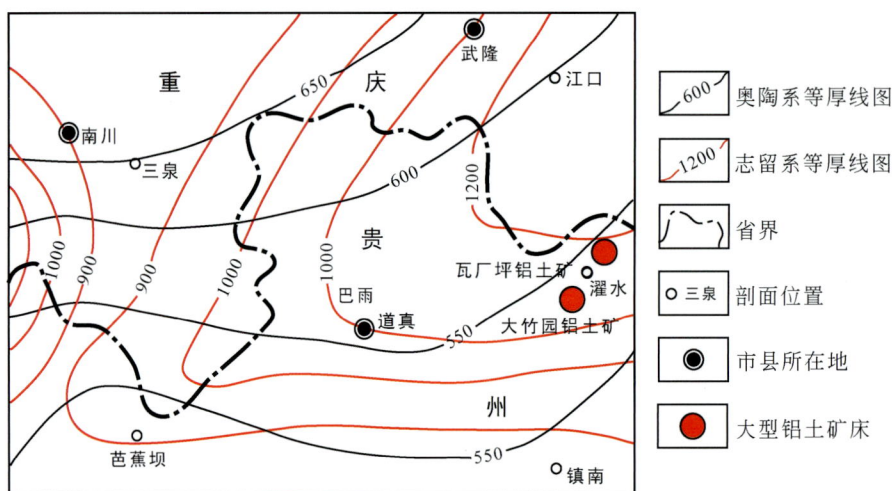

图2-6　渝南–黔北地区奥陶系和志留系等厚线图（引自金中国等，2013）

二、海西—印支早期

加里东运动后，黔北地区整体隆升为陆。泥盆纪与石炭纪之间的紫云运动（海西早期）、石炭纪与二叠纪之间的都匀运动（海西晚期），加速了黔北地层隆起上升，中志留世晚期—石炭纪为风化剥蚀、夷平期，泥盆纪未接受沉积，直到晚石炭世黄龙期，显现为相对较低的地貌，有短暂的海侵，形成浅海台地相环境。之后，地壳再次抬升隆起，再次遭受风化剥蚀作用，在夷平作用的基础上，形成侵蚀地貌（韩家店组）或溶蚀地貌（黄龙组），导致黄龙组灰岩呈断续分布，缺失早二叠世地层。至中二叠世梁山期，由于局部不均匀差异升降运动影响，形成湖盆、河湖或滨海沼泽相环境，为区内铝土矿形成提供了富集的场所，并沉积了一套以砂岩、粉砂岩、铝土质岩、碳质页岩为主的碎屑岩及煤层。

由于梁山期海水由北向南侵入，处于前缘的北矿带在此期间物源丰富，海水径流作用和物质分异作用强，能形成规模大、矿层厚的铝土矿床，而南矿带以陆相沉积为主，沉积速度相对较慢，分异作用相对较弱，因此，成矿矿层薄，相对规模小（图2-7）。早二叠世末至晚二叠世初，全区性大规模的东吴运动发生，该区大面积抬升隆起，再次经历强度较大的风化剥蚀作用，并在贵州西部形成大规模玄武岩浆（峨眉山玄武岩）喷发。栖霞组和茅口组为半局限海台地相沉积，沉积以厚层灰岩为主的含硅质碳酸盐建造。晚二叠世吴家坪组及长兴组为以海陆交互相为主的碎屑岩及碳酸盐建造，夹煤层。可见，海西—印支早期全区由海相环境转为陆相，一系列的构造运动表现为地层强烈挤压，形成一系列褶皱构造。

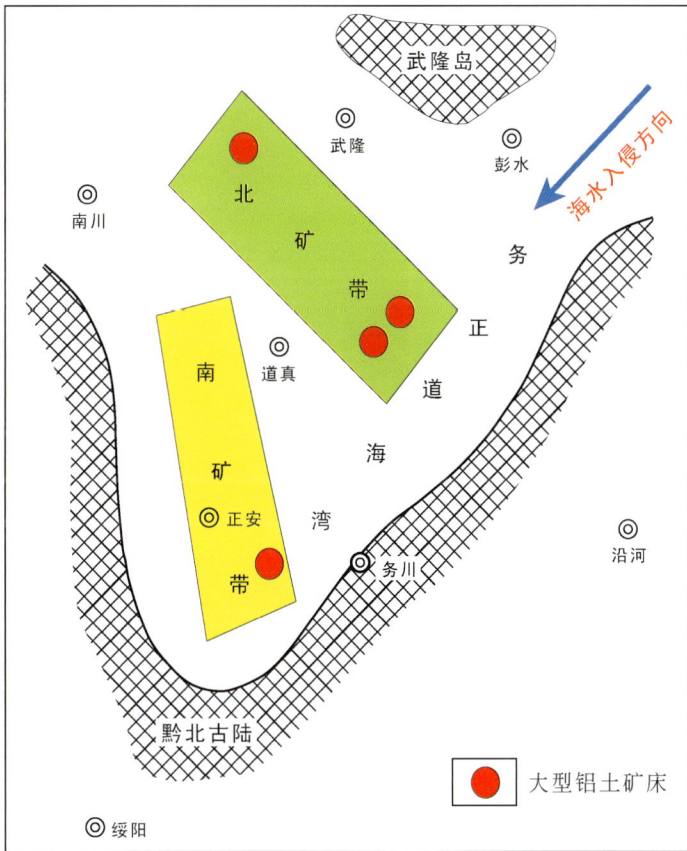

图2-7　渝南–黔北中二叠世梁山期古地理示意图（转引自金中国等，2013）

三、印支晚期—燕山期

中生代早三叠世全区均为海洋环境，飞仙关组为潮坪–潟湖环境，沉积了含大量玄武岩碎屑的陆源碎屑岩；永宁镇组在西部属潮坪-潟潮环境，沉积了钙质泥（页）岩、泥灰岩。中三叠世为海水不畅的半封闭-封闭的局限台地环境，构成潮汐和蒸发作用为主的潮坪-潟湖环境，沉积了以白云岩为主的碳酸盐岩。晚三叠世为滨海沼泽-陆相碎屑岩沉积。可见，燕山运动使该区再次抬升为陆，造成区域震旦系至白垩系地层的全部褶皱变形。燕山运动之后，该区又发生了多次强烈的构造运动，如喜马拉雅运动等，将已形成的铝土矿抬升到地表，形成现今的铝土矿格局。

第四节 区域矿产

区域上主要矿产除铝土矿外，还有铁、煤、黄铁矿、耐火黏土、含钾页岩、重晶石、萤石、汞、铅锌、石灰石等，其中除两三个矿种有大型矿床外，其余多是中小型规模或矿（化）点。

一、铝土矿

铝土矿为该区最重要矿产，其南起贵阳清镇，向北经息烽、遵义、正安、务川、道真直到重庆市南部的南川、武隆一带，构成一条北北东向展布，长达370km的铝土矿成矿带——渝南-黔中铝土矿成矿带（图1-5）。务正道铝土矿赋存于中二叠统梁山组中，据矿床（点）的分布及其矿石的主要特征，可划分为北矿带和南矿带（图2-7）。

北矿带：南东端起自务川县濯水，经道真县的忠信、洛龙、三桥，至重庆市武隆县白马山、南川县大佛岩、硐湾等地，走向北西西，长70km、宽15~20km；带内多大中型矿床，矿石多具土状、半土状、碎屑状构造，一般含Al_2O_3 60%~70%、A/S大于6。

南矿带：自正安县的中观、晏溪，经格林、东山、道真县的隆兴、上坝、平木，至重庆市南川县的菜竹坝一带，走向北北西，长80km、宽20km；带内以中小型矿床为主，矿石多具碎屑状、块状、角砾状、豆状和鲕状构造，一般含Al_2O_3 55%~60%，A/S为5左右，常含铁较高。

二、其他矿产

汞矿：分布于务川县城之东的寒武系白云岩、白云质灰岩中，大中小矿床均有，务川汞矿带是全国著名汞矿带之一，也是全国保存最好的汞矿带之一。

黄铁矿：赋存于二叠系梁山组、龙潭组或吴家坪组中，后者常与煤共生。分布于区域的北部及西部，中等品位为主，已知矿床均为中小规模，不排除有大型规模的可能。

煤矿：产出层位为二叠系的龙潭组或吴家坪组，可采煤层仅1~2层，厚0.5~1m左右，烟煤、无烟煤均有，小型矿床和矿点，主要产地有正安的安场，道真的浣溪、上坝，务川的丰乐、泥高、石朝等。

萤石和重晶石：矿体呈脉状产出，厚1~4m不等，与张扭和压扭性断裂有关，同时又受下奥陶统红花园组、桐梓组、湄潭组等地层、岩性控制，分布于务川镇南一带，为中、小型规模。

含钾页岩：赋存于下奥陶统桐梓组底部，厚10m左右，含K_2O约10%，达中、大型规模，主要产地有正安的群乐、务川的镇南、道真的平胜等。

第三章　矿　床　地　质

按陈毓川等（1998）对成矿区（带）的划分方案，务正道铝土矿为中国东南部的滨太平洋成矿域（Ⅰ级）→上扬子成矿省（Ⅱ级）→渝南–黔中古生代、中生代铁汞锰铝成矿带（Ⅲ级）→务川–正安–道真铝土矿成矿亚带（Ⅳ级）；金中国等（2013）再根据成矿期后的构造形态、矿床（点）分布、地质特征、成矿条件等，将该区铝土矿划分为3个矿田和1个矿化区（图3-1），即瓦厂坪–大竹园矿田（Ⅴ-1）、新民–马鬃岭矿田（Ⅴ-2）、

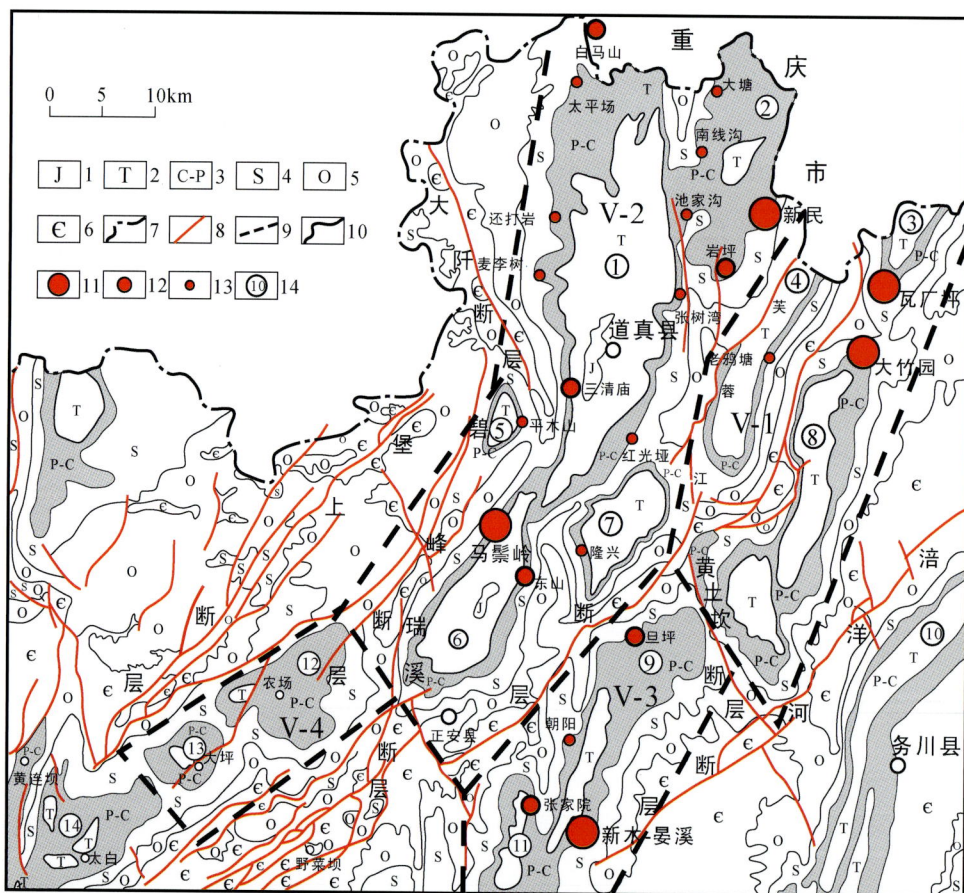

图 3-1　务正道地区铝土矿田和矿化区分布图（据金中国等，2013；略修改）

1-侏罗系，2-三叠系，3-石炭—二叠系，4-志留系，5-奥陶系，6-寒武系，7-省（区）界，8-断层，9-矿田和矿化区分界线，10-地层界线，11-大型矿床，12-中型矿床，13-小型矿床或矿点；向斜编号：①-道真向斜，②-龙桥向斜，③-鹿池向斜，④-桃园向斜，⑤-平木山向斜，⑥-安场向斜，⑦-浣溪向斜，⑧-青坪向斜，⑨-旦坪向斜，⑩-务川向斜，⑪-张家院向斜，⑫-农场向斜，⑬-大坪向斜，⑭-太白向斜；矿田和矿化区（金中国等，2013）；Ⅴ-1-瓦厂坪–大竹园矿田，Ⅴ-2-新民–马鬃岭矿田，Ⅴ-3-新木–晏溪矿田，Ⅴ-4-农场–大坪矿化区

新木–晏溪矿田（Ⅴ-3）和农场–大坪矿化区（Ⅴ-4）。本章以近年来区内发现的典型矿床为例，介绍务正道铝土矿的地质特征。

第一节 务川瓦厂坪矿床

瓦厂坪铝土矿床位于黔北务川县城北北西约50km处，为瓦厂坪–大竹园矿田内探明的大型矿床，分布于鹿池向斜南西扬起部位（图3-1、图3-2）。贵州省国土资源厅审批，该矿床探获（332）+（333）铝土矿资源量4397万t。

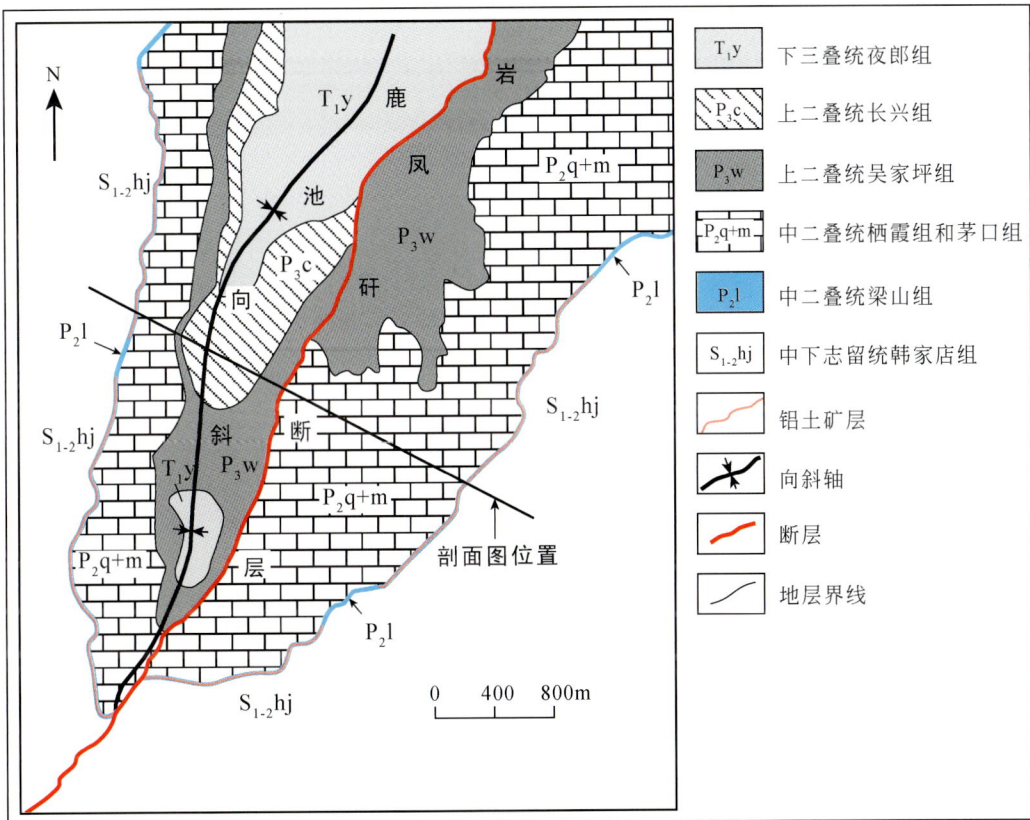

图3-2 务川瓦厂坪铝土矿床地质略图

一、矿区地质

1. 矿区地层

矿区出露的地层有志留系中下统韩家店组（$S_{1-2}hj$），石炭系中统黄龙组（C_2h），二叠系中统梁山组（P_2l）、栖霞组（P_2q）、茅口组（P_2m），二叠系上统吴家坪组（P_3w）、长兴组（P_3c），三叠系下统夜郎组（T_1y）。缺失泥盆系、下石炭统、上石炭统、下二叠统及中三叠统之后的地层（图3-2）。

$S_{1-2}hj$ 岩性主要为页岩、泥岩、泥质粉砂岩，局部夹透镜状生物灰岩，总厚度大于 400m；C_2h 零星分布，主要见于鹿池向斜西翼及东翼北段深部，为中-细晶灰岩，粗晶白云质灰岩，厚 0~5m；P_2l 为矿区铝土矿含矿层，厚 3~15.37m，后文将详细描述；P_2q 和 P_2m 为泥质灰岩、生物碎屑灰岩，厚 419~795m；P_3c 为灰岩夹有机质泥灰岩，厚 50~70m；T_1y 主要为页岩、钙质页岩、泥质灰岩，厚 130m。此外，矿区第四系（Q）广泛分布，主要为残、坡积黏土、红黏土、砂质黏土，厚 0~10m。

2. 矿区构造

矿区位于鹿池向斜南西扬起部位（图 3-2），向斜构造与铝土矿成矿关系密切。鹿池向斜分布于贵州省务川县与重庆市彭水县之间，呈北北东 20°~25° 展布（图 3-1、图 3-2），贵州省境内长超过 50km，最宽约 10km。轴部出露地层为 T_1y、P_3c 和 P_3w，两翼出露 P_2q、P_2m 和 $S_{1-2}hj$。向斜两翼地层产状变化较大，总体为不对称向斜，南段的扬起端西翼相对较陡，倾角大于 40°，东翼相对较缓，倾角 10°~20°；北段东翼较陡，倾角 25°~30°，西翼较缓，倾角 10°~18°。含矿岩系 P_2l 沿向斜两翼分布，贵州省境内总长超过 120km。向斜内断裂构造不发育，近轴部分布一条规模大、延伸长、与轴向平行的正断层（F_1），两翼主要为一些规模小、延伸短的层间断裂。

3. 含矿岩系

矿区含矿岩系为 P_2l，总厚度 2.0~16.9m，平均 6m 左右。上部为灰、灰黑色碳质页岩、钙质页岩及铝土质页岩、黏土岩，厚 0~4m；中部为铝土矿层，由浅灰-深色铝土矿和铝土岩组成，厚 0.8~10m，部分地段矿层之间夹 0.2~1.9m 厚的铝土质页岩；下部为灰、灰绿色绿泥石岩或铁绿泥石岩、铝土质页岩、碳质页岩，厚 1.2~2.8m；与下伏地层假整合接触。下伏地层主要为 $S_{1-2}hj$，局部为薄层（小于 5m）的 C_2h。该区含矿岩系可细分为 9 层，图 3-3 为自上而下岩性变化，具体为：

栖霞组（P_2q）

————整合————

梁山组（P_2l）

⑨碳质页岩	0.0~3.5m
⑧灰、黄灰黏土质页岩	0.0~0.5m
⑦灰、深灰、绿灰色豆状、碎屑状铝土矿或铝土岩	0.2~1.9m
⑥褐黄、灰黄色铝土质泥岩	0.2~1.9m
⑤浅灰、灰白色土状、半土状、碎屑状铝土矿	0.4~6.3m
④黄灰色铝土质泥岩	0.5~1.0m
③碳质页岩	0.0~0.3m
②绿灰色含铝土质页岩	0.2~0.5m
①灰绿色绿泥石岩或铁绿泥石岩	0.5~1.0m

------------假整合------------

黄龙组（C_2h）（局部地段出露，厚度小于5m）

------------假整合------------

韩家店组（$S_{1-2}hj$）

地层代号	厚度/m	柱状图	岩性描述
P_2q	138~185		深色灰岩、生物碎屑灰岩
P_2l	0~3.5		碳质页岩、钙质页岩
	0~0.5	Si Si Si Si Si / C C C C	含硅、碳铝土质页岩
	0.2~1.9		灰白色豆状、碎屑状铝土矿或铝土岩
	0.2~1.9		灰白色铝土质页岩
	0.4~6.3	Al Al Al Al Al Al Al	灰白色土状、半土状、碎屑状、致密块状铝土矿
	0.5~1.0		黄褐色铝土质页岩
	0~0.3		碳质页岩(局部地段缺失)
	0.2~0.5		灰绿色铝土质页岩
	0.5~1.0		灰绿色含铁绿泥石岩
C_2h	0~5		灰岩、白云岩化灰岩
$S_{1-2}hj$	>400		紫红色、黄绿页岩夹粉砂岩、砂岩

图3-3　瓦厂坪铝土矿床含矿岩系柱状示意图

二、矿 体 地 质

1. 矿体分布

矿体产于P_2l中部，露头线沿鹿池向斜南西端呈“U”字形展布，与向斜轮廓一致（图3-2），南西端收缩变窄，向北东逐渐分开，宽1.5~3km。矿体呈层状、似层状产出（图版Ⅰ-A、Ⅰ-B），产状与围岩一致，常见一层矿，局部见两层，下矿层为主矿层（图3-4）。矿体多赋存在铁质黏土岩之上（图版Ⅰ-C），部分矿体底部发育一层铁质风化壳（图版Ⅰ-D）。

地表探槽和深部钻探工程揭示，矿床横向上东翼由于倾角较缓而埋深较浅，西翼倾角陡则埋深较大，地表至向斜轴部矿层有逐渐变厚趋势（图3-5）。在向斜轴向上，位于向斜扬起端南西段的铝土矿层厚度相对大、品位相对高、A/S高，北东厚度总体变薄、品位相对低。含矿岩系厚度与铝土矿层厚度、矿石质量总体上呈正相关关系（图3-6）。

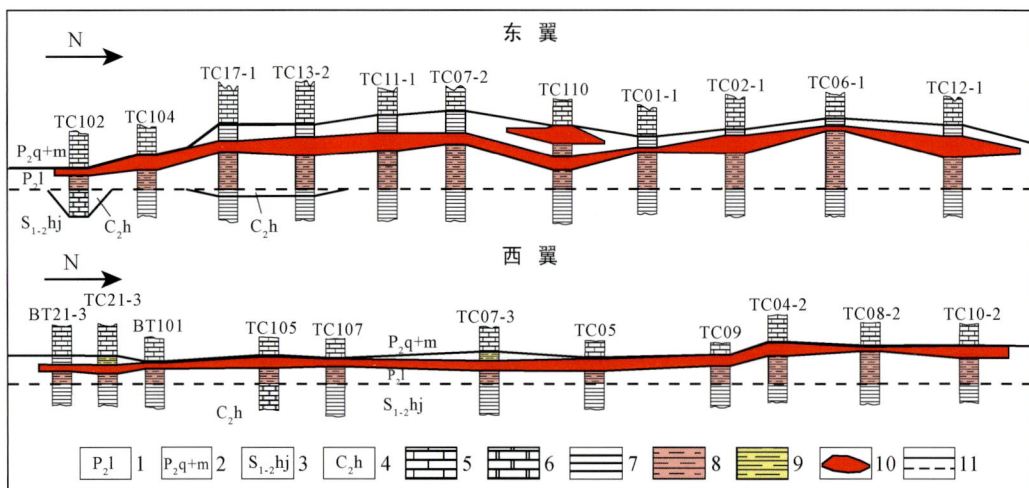

图 3-4　瓦厂坪铝土矿含矿岩系地表露头线柱状对比图

1-中二叠统栖霞组和茅口组；2-中二叠统梁山组；3-中石炭统黄龙组；4-中下志留统韩家店组；5-中厚层状灰岩；6-结晶灰岩；7-泥岩、页岩；8-含铝质泥岩；9-含碳质泥岩；10-铝土矿；11-整合、不整合地质界线

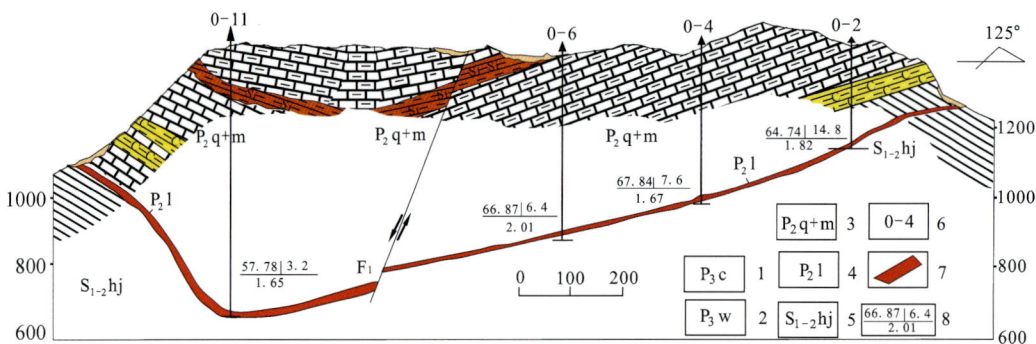

图 3-5　瓦厂坪铝土矿床 0-0 勘探线剖面图

1-上二叠统长兴组；2-上二叠统吴家坪组；3-中二叠统栖霞组和茅口组；4-中二叠统梁山组；5-中下志留统韩家店组；6-钻孔编号；7-铝土矿含矿层；8-$\dfrac{Al_2O_3\ 含量\ |\ A/S}{矿层厚度\ （m）}$

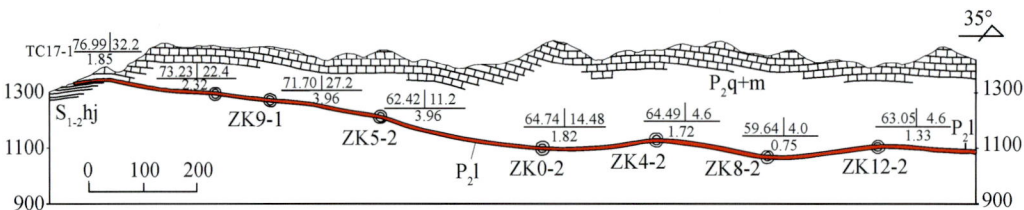

图 3-6　瓦厂坪铝土矿床 A-A' 勘探线剖面图（图例同图 3-5）

2. 矿体规模

贵州省国土资源厅审批，瓦厂坪矿床探获（332）+（333）铝土矿资源量 4397 万 t，达大型规模。由于 F_1 断层的错断，矿体以露头线及断层为自然界面分为东西两个矿段（图 3-5）。东矿段矿体地表露头线长 4200m，呈层状产出，产状与围岩一致，厚 0.70 ~ 3.88m、平均 2.38m，矿体内部结构较简单，偶有夹层，未出现分叉或尖灭再现，连续性好；西矿段矿体地表露头线长 4000m，同样呈层状产出，产状与围岩一致，连续性较好，厚 0.50 ~ 1.90m、平均 1.45m。

三、矿　石　特　征

1. 矿石类型

矿石自然类型多种多样，主要有碎屑状矿石（图版Ⅰ-E、F）、致密块状矿石（图版Ⅰ-G）、土状-半土状矿石（图版Ⅰ-H）、豆状矿石（图版Ⅱ-A）和鲕状矿石（图版Ⅱ-B），地表和浅部主要为土状-半土状矿石和碎屑状矿石，深部以致密块状矿石为主。矿石工业类型按铁含量可分为低铁型（Fe_2O_3 <3wt%）、含铁型（3wt% <Fe_2O_3 <6wt%）、中铁型（6wt% < Fe_2O_3 < 15wt%）和高铁型（Fe_2O_3 > 15wt%）矿石，主要为低铁型（占 37.50%）和含铁型（占 31.94%）（图 3-7A）；按硫含量可分为低硫型（S<0.3wt%）、中硫型（0.3wt% <S<0.8wt%）和高硫型（S>0.8wt%），低硫型（占 33.90%）和高硫型矿石比例相当（占 39.83%），而中硫型矿石（占 26.27%）相对较少（图 3-7B）。

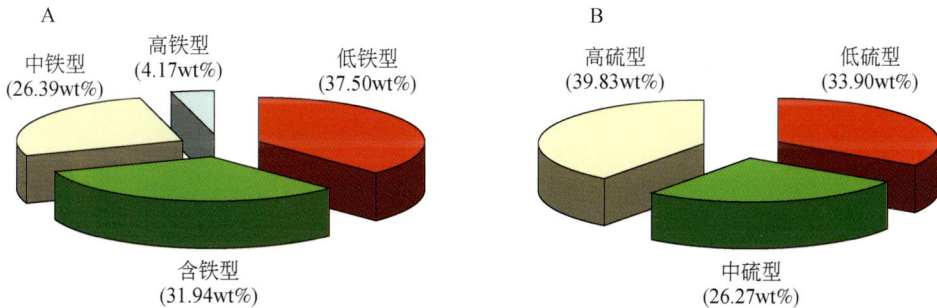

图 3-7　瓦厂坪铝土矿床矿石工业类型统计结果

原始资料据勘探资料和本次工作；A-按铁含量划分的工业类型，样品数 216 件；
B-按硫含量划分的工业类型，样品数 118 件

2. 矿石质量

按我国铝土矿工业要求（矿产资源工业要求手册编委会，2010），一水硬铝石型沉积型矿床边界品位：Al_2O_3 ≥40wt%、A/S ≥1.8，矿块工业品位：Al_2O_3 ≥55wt%、A/S ≥ 3.8。根据本次工作和勘探资料中 254 件瓦厂坪矿床矿石样品统计，Al_2O_3 ≥55wt% 的矿石占 82%、≥60wt% 的矿石占 66%、≥70wt% 的矿石占 25%；A/S ≥3.8 的矿石占 75%、

≥7的矿石占56%、≥12的矿石占38%。对比BG3497-83标准划分的铝土矿品级，该区矿石品级主要为Ⅰ级（A/S≥12、Al_2O_3≥60wt%）和Ⅱ级（A/S≥9、Al_2O_3≥50wt%），部分Ⅲ级（A/S≥7、Al_2O_3≥62wt%），少量Ⅳ级（A/S≥5、Al_2O_3≥62wt%）、Ⅴ级（A/S≥4、Al_2O_3≥58wt%）和Ⅵ级（A/S≥3、Al_2O_3≥54wt%），表明本矿床矿石质量优良。

3. 矿石成分

矿物成分：微区观察分析结果显示，该区不同矿石类型铝土矿矿石的矿物成分存在明显差异，其中铝矿物65%~90%，绝大部分为一水铝石、偶见三水铝石和胶铝石；黏土矿物5%~25%，主要为高岭石和蒙脱石，少量伊利石和绿泥石；其他矿物小于10%，常见的有石英、长石、方解石、锐钛矿、磁铁矿、黄铁矿、金红石和锆石等。

化学成分：全分析结果显示，该区不同矿石类型铝土矿矿石的化学成分同样存在明显差异，主要成分除Al_2O_3外，SiO_2、Fe_2O_3、CaO、TiO_2和烧失量（LOI）含量也相对较高，这6种氧化物含量之和一般大于95wt%，MnO、MgO、K_2O、Na_2O和P_2O_5含量较低，之和一般小于5wt%；矿石均伴生多种元素，主要为碱土元素Li，过渡元素V和Cr，稀有元素Zr、Hf、Nb、Ta、Th和U，贵金属Ag和分散元素Ga，其中多种元素达综合利用指标，如Ga的含量为56.1~131ppm、平均91.0ppm（鲁方康等，2009），达到矿产资源工业要求手册编委会（2010）确定的铝土矿中Ga的综合利用指标20ppm。

4. 矿石结构构造

矿石结构构造复杂，不同类型矿石的结构构造存在较明显的差别，常见构造有碎屑状构造（图版Ⅰ-E、F）、致密块状构造（图版Ⅰ-G）、土状–半土状构造（图版Ⅰ-H）、豆状构造（图版Ⅱ-A）和鲕状构造（图版Ⅱ-B）；常见结构有泥晶–微晶结构（图版Ⅱ-C）、泥晶粒屑结构（图版Ⅱ-D、E）、粒屑泥晶结构（图版Ⅱ-F）和复粒屑结构（图版Ⅱ-G、H）。

第二节　道真新民矿床

新民铝土矿床位于黔北道真县城北东约20km处，为新民–马鬃岭矿田内探明的大型矿床，分布在龙桥向斜东翼扬起部位（图3-1、图3-8），目前探获（332）+（333）铝土矿资源量3240万t。

一、矿区地质

1. 矿区地层

矿区范围内出露的地层有志留系中下统韩家店组（$S_{1-2}hj$），石炭系中统黄龙组（C_2h），二叠系中统梁山组（P_2l）、栖霞组（P_2q）、茅口组（P_2m）、二叠系上统吴家坪组（P_3w）、长兴组（P_3c）、三叠系下统夜郎组（T_1y），缺失中–上志留统、泥盆系和大部分石炭

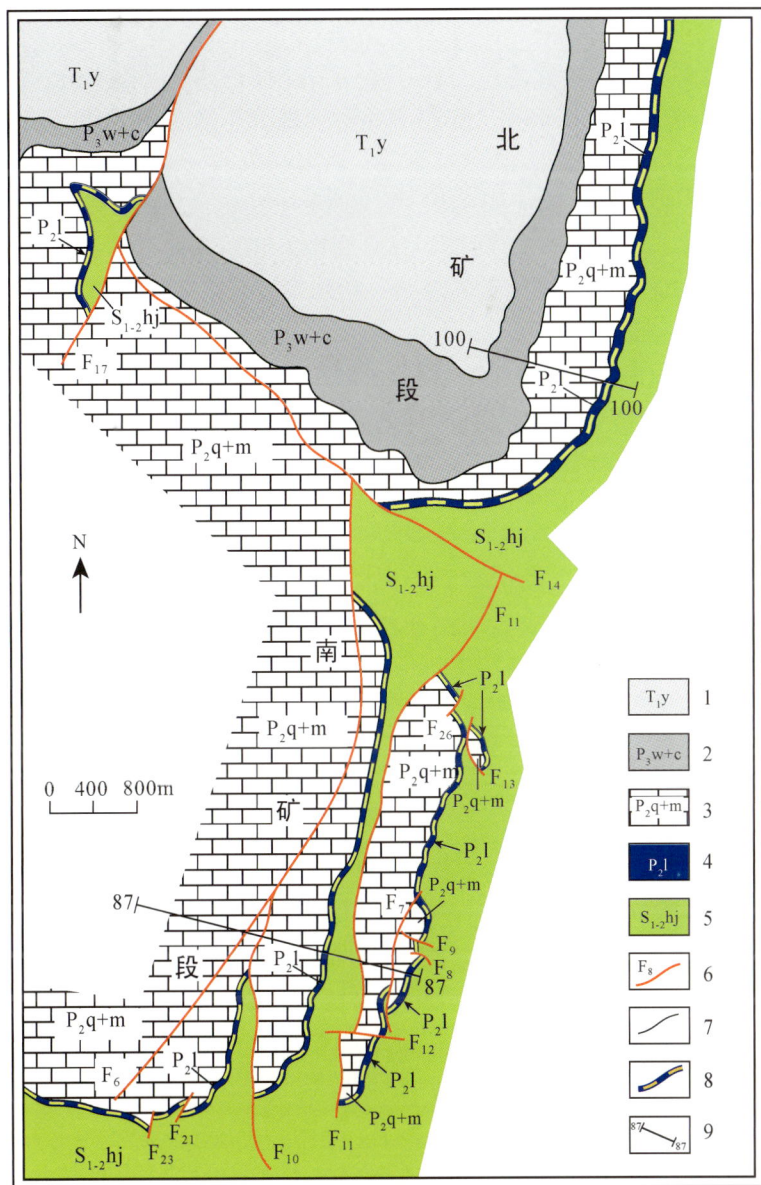

图3-8　道真新民铝土矿床地质略图（据莫光员等，2013；略修改）

1-三叠系夜郎组；2-二叠系长兴组和吴家坪组；3-二叠系栖霞组和茅口组；4-二叠系梁山组；5-志留系韩家店群；
6-断层及编号；7-地质界线；8-铝土矿体露头线；9-地质剖面位置及编号

地层。

岩性特征与瓦厂坪矿床相似。$S_{1-2}hj$ 主要为页岩、泥岩、泥质粉砂岩，局部夹透镜状生物灰岩；C_2h 零星分布，为中-细晶灰岩，粗晶白云质灰岩；P_2l 为矿区铝土矿含矿层，后文将详细描述；P_2q 和 P_2m 为泥质灰岩、生物碎屑灰岩；P_3w 为灰岩、泥岩、硅质岩互层，局部夹劣质煤层；P_3c 为灰岩夹有机质泥灰岩；T_1y 主要为页岩、钙质页岩、泥质灰岩。

2. 矿区构造

矿床位于龙桥向斜东翼扬起部位（图 3-1）。农桥向斜轴向北东 10° 左右，长 26km，宽 5~7km，西翼受道真向斜的影响，保存不完整，轴部主要为下三叠统地层，两翼依次为二叠系和志留系地层；两翼地层产状较平缓，西翼倾角 15°~30°，东翼 20°~42°。

矿区构造总体上为单斜构造（图 3-8），岩层倾向 265°~340°，倾角 10°~56°，总体上岩层南部略缓，北部较陡。以 F_{14} 断层为界分为南、北两个矿段，北矿段构造简单，为一倾向北西的单斜构造；南矿段构造较复杂，断裂发育，主要断层有 F_6、F_{10}、F_{11}、F_{12}、F_7、F_{14} 等，根据断裂构造走向可分为两组：一是北北东-北东组；二是北西-北北西组，这些断层均为成矿后期构造，破坏了矿体的连续性，控制了含矿岩系和矿体的分布形态，莫光员（2010）认为，断裂构造是造成新民南矿段铝土矿含矿岩系组合复杂多样、局部地段含矿岩系缺失的主要原因之一，也是南矿段内局部矿体变厚的主要原因之一。

3. 含矿岩系

矿区含矿岩系为 P_2l，厚度 1.5~16.6m，平均 7.5m 左右。可细分为 7 层（图 3-9），局部地段各小分层发育不全，顶部碳质泥页岩为矿层顶板标志层，一般厚 0.3~1.0m，最厚可达 3.4m。第④分层为主矿层，可进一步细分为土状-碎屑状铝土矿、致密状铝土矿或铝土岩、豆鲕状含铝土质泥岩等 3 层。总的变化趋势：下部铁质较高，常含黄铁矿，向上

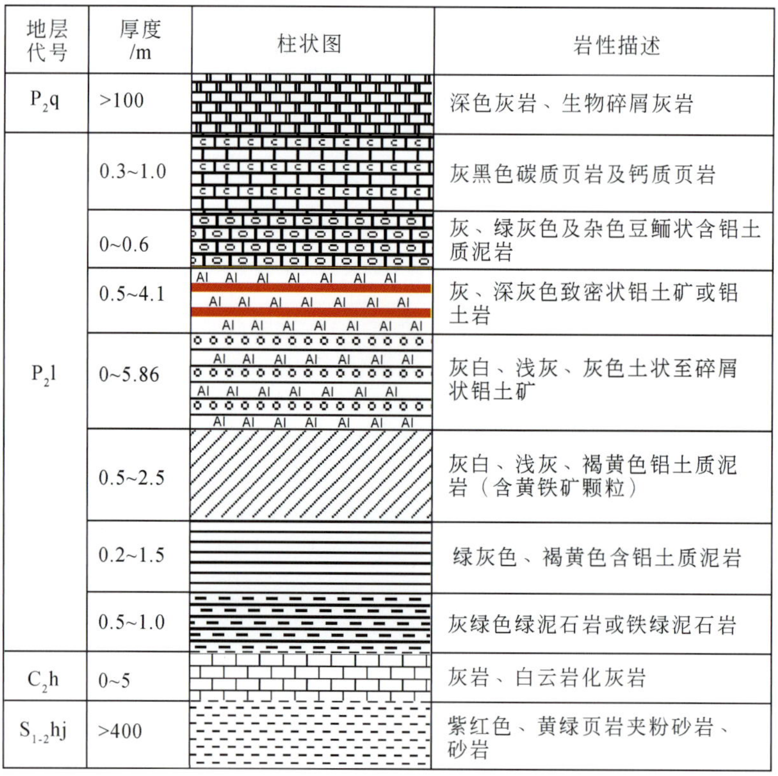

地层 代号	厚度 /m	柱状图	岩性描述
P_2q	>100		深色灰岩、生物碎屑灰岩
P_2l	0.3~1.0		灰黑色碳质页岩及钙质页岩
	0~0.6		灰、绿灰色及杂色豆鲕状含铝土质泥岩
	0.5~4.1		灰、深灰色致密状铝土矿或铝土岩
	0~5.86		灰白、浅灰、灰色土状至碎屑状铝土矿
	0.5~2.5		灰白、浅灰、褐黄色铝土质泥岩（含黄铁矿颗粒）
	0.2~1.5		绿灰色、褐黄色含铝土质泥岩
	0.5~1.0		灰绿色绿泥石岩或铁绿泥石岩
C_2h	0~5		灰岩、白云岩化灰岩
$S_{1-2}hj$	>400		紫红色、黄绿页岩夹粉砂岩、砂岩

图 3-9　道真新民铝土矿床含矿岩系柱状示意图

硅质、碳质逐渐增加。具体划分如下：

栖霞组（P_2q）

————整合————

梁山组（P_2l）

    ⑦ 灰黑色碳质页岩及钙质页岩   0.3～1.0m

    ⑥ 灰、绿灰色及杂色豆鲕状含铝土质泥岩   0.0～0.6m

    ⑤ 灰、深灰色致密状铝土矿或铝土岩   0.5～4.1m

    ④ 灰白、浅灰、灰色土状至碎屑状铝土矿   0.0～5.9m

    ③ 灰白、浅灰、褐黄色铝土质泥岩（含黄铁矿）   0.0～2.5m

    ② 绿灰色、褐黄色含铝土质泥岩   0.2～1.5m

    ① 灰绿色绿泥石岩或铁绿泥石岩   0.5～1.0m

-----------假整合------------

黄龙组（C_2h）（局部地段出露，小于10m）

-----------假整合------------

韩家店组（$S_{1-2}hj$）

二、矿体地质

1. 矿体分布

铝土矿产于 C_2h 碳酸盐岩或 $S_{1-2}hj$ 页岩、泥岩、砂质页岩及粉砂质泥岩侵蚀间断面上的 P_2l 中上部。矿体呈层状、似层状产出（图3-10），直接顶板为厚1～2m的灰、深灰色碎屑状–豆粒状铝土质泥岩或灰黑色碳质泥岩，底板为厚2～3m的浅灰、灰白色铝土质泥岩。北矿段矿体总体走向北东15°，倾向北西275°，东部倾角较陡，为40°～45°左右，向西延深逐渐变缓为10°左右（图3-11）；南矿段断裂构造发育，矿体破坏严重，连续性较差，产状变化很大（图3-12）。

2. 矿体规模

矿床圈定5个矿体，探获（332）+（333）铝土矿资源量超3240万t，达大型规模。品位 Al_2O_3 40.76wt%～79.19wt%、平均62.89wt%，SiO_2 0.76wt%～26.28wt%、平均13.56wt%，Fe_2O_3 1.22wt%～26.30wt%、平均4.03wt%，A/S 1.80～96.91、平均7.00，真厚度0.80～8.79m、平均2.12m。

北矿段矿体走向延长大于6000m，倾向宽200～1500m，南宽北窄，连续性好，厚度0.80～8.74m、平均厚2.35m。矿石 Al_2O_3 40.76wt%～79.19wt%、平均64.19wt%，A/S 1.80～45.50、平均8.40。南矿段断裂破坏严重（图3-12），长150～2750m，倾向宽70～1080m，平均厚1.83。品位 Al_2O_3 49.98wt%～74.53wt%、平均61.46wt%，A/S 1.82～196.9、平均5.24。

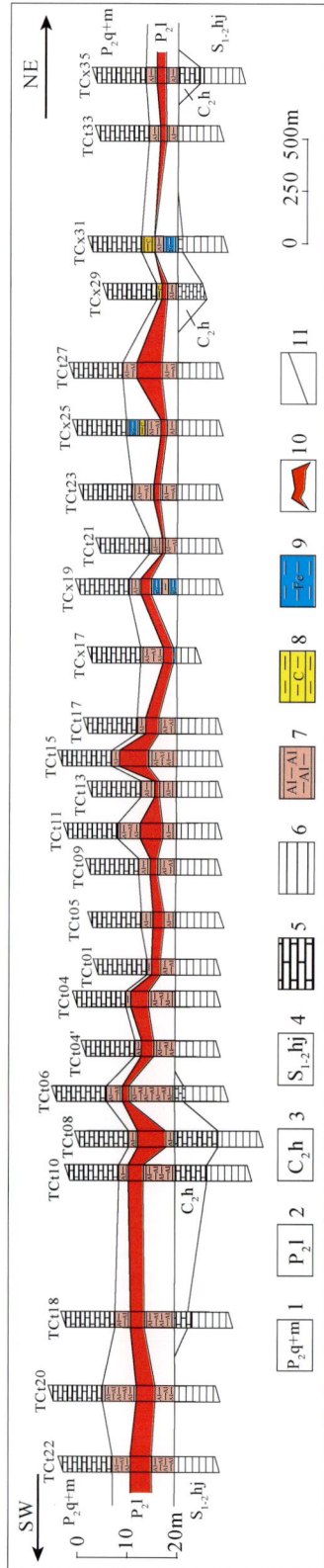

图 3-10　新民铝土矿床探槽联合剖面图

1-中二叠统栖霞组和茅口组；2-中二叠统梁山组；3-中石炭统黄龙组；4-中下志留统韩家店组；5-中厚层状灰岩；6-泥页岩；7-含铝质泥岩；8-含碳质泥岩；9-含铁质泥岩；10-铝土矿；11-整合、不整合地质界线

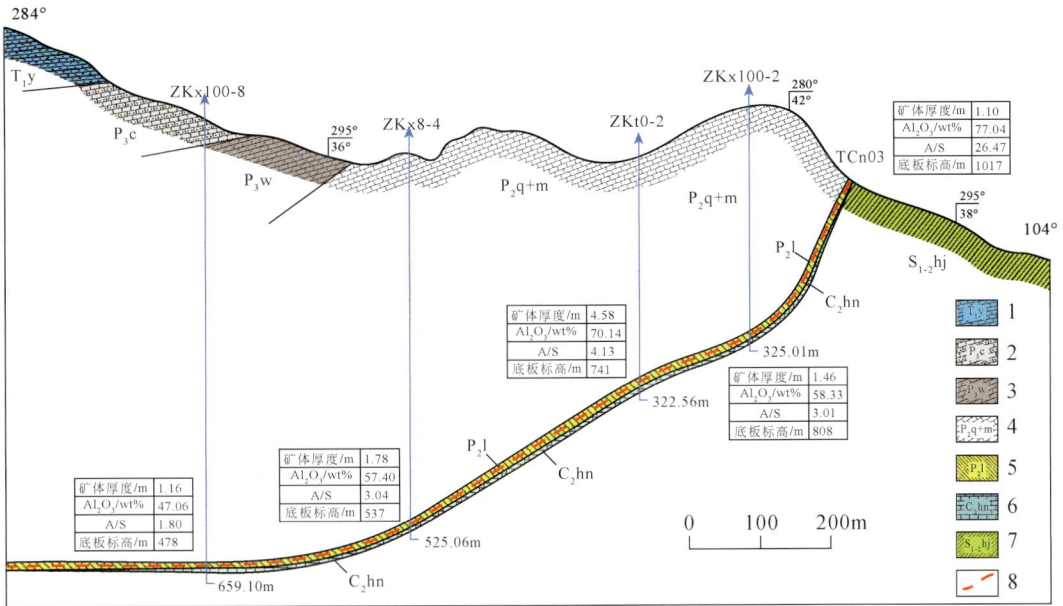

图 3-11　新民铝土矿床北矿段 100 号勘探线剖面图

剖面位置见图 3-8；1-三叠系夜郎组；2-二叠系长兴组；3-二叠系吴家坪组；4-二叠系栖霞组和茅口组；
5-二叠系梁山组；6-石炭系黄龙组；7-志留系韩家店组；8-铝土矿体

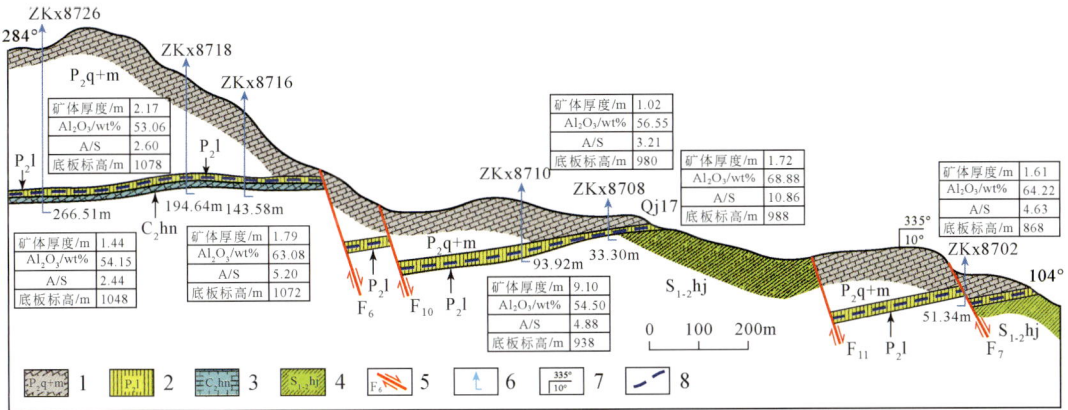

图 3-12　新民铝土矿床南矿段 87 号勘探线剖面图

1-二叠系栖霞组和茅口组；2-二叠系梁山组；3-石炭系黄龙组；4-志留系韩家店组；
5-断层及编号；6-钻孔；7-岩层产状；8-铝土矿体

三、矿石特征

1. 矿石类型

矿石自然类型以土状–半土状矿石（图版Ⅲ-A）和碎屑状矿石（图版Ⅲ-B、C）为主，其次为致密块状矿石（图版Ⅲ-D），少量豆状矿石（图版Ⅲ-E）和鲕状矿石（图版Ⅲ-F），地表和浅部主要为土状-半土状矿石和碎屑状矿石，深部主要为碎屑状矿石和致密块状矿石。矿石 Fe_2O_3 含量 1.22wt% ～26.30wt%、平均 4.03wt%，按铁含量工业类型同样可分为低铁型（Fe_2O_3 <3wt%）、含铁型（3wt% < Fe_2O_3 < 6wt%）、中铁型（6wt% < Fe_2O_3 < 15wt%）和高铁型（Fe_2O_3 >15wt%）矿石，主要为低铁型和含铁型；S 含量 0.09wt% ～ 5.03wt%、平均 0.48wt%，按硫含量也可分为低硫型（S<0.3wt%）、中硫型（0.3wt% <S< 0.8wt%）和高硫型（S>0.8wt%），主要为低硫型和高硫型矿石。

2. 矿石质量

据 44 个工程样品分析资料统计，矿体 Al_2O_3 平均品位 66.91wt%、A/S 平均 6.21。对比 BG3497-83 标准划分的铝土矿品级，该区矿石品级主要为Ⅱ级（A/S≥9、Al_2O_3 ≥50wt%）和Ⅲ级（A/S≥7、Al_2O_3 ≥62wt%），其次为Ⅰ级（A/S≥12、Al_2O_3 ≥60wt%）和Ⅳ级（A/S≥5、Al_2O_3 ≥62wt%），少量Ⅴ级（A/S≥4、Al_2O_3 ≥58wt%）和Ⅵ级（A/S ≥3、Al_2O_3 ≥54wt%），表明矿石质量较好。

受风化淋滤作用影响，该区地表矿品位较高、质量较好，33 个工程样品的 Al_2O_3 平均品位 69.12wt%、A/S 平均 7.93；深部矿品位较低、质量较差，11 个工程样品的 Al_2O_3 平均品位 61.08wt%、A/S 平均 3.82。矿石品位和质量还与含矿岩系关系密切，含矿岩系越厚，形成的铝土矿层越厚，相应的矿石品位越高、质量越好，如北矿段从南向北，含矿岩系总体逐渐变薄，矿层也相应变薄（图 3-10），矿石品位降低、质量下降。

3. 矿石成分

矿物成分：矿相学分析结果显示，矿石中铝矿物 62% ～97%，绝大部分为一水软铝石，少量一水硬铝石，偶见三水铝石和胶铝石；黏土矿物 3% ～30%，主要为高岭石和伊利石，少量蒙脱石和绿泥石；其他矿物小于 5%，常见的有石英、长石、方解石、褐铁矿、黄铁矿、锐钛矿、金红石和锆石等。

化学成分：矿石全分析结果显示，主要成分除 Al_2O_3 外，SiO_2 和 Fe_2O_3 含量较高，同时含有少量 CaO、TiO_2 和烧失量（LOI），这 6 种氧化物含量之和一般大于 95wt%，MnO、MgO、K_2O、Na_2O 和 P_2O_5 含量较低，之后一般小于 5wt%；各种类型矿石均不同程度伴生多种元素，主要为碱土元素 Li，过渡元素 V 和 Cr，稀有元素 Zr、Hf、Nb、Ta、Th 和 U，贵金属 Ag 和分散元素 Ga，其中多种元素达到或接近综合利用指标。

4. 矿石结构构造

矿石结构构造复杂，常见构造有土状-半土状构造（图版Ⅲ-A）、碎屑状构造（图版Ⅲ-B、C）、致密块状构造（图版Ⅲ-D）、豆状构造（图版Ⅲ-E）和鲕状构造（图版Ⅲ-F）；常见结构有泥晶-微晶结构（图版Ⅲ-G）、泥晶粒屑结构（图版Ⅲ-H、图版Ⅳ-A）、粒屑泥晶结构（图版Ⅳ-B）和复粒屑结构（图版Ⅳ-C、D）。

第三节 正安新木–晏溪矿床

新木–晏溪铝土矿床位于黔北正安县城南东约 15km 处，为新木–晏溪矿田内探明的大型矿床，分布在旦坪向斜南东翼扬起部位（图 3-1、图 3-13），目前探获（332）+（333）铝土矿资源量 2812 万 t。

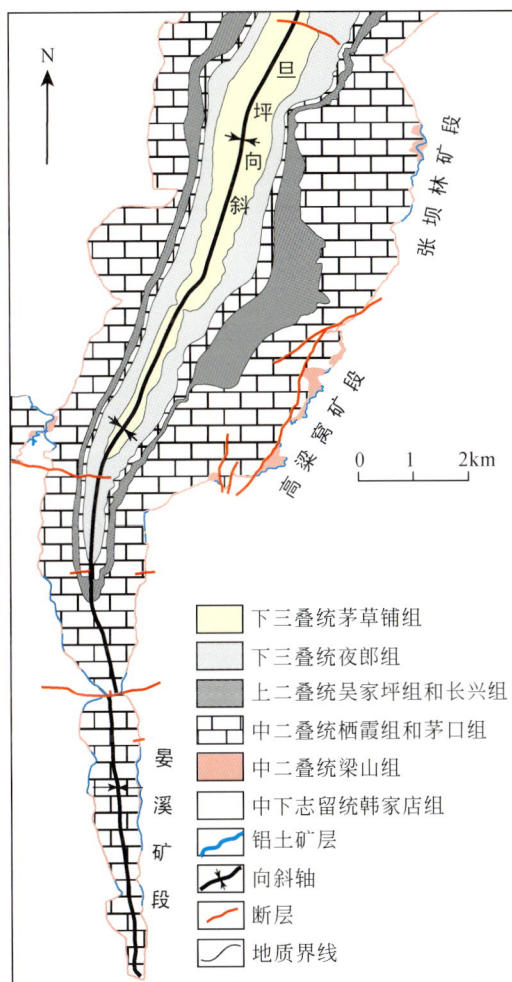

图 3-13 正安新木–晏溪铝土矿床地质图

一、矿 区 地 质

1. 矿区地层

矿区出露地层自下而上有：中下志留统韩家店组（$S_{1-2}hj$），中石炭统黄龙组（C_2h），中二叠统梁山组（P_2l）、栖霞组（P_2q）、茅口组（P_2m），上二叠统长兴组（P_3c），下三叠系夜郎组（T_1y）和第四系（Q），缺失泥盆系、下石炭统、上石炭统、下二叠统及中三叠统之后地层（图3-13）。

$S_{1-2}hj$ 主要为页岩、泥岩夹透镜状生物灰岩；C_2h 为中–细晶灰岩，粗晶白云质灰岩，分布不连续；P_2l 为矿区铝土矿含矿层，后文详细描述；P_2q 和 P_2m 为含有机质、泥质瘤状灰岩；P_3c 为灰岩夹有机质泥灰岩；T_1y 主要为页岩、钙质页岩、泥质灰岩；Q 为红黏土、砂质黏土。

2. 矿区构造

矿床位于旦坪向斜南东翼扬起部位（图3-13）。旦坪向斜位于务正道地区南端，呈轴向北北东展布，南段向南东弯曲（图3-1），长约35km，宽1~14km；核部地层为三叠系，两翼地层为二叠系和志留系；东、西两翼岩层倾角往南逐渐变陡，东翼倾向290°~255°、倾角25°~70°，西翼倾向65°~110°，倾角25°~58°。矿区岩层呈单斜状，断裂构造不发育，一些规模小、延伸短的断层均为成矿后断层，破坏了矿体的完整性。

3. 含矿岩系

含矿岩系为 P_2l，围绕旦坪向斜分布（图3-13），总长近120km，矿区范围长约40km、厚3~10m。自下而上可划分出10层（图3-14），各分层往往发育不全，单工程常见5~7个分层，第④~⑥分层为主矿层，局部地段之间夹褐黄、灰黄色铝土质页岩。总的变化趋势：下部铁质、硅质较高，常含黄铁矿，向上碳质逐渐增加。具体划分如下：

栖霞组（P_2q）

————整合————

梁山组（P_2l）

⑩ 灰黑色碳质页岩及钙质页岩，局部变为劣煤　　　　0.0~0.5m

⑨ 深灰、黑灰色中厚层有机质灰岩　　　　0.0~0.8m

⑧ 黑色硅质、碳质页岩　　　　0.1~0.3m

⑦ 灰、黄灰色黏土岩　　　　0.3~1.0m

⑥ 灰、绿灰色豆状铝土矿或铝土岩　　　　0.0~2.0m

⑤ 褐黄、灰黄色铝土质页岩　　　　0.0~1.0m

④ 浅灰、灰白色土状或半土状铝土矿　　　　0.0~1.5m

③ 黄灰色铝土岩或硬质耐火黏土　　　　0.5~1.0m

② 绿灰色铝土质页岩　　　　0.2~0.5m

① 灰绿色绿泥石岩或铁绿泥石岩　　　　0.5~1.0m

-----------假整合-----------

黄龙组（C_2h）（局部地段出露，小于2.0m）

-----------假整合-----------

韩家店组（$S_{1-2}hj$）

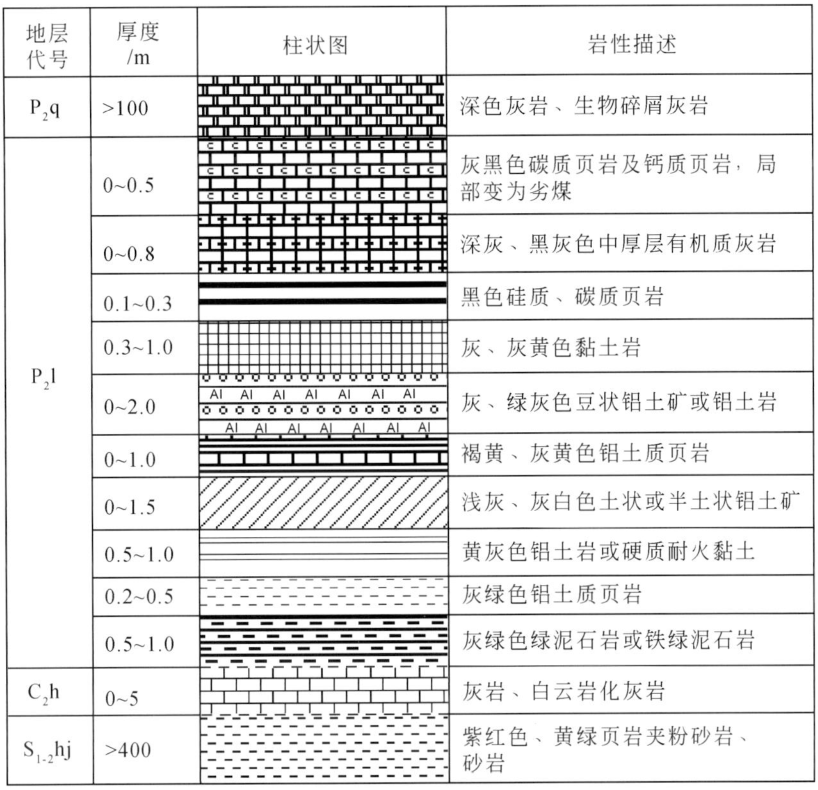

地层代号	厚度/m	柱状图	岩性描述
P₂q	>100		深色灰岩、生物碎屑灰岩
P₂l	0~0.5		灰黑色碳质页岩及钙质页岩，局部变为劣煤
	0~0.8		深灰、黑灰色中厚层有机质灰岩
	0.1~0.3		黑色硅质、碳质页岩
	0.3~1.0		灰、灰黄色黏土岩
	0~2.0		灰、绿灰色豆状铝土矿或铝土岩
	0~1.0		褐黄、灰黄色铝土质页岩
	0~1.5		浅灰、灰白色土状或半土状铝土矿
	0.5~1.0		黄灰色铝土岩或硬质耐火黏土
	0.2~0.5		灰绿色铝土质页岩
	0.5~1.0		灰绿色绿泥石岩或铁绿泥石岩
C₂h	0~5		灰岩、白云岩化灰岩
S₁₋₂hj	>400		紫红色、黄绿页岩夹粉砂岩、砂岩

图 3-14 新木–晏溪铝土矿含矿岩系柱状示意图

二、矿体地质

1. 矿体分布

矿区范围北起罗大坪、南至堡上，长约 24km（图 3-13）。矿体呈层状、似层状产于 P₂l 中上部（图 3-15），露头线沿旦平向斜两翼呈北北东向至南北向展布，与向斜轮廓一致。矿床由张坝林、高粱窝和晏溪 3 个矿段组成，其中张坝林和高粱窝矿段位于旦坪向斜中部东翼，含矿层及矿体呈单斜状，倾角 30°~50°（图 3-16）；晏溪矿段分布于旦坪向斜南端两翼，含矿层相距 1km 左右，剖面形态呈"U"字形（图 3-17）。

2. 矿体规模

该矿床目前探获（332）+（333）铝土矿资源量 2812 万 t，达大型规模。矿区共圈出 9 个矿体，其中 1~3 号矿体分布在张坝林矿段、4~5 号矿体分布在高粱窝矿段、6~9 号矿体分布在晏溪矿段，矿体长 800~2700m，宽 150~1600m，厚 0.80~5.28m、平均 1.39m。其中 3 号和 8 号为主矿体。

3 号矿体位于旦平向斜东翼张坝林矿段（图 3-13），北与 2 号矿体相距约 800m，走向近南北，倾向西，倾角 19°~31°。矿体南北长约 2700m，东西宽 600~1600m，厚度 0.80~

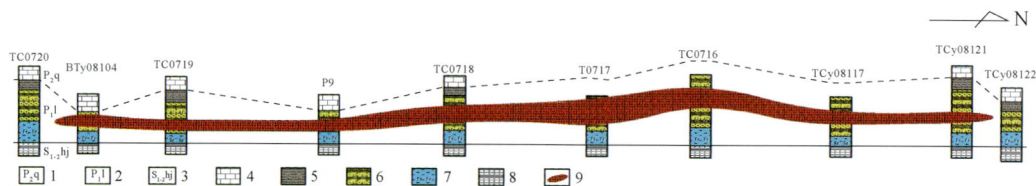

图 3-15 新木-晏溪铝土矿床晏溪矿段向斜东翼含矿岩系柱状对比图

1-二叠系栖霞组；2-二叠系梁山组；3-志留系韩家店组；4-灰岩；5-碳质页岩；
6-铝土质页岩；7-铁质页岩；8-砂页岩；9-铝土矿体

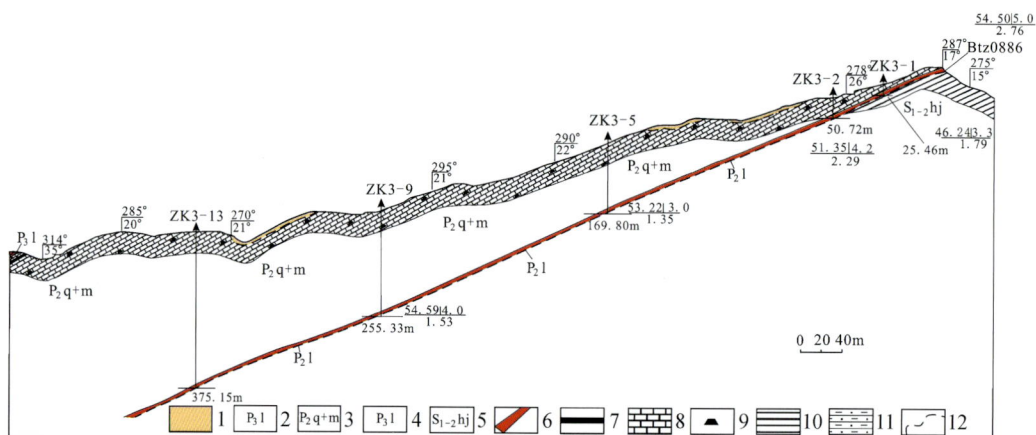

图 3-16 新木-晏溪铝土矿床张坝林矿段 3-3' 勘探线剖面图

1-第四系浮土；2-上二叠统龙潭组；3-中二叠统栖霞组和茅口组；4-中二叠统梁山组；5-中下志留统韩家店组；
6-铝土矿；7-劣质煤层；8-中厚层状灰岩；9-燧石；10-泥岩；11-砂质泥岩；12-不整合地质界线

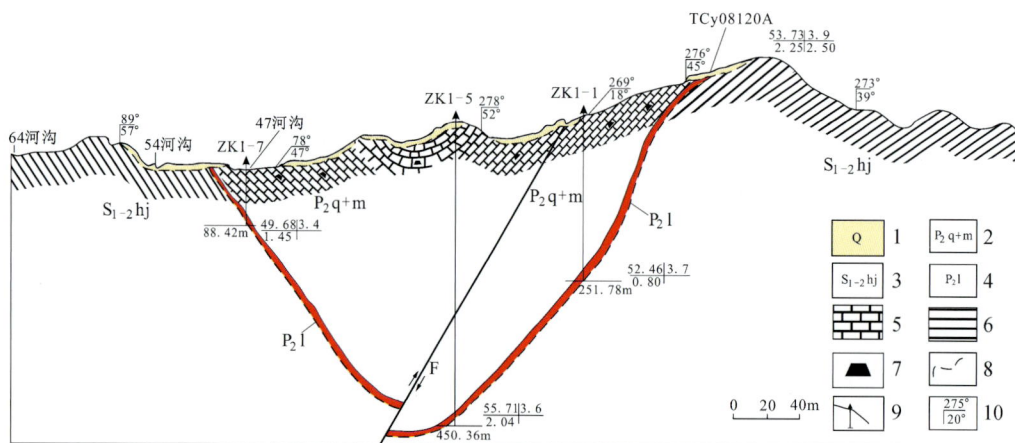

图 3-17 新木-晏溪铝土矿床晏溪矿段 1-1' 勘探线剖面图

1-第四系浮土；2-中二叠统栖霞组和茅口组；3-中下志留统韩家店组；4-中二叠统梁山组；5-中厚层状灰岩；
6-泥岩；7-燧石；8-不整合地质界线；9-钻孔位置及编号；10-地层产状

5.28m、平均厚 1.52m，顺层延伸，未见底（图 3-16）。品位：Al_2O_3 47.15wt% ~ 67.75wt%、平均 55.35wt%，A/S 2.6 ~ 31.7、平均 5.1。

8 号矿体位于矿区南部的晏溪矿段，旦平向斜南段核部（图 3-13），与北部的 7 号矿体为同一个矿体，深部被断层错断（图 3-17）。矿体形态与向斜一致，走向近南北，西翼倾向 75° ~ 95°、倾角 40° ~ 56°，东翼倾向 255° ~ 275°，倾角 30° ~ 66°。矿体南北长约 2450m，东西宽 600 ~ 800m，厚 0.82 ~ 3.85m、平均 1.57m。品位：Al_2O_3 46.04wt% ~ 68.11wt%、平均 55.71wt%，A/S 2.3 ~ 10.8、平均 4.4。

三、矿石特征

1. 矿石类型

矿石自然类型以豆状矿石（图版Ⅳ-E、F）和鲕状矿石（图版Ⅳ-G）为主，其次为土状–半土状矿石（图版Ⅳ-H）、碎屑状矿石（图版Ⅴ-A）和致密块状矿石（图版Ⅴ-B），地表和浅部主要为土状–半土状矿石，中部主要为豆状矿石和鲕状矿石，深部主要为碎屑状矿石和致密块状矿石。矿石 Fe_2O_3 含量较高，除 9 号矿体平均为 2.14wt% 外，其余矿体平均含量为 8.12wt% ~ 13.18wt%，按铁含量工业类型划分，主要为中铁型（6wt% < Fe_2O_3 < 15wt%）矿石，少量低铁型（Fe_2O_3 < 3wt%）、含铁型（3wt% < Fe_2O_3 < 6wt%）和高铁型（Fe_2O_3 > 15wt%）矿石；矿石 S 含量也较高，除 9 号矿体平均为 0.26wt% 外，其余矿体平均含量为 1.09wt% ~ 5.53wt%，按硫含量划分，主要为高硫型（S > 0.8wt%）矿石，少量低硫型（S < 0.3wt%）和中硫型（0.3wt% < S < 0.8wt%）矿石。

2. 矿石质量

据勘探工程样品分析资料统计，矿床 Al_2O_3 平均品位 55.83wt%、A/S 平均 4.8；1 ~ 8 号矿体 Al_2O_3 平均品位和 A/S 平均值相近，分别为 55.03wt% ~ 57.05wt% 和 4.0 ~ 5.1，9 号矿体 Al_2O_3 平均品位 65.36wt%、A/S 平均 4.7。对比 BG3497-83 标准划分的铝土矿品级，该区矿石品级主要为Ⅴ级（A/S≥4、Al_2O_3≥58wt%）和Ⅵ级（A/S≥3、Al_2O_3≥54wt%），其次为Ⅲ级（A/S≥7、Al_2O_3≥62wt%）和Ⅳ级（A/S≥5、Al_2O_3≥62wt%），Ⅰ级（A/S≥12、Al_2O_3≥60wt%）和Ⅱ级（A/S≥9、Al_2O_3≥50wt%）很少，表明矿石质量较差。

3. 矿石成分

矿物成分：矿相学分析结果显示，矿石中铝矿物 30% ~ 85%，绝大部分为一水硬铝石，少量一水软铝石，偶见三水铝石和胶铝石；黏土矿物 5% ~ 50%，主要为高岭石、伊利石和蒙脱石，少量绿泥石和叶蜡石；其他矿物小于 5%，常见石英、长石、方解石、锐钛矿、褐铁矿、金红石和锆石等。

化学成分：矿石全分析结果显示，主要成分为 Al_2O_3、SiO_2 和 Fe_2O_3，这 3 种氧化物含量之和一般大于 80wt%，同时含有少量 CaO、TiO_2 和烧失量（LOI），含量之和一般在

15wt% 左右，MnO、MgO、K₂O、Na₂O 和 P₂O₅ 含量较低，含量之和一般小于 5wt%；各种类型矿石均不同程度伴生多种元素，主要为碱土元素 Li，过渡元素 V 和 Cr，稀有元素 Zr、Hf、Nb、Ta、Th 和 U，贵金属 Ag 和分散元素 Ga，其中 Ga 达到或接近综合利用指标。

4. 矿石结构构造

矿石结构构造复杂，常见构造有豆状构造（图版Ⅳ-E、F）、鲕状构造（图版Ⅳ-G）、土状–半土状构造（图版Ⅳ-H）、碎屑状构造（图版Ⅴ-A）和致密块状构造（图版Ⅴ-B）；矿石结构以泥晶–微晶结构（图版Ⅴ-C）、泥晶–砂屑结构（图版Ⅴ-D）、泥晶–假鲕状结构（图版Ⅴ-E、F）为主，次为隐晶结构（图版Ⅴ-G）和显微鳞片结构（图版Ⅴ-H）。

第四节　道真三清庙矿床

三清庙铝土矿床位于黔北道真县城南约 21km，行政区划属道真县上坝乡管辖，为新民–马鬃岭矿田内探明的中型矿床，分布于道真向斜南西翼扬起部位（图 3-1），目前探获（332）+（333）铝土矿资源量 590 万 t。

一、矿 区 地 质

1. 矿区地层

矿区出露的地层有志留系韩家店组（S₁₋₂hj）、石炭系黄龙组（C₂h）、二叠系梁山组（P₂l）、栖霞–茅口组（P₂q+m）、吴家坪组（P₃w）、长兴组（P₃c）、三叠系夜郎组（T₁y）、茅草铺组（T₁m）及第四系（Q）（图 3-18）。

S₁₋₂hj：下部为黄灰、青灰、灰绿色页岩、泥岩，局部夹透镜状生物灰岩；中部以紫红色页岩、泥岩为主，夹少量灰绿色页岩及透镜状灰岩；上部为灰绿、黄绿、黄灰色页岩、泥岩、泥质粉砂岩，夹紫红色页岩，南部紫色页岩增多。总厚度大于 400m。

C₂h：灰、浅灰、黄灰色局部呈肉红色中–细晶灰岩，其底为粗晶白云质灰岩且常含原生角砾，铁质往往较重。矿区内分布零星，主要见于向斜西翼深部。厚 0～6m，与上覆 P₂l 及下伏 S₁₋₂hj 均呈假整合接触。

P₂l：为绿泥石岩、黏土岩、铝土岩系列。矿区铝土矿含矿岩系，分布于矿区西翼及深部，常出露于悬崖与缓坡转换部位，厚 3～10m。与下伏 S₁₋₂hj 或 C₂h 假整合接触。

P₂q+m：为灰白、灰–深灰色中厚层–厚层块状泥晶灰岩，局部为生物碎屑灰岩，下部为夹燧石结核灰岩、含泥质灰岩、泥灰岩及泥页岩。厚度 300～480m，与下伏 P₂l 为整合接触。

P₃w：底部为碳质泥岩、粉砂质泥岩、泥灰岩，厚约 10m 左右；向上为浅灰至深灰色中厚层生物燧石灰岩，黑色燧石呈条带状、团块状产出；中部夹中厚层层状白云质灰岩；上部为深灰色中厚层有机质灰岩夹黑色有机质页岩、褐色钙质页岩、粉砂质泥岩。厚 70～80m，与下伏 P₂m 呈假整合接触。

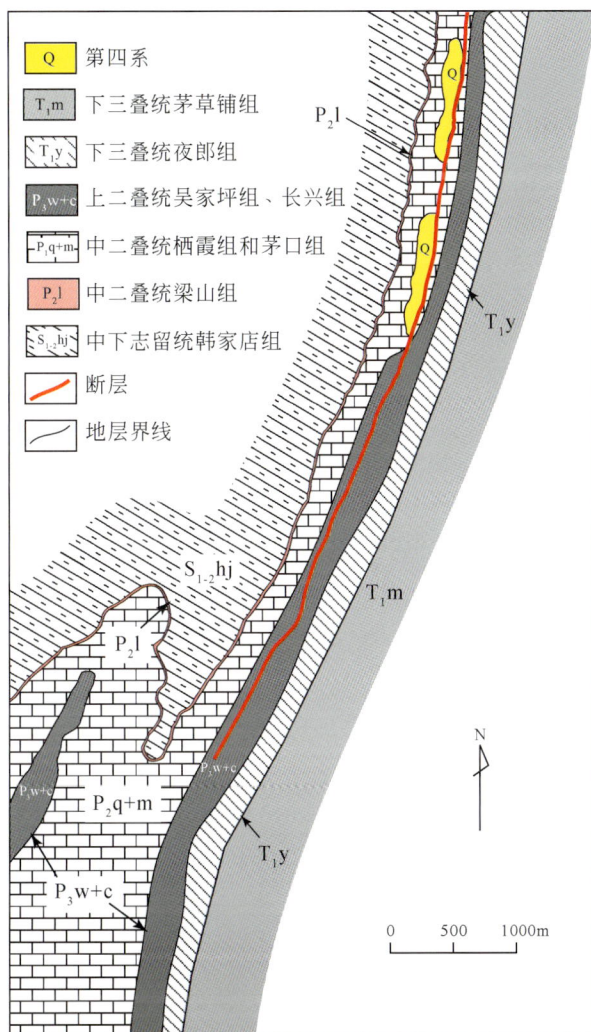

图 3-18 道真三清庙铝土矿床地质图

P$_3$c：浅灰至深灰色中厚层细粒灰岩夹有机质泥灰岩和少量粉砂质页岩，顶部含少量黑色燧石小团块。厚 50 ~ 70m，与下伏 P$_3$w 组整合接触。

T$_1$y：底部为黄灰、黄绿色页岩、钙质页岩、砂质页岩；中下部为灰色薄至中厚层灰岩夹泥质灰岩，向上单层渐变厚，泥质逐渐减少；上部主要为紫红色泥岩，夹有灰色、灰绿色泥质粉砂岩、细砂岩等。厚 110 ~ 130m，与下伏 P$_3$c 呈整合接触。

T$_1$m：下部为深灰色中至厚层状微晶灰岩、白云岩。厚 370 ~ 480m，与下伏 T$_1$y 呈整合接触。

Q：为褐黑色、褐色及黄色黏土、亚黏土，底部常含岩石团块。分布山间洼地或地势相对平缓地带。厚度一般 0 ~ 12m。

2. 矿区构造

三清庙铝土矿床位于道真向斜南西翼扬起部位（图 3-1）。道真向斜南起于云峰，向北经道真、菱霄，直至背垭口进入重庆境内（图 3-1）。向斜轴向北东 15°～20°，枢纽时而起伏呈波状延伸，在贵州省内轴向长约 48km，宽 2～18km。轴部在道真一带出露最新地层为侏罗系，两翼依次为二叠系和志留系。含矿岩系出露长约 105km，平均宽约 10km，保存面积约 600km²，是务正道地区最大的含矿岩系构造单元。

矿区地层及含矿岩系均呈单斜层状产出，总体上地层产状较缓，产状较为稳定，倾向 70°～120°，倾角 15°～26°（图 3-18）。P_2q+m 地层中上部发育一条高角度正断层 F_1（图 3-18），总体走向近南北，倾向 95°～120°，倾角 75°±。矿区含矿岩系保存完整，未受到该断层的影响。

3. 含矿岩系

矿区含矿岩系为 P_2l，呈单斜层状产出，产状亦与下伏 $S_{1-2}hj$ 或局部 C_2h 及上伏 P_2q 基本一致（图 3-18）。自下而上可划分出 7 层（图 3-19），各分层往往发育不全，单工程常见 4～6 个分层，第③～⑥分层为主矿层。具体划分如下：

栖霞组（P_2q）

　　　　　　　　　　————整合————

梁山组（P_2l）

　　⑦ 碳质页岩，含黄铁矿颗粒　　　　　　　　　　　　　　　　0.0～0.5m

　　⑥ 浅灰、灰色致密豆鲕状铝土矿，含黄铁矿颗粒　　　　　　　　0.0～0.8m

　　⑤ 灰、深灰色致密块状、碎屑状铝土矿　　　　　　　　　　　　0.8～3.6m

　　④ 浅灰、灰白色土状、半土状、碎屑状铝土矿　　　　　　　　　0.0～1.9m

　　③ 浅灰、灰色致密块状铝土岩，含黄铁矿颗粒　　　　　　　　　0.0～0.5m

　　② 浅灰、灰色铝质黏土岩，含黄铁矿颗粒　　　　　　　　　　　0.5～3.0m

　　① 灰绿色绿泥石岩或铁绿泥石岩　　　　　　　　　　　　　　　0.5～1.0m

　　　　　　　　　　-----------假整合-----------

黄龙组（C_2h）（局部地段出露，小于 5.0m）

　　　　　　　　　　-----------假整合-----------

韩家店组（$S_{1-2}hj$）

二、矿体地质

1. 矿体分布

该区铝土矿产于 C_2h 碳酸盐岩或 $S_{1-2}hj$ 页岩、泥岩、砂质页岩及粉砂质泥岩侵蚀间断面上，矿体呈层状、似层状赋存于含矿岩系 P_2l 的中上部（图 3-20），产状 100°～135°∠39°～80°。该区含矿岩系中主要为一层矿体，矿层厚度大、稳定、连续性好，仅 ZK3-1

地层代号	厚度/m	柱状图	岩性描述
P₂q	138~185		深灰色厚层状生物碎屑灰岩，碳质页岩
P₂l	0~0.5		碳质页岩，含黄铁矿颗粒
	0~0.84		浅灰、灰色致密豆鲕状铝土矿，含黄铁矿颗粒
	0.8~3.56		灰、深灰色致密块状、碎屑状铝土矿
	0~1.94		浅灰、灰白色土状、半土状、碎屑状铝土矿
	0~0.5		浅灰、灰色致密块状铝土岩、含黄铁矿颗粒
	0.5~3.0		浅灰、灰色铝质黏土岩,含黄铁矿颗粒
	0.5~1.0		灰绿色绿泥石岩或铁绿泥石岩
C₂h	0~5		灰岩、白云岩化灰岩
S₁₋₂hj	>400		紫红色、黄绿页岩夹粉砂岩、砂岩

图 3-19　三清庙铝土矿含矿岩系柱状示意图

钻孔在主矿层之下见有一层厚 0.35m、呈透镜状产出的铝土矿。

2. 矿体规模

通过系统的地表槽探及钻探工程控制，目前圈出两个矿体，探获（332）+（333）铝土矿资源量 590 万 t，达中型规模。

Ⅰ号矿体分布在矿区北部，底板标高最低 699.17m（矿体南段 ZK9-2 孔）、最高 1103.39m（矿体北段 TCs1），走向长 4200m，倾向延伸约 400m，厚 1.07~3.18m，平均 1.87m（图 3-21），变化系数 31.39%，平均品位：Al_2O_3 63.67wt%、A/S 4.58。地表矿石 Al_2O_3 57.43wt%~79.54wt%、A/S 2.5~40，变化系数 6.6%~33.7%（图 3-22）；深部单孔矿厚 0.81~2.63m，一般>1.5m，往南有逐渐变薄趋势，厚度变化系数 39.13%（图 3-21），品位：Al_2O_3 48.43%~71.53%、A/S 2.45~11.34，变化系数 9.3%~38.3%。

Ⅱ号矿体分布在矿区南部，底板标高最低 734.11m（ZK29-2 孔）、最高 1187.21m（TCs30），走向长约 420m，倾向延伸约 420m，厚 0.91~2.43m，平均 1.44m（图 3-21），厚度变化系数 39.69%，平均品位：Al_2O_3 59.96wt%、A/S 4.07。地表矿石 Al_2O_3 54.34wt%~67.47wt%，大多>55wt%，A/S 2.58~10.12，变化系数 3.55%~36.15%（图 3-22）；深部仅 ZK29-2 见矿，厚 1.44m，Al_2O_3 67.47wt%、A/S 8.65。

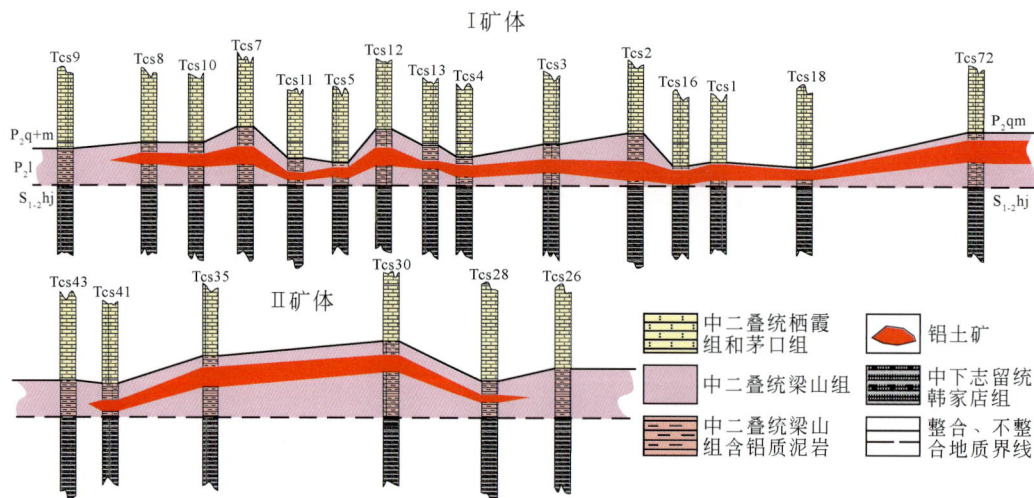

图 3-20　三清庙地表露头含矿岩系柱状对比图

三、矿石特征

1. 矿石类型

矿石自然类型主要为土状–半土状矿石（图版Ⅵ-A、B）、碎屑状矿石（图版Ⅵ-C）和致密块状矿石（图版Ⅵ-D），少量豆状矿石（图版Ⅵ-E）和鲕状矿石（图版Ⅵ-F），地表和浅部主要为土状–半土状矿石和碎屑状矿石，深部主要为致密块状矿石和碎屑状矿石。根据矿石中 Fe_2O_3、S 含量，该区矿石工业类型主要为含铁高硫型铝土矿石（$3wt\% < Fe_2O_3 < 6wt\%$、$S > 0.8wt\%$）。

2. 矿石质量

据勘探工程样品分析资料统计，Ⅰ号矿体平均品位：Al_2O_3 63.67wt%、A/S 4.58，其中地表矿石 Al_2O_3 57.43wt% ~79.54wt%、A/S 2.5~40，深部矿石：Al_2O_3 48.43wt% ~ 71.53wt%、A/S 2.45–11.34；Ⅱ号矿体平均品位：Al_2O_3 59.96wt%、A/S 4.07，其中地表矿石 Al_2O_3 54.34wt% ~67.47wt%，多数>55wt%，A/S 2.58 ~10.12。对比 BG3497–83 标准划分的铝土矿品级，该区矿石品级主要为Ⅳ级（A/S≥5、Al_2O_3≥62wt%）和Ⅴ级（A/S≥4、Al_2O_3≥58wt%），部分Ⅰ级（A/S≥12、Al_2O_3≥60wt%）、Ⅱ级（A/S≥9、Al_2O_3≥50wt%）和Ⅲ级（A/S≥7、Al_2O_3≥62wt%），少量Ⅵ级（A/S≥3、Al_2O_3≥54wt%），表明矿石质量一般。

3. 矿石成分

矿物成分：矿相学分析结果显示，矿石中铝矿物 40% ~90%，绝大部分为一水硬铝石，少量一水软铝石，偶见三水铝石和胶铝石；黏土矿物 5% ~40%，主要为高岭石和伊

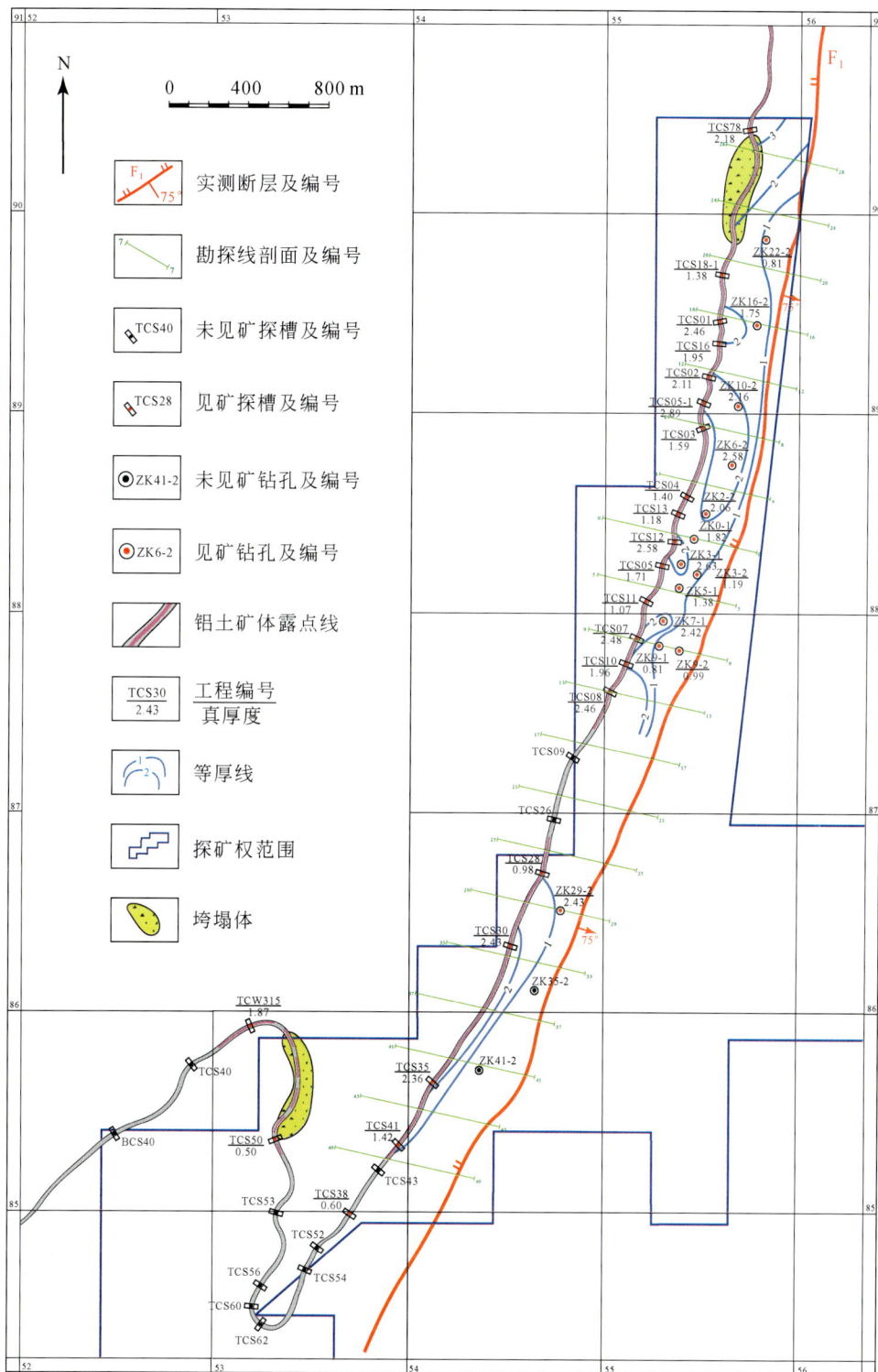

图 3-21 三清庙矿体厚度等值线图

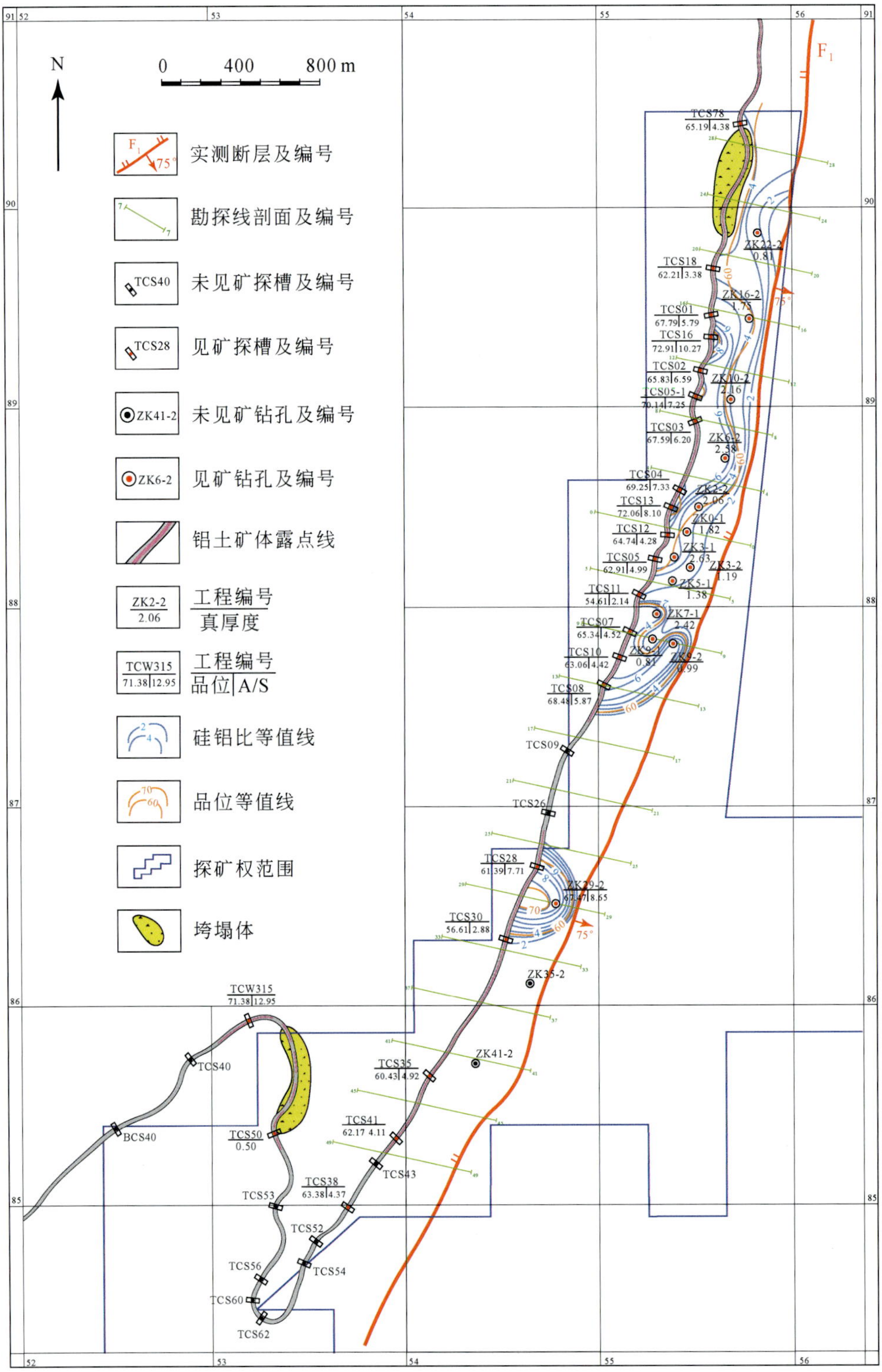

图 3-22　三清庙矿体品位及 A/S 等值线图

利石，少量蒙脱石、少量绿泥石和叶蜡石；其他矿物小于 5%，常见的有石英、长石、锐钛矿、褐铁矿、金红石和锆石等。

化学成分：矿石全分析结果显示，主要成分为 Al_2O_3、SiO_2 和 Fe_2O_3，这 3 种氧化物含量之和一般大于 85wt%，同时含有少量 CaO、TiO_2 和烧失量（LOI），含量之和一般在 10wt% 左右，MnO、MgO、K_2O、Na_2O 和 P_2O_5 含量较低，之和一般小于 5wt%；各种类型矿石均不同程度伴生多种元素，主要为碱土元素 Li，过渡元素 V 和 Cr，稀有元素 Zr、Hf、Nb、Ta、Th 和 U，贵金属 Ag 和分散元素 Ga，其中 Ga 和 Li 达到或接近综合利用指标。

4. 矿石结构构造

矿石结构构造复杂，常见构造有土状–半土状构造（图版Ⅵ-A、B）、碎屑状构造（图版Ⅵ-B）、致密块状构造（图版Ⅵ-C）、豆状构造（图版Ⅵ-E）和鲕状构造（图版 F）；矿石结构以泥晶–微晶结构、泥晶–砂屑结构、泥晶–鲕（假鲕）状结构（图版Ⅵ-G、H）为主，次为隐晶结构和显微鳞片结构。

第四章　矿石学和矿物学

虽然务正道地区的铝土矿床（点）分布于不同向斜，但从矿床地质特征看，包括瓦厂坪、新民、新木–晏溪和三清庙等大中型矿床在内的许多铝土矿床（点）的矿床类型、矿石结构构造及矿物成分可以对比。本章将根据矿石样品 X 射线衍射分析（XRD）及电子探针分析结果，研究该区铝土矿岩相学和矿物学特征，为揭示成矿环境和成矿过程提供矿物学依据。

第一节　矿　石　学

一、矿　石　类　型

根据矿石结构构造，研究区铝土矿自然类型主要有土状–半土状矿石、碎屑状矿石、致密块状矿石和豆鲕状矿石（前文）。不同矿床这些矿石类型所占比例存在明显的差别，土状–半土状矿石和碎屑状矿石所占比例较高的矿床，Al_2O_3 含量和 A/S 相对较高，矿石质量较好，如瓦厂坪、新民、大竹园等矿床；致密块状矿石和豆鲕状矿石所占比例较高的矿床，Al_2O_3 含量和 A/S 相对较低，矿石质量较差，如新木–晏溪、三清庙、东山等矿床。

1. 土状–半土状铝土矿

白色、灰白色、灰黄色，主要具泥晶结构，质地相对较疏松。一般位于含矿层上部近地表氧化带中，多为铝土岩或各种类型铝土矿发生二次去硅、去铁和富铝作用的产物，是研究区质量最好的铝土矿石，与表生再富集作用有关。

2. 碎屑状铝土矿

深灰、灰白、灰黄、褐黄色，具隐晶状结构、团块状结构、角砾状构造、块状构造。分布于矿层各个部位，其中的碎屑呈次棱角–半浑圆状，碎屑粒径大小悬殊，依据碎屑大小分为砾屑（大于 2mm）、砂屑（0.05~2mm）、粉屑（0.005~0.05mm），以砂屑为主。

3. 致密状铝土矿

深灰、褐灰、褐红色，致密坚硬，具粒屑、微晶、隐晶质结构，块状构造。主要位于深部或矿层底部，其中铁含量较高，矿石质量较差。

4. 豆鲕状铝土矿

灰、深灰、褐灰色、褐红色，具豆粒（粒径大于 2mm）结构和鲕粒（粒径小于 2

mm）结构。豆鲕粒多呈圆形、椭圆形、不规则拉长形，豆粒和鲕粒大小不一，所占比例不同，豆粒同心圆状构造，鲕粒环带不太明显。豆鲕核由碎屑、铁氧化物、黏土矿物等组成，环带由铝凝胶、黏土矿物等组成，胶结物为黏土矿物和铝凝胶。主要分布于矿层顶部，矿石质量较差。

二、矿物组合

对务正道地区瓦厂坪、新民、新木–晏溪和三清庙等 4 个铝土矿床矿石及含矿岩系中的铝土岩（Al_2O_3 含量在 40wt% ~ 30wt% 的岩石）进行了粉末样品 X 射线衍射分析（XRD）分析。XRD 分析在中国科学院地球化学研究所完成，分析仪器为日本理学 X 射线衍射分析仪。粉末样品铜靶扫描，扫描速度 2° θ/min。对衍射图谱的各个矿物的特征峰进行鉴定分析，计算出相对含量。图 4-1 为部分样品的 XRD 谱线图，表 4-1 为分析结果，表 4-2 为按矿石类型的统计结果。

1. 土状–半土状铝土矿

4 个矿床这种类型矿石的矿物组合及含量（相对百分含量，下同）不具明显差别。铝矿物：主要为一水软铝石（勃姆石），含量高达 88.96% ~ 96.00%；少量一水硬铝石，含量为 0.90% ~ 3.21%；偶见三水铝石和胶铝石。黏土矿物：含量低于 10%，主要为高岭石（0.46% ~ 3.88%）、蒙脱石（1.00 ~ 1.25）和伊利石（0.22 ~ 1.82），偶见叶蜡石和绿泥石。其他矿物：重矿物常见铁矿物、锐钛矿（包括金红石，下同）和锆石，硅酸盐矿物（为描述方便，将石英列入硅酸盐矿物）常见石英（1.65% ~ 2.11%），碳酸盐矿物常见方解石［Y（代表有，下同）~ 1.22%］。在图 4-2 中，样品集中分布于一水软铝石端元，铝矿物与黏土矿物之间略呈负相关关系（图 4-3）。

2. 碎屑状铝土矿

4 个矿床这种类型矿石的矿物组合相似，但每个矿床其主要矿物含量具有很宽的变化范围。铝矿物：主要为一水软铝石，含量在 25.70% ~ 67.69% 之间；其次为一水硬铝石，含量在 1.78% ~ 24.26% 之间；同时含有少量三水铝石（Y ~ 3.92），偶见胶铝石。黏土矿物：主要为高岭石，含量为 5.25% ~ 49.62%；同时含有一定量的蒙脱石（1.84% ~ 4.44%）、伊利石（0.22% ~ 5.45%）、叶蜡石（Y ~ 2.46%）和绿泥石（2.51% ~ 6.15%）。其他矿物：重矿物中铁矿物含量相对较高，Y ~ 2.63%；同时也常见锐钛矿和锆石；硅酸盐矿物主要为石英（0.92% ~ 1.82%）和角闪石（Y ~ 2.21），偶见长石；碳酸盐矿物主要为方解石（Y ~ 1.00%）；含有一定量的硫酸盐矿物石膏（Y ~ 1.23%）。在图 4-2 中，样品分布范围较宽，相对靠近一水软铝石和黏土矿物端元，铝矿物与黏土矿物之间具明显的负相关关系（图 4-3）。

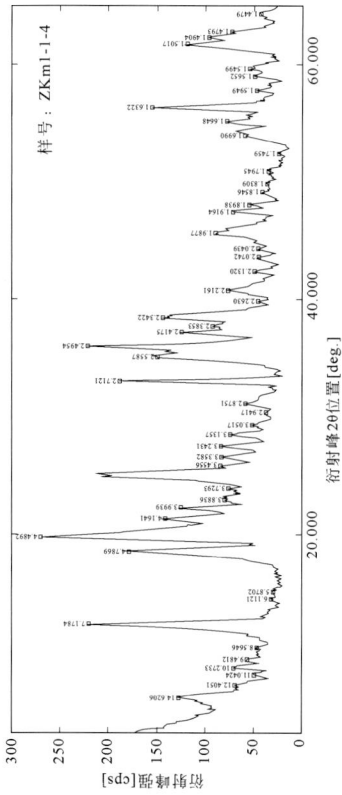

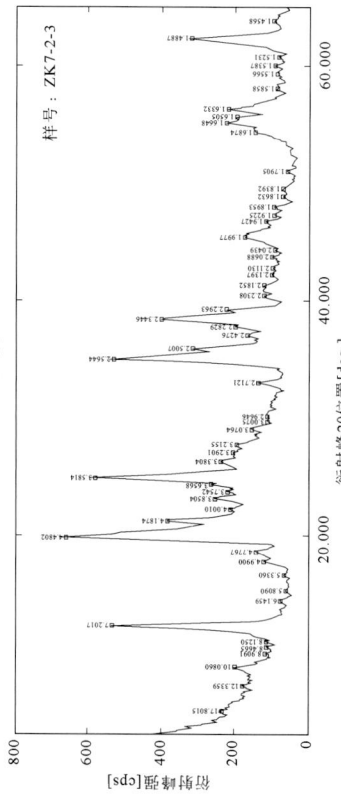

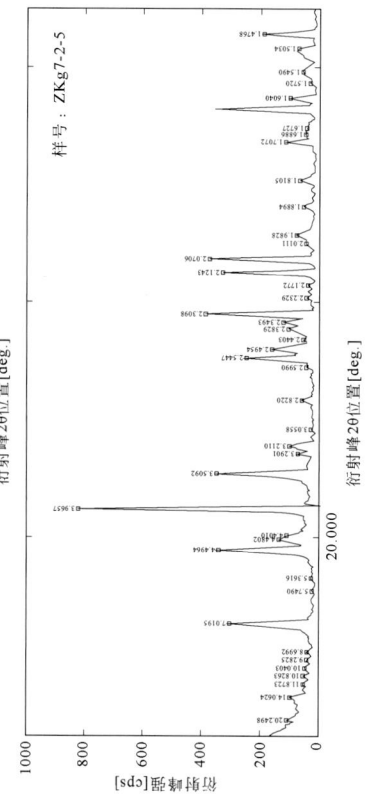

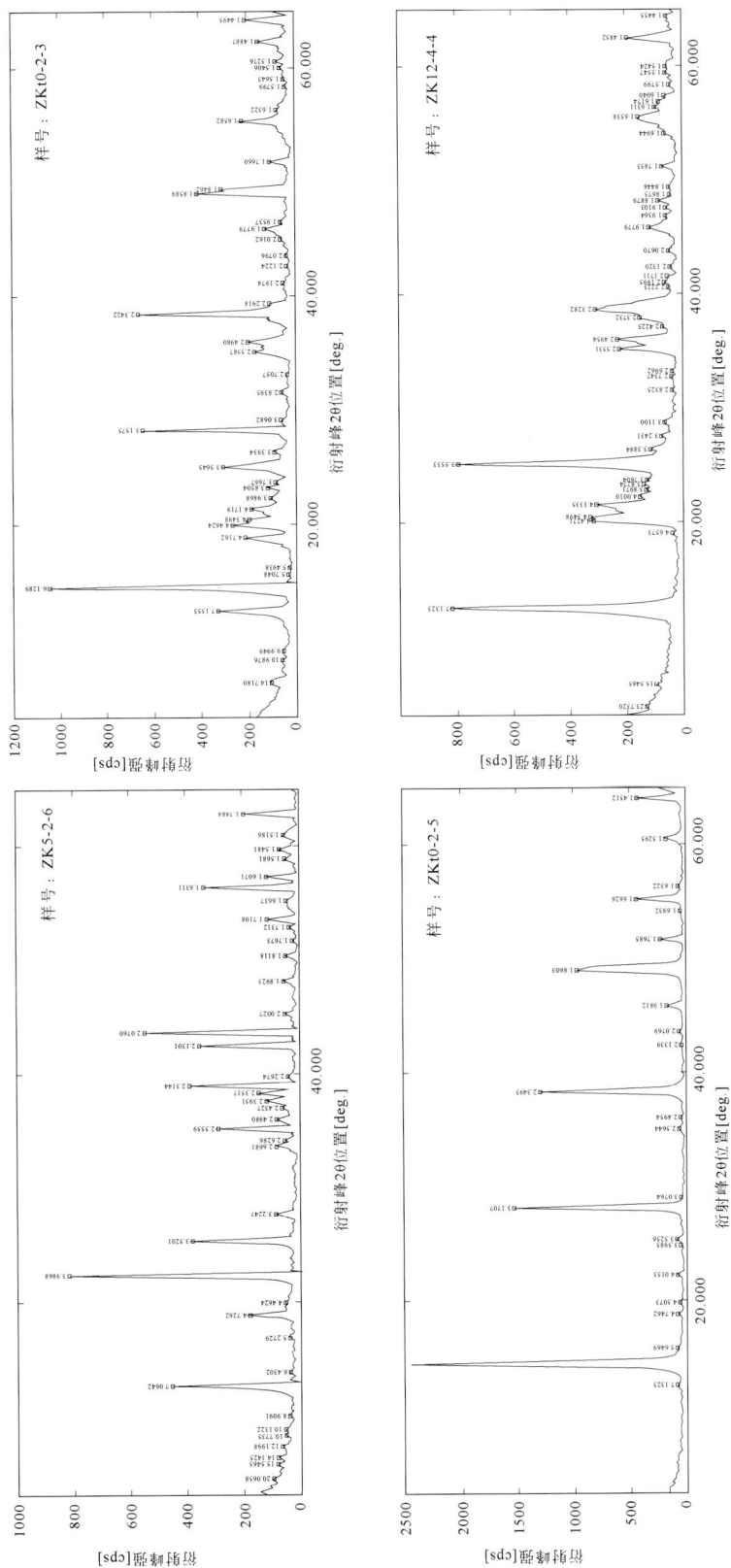

图 4-1　务正道地区铝土矿矿石 XRD 谱线图（样号同表 4-1）

表 4-1　务正道铝土矿 X 粉晶衍射（XRD）分析结果（相对百分含量）

样品号	矿床名称	矿（岩）石类型	一水软铝石	一水硬铝石	胶铝石	三水铝石	高岭石	蒙脱石	伊利石	叶蜡石	绿泥石	铁矿物	锐钛矿	锆石	石英	长石	角闪石	白云石	方解石	石膏
ZK7-2-3	瓦厂坪	铝土岩	1.81	Y			62.93	2.71	12.63	Y		13.65			1.50	3.00	1.80			
ZK8-2-2	瓦厂坪	铝土岩	2.42	Y			17.84	2.91	33.95		2.91	13.58			5.82	16.97		3.59	Y	Y
ZK12-4-4	瓦厂坪	铝土岩		0.90			91.22	2.55				2.14			1.53	2.55				
*WCP-22	瓦厂坪	土状-半土状	96.00	1.78			3.20								1.78					
*WCP-13	瓦厂坪	碎屑状	60.04				30.73		2.08		3.57	0.75								
*WCP-8	瓦厂坪	致密块状		99.25				Y												
*WCP-9	瓦厂坪	致密块状		99.75		Y		Y												
ZK5-2-4	瓦厂坪	碎屑状	25.70	24.26			30.85	3.88	5.45		2.51	2.63			0.43		1.50	0.94		
ZK5-2-6	瓦厂坪	豆鲕状		40.94			50.81	3.25	1.84			2.20			1.25		0.94		1.00	
Zk0-2-3	新民	碎屑状	60.04	1.78		3.92	30.73		2.08		3.57	Y			1.78					
*XM-14	新民	碎屑状	67.69	16.18			5.25	3.66	0.22		2.62	0.46	7.64							
*XM-2	新民	致密块状		92.36					Y				2.45							
XM-3	新民	致密块状		91.21			0.24	0.21					Y							
XM-4	新民	致密块状		98.17			1.62	2.00	Y			6.1	Y							
XM-5	新民	致密块状		91.75			4.25		Y						Y					
XM-8	新民	致密块状	Y	93.09			0.86	1.15	1.46				2.34		1.1					
XM-13	新民	致密块状	Y	87.6			4.71	1.15	1.42			0.72	Y		0.88	3.15				
XM-17	新民	致密块状	0.74	69.91			14.25	3.22	1.24			1.68	Y		0.63	3.36	1.1			
*XM-26	新民	致密块状	3.00	56.87				1.28	23.15		5.18	0.47	Y		5.42					
XM-11	新民	碎屑状	41.95	Y		2.68	49.62	2.36	0.32		6.45	0.71	Y		1.82		0.86			
XM-15	新民	碎屑状	44.39	45.49			48.17	4.44	22.43			Y				Y	Y			
XM-7	新民	豆鲕状	Y	36.25			3.61	5.76	4.00	1.11	4.35	2.62	4.16		7.18	2.77	0.81		4.06	
XM-29	新民	豆鲕状	0.91	27.15			47.35	3.82	1.24	0.45			Y			2.11	0.71		1.41	
ZKm1-1-4	新木-晏溪	铝土岩	1.24	7.44			39.33	6.20	13.03	7.44	9.43	Y			3.72	7.69	4.47			
*XMY-2	新木-晏溪	土状-半土状	88.96	2.40			3.88	1.00	0.43			Y	Y		2.11				1.22	
*XMY-3	新木-晏溪	土状-半土状	94.5	1.57			0.46	1.25	1.82			Y	Y		1.65					
*XMY-19	新木-晏溪	土状-半土状	92.37	3.21			2.95	2.16	0.22				Y							
*XMY-9	新木-晏溪	碎屑状	65.65	2.92			16.09	1.84	4.08						1.75					
*XMY-24	新木-晏溪	碎屑状	53.81	17.22			14.15	0.40		Y	5.25				0.92		2.1			
*XMY-6	新木-晏溪	致密块状		93.64				3.26		2.46	6.15		3.20				2.21		2.16	
*XMY-8	新木-晏溪	豆鲕状	0.15	68.6		Y	21.65	5.84	0.17			0.60	Y		0.30		0.42			1.23
*XMY-7	新木-晏溪	豆鲕状		34.16			49.79	2.44	4.10			2.4			1.62	3.47	1.84		0.92	Y
ZKg7-2-5	三清庙	碎屑状		48.35			38.68		3.18	2.45	3.06					1.62				
S-1	三清庙	碎屑状	53.81	17.22			14.15	1.84		2.46	6.15				0.92	3.15	2.21			
S-2	三清庙	碎屑状	65.65	2.92			16.09	2.16	4.08	2.16	5.25				1.75	2.10				1.23

注：1. X 粉晶衍射（XRD）由中国科学院地球化学研究所龚国洪分析；2. 高岭石实为高岭石与地开石的混合体；3. Y 代表有，未参与计算；4. 表中数据为相对百分含量，非晶质未参与计算，结果有误差。

表 4-2　务正道铝土矿矿物含量统计结果（相对百分含量）

矿物类型及名称		铝土岩	豆鲕状矿石	致密块状矿石	碎屑状矿石	土状-半土状矿石
铝矿物	一水软铝石	1.81~2.42	Y~0.91	Y~3.00	25.70~67.69	88.96~96.00
	一水硬铝石	Y~7.44	27.15~48.35	56.87~99.75	1.78~24.26	0.90~3.21
	三水铝石	Y	Y	Y	Y~3.92	Y
	胶铝石	Y	Y	Y	Y	Y
黏土矿物	高岭石	17.84~91.22	3.61~61.01	0.24~21.65	5.25~49.62	0.46~3.88
	蒙脱石	2.55~6.20	2.44~7.62	0.21~3.26	1.84~4.44	1.00~1.25
	伊利石	12.63~33.95	1.24~22.43	Y~23.15	0.22~5.45	0.22~1.82
	叶蜡石	Y~7.44	Y~2.45	Y	Y~2.46	Y
	绿泥石	2.91~9.43	Y~4.35	Y~6.45	2.51~6.15	Y
重矿物	铁矿物	2.14~13.65	Y~2.62	0.47~6.10	Y~2.63	Y
	锐钛矿	Y	Y~4.16	Y~7.64	Y	Y
	锆石	Y	Y	Y	Y	Y
其他矿物	石英	1.50~5.82	Y~7.18	Y~5.42	0.92~1.82	1.65~2.11
	长石	2.55~16.97	1.62~3.15	Y~3.47	Y	Y
	角闪石	1.80~4.47	Y~1.84	Y~1.10	Y~2.21	Y
	白云石	Y~3.59				Y
	方解石	Y	Y~4.06	Y~2.16	Y~1.00	Y~1.22
	石膏	Y		Y	Y~1.23	

注：1. 原始数据据表4-1；2. Y代表有，未参与计算；3. 表中数据为相对百分含量，非晶质未参与统计；结果有误差。

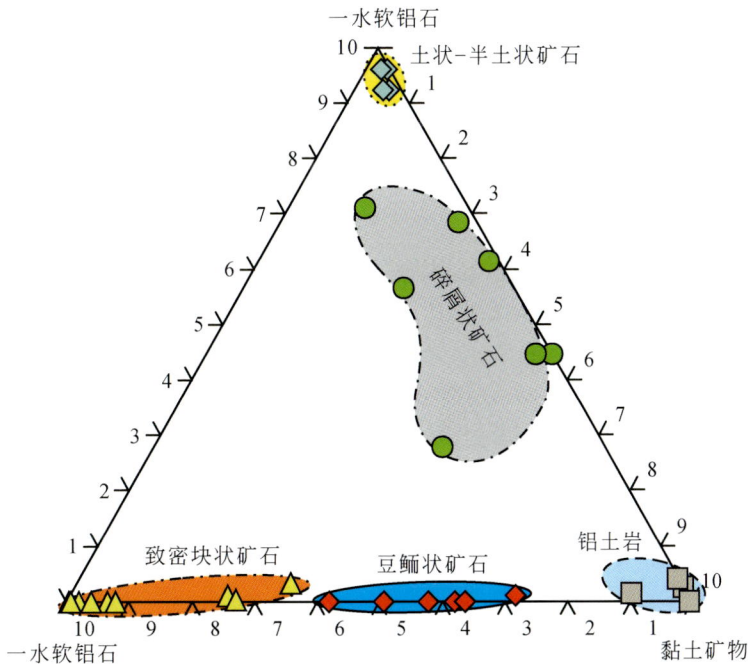

图 4-2　务正道铝土矿一水软铝石–一水硬铝石–黏土矿物三角图（原始数据据表4-1）

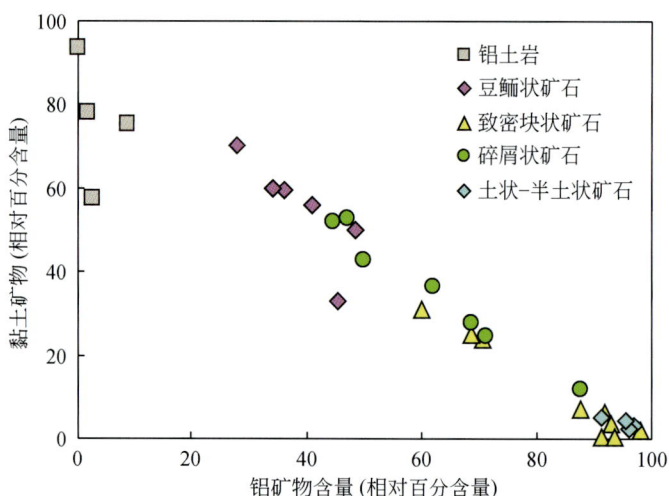

图 4-3　务正道地区铝土矿铝矿物–黏土矿物相关图（原始数据据表 4-1）

3. 致密状铝土矿

4 个矿床这种类型矿石的矿物组合相似，但每个矿床其主要矿物含量同样具有较宽的变化范围。铝矿物：主要为一水硬铝石，含量在 56.87% ~ 99.75% 之间，少量一水软铝石（Y ~ 3.00%），偶见三水铝石和胶铝石。黏土矿物：主要为高岭石（0.24% ~ 21.65%）和伊利石（Y ~ 23.15%），少量蒙脱石（Y ~ 23.15%）和绿泥石（Y ~ 6.45%），偶见叶蜡石。其他矿物：重矿物中铁矿物和锐钛矿含量相对较高，分别为 0.47% ~ 6.10% 和 Y ~ 7.64%，常见锆石；硅酸盐矿物石英、长石和角闪石普遍存在，含量分别为 Y ~ 5.42%、Y ~ 3.47% 和 Y ~ 1.10%；碳酸盐矿物主要为方解石，含量为 Y ~ 2.16；常见硫酸盐矿物石膏。在图 4-2 中，样品主要分布在一水硬铝石端元，铝矿物与黏土矿物之间具明显的负相关关系（图 4-3）。

4. 豆鲕状铝土矿

4 个矿床这种类型矿石的矿物组合相似，但每个矿床其主要矿物含量也具有较宽的变化范围。铝矿物：主要为一水硬铝石，含量明显低于致密块状矿石，在 27.15% ~ 48.35% 之间；少量一水软铝石（Y ~ 0.91%），偶见三水铝石和胶铝石。黏土矿物：相对富集，主要为高岭石（3.61% ~ 61.01%）和伊利石（1.24% ~ 22.43%），少量蒙脱石（2.44% ~ 7.62%）、叶蜡石（Y ~ 2.45%）和绿泥石（Y ~ 4.35%）。其他矿物：重矿物中铁矿物和锐钛矿含量相对较高，分别为 Y ~ 2.62% 和 Y ~ 4.16%，常见锆石；硅酸盐矿物石英、长石和角闪石普遍存在，含量分别为 Y ~ 7.18%、1.62% ~ 3.15% 和 Y ~ 1.84%；碳酸盐矿物主要为方解石，含量为 Y ~ 4.06%。在图 4-2 中，样品主要分布于一水硬铝石与黏土矿物之间，铝矿物与黏土矿物之间具明显的负相关关系（图 4-3）。

5. 铝土岩

务正道地区许多铝土矿床（点）的含矿岩系中均存在这类岩石，主要分布于矿层顶、底板，其 Al_2O_3 含量为 40wt% ~ 30wt%。所分析的 4 个矿床这类岩石的矿物组合相似，但每个矿床其主要矿物含量变化范围较宽。铝矿物：含量很低，主要为一水硬铝石（Y ~ 7.44%），少量一水软铝石（1.81% ~ 2.42%），偶见三水铝石和胶铝石。黏土矿物：含量很高，变化范围很大，主要为高岭石（17.84% ~ 91.22%）和伊利石（12.63% ~ 33.95%），蒙脱石、叶蜡石和绿泥石含量也相对较高，分别为 2.55% ~ 6.20%、Y ~ 7.44% 和 2.91% ~ 9.43%。其他矿物：重矿物中明显富集铁矿物，含量为 2.14% ~ 13.65%，常见锐钛矿和锆石；硅酸盐矿物含量明显高于各种类型矿石，长石 2.55% ~ 16.97%、石英 1.50% ~ 5.82%、角闪石 1.80% ~ 4.47%；碳酸盐矿物主要为白云石，含量为 Y ~ 3.59%，少量方解石；常见硫酸盐矿物石膏。在图 4-2 中，样品集中分布于黏土矿物端元，铝矿物与黏土矿物之间略呈负相关关系（图 4-3）。

三、成矿指示意义

铝土矿矿石类型及结构构造特征是反映矿床形成条件及成矿过程的重要标志之一。总体看来，务正道地区沉积物粒级较细，反映铝土矿形成于水动力条件相对微弱的河湖沼泽洼地环境中。矿石的物质组成及结构构造是反映矿床形成条件及其演化历史的真实记录，是指示矿床成因的重要标志之一（陈廷臻等，1989）。致密状反映相对低能的环境，在含矿岩系的底部较为发育，一般沉积环境为局限浅海带。豆鲕状和碎屑状主要分布于含矿岩系中上部，反映相对高能的海水动能条件，系潮下带沉积环境的产物。该区铝土矿石颗粒类型多样，主要以碎屑状为主，反映了以机械搬运为主的沉积特征。碎屑、豆鲕粒常同时出现，且大小混杂，表明成矿物质的迁移方式既有胶体又有机械碎屑搬运，部分磨圆的豆粒的存在表明铝土矿经历了重新沉积，鲕粒内部的裂隙以及纵穿整个基质的裂隙的存在都表明铝土矿经历了表生作用阶段。

第二节　矿　物　学

在矿相学研究基础上，对务正道地区代表性铝土矿床两种最重要类型矿石——碎屑状矿石和土状–半土状矿石进行了电子探针分析，其中样品 ZK7-1-4 采自瓦厂坪铝土矿床钻孔 ZK7-1 中的矿层，位置 131.6m，为碎屑状铝土矿；样品 ZK15-2-2 采自瓦厂坪铝土矿床钻孔 ZK15-2 中的矿层，位置 213.5m，为土状–半土状铝土矿；样品 ZKg7-6-6 采自新木–晏溪铝土矿床高粱窝矿段钻孔 ZKg7-6 中的矿层，位置 215.8m，为碎屑状铝土矿；样品 D-7 采自新民矿床地表探槽 TCt22 中的矿层，为碎屑状铝土矿。

电子探针分析在中国科学院地球化学研究所矿床地球化学国家重点实验室完成，分析仪器为 EPMA-1600 电子探针。首先在显微镜下仔细观察，确定要做探针分析的矿物，然后对薄片进行喷碳制样，最后在探针仪上对矿物进行成分分析。其中能谱分析时的测试条件为加速电压 25kV，电流为 4.5nA，电子束束斑直径为 $1\mu m$，波谱分析时的测试条件为加速电压 25kV，电流为 10nA，电子束束斑直径视样品而定，为 $1 \sim 10\mu m$。

一、矿物特征及成分

1. 铝矿物

铝矿物是 4 件样品的主要矿物，样品 ZK15-2-2 和 D-7 的含量近 90%，ZK7-1-4 和 ZKg7-6-6 的含量在 75% 左右。主要为一水铝石，少量三水铝石，偶见胶铝石。一水铝石在矿石中多呈隐晶质或集合体分布（图版Ⅶ-A ~ D），少数在黏土中杂乱分布（图版Ⅶ-E、F），偶见短柱状、半自形–自形晶体（图版Ⅷ-A、B），矿物粒径一般小于 2μm。集合体边缘和内部常有形态不规则的黏土矿物集合体（图版Ⅷ-C、D），有时边缘为圆形或椭圆形黏土矿物集合体（图版Ⅷ-E、F）。样品 D-7 中一水铝石集合体边缘有大量磁铁矿（图版Ⅸ-A、B），也见磁铁矿细脉将集合体分为大小不等、形态各异的小集合体（图版Ⅸ-A、C、D）。

表4-3 为 4 件矿石样品中铝矿物的电子探针波谱分析结果，可见所分析样品均为一水铝石，其 Al_2O_3 含量在 71.70wt% ~ 90.61wt% 之间，除个别相对高于一水铝石中 Al_2O_3 理论值 84.98wt% 外，大部分测点低于理论值。测点普遍含有少量 SiO_2、FeO 和 TiO_2，其中除测点 ZKg7-6-6-04 的 SiO_2 为 7.45wt% 外、其余的 SiO_2 在 0.08wt% ~ 2.94wt% 之间，除测点 ZKg7-6-6-04 的 FeO 为 4.05wt% 外，其余的 FeO 为 0.07wt% ~ 1.90wt%，TiO_2 在 0.06wt% ~ 3.01wt% 之间。同时还可检测出少量的 Cr_2O_3、Ga_2O_3 和 ZrO，这三种成分电子探针分析精度不够，仅供参考。在表4-3 中还可看出，样品 D-7 中一水铝石的 Al_2O_3 含量相对高于其他样品中一水铝石的 Al_2O_3 含量，而 SiO_2、FeO 和 TiO_2 含量相对低于其他样品中一水铝石的含量，这可能与样品 D-7 产于地表、次生风化淋滤和氧化作用强、相对活泼的硅质和铁质流失有关。图4-4 显示，该区一水铝石 Al_2O_3 与 SiO_2、FeO、TiO_2 及 Ga_2O_3 之间均呈较明显的负相关关系，暗示铝矿物的形成过程中存在明显的脱硅、脱铁、脱钛过程，至于 Al_2O_3 与 Ga_2O_3 之间存在负相关关系，推测为 Ga 在一水铝石中与 Al 发生类质同象的结果。

表4-3　一水铝石电子探针分析结果（单位：wt%）

测点号	Al_2O_3	SiO_2	TiO_2	Cr_2O_3	MnO	FeO	Ga_2O_3	ZrO	总量
D7-01	90.39	0.08	0.06	0.046	0.005	0.07	0.035	0.000	90.69
D7-02	87.36	0.51	1.74	0.100	0.000	0.40	0.009	0.000	90.11
D7-03	88.21	0.47	0.88	0.147	0.000	0.92	0.015	0.043	90.69
D7-04	86.92	0.84	0.10	0.120	0.000	0.36	0.039	0.062	88.44
D7-05	90.61	0.42	0.97	0.197	0.003	0.30	0.000	0.035	92.52
ZK7-1-4-01	84.32	0.53	0.14	0.221	0.005	1.25	0.052	0.082	86.60
ZK7-1-4-02	88.95	0.51	0.52	0.098	0.001	1.42	0.002	0.075	91.58
ZK7-1-4-03	85.46	0.35	0.12	0.194	0.001	1.16	0.012	0.005	87.29
ZK7-1-4-04	83.41	0.42	0.13	0.232	0.000	0.92	0.015	0.000	85.12
ZK15-2-2-01	82.87	0.32	1.98	0.035	0.016	0.65	0.010	0.000	85.89
ZK15-2-2-02	78.14	0.36	1.65	0.062	0.009	0.69	0.045	0.075	81.03
ZK15-2-2-03	73.37	1.25	3.01	0.065	0.000	1.39	0.000	0.082	79.17
ZK15-2-2-04	71.70	2.98	1.49	0.074	0.000	1.41	0.016	0.067	77.74

续表

测点号	Al$_2$O$_3$	SiO$_2$	TiO$_2$	Cr$_2$O$_3$	MnO	FeO	Ga$_2$O$_3$	ZrO	总量
ZKg7-6-6-01	86.75	0.58	0.12	0.201	0.000	1.51	0.000	0.000	89.16
ZKg7-6-6-02	78.93	2.81	2.11	0.254	0.000	1.90	0.027	0.026	86.06
ZKg7-6-6-03	78.33	1.63	2.62	0.163	0.000	1.81	0.003	0.123	84.67
ZKg7-6-6-04	74.33	7.45	1.60	0.243	0.009	4.05	0.044	0.013	87.74

注：中国科学院地球化学研究所矿床地球化学国家重点实验室电子探针室分析。

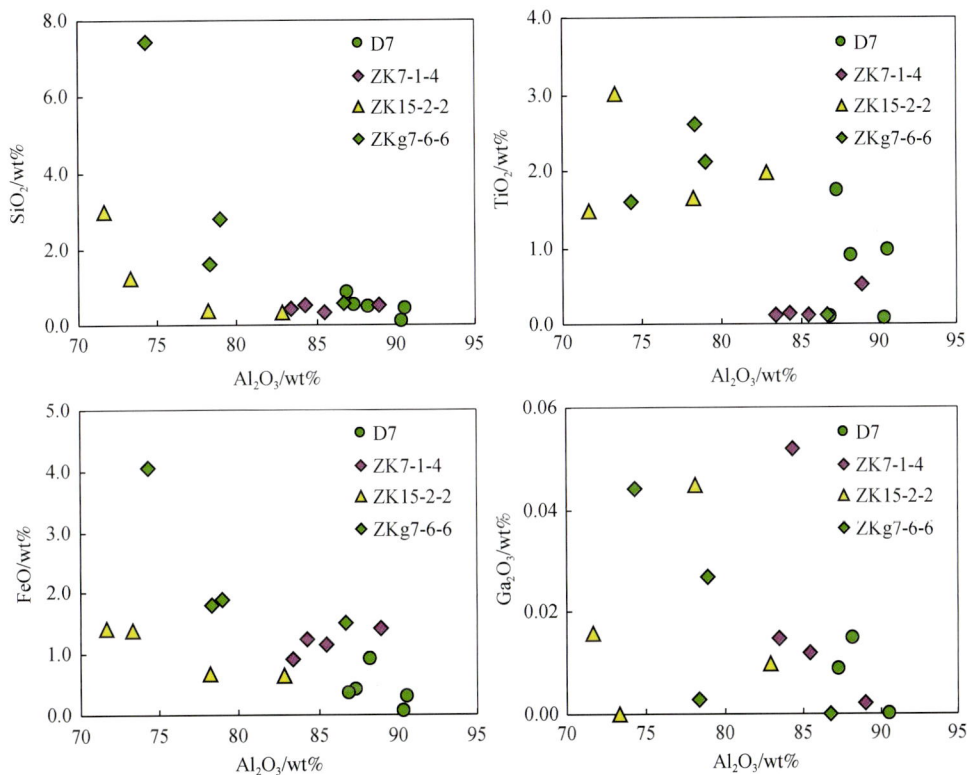

图4-4　务正道铝土矿中一水铝石 Al$_2$O$_3$ 与 SiO$_2$、FeO、TiO$_2$ 及 Ga$_2$O$_3$ 相关图

2. 黏土矿物

黏土矿物是4件样品中常见矿物之一，样品 ZK7-1-4 和 ZKg7-6-6 的含量在25%左右，ZK15-2-2 和 D-7 的含量小于10%，主要有高岭石、蒙脱石和伊利石，少量绿泥石和叶蜡石。电子探针观测未细分，矿物粒径一般小于2μm，多为鳞片状集合体与一水铝石集合体共生（图版Ⅶ-B、E，图版Ⅷ-C），少数为重结晶针状产出（图版Ⅷ-E、F）。主要呈不规则状或椭圆形集合体分布在一水铝石集合体周围和内部（图版Ⅷ-E、F），部分呈蠕虫状和细网脉状沿一水铝石集合体边缘产出（图版Ⅸ-E、F）。

本次工作没有对该区铝土矿矿石中的黏土矿物进行电子探针波谱分析，但从能谱分析看，其成分变化很大，Al$_2$O$_3$ 为27.70wt%～55.59wt%、SiO$_2$ 为8.37wt%～45.53wt%、FeO 为2.37wt%～36.98wt%，同样证实从黏土矿物到一水铝石存在明显的脱硅、脱铁过程。

值得一提的是，所分析样品的黏土矿物中普遍含有 Mg，能谱分析 MgO 含量在 1.18wt% ~ 13.84wt% 之间，随 Al_2O_3 增加而减少，暗示该区铝土矿中的黏土矿物（或铝矿物）的原生矿物存在相对富 Mg 矿物。

3. 铁矿物

该区铝土矿矿石中存在多种铁矿物，主要为黄铁矿和磁铁矿，少量针铁矿和赤铁矿。黄铁矿在分析的 4 件样品中均可见到，有多种产状，主要呈脉状、少量为粒状和交代残余产出。呈脉状产出的黄铁矿分布在一水铝石集合体和黏土矿物集合体的裂隙中（图版X-A ~ D），细粒、半自形–他形，脉中其他矿物很少；粒状产出的黄铁矿（图版X-E）呈分散状分布在一水铝石集合体和黏土矿物集合体的裂隙中，粒径大于 5μm，自形程度较高；交代残余黄铁矿多呈不规则状分布在其他矿物中（图版X-F），偶见别的矿物已大部分被黄铁矿替代（图版XI-A、B）。可见，该区铝土矿中的黄铁矿可能有多种成因。

磁铁矿在样品 D-7 最多、含量近 5%，其余样品中少见。与一水铝石共生，常呈块状、浸染状和网脉状分布在一水铝石的边缘（图版IX-B ~ D）。针铁矿和赤铁矿大都与磁铁矿共生，少量单独出现的针铁矿围绕一水铝石分布（图版XI-C）。

4. 金红石

金红石（XRD 分析为锐钛矿）是该区铝土矿最常见的重矿物之一，在 4 件样品中均可见到。多为半自形–自形粒状，粒径差别很大（图版XI-D），主要在 2 ~ 10μm 之间；少部分为他形产出。在一水铝石集合体内部和边缘、黏土矿物集合体内部和边缘以及块状磁铁矿内部都有产出（图版XI-E、F），在一水铝石和黏土矿物集合体内部产出的金红石多为星点分布（图版XI-E），在边缘产出的金红石相对集中（图版XI-F）；在相对较纯的一水铝石集合体中金红石分布较少，在一水铝石和黏土矿物共存的集合体中金红石分布明显增多，部分黏土矿物集合体金红石分布相对集中；个别金红石颗粒粗大、且具有较好的磨圆度（图版XII-A）。这些特征表明，该区铝土矿中的金红石也有多种成因。

铝土矿中一水铝石集合体面扫描结果显示（图 4-5），集合体内部含有大量星点状分布的金红石，同时也可见金红石中微量元素 V 相对富集；铝土矿中金红石面扫描结果表明（图 4-6），该区金红石不仅相对富集 V，而且相对富集 Hf 等其他微量元素。

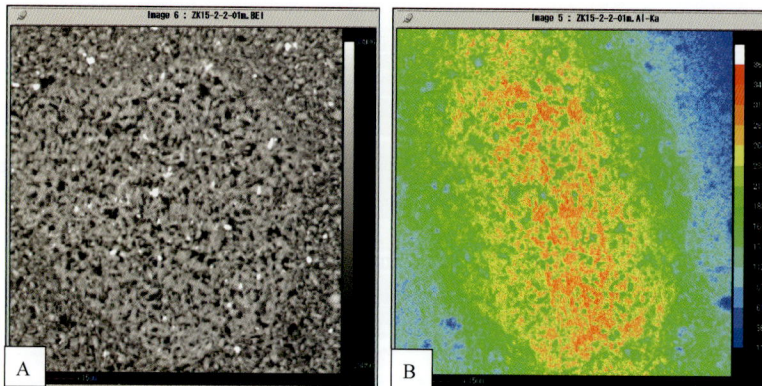

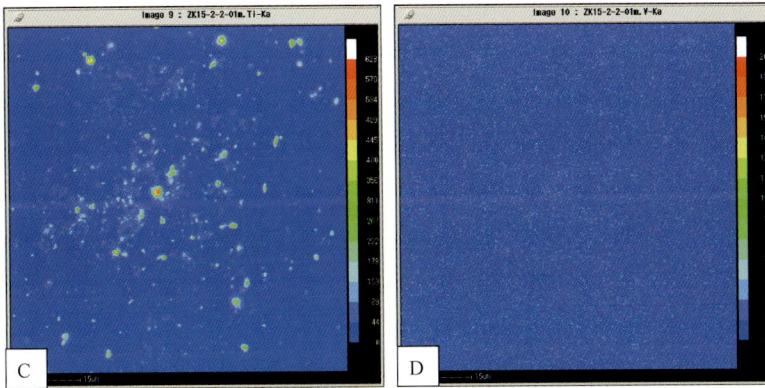

图 4-5 务正道铝土矿中一水铝石面扫描结果
A-电子探针背散射图像；B-Al 面扫描；C-Ti 面扫描；D-V 面扫描

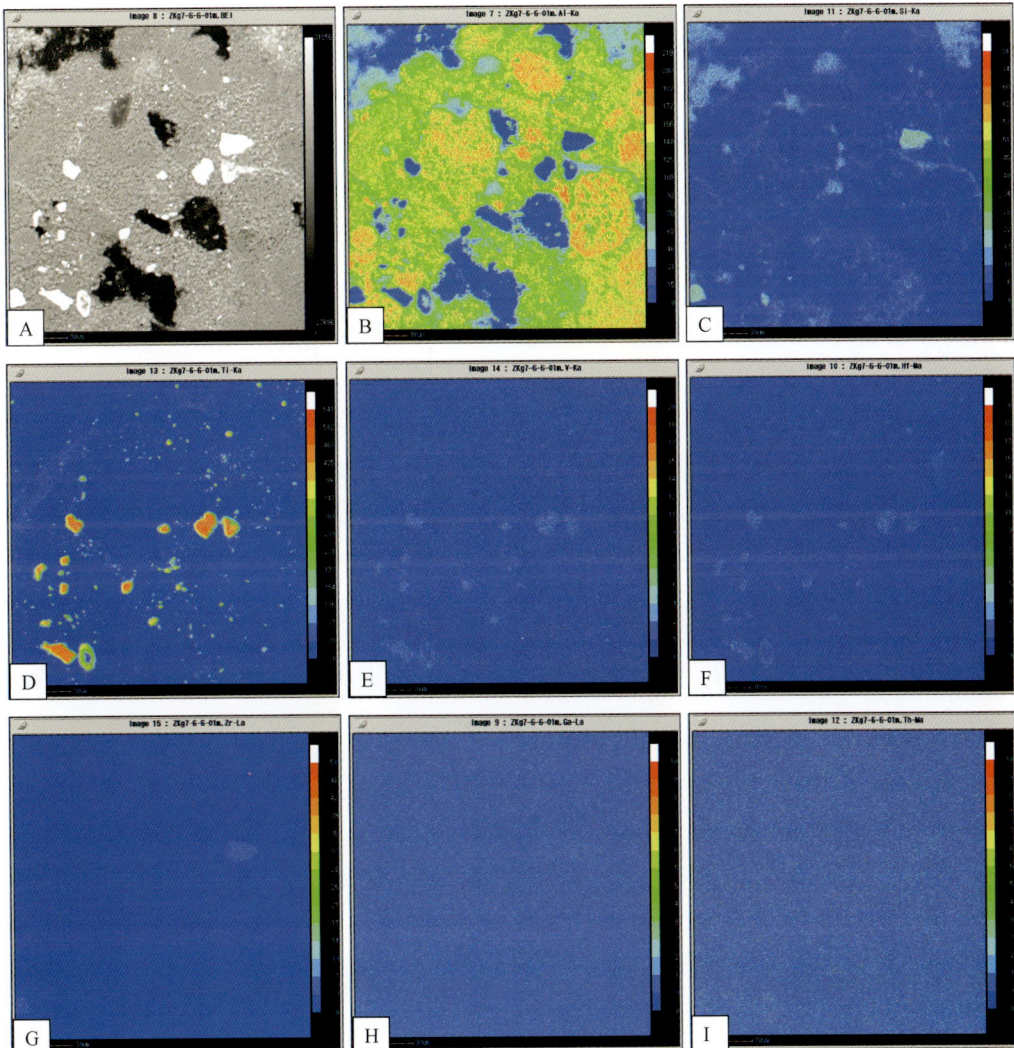

图 4-6 务正道铝土矿中金红石面扫描结果
A-电子探针背散射图像；B-Al 面扫描；C-Si 面扫描；D-Ti 面扫描；E-V 面扫描；
F-Hf 面扫描；G-Zr 面扫描；H-Ga 面扫描；I-Th 面扫描

5. 锆石

锆石也是该区铝土矿最常见的重矿物之一，在4件样品中均可见到，电子探针观察明显比金红石更亮。粒径差别很大，主要在2~20μm之间，最大超过50μm；大颗粒锆石常具有很好的磨圆度（图版Ⅻ-B、C）、少量为不规则状（图版Ⅻ-D），小颗粒锆石多为半自形–他形粒状。矿石中锆石分布无规律性，在一水铝石集合体内部和边缘、黏土矿物集合体内部和边缘以及块状磁铁矿内部都有产出分布，但没有发现锆石分布相对集中区。从该区铝土矿中锆石粒径大小、形态、分布特征看，主要应为碎屑锆石。铝土矿中锆石面扫描结果表明（图4-7），该区锆石相对富集Ga、Nb、Ta、Hf、Th等多种微量元素。

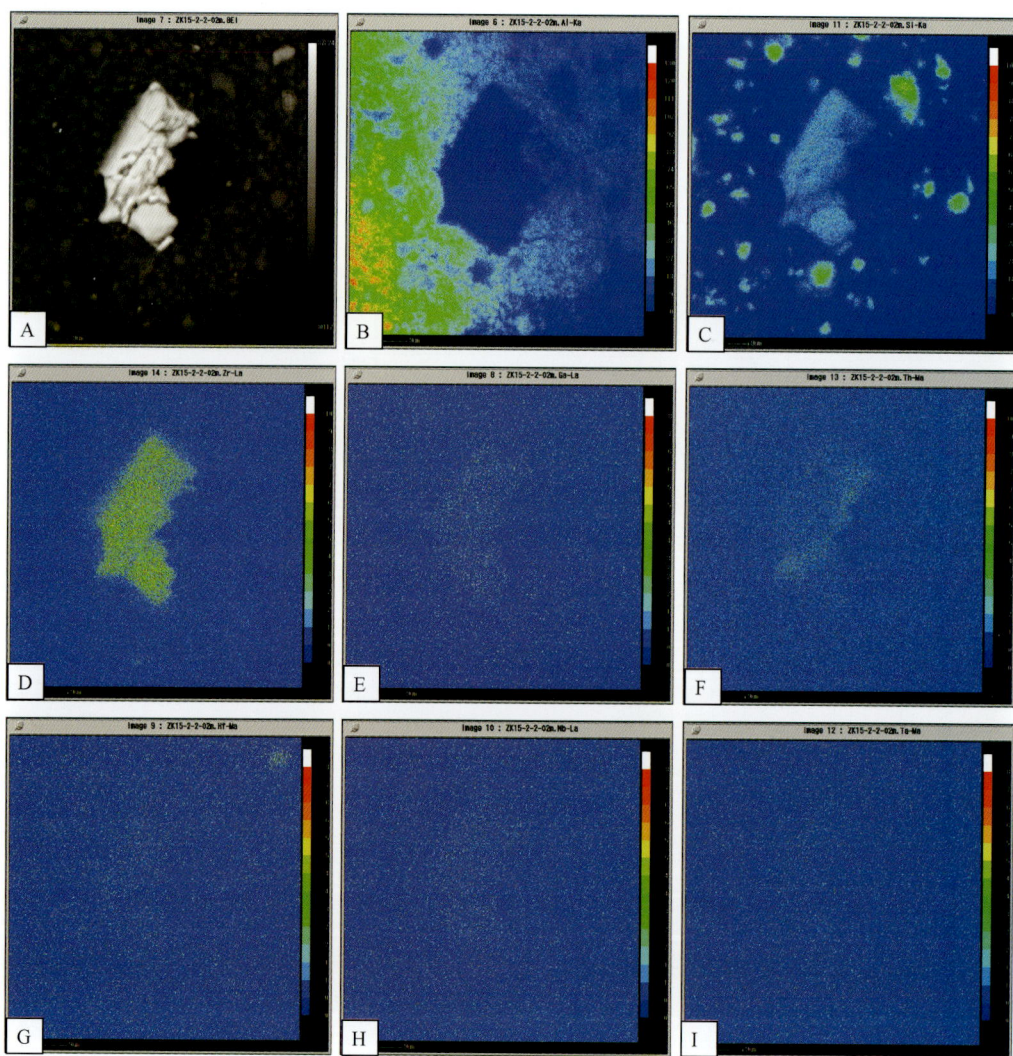

图4-7　务正道铝土矿中锆石面扫描结果

A-电子探针背散射图像；B-Al面扫描；C-Si面扫描；D-Zr面扫描；E-Ga面扫描；

F-Th面扫描；G-Hf面扫描；H-Nb面扫描；I-Ta面扫描

6. 石英和长石

石英也是该区铝土矿中常见的矿物之一，但其含量较少，一般小于2%，电子探针观察其亮度界于一水铝石和黏土矿物之间（图版XII-E），形态不规则，主要分布于一水铝石和黏土矿物集合体内部和边缘。能谱分析石英中均含有少量 Al_2O_3、FeO 和 K_2O 等杂质元素，应为铝矿物形成过程中的硅质产物。长石在该区铝土矿中少见，以"捕虏晶"形式产出（图版XII-F），颗粒具有较好磨圆度，能谱分析已高岭石化。

二、铝矿物形成

前已述及，该区铝土矿中铝矿物的形成存在脱硅、脱铁过程，电子探针分析为该过程提供了直接证据。在图 4-8 中，从测点 ZK7-1-4-02→ZK7-1-4-04→ZK7-1-4-03→ZK7-1-4-01，记录了从黏土矿物→一水铝石形成过程，其 Si、Fe 逐渐降低，Al 逐渐升高。图 4-9 是利用一水铝石、黏土矿物、石英和磁铁矿电子探针分析结果绘制的 Al_2O_3-SiO_2-FeO 三角图，从图中也可清楚地看出，铝矿物的形成经历过两个阶段：第一，相对富铝矿物（原始矿物）脱硅、富铁阶段，形成黏土矿物；第二，黏土矿物脱硅、脱铁阶段，形成铝矿物。两个阶段形成的另外两个端元分别为石英和磁铁矿，而一水铝石的形成还可能有第三阶段，即三水铝石脱水形成一水铝石。

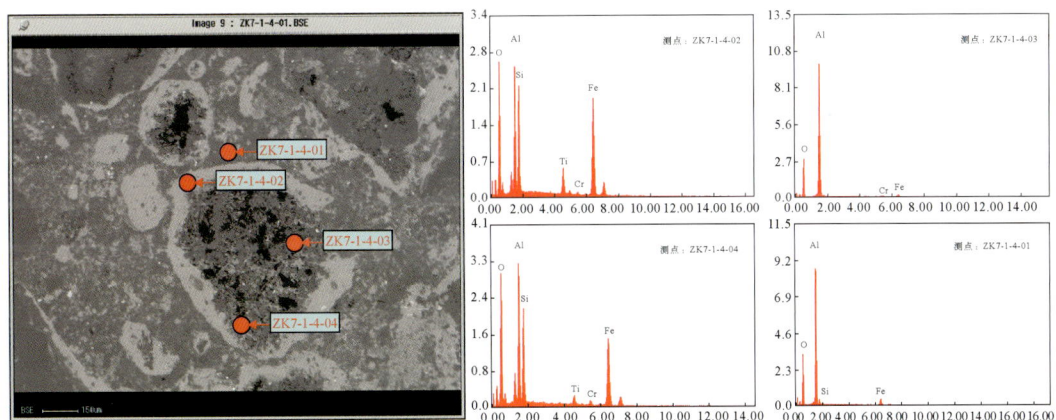

图 4-8　务正道铝土矿从黏土矿物到铝矿物形成过程直接证据

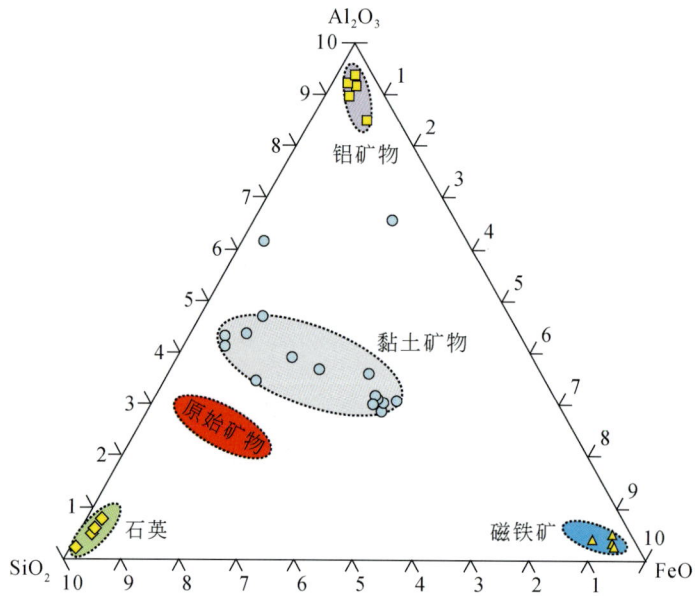

图 4-9　务正道铝土矿中一水铝石、黏土矿物、石英和磁铁矿 Al_2O_3-SiO_2-FeO 三角图

原始数据由电子探针分析，图中原始矿物为推测的富铝矿物

第五章　矿床地球化学

矿床地球化学是铝土矿成矿理论研究必不可少的重要环节。由于铝土矿形成经历过强烈风化蚀变、红土化作用、搬运再沉积等复杂的地质过程，其化学成分存在再分配，矿石（或矿物）同位素组成明显受水/岩相互作用的影响，因而传统的同位素地球化学（如 C、H、O、S、Pb、Sr 等）很少用于矿床成因研究。目前，铝土矿矿床地球化学研究应用最多的是主量元素和微量元素（包括 REE），主要用于查明铝土矿成矿古地理环境、确定矿床成因类型、评价矿石质量以及揭示成矿物质来源和成矿作用过程等。

第一节　主　量　元　素

一、样品及分析方法

务正道铝土矿在勘查过程中，分析了大量矿石的 Al_2O_3、SiO_2、Fe_2O_3（全铁，下同）和挥发分（LOI）含量，部分样品还分析了 TiO_2 和 S 的含量，其他氧化物含量没有分析，这些资料主要用于圈定矿体和评价矿石质量。本次工作对该区务川瓦厂坪、道真新民和正安新木–晏溪 3 个大型铝土矿床的钻孔岩心样品进行了较为系统的主量元素分析。

全岩主量元素分析由中国科学院地球化学研究所矿床地球化学国家重点实验室完成。样品处理流程为：称取约 1g 样品及空烧杯质量 M_1，置于马弗炉中在 900℃高温灼烧 1.5h，完成后取出放入干燥器。待冷却后称取质量 M_2。通过公式 LOI＝（M_1+1－M_2）×100% 计算出烧失量（包括 H_2O^+、C、S、有机质及挥发分）。称取 0.5g 样品加入 KOH 试剂，置于马弗炉中在 720℃高温下熔样，分别两次加入 HCl 溶解蒸干，通过经典主量法测 SiO_2，$K_2Cr_2O_7$ 容量法测 TFe_2O_3，酸碱容量法测 Al_2O_3，H_2O_2 比色法测 TiO_2，磷钼蓝比色法测 P_2O_5，原子吸收测 K、Na、Mn、Ca、Mg。测试过程中带标样和 10% 平行样控制分析质量，主成分总量（TOTAL）在 99.5%～100.5%。

二、含量特征及变化规律

附表 1 为瓦厂坪矿床 56 件、新民矿床 45 件和新木–晏溪矿床 44 件岩（矿）石样品的主量元素分析结果。表 5-1 为按矿床、不同时代地层及含矿岩系［中二叠统梁山组（P_2l）］的主量元素含量统计结果；为便于对比，含矿岩系中的铝土岩和不同类型矿石的主量元素含量分别统计。

表5-1 务正道地区铝土矿主量元素统计结果（单位：wt%）

区域	统计对象		样数	SiO$_2$	TiO$_2$	Al$_2$O$_3$	Fe$_2$O$_3$	MnO	MgO	CaO	Na$_2$O	K$_2$O	P$_2$O$_5$	LOI	A/S
全部样品	地层	P$_2$q+m	10	1.57~16.55	0.02~0.06	0.15~1.71	0.24~2.16	0.01~0.95	0.83~14.85	36.05~53.43	0.17~0.48	0.03~0.43	0.02~0.31	36.96~43.59	0.03~0.53
		C$_2$h	17	0.24~4.87	0.02~0.08	0.10~1.88	0.21~5.58	0.01~0.20	0.12~2.28	48.03~55.74	0.06~0.74	0.02~0.35	0.02~0.11	38.60~43.18	0.07~2.34
		S$_{1-2}$hj	21	51.66~67.92	0.20~0.47	14.14~24.00	4.17~9.00	0.02~0.07	0.61~3.18	0.39~2.79	0.22~0.91	0.30~4.53	0.04~0.15	2.69~15.84	0.21~0.41
	含矿岩系	C–Ms	4	40.29~60.07	0.06~0.20	1.81~8.90	1.50~6.78	0.17~1.10	1.74~5.12	2.25~24.11	0.15~0.31	0.07~7.90	0.03~0.06	15.84~25.59	0.04~0.20
		ARU	8	40.42~47.30	0.57~1.21	34.20~40.20	0.60~6.63	0.01~0.04	0.27~1.24	0.17~0.74	0.28~1.29	0.21~4.72	0.05~0.12	8.26~14.61	0.79~0.92
		ARL	29	13.42~47.37	0.31~1.24	25.03~38.43	1.31~38.29	0.00~0.20	0.24~4.15	0.15~4.08	0.18~1.79	0.17~5.89	0.04~0.15	5.15~22.25	0.63~2.20
		AOPO	8	15.02~30.29	0.86~2.25	40.00~53.63	1.42~26.58	0.00~0.05	0.17~4.23	0.21~1.55	0.12~1.05	0.11~1.93	0.05~0.10	10.76~18.47	1.69~2.86
		AOB	12	23.70~37.79	0.75~2.04	40.15~53.02	0.89~14.69	0.00~0.16	0.22~3.82	0.13~1.70	0.44~1.37	0.18~1.46	0.04~0.15	10.47~15.04	1.06~2.02
		AOC	14	9.41~21.38	1.18~3.10	55.32~71.50	1.15~12.79	0.00~0.06	0.15~3.25	0.11~1.41	0.25~1.73	0.06~1.34	0.03~0.11	11.04~14.42	2.59~7.07
		AOE	21	1.60~9.56	2.40~3.25	66.07~77.50	0.71~6.95	0.00~0.56	0.06~3.94	0.15~0.91	0.08~1.64	0.02~0.71	0.03~0.12	13.16~15.32	7.37~44.41
瓦厂坪	地层	P$_2$q+m	8	1.57~7.60	0.02~0.06	0.15~1.71	0.24~2.16	0.01~0.95	0.83~14.85	36.05~53.43	0.19~0.48	0.03~0.43	0.02~0.31	40.17~43.59	0.03~0.53
		C$_2$h	8	0.27~4.87	0.02~0.08	0.12~1.88	0.23~5.58	0.01~2.12	0.12~2.28	48.03~55.74	0.06~0.26	0.02~0.08	0.02~0.06	38.60~43.02	0.07~0.70
		S$_{1-2}$hj	7	58.58~66.16	0.25~0.47	14.14~24.00	6.47~7.88	0.02~0.05	0.61~2.57	1.18~2.65	0.33~0.84	0.30~4.53	0.04~0.15	3.28~6.85	0.21~0.41
	含矿岩系	C–Ms	1	60.07	0.10	2.80	1.50	0.17	3.16	14.50	0.15	0.07	0.04	17.60	0.05
		ARU	5	40.42~47.30	0.78~1.21	35.40~40.20	0.60~5.05	0.01~0.04	0.27~1.24	0.34~0.74	0.28~1.29	0.21~1.72	0.05~0.12	8.30~14.61	0.79~0.92
		ARL	11	24.79~43.60	0.31~1.16	25.03~38.39	1.31~38.29	0.00~0.20	0.24~2.30	0.30~1.59	0.32~1.20	0.17~5.89	0.04~0.13	5.62~15.17	0.72~1.05
		AOPO	4	21.82~24.86	1.25~1.86	40.00~53.63	1.73~16.27	0.00~0.01	0.17~4.10	0.75~1.55	0.12~1.03	0.11~0.30	0.06~0.06	13.66~18.47	1.83~2.36
		AOB	5	27.04~33.20	0.92~1.76	47.41~51.40	1.48~4.05	0.00~0.16	0.50~3.28	0.15~1.70	0.56~1.00	0.18~1.15	0.04~0.15	10.47~14.13	1.55~1.84
		AOC	3	10.72~20.92	1.18~2.65	58.32~65.68	1.80~12.79	0.00~0.06	0.73~2.41	0.25~1.41	0.25~0.39	0.06~0.17	0.04~0.05	13.67~14.42	2.79~6.09
		AOE	4	4.10~6.69	2.40~3.18	70.23~75.86	0.82~4.49	0.01~0.02	0.13~0.27	0.20~0.81	0.12~0.26	0.02~0.18	0.04~0.10	13.90~15.23	10.50~18.47

续表

区域	分类	统计对象	样数	SiO$_2$	TiO$_2$	Al$_2$O$_3$	Fe$_2$O$_3$	MnO	MgO	CaO	Na$_2$O	K$_2$O	P$_2$O$_5$	LOI	A/S
新民	地层	C$_2$h	6	0.74~2.80	0.02~0.08	0.50~1.73	0.22~0.91	0.01~0.04	0.13~0.89	52.53~54.60	0.18~0.74	0.08~0.35	0.04~0.11	41.00~42.90	0.22~2.34
		S$_{1-2}$hj	7	54.21~67.92	0.26~0.42	16.55~22.46	5.82~9.00	0.05~0.07	1.65~2.37	0.39~1.32	0.22~0.91	1.98~4.48	0.05~0.13	2.69~9.87	0.24~0.41
	含矿岩系	ARU	2	42.35~43.56	0.64~0.65	34.20~38.17	1.36~6.63	0.01~0.02	0.30~0.83	0.22~0.48	0.47~0.67	0.29~0.44	0.08~0.10	14.02~14.20	0.81~0.88
		ARL	9	13.42~47.37	0.37~1.24	27.25~37.36	2.80~27.49	0.00~0.04	0.48~2.23	0.20~4.08	0.18~1.79	0.35~4.47	0.04~0.14	5.15~22.25	0.64~2.20
		AOPO	3	15.02~30.29	1.67~2.25	42.89~51.28	1.42~26.58	0.00~0.05	0.57~1.48	0.21~0.54	0.56~1.05	0.11~1.93	0.06~0.10	10.76~12.46	1.69~2.86
		AOB	6	23.70~37.79	0.75~2.04	40.15~53.02	0.89~14.69	0.00~0.10	0.22~3.82	0.13~1.13	0.44~1.37	0.30~1.46	0.05~0.12	11.01~15.04	1.06~2.02
		AOC	5	9.41~21.38	1.68~2.85	55.32~67.70	2.26~7.75	0.00~0.02	0.82~3.25	0.20~1.27	0.28~1.44	0.17~0.35	0.04~0.11	13.35~14.35	2.59~7.07
		AOE	7	4.19~9.56	2.85~3.12	70.41~76.35	1.21~5.98	0.00~0.11	0.06~0.44	0.15~0.52	0.08~1.04	0.04~0.71	0.04~0.08	13.74~14.98	7.37~18.22
新木－晏溪	地层	P$_2$q+m	2	2.33~16.55	0.03~0.03	0.33~0.66	0.41~0.49	0.05~0.50	2.40~5.26	39.12~51.80	0.17~0.29	0.04~0.07	0.03~0.03	36.96~42.13	0.04~0.14
		C$_2$h	3	0.24~1.85	0.03~0.06	0.10~1.20	0.21~0.42	0.01~0.20	0.24~0.60	53.62~55.27	0.18~0.23	0.03~0.17	0.03~0.10	41.60~43.18	0.19~0.65
		S$_{1-2}$hj	7	51.66~66.27	0.20~0.36	15.16~20.68	4.17~8.55	0.04~0.06	1.45~3.18	0.49~2.79	0.25~0.91	1.85~3.80	0.05~0.13	5.12~15.84	0.24~0.36
	含矿岩系	C-Ms	3	40.29~49.76	0.06~0.20	1.81~8.90	1.83~6.78	0.48~1.10	1.74~5.12	2.25~24.11	0.21~0.31	0.24~7.90	0.03~0.06	15.84~25.59	0.04~0.20
		ARU	2	33.72~43.96	0.57~1.00	34.52~36.56	3.75~15.36	0.00~0.02	1.06~1.86	0.17~1.63	0.71~1.02	3.31~4.72	0.04~0.07	7.38~8.26	0.83~1.02
		ARL	8	24.89~43.85	0.38~1.05	26.20~38.43	2.65~33.43	0.01~0.03	0.46~4.15	0.15~1.93	0.36~1.21	0.24~4.67	0.04~0.15	8.42~14.10	0.63~1.05
		AOPO	1	21.42	0.86	44.75	10.68	0.01	4.23	1.3	0.33	0.27	0.05	15.81	2.09
		AOB	1	26.63	1.57	51.00	3.72		1.32	0.49	0.65	0.81	0.05	13.56	1.92
		AOC	6	12.08~18.02	2.42~3.10	58.23~71.50	1.15~6.88	0.01~0.01	0.15~1.90	0.11~1.34	0.27~1.73	0.10~1.34	0.03~0.10	11.04~13.91	3.23~5.92
		AOE	10	1.60~8.69	2.83~3.25	66.07~77.50	0.71~6.95	0.01~0.37	0.08~3.94	0.16~0.91	0.16~1.64	0.04~0.46	0.03~0.12	13.16~15.32	8.31~44.41

注：原始数据参见附表1；地层P$_2$q+m为中二叠统栖霞－茅口组灰岩，C$_2$h为中石炭统黄龙组灰岩及白云质灰岩，S$_{1-2}$hj为中下志留统韩家店组页岩；中二叠统梁山组（P$_2$l）为含矿岩系，其中AOB为块状铝土矿，AOE为土状－半土状铝土矿，AOPO为豆鲕状铝土矿，ARL为矿层下部铝土岩，ARU为矿层上部铝土岩，C-Ms为碳质泥岩。

1. 地层

务正道铝土矿含矿岩系（P_1l）上覆地层为二叠系栖霞–茅口组（P_2q+m），岩性主要为灰岩、生物碎屑灰岩和白云质灰岩（图3-3、图3-9、图3-14）。从表5-1中可见，这套地层的主量元素含量变化范围较宽，主要为 CaO（36.05wt% ~ 53.43wt%）和 LOI（36.96wt% ~ 43.59wt%），其次为 MgO（0.83wt% ~ 14.85wt%）和 Fe_2O_3（0.24wt% ~ 2.16wt%），部分样品硅含量较高，如新木–晏溪矿床样品 ZKg7-6-1 的 SiO_2 含量高达 16.55wt%，其他氧化物含量很低，其中 Al_2O_3 仅为 0.15wt% ~ 1.71wt%。

该区含矿岩系（P_1l）下伏地层为中石炭统黄龙组（C_2h），岩性主要为灰岩及白云质灰岩（图3-3、图3-9、图3-14），局部地段缺失该套地层，下伏地层为中下志留统韩家店组（$S_{1-2}hj$），岩性主要为砂页岩。3 个矿床 C_2h 主量元素含量基本一致，各种氧化物变化范围相对较小（表5-1），主要为 CaO（48.03wt% ~ 55.74wt%）和 LOI（38.60wt% ~ 43.18wt%），其次为 SiO_2（0.21wt% ~ 5.58wt%）、Fe_2O_3（0.21wt% ~ 5.58wt%）和 MgO（0.12wt% ~ 2.28%），其他氧化物含量很低，其中 Al_2O_3 仅为 0.10wt% ~ 1.88wt%。

3 个矿床 $S_{1-2}hj$ 的主量元素也不具明显区别，各种氧化物含量均有较宽的变化范围（表5-1），主要为 SiO_2（51.66wt% ~ 67.92wt%）、Al_2O_3（14.14wt% ~ 24.00wt%）、Fe_2O_3（4.17wt% ~ 9.00wt%）和 LOI（2.69wt% ~ 15.84wt%），同时含有少量的 MgO（0.61wt% ~ 3.18wt%）、CaO（0.39wt% ~ 2.79wt%）、K_2O（0.30wt% ~ 4.53wt%）、Na_2O（0.22wt% ~ 0.91wt%）和 TiO_2（0.20wt% ~ 0.47wt%），MnO 和 P_2O_5 含量很低，大部分样品低于 0.10wt%。图5-1 显示，$S_{1-2}hj$ 的 Al_2O_3 与 SiO_2、K_2O 和 Na_2O 略具负相关，与 LOI 和 TiO_2 具正相关，加之 K_2O 与 Na_2O 具正相关，暗示其中的 Al_2O_3 富集与岩石中相对富 Al 矿物（如长石等）的脱硅作用有关，TiO_2 相对稳定，在 Al_2O_3 富集过程中不易活动，也相对富集。

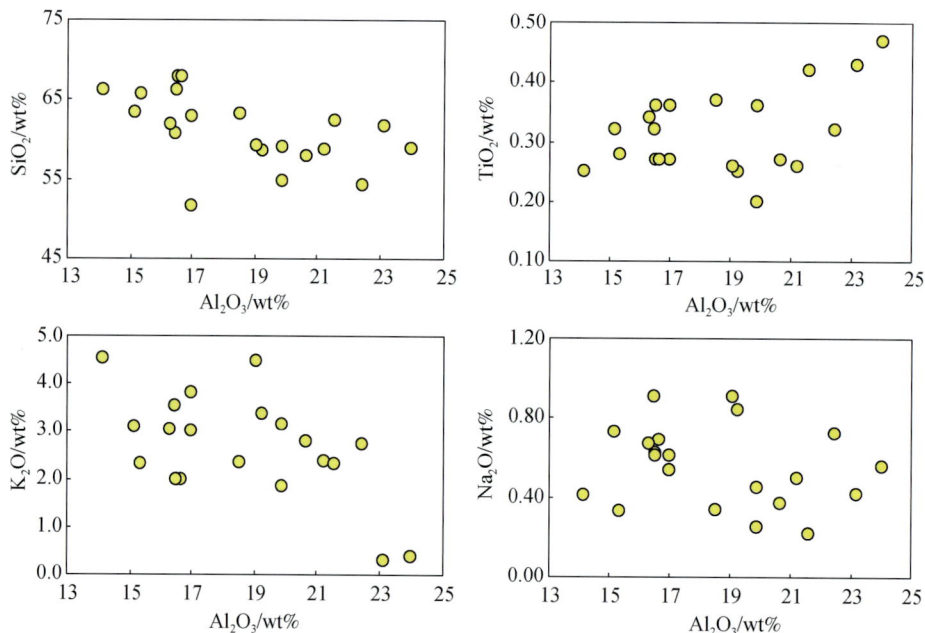

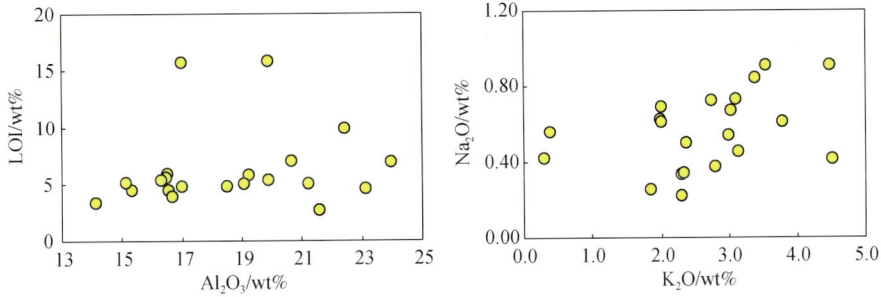

图5-1 务正道地区韩家店组（$S_{1-2}hj$）主量元素相关图（原始数据据附表1）

在 Fe_2O_3-Al_2O_3-SiO_2 三角图中（图5-2），3 个矿床的 $S_{1-2}hj$ 分布范围相近，相对集中于铝土矿化高岭石区域；在 SiO_2-Fe_2O_3-Al_2O_3 三角图中（图5-3），样品相对集中分布于高岭土化作用与弱红土作用之间的区域。这些同样表明，务正道地区广泛分布的 $S_{1-2}hj$ 砂页岩存在 Al 的初始富集过程。

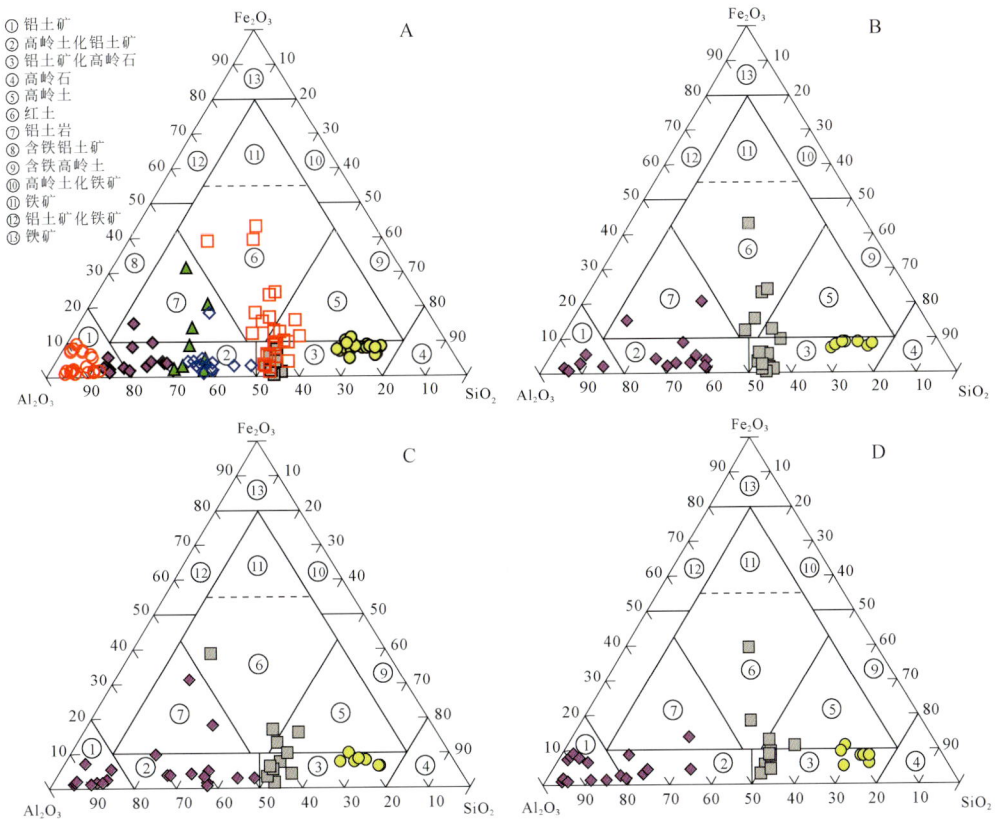

图5-2 务正道铝土矿 Fe_2O_3-Al_2O_3-SiO_2 三端元分类图解（底图据 Aleva，1994）

原始数据据附表1；A-全部样品，其中黄色实心圆圈为韩家店组砂页岩，灰色实心方块为铝土岩（上部），红色空心方块为铝土岩（下部），绿色实心三角为豆鲕状铝土矿，蓝色空心菱形为块状铝土矿，粉红色实心菱形为碎屑状铝土矿，红色空心圆圈为土状-半土状铝土矿；B-瓦厂坪矿床，其中黄色实心圆圈为韩家店组砂页岩，灰色实心方块为铝土岩（未分），粉红色实心菱形为铝土矿（未分）；C-新民矿床，图例同图5-2B；C-新木–晏溪矿床，图例同图5-2B

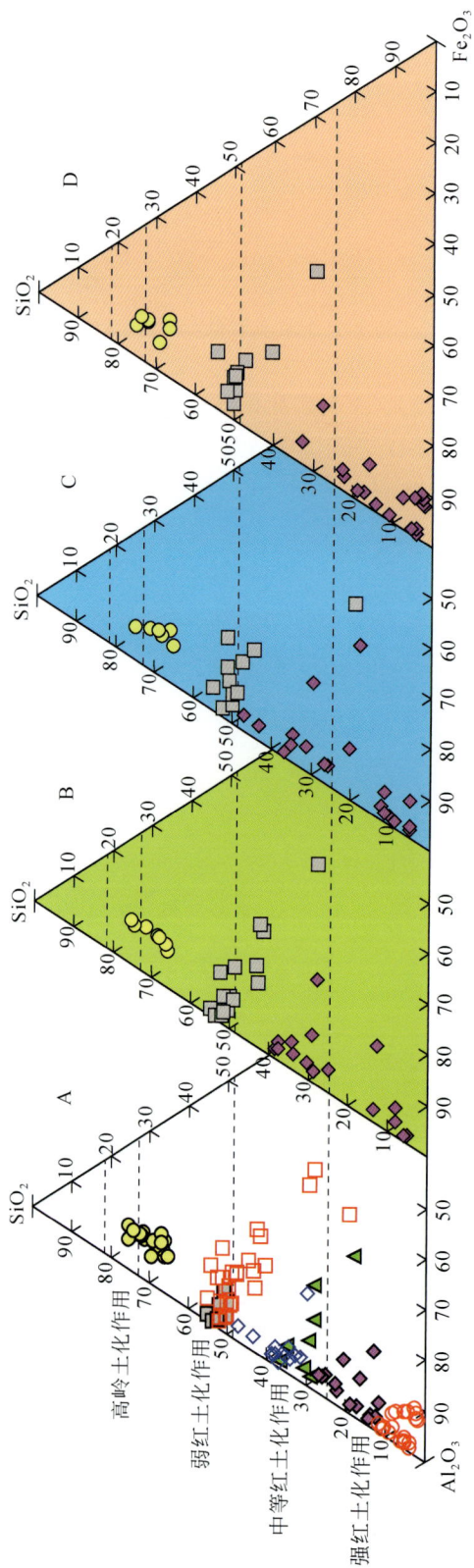

图 5-3　务正道铝土矿红土化作用强度 Al_2O_3-SiO_2-Fe_2O_3 三角图（底图据 Schellmann，1982）

原始数据据附表 1；A-全部样品，其中黄色实心圆圈为韩家店组砂页岩，灰色实心方块为铝土岩（上部），红色空心方块为铝土岩（下部），绿色实心三角为豆鲕状铝土矿，蓝色实心菱形为块状铝土矿，粉红色实心菱形为碎屑状铝土矿，红色空心圆圈为土状-半土状铝土矿；B-瓦厂坪矿床，其中黄色实心圆圈为韩家店组粉砂质页岩，灰色实心方块为铝土岩（未分），粉红色实心菱形为铝土矿（未分）；C-新民矿床，图例同图5-3B；C-新木-晏溪矿床，图例同图5-3B

2. 含矿岩系

中二叠统梁山组（P_2l）为务正道铝土矿含矿岩系（图3-3、图3-9、图3-14），顶部为薄层碳质泥岩（C-Ms），勘探过程中常视为标志层；其下为主要由黏土矿物和少量铝矿物组成的铝土岩，本书称之为上部铝土岩（ARU）；中间为铝土矿矿层，按结构构造可分为豆鲕状铝土矿（AOPO）、块状铝土矿（AOB）、碎屑状铝土矿（AOC）和土状–半土状铝土矿（AOE）；底部也为主要由黏土矿物和少量铝矿物组成的铝土岩，称为下部铝土岩（ARL）。

从表5-1中可见，C-Ms的主量元素含量变化范围较宽，主要为SiO_2（40.29wt% ～ 60.07wt%）、CaO（2.25wt% ～ 24.11wt%）和LOI（15.84wt% ～ 25.59wt%），其次为Fe_2O_3（1.50wt% ～ 6.78wt%）和MgO（1.74wt% ～ 5.12wt%），Al_2O_3含量较低，为1.81wt% ～ 8.90wt%，个别样品K_2O含量较高，如新木–晏溪样品ZKg7-6-2的K_2O为7.90wt%，其他氧化物含量很低。

除顶部标志层外，3个矿床含矿岩系中的主量元素地球化学特征相似，均具有Al_2O_3与SiO_2、Fe_2O_3、CaO、Na_2O和K_2O负相关，与TiO_2和A/S正相关，SiO_2与TiO_2和A/S负相关的变化规律（图5-4、图5-5、图5-6）；从韩家店组砂页岩→铝土岩→铝土矿，主要氧化物具有连续变化特征，Al_2O_3、LOI、TiO_2和A/S逐渐增加，SiO_2逐渐降低。在Fe_2O_3-Al_2O_3-SiO_2三角图中（图5-2B、C、D），3个矿床的铝土岩分布范围相近，主要位于铝土矿化高岭石区，少量位于高岭土和红土区；铝土矿的分布也不具明显差别，主要位于铝土矿和高岭土化铝土矿区，少量位于铝土岩区。在SiO_2-Fe_2O_3-Al_2O_3三角图中（图5-3B、C、D），3个矿床的铝土岩相对集中分布于弱红土化作用和中等红土化作用交界区，而铝土矿主要分布在中等红土化作用和强红土化作用区。3个矿床含矿岩系中不同部位铝土岩以及不同矿石类型铝土矿主要元素存在一定差别，主要表现在：

（1）ARU和ARL的主要氧化物均为SiO_2、Al_2O_3和LOI，含量范围相互重叠，其中Al_2O_3集中于25wt% ～ 40wt%之间、SiO_2主要为25wt% ～ 45wt%，A/S一般小于1，后者Fe_2O_3明显高于前者（表5-1）；在图5-2A中，ARU集中分布于铝土矿化高岭石区，ARL分布范围较宽，跨越铝土矿化高岭石、高岭土和红土区；在图5-3A中，ARU集中分布于弱红土化作用区，ARL分布于弱红土化作用和中等红土化作用交界区域，趋向Fe_2O_3端元。

（2）AOPO和AOB是务正道地区质量较差的矿石，主要氧化物均为Al_2O_3、SiO_2和LOI，含量范围不具明显差别，其中Al_2O_3集中于40wt% ～ 53wt%之间、SiO_2主要为20wt% ～ 35wt%，A/S一般大于1.8（铝土矿床工业指标A/S≥1.8；矿产资源工业要求手册编委会，2010），前者Fe_2O_3明显高于后者（表5-1）；在图5-2A中，AOPO主要分布于高岭土化铝土矿区、少量分布于铝土岩区，AOB集中分布于高岭土化铝土矿区；在图5-3A中，AOPO分布于中等红土化作用和强红土化作用交界区，趋向Fe_2O_3端元，AOB分布于中等红土化作用区。

（3）AOC是务正道地区质量较好的矿石，主要氧化物均为Al_2O_3，其次为SiO_2和LOI，其中Al_2O_3集中于55wt% ～ 65wt%之间、SiO_2主要为10wt% ～ 20wt%，A/S一般为3.0 ～ 6.0

（表5-1）；在图5-2A中，样品主要分布于高岭土化铝土矿与铝土矿交界区；在图5-3A中，样品主要分布于强红土化作用区。

（4）AOE是务正道地区质量最好的矿石，主要氧化物均为Al_2O_3，其次为LOI，其中Al_2O_3一般大于70wt%、SiO_2小于10wt%、A/S多大于10（表5-1）；在图5-2A中，样品集中分布于铝土矿区；在图5-3A中，样品集中分布于强红土化作用区。

3. 变化规律

虽然务正道地区铝土矿床含矿岩系单一，为中二叠统梁山组（P_2l），但其岩性变化明显、矿物组合复杂、矿石类型繁多，相应的主量元素各氧化物也具有很宽的变化范围（表5-1）；在图5-2A和图5-3B中，下伏地层$S_{1-2}hj$砂页岩以及含矿岩系中的铝土岩和不同类型矿石分布于不同区域；图5-7显示，从$S_{1-2}hj$→ARU、ARL→AOPO、AOB→AOC→AOE，主量元素具有如下变化规律：Al_2O_3、TiO_2和LOI逐渐增加，SiO_2、Fe_2O_3、CaO、Na_2O和K_2O逐渐降低，相应的A/S逐渐增加。这些特征均说明，该区铝土矿的成矿作用为脱硅、去铁、富铝的红土化过程，K_2O和Na_2O地球化学性质活泼，红土化过程中易发生溶解，随溶液淋滤流失，TiO_2地球化学性质较稳定，红土化过程中不易迁移，因而与Al_2O_3同时富集。

Fe_2O_3和S是评价铝土矿质量和划分工业类型的重要指标（前文）。从表5-1中可见，务正道地区各种类型矿石的Fe_2O_3含量均具有较宽的变化范围，AOPO：1.42wt%~26.58wt%、AOB：0.89wt%~14.69wt%、AOC：1.15wt%~12.79wt%、AOE：0.71wt%~6.95wt%，铝土岩的Fe_2O_3含量变化范围同样较宽，在0.60wt%~38.29wt%之间；虽然本次工作分析未区分各种类型矿石的产出部位，但从铝土岩看，矿层下部Fe_2O_3含量（ARL：1.31wt%~38.29wt%）明显高于上部（ARU：0.60wt%~6.63wt%），图5-8A是根据瓦厂坪矿床勘探过程中分析的Fe_2O_3含量统计结果，可见矿层下部各种类型矿石和铝土岩的Fe_2O_3含量明显高于上部同类型矿石和铝土岩。

本次工作未分析S含量，从勘探分析资料看，该区铝土岩和铝土矿的S含量同样具有较宽变化范围，矿层下部变化范围相对更宽、平均含量相对更高（图5-8B），上部和下部铝土岩分别为0.12wt%~3.78wt%（统计过程中剔除异常值，下同）和0.03wt%~13.34wt%、上部和下部AOPO分别为0.10wt%~1.48wt%和0.03wt%~4.55wt%、上部和下部AOB分别为0.09wt%~2.16wt%和0.02wt%~7.78wt%、上部和下部AOC分别为0.05wt%~2.03wt%和0.01wt%~4.76wt%、上部和下部AOE分别为0.03wt%~1.86wt%和0.01wt%~5.36wt%。

对于该区含矿岩系中矿层下部相对富铁的原因，金中国等（2009）认为是矿层底部绿泥石岩中黄铁矿被氧化成褐铁矿所致；谷静（2013）认为矿层底部在铝土矿风化过程中Eh和pH条件更适合铁矿物（如赤铁矿和针铁矿）的形成。从瓦厂坪矿床Fe_2O_3与S相关图可见（图5-9），矿层上部铝土岩和铝土矿Fe_2O_3与S之间正相关明显，表明其中的Fe_2O_3含量变化与黄铁矿多少密切相关；下部铝土岩和铝土矿Fe_2O_3与S之间大致存在两种变化规律，其一为Fe_2O_3和S正相关，其二为S含量较低且变化不明显、Fe_2O_3增加，暗示相对富铁除受黄铁矿控制外，还可能与成矿期和成矿期后Eh和pH等条件有利于铁矿物（如赤铁矿和针铁矿）的形成有关（谷静，2013）。

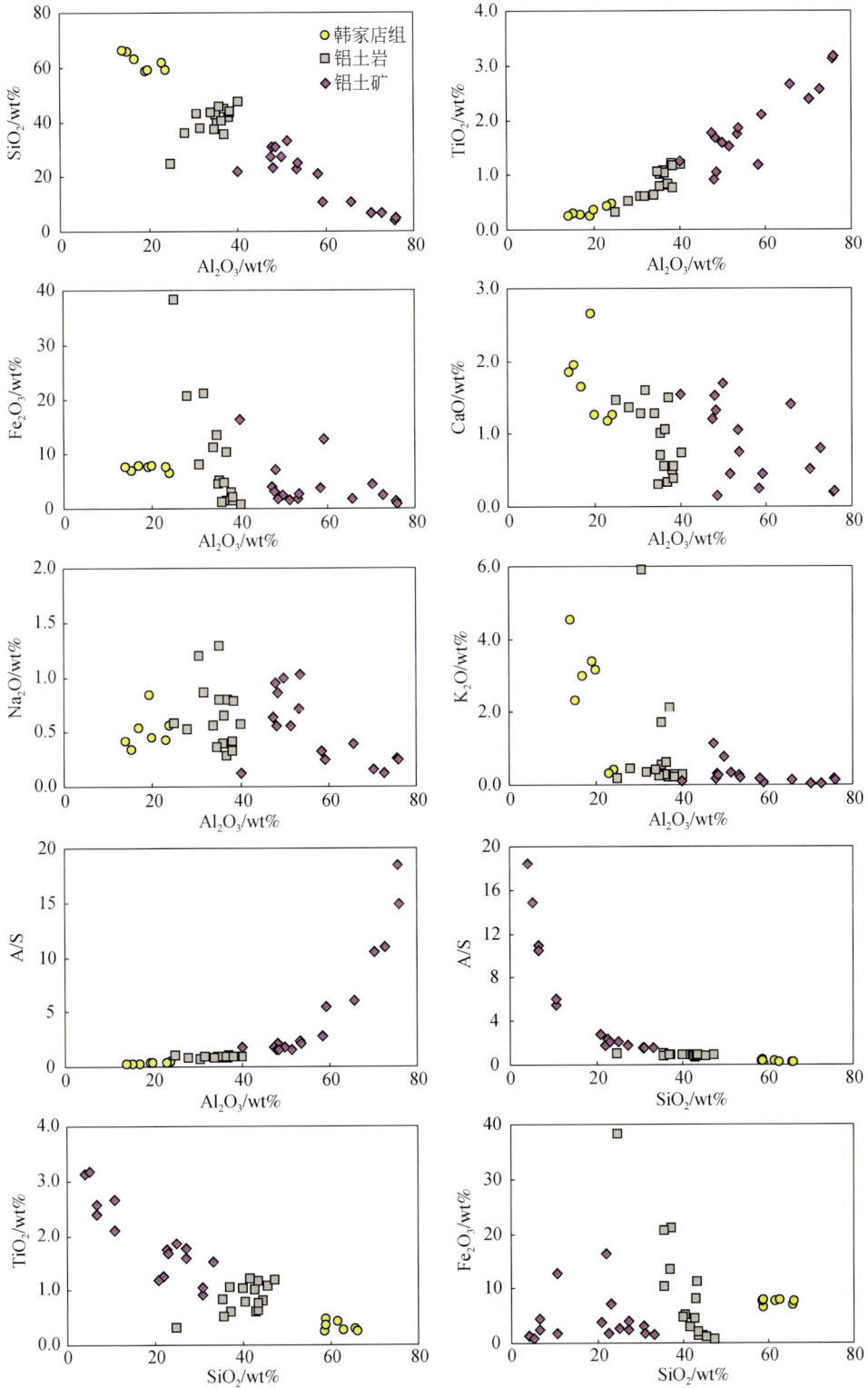

图 5-4 瓦厂坪铝土矿床韩家店组、铝土岩和铝土矿主量元素相关图

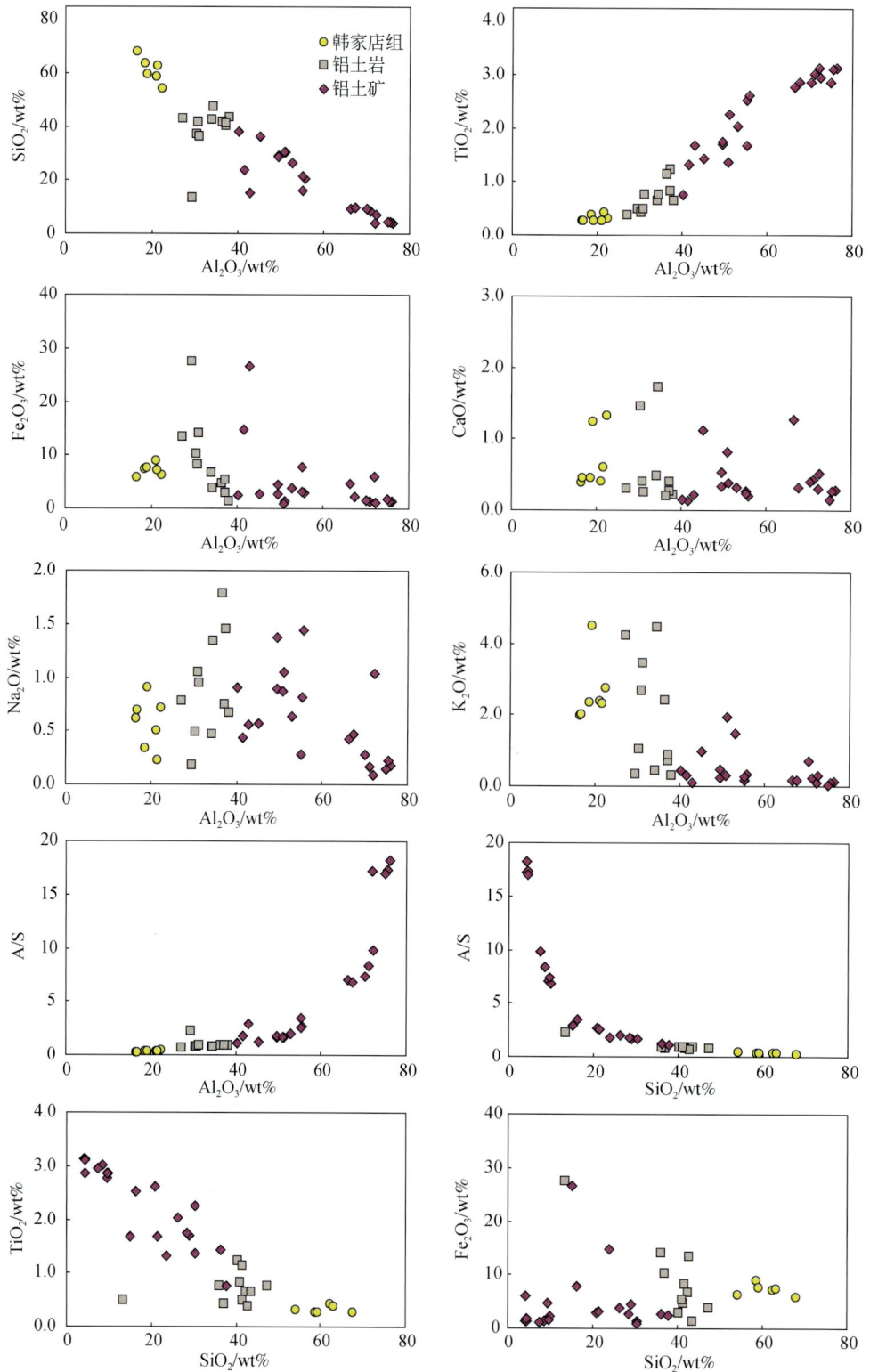

图 5-5　新民铝土矿床韩家店组、铝土岩和铝土矿主量元素相关图

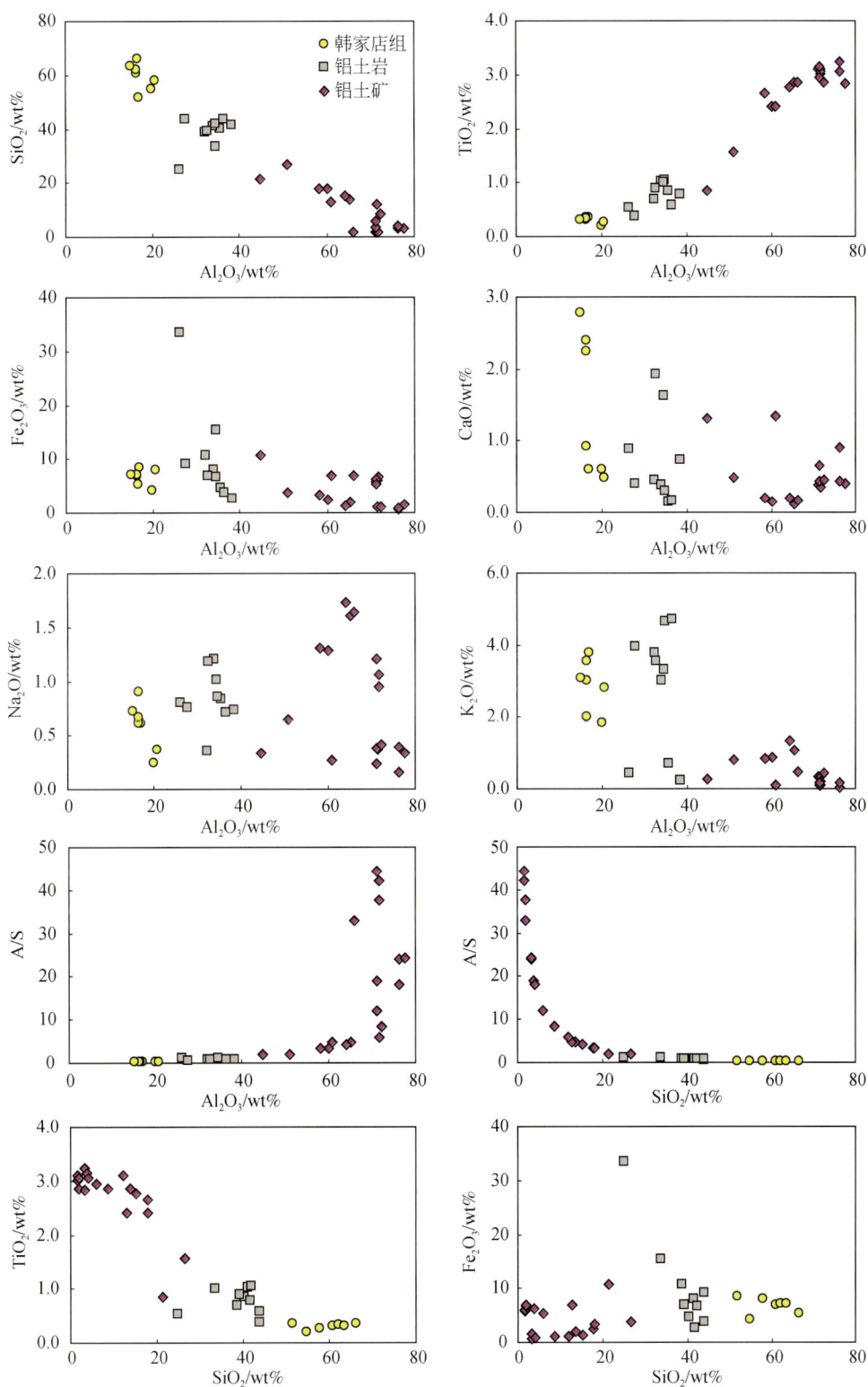

图 5-6 新木-晏溪铝土矿床韩家店组、铝土岩和铝土矿主量元素相关图

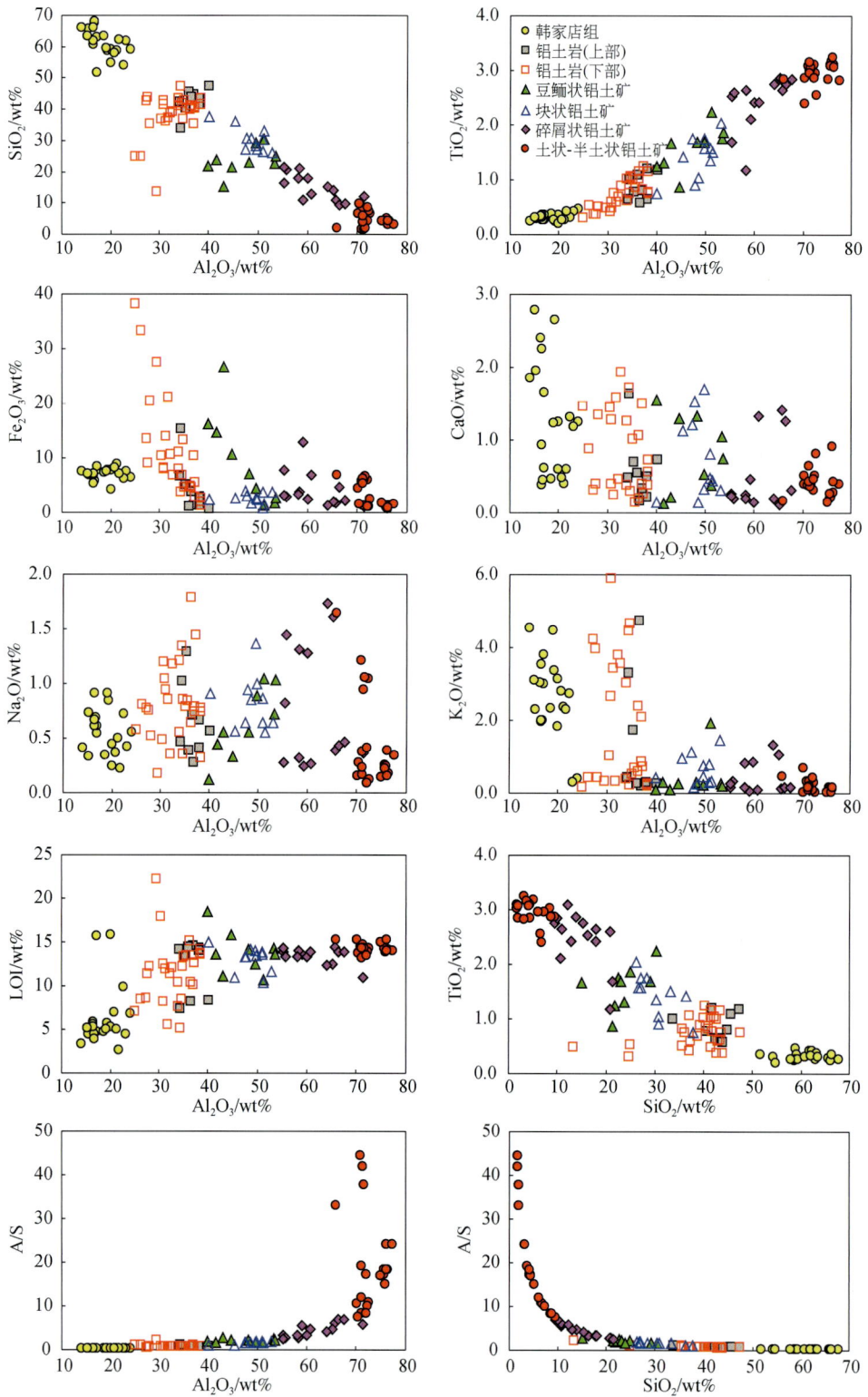

图5-7　务正道地区铝土矿床韩家店组、铝土岩和铝土矿主量元素相关图

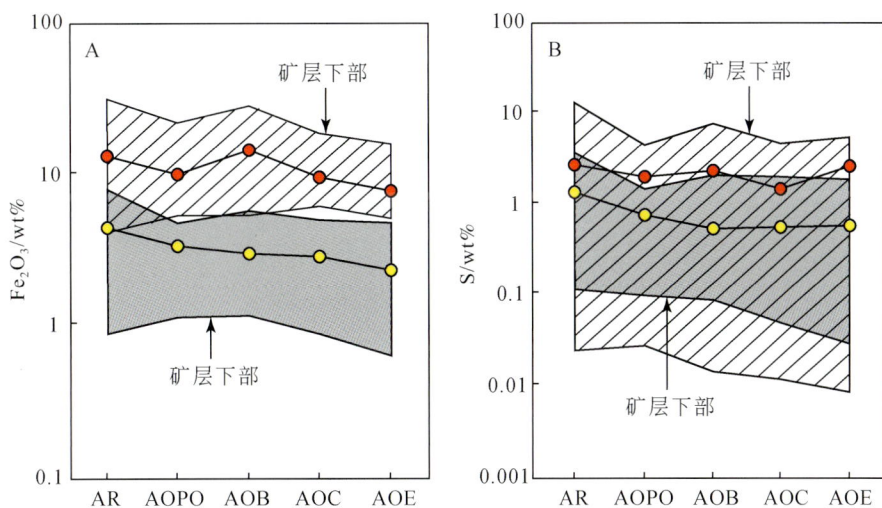

图 5-8 瓦厂坪矿床铝土岩和铝土矿 Fe_2O_3（A）和 S（B）含量统计结果

原始数据据勘探分析资料，统计过程中剔除异常值；AR-铝土岩，AOPO-豆鲕状铝土矿，AOB-致密块状铝土矿，AOC-碎屑状铝土矿，AOE-土状–半土状铝土矿；带线黄色圆点为矿层下部平均值，带线红色圆点为矿层上部平均值

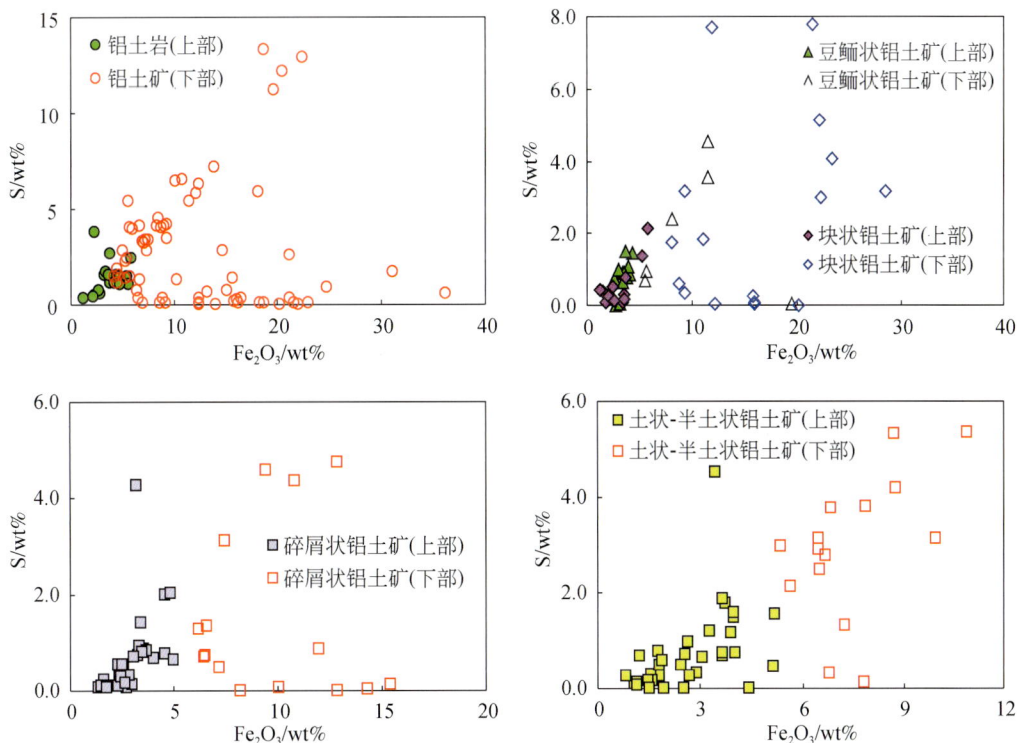

图 5-9 瓦厂坪矿床铝土岩和铝土矿 Fe_2O_3 和 S 相关图（原始数据据勘探分析资料）

三、成矿物源与成矿过程

1. 成矿物源

国内外许多学者对喀斯特型铝土矿物源进行过探索，目前主要存在三种观点：①碳酸盐岩（丰恺，1992；MacLean et al.，1997；张起钻，1999；郭连红等，2003；王力等，2004；袁跃清，2005；贺淑琴等，2007），认为底板碳酸盐岩虽然 Al 含量低，但风化剥（溶）蚀的厚度大，可以提供足够物源；②古陆（Bárdossy，1982；刘长龄，1985；Pye，1988；Brimhall et al.，1988；卢静文等，1997），根据矿床围绕古陆分布，认为古陆上各种铝硅酸盐岩的 Al 含量高，可以提供足够物源；③火山岩（Lyew- Ayee，1986；罗强，1989；陈其英和兰文波，1991；Morelli et al.，2000；Calagari and Abedini，2007；Mameli et al.，2007），认为区域广泛分布的火山岩，Al 含量相对较高，风化蚀变可以提供足够物源。

务正道铝土矿主量元素地球化学为揭示成矿物源提供了重要信息。该区含矿岩系下伏地层为 $S_{1-2}hj$ 砂页岩，局部地段在含矿岩系与 $S_{1-2}hj$ 之间有薄层 C_2h 灰岩，由于 C_2h 灰岩分布局限，厚度小于 5m（图 3-3、图 3-9、图 3-14），Al_2O_3 仅为 0.10wt% ~ 1.88wt%（表 5-1），提供大量成矿物质的可能性不大。$S_{1-2}hj$ 砂页岩广泛分布，厚度近 400m，铝质含量丰富，Al_2O_3 在 14.14wt% ~ 24.00wt% 之间，具有提供大量成矿物质的潜力。在图 5-2 和图 5-3 中，样品分别相对集中分布于铝土矿化高岭石区和高岭土化作用与弱红土作用交界区，且 Al_2O_3 与 SiO_2、K_2O 和 Na_2O 负相关，与 LOI 和 TiO_2 具正相关（图 5-1），暗示这套岩石本身存在 Al 的初始富集；在图 5-4 ~ 图 5-7 中，从 $S_{1-2}hj$ 砂页岩→铝土岩→铝土矿，主要氧化物具有连续变化特征，Al_2O_3、LOI、TiO_2 和 A/S 逐渐增加，SiO_2、Fe_2O_3、CaO、Na_2O 和 K_2O 逐渐降低。这些主量元素地球化学特征说明，$S_{1-2}hj$ 砂页岩应为务正道铝土矿的直接物源，该观点与许多学者获得的结论一致（如刘平，1999；金中国等，2013；汪小妹等，2013；Gu et al.，2013 等）。

2. 成矿过程

铝土矿形成经历了复杂的成矿过程，揭示成矿过程是矿床成因和成矿规律研究必不可少的重要环节，同时也对成矿预测具有指导作用。前人通过务正道铝土矿地质特征、岩相古地理、矿物学、地球化学等方面的研究，已初步揭示该区铝矿物形成经历了 3 个阶段（黄苑龄，2013；金中国等，2013）：第一，相对富铝矿物（原始矿物）脱硅、富铁形成黏土矿物阶段；第二，黏土矿物脱硅、脱铁、富铝形成三水铝石阶段；第三，三水铝石脱水形成一水铝石阶段。本次工作在务正道铝土矿电子探针分析过程中，已直接观察到该区铝土矿形成的第一和第三阶段（图 4-7、图 4-8）。

该区铝土矿主量元素为成矿过程提供了重要的地球化学证据。在图 5-3A 中，从 $S_{1-2}hj$ 砂页岩→铝土岩→铝土矿，由弱红土化作用→中等红土化作用→强红土化作用。从图 5-10 中可反映出成矿过程：从 $S_{1-2}hj$ 砂页岩→含矿岩系（P_2l）中的铝土岩，发生了明显的脱硅、富铝作用；从含矿岩系（P_2l）中的铝土岩→铝土矿，黏土矿物进一步脱硅、脱铁、富铝，形成铝土岩或铝土矿。本次工作分析的同一勘探工程样品主量元素也清晰地记录了上述铝土矿成矿过程，如新民矿床某探槽中的样品（图5-10）：从 $S_{1-2}hj$ 砂页岩（样品D-11）→铝土岩（样品D-10），明显的脱硅、富铁和富铝作用，形成铝土岩；铝土岩（样品D-10）→块状铝土矿（样品D-9）→豆鲕状铝土矿（样品D-6），铝土岩脱硅、脱铁、富铝作用，形成质量较差的铝土矿；豆鲕状铝土矿（样品D-6）→碎屑状铝土矿（样品D-2）→土状–半土状铝土矿（样品D-7），质量较差的铝土矿进一步脱硅、富铝作用，形成质量较好的铝土矿。

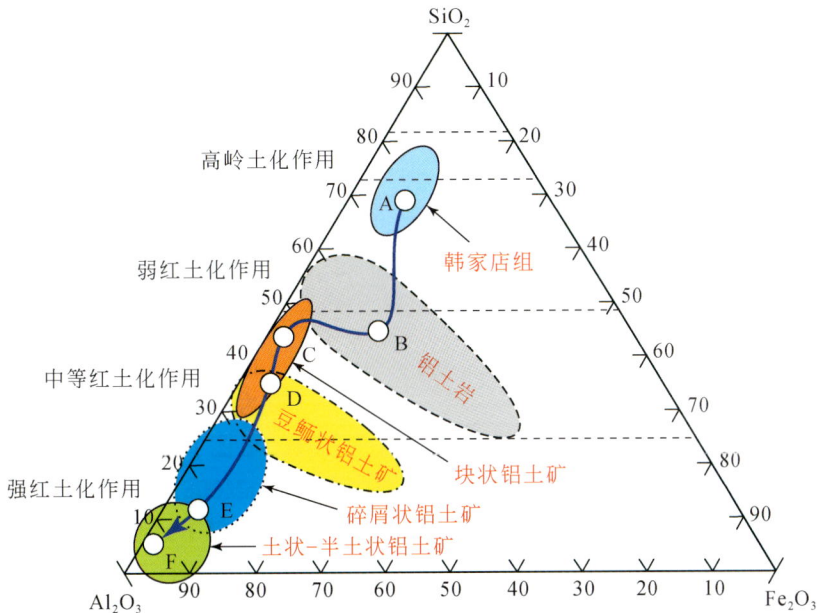

图5-10　务正道铝土矿 SiO_2-Al_2O_3-Fe_2O_3 三角图（底图据 Schellmann，1982）

图中岩（矿）石范围据图5-3；A-样品D-11；B-样品D-10；C-样品D-9；D-样品D-6；E-样品D-2；F-样品D-7

第二节　微量元素

　　前人对务正道铝土矿微量元素研究较少，积累的资料零散，无法利用相关元素来讨论成矿环境、成矿物源等科学问题。本次工作对该区务川瓦厂坪、道真新民和正安新木–晏溪3个大型铝土矿床进行过主量元素的钻孔岩心样品，同时进行了微量元素分析。

　　全岩微量元素分析由中国科学院地球化学研究所矿床地球化学国家重点实验室电感耦合等离子质谱仪（ICP-MS）完成，分析仪器为 Perkin-Elmer Sciex ELAN DRC-e ICP-MS，分析精度优于10%。样品前处理流程为：准确称取200目样品50mg加入特氟龙罐中，加入1mL HF，在电热板上蒸干以赶去 SiO_2，然后加入1mL HF和0.5mL HNO_3，加盖并放入不锈钢外套中密封置于烘箱中于200℃下分解48h。取出待冷却后于电热板上蒸干，加入1mL HNO_3蒸干并重复一次。加入2mL HNO_3和5mL 蒸馏水重新置于烘箱中130℃溶解残渣

8h。完成后取出冷却，加入500ng Rh内标溶液并转移至50mL离心管中待测。采用国际标样GBPG-1，OU-6和国家标样GSR-1和GSR-3进行分析质量控制。测试过程见Qi等（2000）。

一、含量特征及配分模式

附表1为瓦厂坪矿床56件、新民矿床45件和新木–晏溪矿床44件岩（矿）石样品的微量元素分析结果。表5-2为按矿床、不同时代地层及含矿岩系［中二叠统梁山组（P_2l）］的微量元素含量统计结果；为便于对比，含矿岩系中的铝土岩和不同类型矿石的微量元素含量分别统计。图5-11为所有样品微量元素原始地幔（Sun and McDonough，1989）标准化配分模式。

1. 地层

3个矿床中P_2q+m的微量元素含量变化范围较宽，样品之间各种元素含量相差在1~2个数量级。与克拉克值（黎彤和倪守斌，1990）相比，除Sr、As、Sb、Mo、U和Cd等少量元素含量相对较高外，其他元素含量均较低，其中Sr为859~4204ppm，富集系数（K_{EC}=含量/克拉克值）主要在3~13之间，As、Sb和U的K_{EC}一般在5~10倍，个别样品的Mo和Cd含量分别高达31ppm和1.82ppm，为克拉克值的几十倍。虽然样品之间微量元素含量差别较大，但其配分模式相似（图5-11A），存在明显的U、Sr正异常和Nb-Ta及Zr-Hf负异常，大部分样品同时存在Ba和Ti负异常。

3个矿床中C_2h的微量元素含量不具明显差别，各种元素含量同样存在较大的变化范围（表5-2）。总体特征与P_2q+m相似，但Rb、Sr、V、U、Mo等含量相对较低，而Li、Ag、Cs等相对较高，个别样品Cd含量很高，如瓦厂坪样品ZK8-2-5的Cd含量高达15.7ppm，近克拉克值的200倍。配分模式总体可分成2组，一组与P_2q+m相似，存在明显的U、Sr正异常和Nb-Ta及Zr-Hf负异常（图5-11C）；另一组除存在明显的U、Sr正异常和Nb-Ta及Zr-Hf负异常外，还存在明显的Ti和Ce负异常，Ba异常不明显（图5-11E）。

3个矿床中$S_{1-2}hj$的微量元素也不具明显区别，除个别元素外，大部分元素的含量变化范围相对较小，多在1个数量级以内（表5-2）。这套地层中大部分微量元素的含量略高或略低于克拉克值（黎彤和倪守斌，1990），K_{EC}集中在0.5~5之间；少量样品的Mo、Ag、Cd、Tl等元素含量较高，K_{EC}大于10。除个别元素外，配分模式基本一致（图5-11B、D、F），存在明显的Ba、Nb-Ta、Sr-P和Ti负异常，Rb和Th-U正异常。

2. 含矿岩系

4件矿层顶部标志层碳质泥岩（C-Ms）的微量元素含量也具有较宽的变化范围（表5-2），兼具P_2q+m和$S_{1-2}hj$微量元素含量特征，除As、Sb、Mo、U、Ag和Cd等相对较高外，其余元素均略低于克拉克值（黎彤和倪守斌，1990），K_{EC}多在0.5左右；个别样品的Mo和Ag含量较高，K_{EC}大于20，As、Sb、U和Ag的K_{EC}一般在5以内。配分模式同样兼具P_2q+m和$S_{1-2}hj$的特征（图5-11G），既有Ba、Nb-Ta、P、Zr-Hf和Ti负异常，也存在Rb、U和Sr正异常。

表5-2　务正道铝土矿微量元素统计结果（单位：ppm）

3个矿床（瓦厂坪、新民利新木—娄溪）

元素	P_2q+m (10) 范围	均值	C_1b (17) 范围	均值	S_1lnj (21) 范围	均值	C—Ms (4) 范围	均值	ARU (8) 范围	均值	ARL (28) 范围	均值	AOB (12) 范围	均值	AOPO (8) 范围	均值	AOC (14) 范围	均值	AOE (21) 范围	均值
Li	2.31~18.6	7.92	0.592~282	50.2	1.25~586	92.9	5.52~24.2	15.1	208~993	445	0.720~1780	351	36.7~2725	1112	12.6~2005	844	7.54~774	267	0.547~1360	204
Be	0.084~0.992	0.382	0.021~10.18	2.40	0.040~10.8	3.69	0.471~1.59	0.986	1.20~4.64	2.52	0.125~11.5	4.73	2.76~9.80	5.12	3.14~9.00	5.23	2.52~10.9	7.2	3.78~27.67	9.54
Rb	0.064~21.0	7.56	0.032~14.10	2.76	91.3~217	176.47	2.38~91.3	38.3	4.11~209	95.6	0.220~286	26.6	2.92~111	26.6	0.555~115	18.6	0.149~58.9	15.4	0.144~39.6	5.61
Cs	0.011~1.26	0.508	0.007~20.10	8.66	0.012~21.4	8.66	0.374~5.29	2.01	0.896~6.40	3.65	0.019~22.8	6.23	0.443~11.9	3.66	0.076~11.2	2.78	0.083~3.49	1.01	0.010~3.47	0.586
Sr	859~4204	2303	73.0~1700	534	47.6~174	110	141~555	277	12.8~162	80.9	17.50~1060	237	44.7~226	104	16.2~184	88.7	32.0~128	68.6	7.40~249	74.5
Ba	3.59~50.6	27.6	2.26~124	22.2	185~567	391	19.1~224	83.6	14.2~873	215	18.10~1061	248	16.8~613	169	37.0~369	122	6.22~144	59.8	2.31~114	27.7
Sc	1.55~4.07	2.07	0.513~36.0	10.6	0.234~38.6	14.6	2.08~11.4	5.09	8.28~23.8	14.0	0.357~45.1	19.3	8.86~38.6	19.5	13.3~29.8	19.0	4.53~47.4	20.5	2.38~48.4	15.0
V	5.13~145	46.6	1.00~39.4	8.69	61.0~224	121	25.1~75.9	52.4	67.5~405	196	101~686	224	127~583	295	100~658	337	126~311	256	105~440	285
Cr	7.66~62.6	35.1	4.74~34.5	9.89	47.0~214	92.4	34.3~576	185	42.6~339	164	62.6~446	213	191~826	330	166~2278	573	38.5~404	223	29.1~673	226
Co	3.24~19.8	7.37	3.58~63.5	14.3	15.6~33.2	21.5	12.0~33.2	22.8	0.638~17.3	5.41	1.23~404	36.9	1.66~22.4	7.48	2.64~76.9	22.1	1.97~193	22.8	3.51~35.6	14.1
Ni	8.14~29.0	19.2	8.55~44.0	16.6	24.2~50.4	42.8	14.0~118	42.8	1.58~61.4	17.5	2.70~429	82.0	1.91~73.3	32.4	6.50~50.2	25.3	3.94~39.6	14.8	1.56~69.5	13.6
Cu	0.076~5.76	3.46	0.224~43.2	6.48	4.76~792	60.6	2.74~13.8	7.36	5.95~20.6	13.8	2.24~248	43.4	3.12~48.7	19.0	4.95~37.5	17.8	5.69~29.5	15.1	6.39~111	22.8
Zn	4.93~43.0	16.8	4.75~245	66.7	4.92~235	85.5	18.6~51.3	35.4	14.9~60.3	32.7	10.2~235	68.3	17.4~310	73.9	13.3~90.9	73.3	21.3~77.6	41.5	6.21~336	53.6
As	9.65~43.7	18.4	5.12~61.7	20.9	6.19~209	24.2	12.2~18.2	15.5	5.81~57.1	31.1	5.99~277	40.3	6.35~51.6	17.0	7.47~62.0	26.0	5.94~22.4	11.6	7.06~50.5	17.5
Sb	0.521~3.92	1.46	0.111~3.45	1.20	0.119~2.98	1.25	0.712~2.36	1.41	0.338~2.29	1.04	0.085~18.2	2.52	0.628~4.22	1.53	0.940~8.85	3.51	0.341~3.04	1.21	0.387~5.22	1.93
Pb	1.17~13.3	6.39	0.766~58.7	14.7	5.88~109	21.4	6.99~31.5	17.7	5.20~43.5	19.0	6.45~831	81.6	5.54~136	31.8	5.75~300	93.2	0.727~107	35.1	3.88~86.6	30.2
W	11.8~204	61.1	3.95~319	42.4	3.58~143	35.8	60.8~319	168	1.16~15.4	6.90	3.16~143	26.2	6.84~61.0	33.9	16.3~146	67.9	12.2~1250	167	10.9~573	99.4
Sn					1.27~4.40	2.29	0.048~1.84	0.908			2.79~8.56	5.44								
Bi	0.002~0.087	0.033	0.001~1.11	0.347	0.028~2.98	0.510	0.034~0.311	0.134	0.174~0.980	0.446	0.010~1.92	0.596	0.335~2.04	1.07	0.275~3.77	1.37	0.007~2.44	0.987	0.434~3.43	1.44
Mo	0.588~31.0	9.5	0.097~32.6	3.41	0.135~22.9	2.66	0.643~24.5	12.7	0.363~81.7	13.4	0.062~31.0	3.15	0.205~11.8	3.57	0.332~7.55	3.34	0.362~8.78	2.58	0.394~7.39	2.22
Zr	1.39~22.6	9.30	0.465~20.5	4.54	89.0~202	149	13.0~89.0	38.3	175~1450	560	184~1300	440	402~2103	758	384~911	682	306~1270	691	294~1290	857
Hf	0.014~0.611	0.247	0.008~0.536	0.119	2.32~5.42	3.97	0.296~2.32	0.973	4.76~38.3	14.8	4.93~36.4	12.9	12.9~71.6	21.9	10.3~33.1	19.7	8.69~33.9	20.4	12.7~42.2	24.3
Nb	0.148~2.68	1.03	0.055~2.20	0.483	7.27~20.8	15.3	1.52~7.27	3.76	13.50~58.20	37.67	21.53~67.5	34.6	37.3~162	64.7	44.1~70.0	57.8	31.70~80.9	59.7	29.5~100	65.7
Ta	0.013~0.195	0.085	0.010~0.289	0.077	0.632~1.52	1.17	0.098~0.632	0.289	0.963~4.64	2.91	1.59~8.19	2.91	3.19~18.4	5.57	3.41~7.62	5.19	2.43~9.57	5.09	0.985~11.8	5.26
Th	0.085~3.17	1.18	0.042~2.28	0.476	9.96~19.7	17.1	1.44~9.96	4.32	11.0~60.5	27.3	9.87~213	44.2	38.1~151.2	68.7	31.0~229	85.3	22.7~139	54.6	15.9~152	51.0
U	1.24~14.0	6.66	0.103~15.5	2.42	1.62~7.31	3.12	1.62~6.15	3.79	4.82~17.6	8.14	2.61~18.2	8.38	6.78~28.3	13.6	5.43~19.2	12.2	6.30~39.6	15.5	7.23~35.9	18.9
Ag	0.023~0.252	0.090	0.005~0.910	0.294	0.014~0.820	0.439	0.140~0.196	0.170	0.285~1.30	0.743	0.025~1.12	0.612	0.360~3.21	1.22	0.379~1.85	1.18	0.607~1.68	1.19	0.621~1.88	1.26
Ga	0.173~5.28	2.00	0.081~3.35	0.784	11.8~25.8	21.3	2.32~11.83	5.52	9.04~78.4	30.4	15.0~56.0	35.19	36.6~127	66.7	35.1~109	79.3	7.86~120	60.8	7.79~131	56.8
Ge	0.009~0.128	0.056	0.010~2.70	0.673	0.025~2.16	1.30	0.244~1.13	0.472	0.151~3.00	0.887	0.022~2.25	1.12	0.547~3.78	1.49	0.786~2.89	1.86	0.156~6.27	2.78	1.29~23.5	5.55
Cd	0.101~1.82	0.739	0.075~15.7	1.87	0.003~4.02	0.459	0.145~2.56	1.09	0.082~1.17	0.356	0.010~3.49	0.647	0.041~1.23	0.420	0.032~0.861	0.399	0.031~1.80	0.592	0.059~1.52	0.565
Tl	0.008~1.00	0.284	0.009~1.74	0.505	0.006~2.36	0.758	0.194~0.418	0.308	0.025~1.67	0.521	0.006~1.86	0.597	0.011~0.693	0.274	0.029~1.99	0.660	0.004~0.896	0.255	0.007~0.268	0.094
In	0.001~0.023	0.007	0.001~0.244	0.070	0.001~0.232	0.080	0.001~0.073	0.035	0.061~0.245	0.118	0.000~0.334	0.139	0.054~0.343	0.218	0.079~0.416	0.232	0.142~0.384	0.213	0.099~0.532	0.248

续表

瓦厂坪铝土矿床

元素	P.sq+m (8) 范围	P.sq+m (8) 均值	C.h (8) 范围	C.h (8) 均值	S.bj (7) 范围	S.bj (7) 均值	C-Ms (1) 范围	C-Ms (1) 均值	ARU (5) 范围	ARU (5) 均值	ARL (11) 范围	ARL (11) 均值	AOB (2) 范围	AOB (2) 均值	AOPO (4) 范围	AOPO (4) 均值	AOC (3) 范围	AOC (3) 均值	AOE (4) 范围	AOE (4) 均值
Li	2.31~16.5	7.28	0.592~282	75.6	19.7~509	113		24.2	208~993	503	36.0~911	364	1125~2725	1789	12.6~2005	1070	36.2~481	273	1.36~9.17	4.84
Be	0.113~0.992	0.449	0.035~7.07	1.75	2.84~6.22	4.13		0.471	1.65~4.64	3.09	3.98~11.5	7.20	3.12~8.41	4.62	3.14~9.00	6.24	2.52~10.8	5.98	3.78~7.05	5.79
Rb	0.064~21.0	9.14	0.032~14.1	3.29	136~215	187		2.38	4.11~209	54.2	0.220~286	80.5	5.51~111	35.6	2.98~6.53	4.68	0.149~5.50	2.76	0.843~6.42	3.38
Cs	0.011~1.26	0.600	0.007~13.2	2.49	6.20~15.3	11.8		0.374	1.17~6.40	4.11	0.703~22.8	6.48	1.37~4.19	2.64	0.076~2.45	1.70	0.160~0.762	0.391	0.010~0.098	0.054
Sr	859~4204	2531	73.0~1634	405	93.8~168	130		205	12.8~162	94.4	83.7~669	222	44.8~226	94.1	16.2~120	74.6	59.2~80.1	72.9	13.2~51.3	27.2
Ba	9.83~50.6	32.4	2.26~124	28.7	312~567	411		19.1	18.5~873	280	31.7~536	206	87.9~613	258	37.0~182	108	18.1~103	59.5	9.86~25.3	16.5
Sc	1.55~4.07	2.19	1.35~36.0	9.95	11.8~38.6	17.5		2.34	8.49~23.8	15.0	16.3~45.1	29.2	15.5~38.6	22.7	14.3~29.8	21.2	21.1~47.4	33.9	5.87~48.4	21.0
V	5.93~145	53.4	1.00~39.4	9.06	93.8~137	108		25.1	67.5~405	186	101~686	214	127~583	293	100~658	301	187~305	259	183~297	250
Cr	7.66~62.6	38.3	5.30~34.5	10.6	70.7~99.2	82.8		576	42.60~339	183	126~446	210	282~826	419	193~2278	817	179~368	280	151~673	344
Co	3.24~11.0	5.91	3.58~63.5	22.1	18.2~30.2	22.9		27.6	3.94~17.3	8.09	7.46~404	60.2	1.66~11.7	4.37	2.64~76.9	23.4	17.2~28.8	21.6	4.02~18.4	12.3
Ni	8.14~29.0	20.4	8.55~44.0	15.4	39.2~45.6	42.4		118	1.58~61.4	25.8	39.9~429	125	1.91~73.3	23.9	6.50~50.2	20.2	10.3~16.9	13.9	5.66~17.7	11.4
Cu	0.076~5.55	2.88	0.224~10.2	3.73	11.4~57.4	29.5		7.92	11.8~19.2	14.9	6.84~201	42.9	5.99~23.3	11.5	4.95~20.6	12.2	8.39~13.6	10.7	10.2~27.1	17.9
Zn	4.93~43.0	19.1	4.75~245	64.1	27.3~121	80.6		18.6	28.4~60.3	40.3	16.9~235	85.8	18.4~310	88.3	13.3~49.9	29.0	21.3~51.0	35.4	18.3~47.9	36.0
As	9.65~43.7	20.4	5.12~61.7	23.5	11.0~54.6	19.2		14.1	17.6~41.3	34.7	11.6~277	67.7	9.00~51.6	25.7	10.9~49.7	29.5	16.3~22.4	18.4	11.4~50.5	31.3
Sb	0.521~3.92	1.49	0.195~3.36	1.33	1.01~2.68	1.45		1.02	0.815~1.67	1.05	0.750~18.2	4.42	1.15~4.22	2.07	0.940~7.04	3.66	1.22~3.04	2.32	0.801~2.49	1.99
Pb	1.17~13.3	6.81	0.800~58.7	20.7	7.21~109	26.9		11.6	6.60~43.5	20.0	8.94~831	119	5.54~136	37.4	5.75~300	96.6	9.32~51.1	25.7	3.88~24.3	17.1
W	11.8~204	63.5	5.03~39.5	23.8	3.58~102	47.6		143	5.35~15.4	9.77	6.69~26.2	11.3	21.8~56.4	39.5	36.9~146	73.6	55.9~276	149	60.7~147	99.5
Sn					1.27~4.40	2.43		0.048		3.70	2.79~8.11	5.07	7.25~26.0	17.2	6.95~19.0	12.9	8.08~13.1	10.4	14.2~22.2	18.2
Bi	0.004~0.087	0.039	0.002~1.11	0.386	0.330~0.618	0.430		0.063	0.290~0.980	0.538	0.428~1.19	0.678	0.349~2.04	1.06	0.275~1.75	0.965	1.46~2.44	1.85	0.944~2.26	1.57
Mo	0.955~31.0	11.7	0.097~32.6	4.45	0.205~22.9	6.67		24.5	0.363~12.9	4.21	0.251~2.66	0.635	0.572~9.72	4.27	0.710~7.55	3.88	1.17~8.78	5.08	0.904~2.59	1.57
Zr	1.39~22.6	10.6	0.465~20.5	5.51	123~163	140		13.2	321~1450	711	184~454	348	489~2103	1015	384~911	647	587~629	604	905~1230	1025
Hf	0.014~0.611	0.292	0.008~0.536	0.154	3.38~4.34	3.88		0.354	8.84~38.3	18.9	4.93~12.2	9.48	13.2~71.6	29.1	10.3~21.3	16.2	15.1~25.4	18.9	24.5~42.2	29.1
Nb	0.148~2.68	1.19	0.055~2.20	0.580	12.9~17.2	15.0		2.01	33.3~58.2	45.7	21.5~42.2	32.3	56.0~162	85.4	44.1~70.0	56.0	59.9~63.4	62.0	78.4~100	90.7
Ta	0.013~0.195	0.098	0.010~0.289	0.096	1.08~1.52	1.23		0.140	2.70~4.64	3.64	1.59~3.39	2.57	4.27~18.4	7.79	3.41~5.55	4.47	4.67~7.64	5.72	5.92~11.8	8.08
Th	0.085~3.17	1.39	0.042~2.28	0.586	15.0~19.7	17.6		1.50	16.2~60.5	34.5	17.1~79.3	37.2	42.0~151.2	90.4	31.0~86.6	54.8	62.7~80.0	69.3	22.2~152	78.7
U	1.24~14.0	7.57	0.155~15.5	2.74	2.41~3.58	2.90		2.73	4.82~17.6	9.18	2.61~18.2	6.04	6.78~28.3	15.2	5.43~12.8	9.80	10.2~20.4	16.6	8.76~21.8	13.8
Ag	0.023~0.252	0.094	0.005~0.879	0.277	0.299~0.820	0.539		0.151	0.558~1.30	0.883	0.476~0.913	0.721	1.15~3.21	1.75	1.04~1.85	1.29	1.23~1.31	1.28	1.35~1.88	1.61
Ga	0.173~5.28	2.37	0.081~3.35	1.06	18.2~25.8	21.5		2.32	23.3~78.4	40.6	25.1~47.4	36.6	57.5~127	89.7	56.1~109	84.1	65.7~85.4	76.0	24.7~131	77.9
Ge	0.009~0.128	0.063	0.010~2.70	0.576	0.824~1.75	1.37		0.244	0.619~3.00	1.23	0.743~2.25	1.59	0.547~3.78	1.79	0.795~2.89	1.75	2.99~3.30	3.14	2.76~4.80	4.07
Cd	0.101~1.82	0.790	0.080~15.7	2.57	0.028~4.02	0.776		0.147	0.192~1.17	0.463	0.054~3.49	0.882	0.041~0.951	0.351	0.032~0.295	0.207	0.158~1.80	1.88	0.059~1.52	0.572
Tl	0.008~1.00	0.346	0.009~1.37	0.303	0.353~2.36	0.932		0.264	0.030~1.25	0.405	0.006~1.86	0.550	0.029~0.693	0.255	0.029~0.890	0.399	0.062~0.896	0.352	0.066~0.188	0.120
In	0.001~0.023	0.008	0.001~0.244	0.065	0.054~0.146	0.098		0.017	0.083~0.245	0.147	0.065~0.334	0.176	0.231~0.343	0.288	0.192~0.272	0.230	0.197~0.303	0.237	0.233~0.354	0.264

续表

元素	P_{2q+m} 范围	P_{2q+m} 均值	C_2h (6) 范围	C_2h (6) 均值	$S_{1\sim hj}$ (7) 范围	$S_{1\sim hj}$ (7) 均值	$C\sim Ms$ 范围	$C\sim Ms$ 均值	新民铝土矿床 ARU (2) 范围	ARU (2) 均值	ARL (9) 范围	ARL (9) 均值	AOB (6) 范围	AOB (6) 均值	AOPO (3) 范围	AOPO (3) 均值	AOC (5) 范围	AOC (5) 均值	AOE (7) 范围	AOE (7) 均值
Li			2.25~82.6	40.9	1.65~50.1	31.7			236~551		3.67~1780	441	36.7~1020	535	28.2~1610	760	62.7~774	272	1.01~724	116
Be			0.253~10.2	4.22	0.164~7.78	3.50			1.60~1.96		0.324~5.04	3.43	2.76~9.80	5.01	3.43~4.00	3.62	4.91~8.31	6.72	4.42~15.8	9.09
Rb			0.181~7.05	2.67	152~204	177			4.25~22.7		13.1~261	98.5	2.92~77.5	22.1	0.555~115	40.4	1.36~7.58	4.69	0.383~39.6	7.96
Cs			0.146~20.1	10.5	0.012~21.4	8.78			0.896~3.79		0.024~15.3	7.57	0.443~11.9	4.77	0.704~11.2	4.71	0.083~1.49	0.651	0.033~0.865	0.266
Sr			164~1700	782	59.2~174	87.5			26.0~80.3		37.1~456	218	44.7~168	113	62.6~184	122	32.0~128	71.8	7.40~174	52.4
Ba			4.43~36.7	17.1	365~488	412			14.2~55.8		35.5~1061	315	16.8~297	121	52.4~369	160	12.6~100	36.7	4.65~103	30.1
Sc			2.30~25.9	14.5	0.234~22.4	12.3			8.28~10.4		0.357~32.1	17.3	8.86~27.3	17.5	13.3~18.4	15.5	8.02~20.2	15.9	3.68~40.0	12.6
V			3.81~13.1	10.1	98.4~212	135			94.8~370		105~378	213	156~453	298	294~418	356	221~296	252	242~440	351
Cr			4.74~9.92	8.15	77.5~214	107			86.5~194		76.5~297	199	191~359	273	166~501	292	114~404	256	87.6~299	142
Co			4.01~18.2	6.71	16.5~21.8	18.6			0.638~1.38		1.23~111	22.0	1.83~22.4	9.11	2.97~13.6	6.88	1.97~15.2	5.6	3.54~32.9	15.4
Ni			14.6~19.2	16.8	36.7~49.0	44.9			3.26~5.82		12.05~83.9	39.1	5.40~70.4	33.7	18.2~44.1	34.4	3.94~20.8	10.2	2.15~26.1	9.95
Cu			1.31~43.2	10.2	7.21~792	128			9.22~20.6		5.62~248	60.8	3.12~48.7	25.9	18.3~19.1	18.6	5.69~18.4	14.3	6.39~33.9	15.8
Zn			5.11~178	92.4	16.7~129	89.9			20.4~25.2		10.8~145	60.2	17.4~103	57.9	18.6~90.9	48.3	22.4~60.3	43.9	6.21~27.7	19.5
As			6.27~42.2	23.3	6.19~49.3	13.8			5.81~57.1		5.99~96.8	24.6	6.35~13.4	10.2	7.47~12.2	9.33	5.94~16.1	9.63	7.06~29.9	11.7
Sb			0.377~3.45	1.50	0.119~2.98	1.16			0.338~2.29		0.136~5.91	1.47	0.628~2.07	1.15	1.17~1.84	1.52	0.669~1.33	0.864	0.993~1.99	1.44
Pb			0.766~53.8	12.4	5.88~41.8	17.4			5.20~32.3		7.71~212	51.4	9.22~74.8	29.2	17.5~58.8	40.7	13.1~107	45.8	8.18~53.0	23.0
W			3.95~319	69.1	4.38~28.8	12.4			2.59~2.61		3.16~102	22.6	6.84~61.0	31.7	16.3~114	52.5	12.2~432	100	21.7~573	182
Sn						1.55					2.91~6.82	5.26		8.55		11.7		13.8	2.64~10.6	6.64
Bi			0.001~0.813	0.422	0.029~2.98	0.725			0.195~0.509		0.014~1.56	0.611	0.335~1.76	0.957	0.531~1.64	1.10	0.387~2.37	0.931	0.434~1.75	0.913
Mo			0.164~11.3	3.57	0.135~4.34	0.844			0.596~81.7		0.233~19.3	3.70	0.205~4.03	1.61	0.332~4.47	1.86	0.362~2.68	1.78	0.533~2.57	1.52
Zr			0.830~8.37	4.02	138~202	163			339~414		186~985	401	402~696	568	599~701	655	723~853	775	294~885	622
Hf			0.033~0.176	0.093	3.60~5.06	4.27			8.26~11.0		5.11~34.8	12.8	12.9~19.5	16.9	16.4~24.5	20.0	18.8~30.8	22.4	12.7~23.9	19.0
Nb			0.204~0.797	0.433	13.8~20.8	16.7			28.2~31.0		21.70~67.5	35.4	37.3~65.7	48.9	54.8~62.6	58.9	56.0~77.4	63.6	32.3~65.9	56.6
Ta			0.036~0.139	0.066	1.00~1.37	1.19			1.97~2.10		1.66~8.19	3.28	3.19~4.77	3.95	3.91~7.62	5.37	4.16~7.58	5.30	3.61~6.52	4.70
Th			0.123~0.634	0.339	16.2~19.4	17.4			11.0~19.8		23.5~79.6	43.1	38.1~82.8	54.6	43.3~102	77.9	23.6~139.3	56.7	15.9~115.3	37.2
U			0.125~6.38	2.70	2.70~7.31	3.63			5.47~7.33		4.08~17.2	9.86	7.75~18.3	11.5	10.5~19.2	14.6	9.73~29.6	14.8	12.7~35.9	21.4
Ag			0.031~0.910	0.448	0.077~0.581	0.404			0.559~0.682		0.082~1.12	0.631	0.360~1.33	0.796	0.379~1.26	0.937	1.14~1.34	1.20	0.621~1.20	1.02
Ga			0.193~1.02	0.572	18.2~25.7	21.8			9.04~17.8		15.7~55.9	34.5	36.6~87.1	50.1	35.1~106	72.8	36.1~119.7	66.2	25.1~70.0	47.3
Ge			0.051~1.69	1.12	0.034~2.16	1.37			0.233~0.553		0.035~1.75	1.00	0.859~1.57	1.32	0.786~2.39	1.71	2.22~6.27	4.08	1.29~12.5	4.39
Cd			0.075~3.49	1.36	0.100~0.531	0.231			0.187~0.263		0.132~1.13	0.429	0.063~1.23	0.451	0.036~0.861	0.452	0.295~1.39	0.637	0.116~1.44	0.579
Tl			0.355~1.74	1.00	0.032~1.63	0.863			0.025~0.452		0.219~1.46	0.835	0.011~0.680	0.317	0.220~0.764	0.564	0.022~0.114	0.061	0.007~0.268	0.078
In			0.006~0.155	0.088	0.004~0.120	0.066			0.073~0.079		0.000~0.248	0.126	0.054~0.229	0.155	0.079~0.241	0.173	0.179~0.384	0.241	0.099~0.355	0.201

续表

新木－裂溪铝土矿床

元素	P_2q+m (2) 范围	均值	C_1h (3) 范围	均值	S_{1-2}hj (7) 范围	均值	C~Ms (3) 范围	均值	ARU (1) 范围	均值	ARL (8) 范围	均值	AOB (1) 范围	均值	AOPO (1) 范围	均值	AOC (6) 范围	均值	AOE (10) 范围	均值
Li	2.45~18.6	10.5	0.598~3.23	1.91	1.25~586	134	5.52~23.5	12.1		258	0.720~630	229		1190		198	7.54~525	260	0.547~1360	346
Be	0.084~0.278	0.181	0.021~0.782	0.469	0.040~10.8	3.44	0.723~1.59	1.16		1.20	0.125~6.91	2.79		8.30		5.99	6.51~10.9	8.25	6.18~27.7	11.4
Rb	0.219~3.82	2.02	0.498~3.94	1.85	91.3~217	165	11.0~91.3	50.2		190	6.03~224.0	113.3		8.12		9.10	1.78~58.9	30.6	0.144~10.8	4.63
Cs	0.104~0.175	0.140	0.030~0.295	0.149	0.094~12.6	5.45	0.525~5.29	2.56		3.99	0.019~17.39	4.38		2.14		1.30	0.090~3.49	1.63	0.012~3.47	0.969
Sr	964~1824	1394	138~826	385	47.6~156	113	141~555	301		69.0	17.5~1060	277		98.2		45.3	37.8~96.4	63.8	22.8~249	109
Ba	3.59~12.7	8.17	3.56~34.9	15.1	185~531	350	31.9~224	105		248	18.1~443	230		16.9		63.2	6.22~144	79.3	2.31~114	30.5
Sc		1.59	0.513~2.46	1.49	0.564~32.2	13.9	2.08~11.4	6.01		18.2	0.495~31.1	8.05		15.3		20.4	4.53~34.4	17.6	2.38~39.4	14.3
V	5.13~33.4	19.3	1.70~10.7	4.88	61.0~224	119	47.4~75.9	61.5		169	129~344	249		285		425	126~311	257	105~365	252
Cr	15.8~29.3	22.5	8.69~15.7	11.6	47.0~139	87.2	34.3~82.5	54.6		117	62.6~414	234		228		437	38.5~297	168	29.1~539	238
Co	6.59~19.8	13.2	5.32~12.0	8.71	15.6~33.2	23.1	12.0~33.2	21.2		0.796	1.23~89.6	21.7		13.2		62.6	2.58~193	37.6	3.51~35.6	14.0
Ni	13.6~15.3	14.4	16.2~24.0	19.4	24.2~50.4	41.0	14.0~24.2	17.7		2.05	2.70~175	70.7		67.1		18.5	6.55~39.6	19.1	1.56~69.5	17.0
Cu		5.76	2.57~11.1	6.84	4.76~89.1	24.6	2.74~13.8	7.18		5.95	2.24~74.4	24.6		14.9		37.5	13.8~29.5	17.9	12.6~111	29.6
Zn	5.80~10.0	7.91	5.29~45.0	22.5	4.92~235	85.9	25.6~51.3	41.0		14.9	10.2~143	53.4		97.7		54.5	23.0~77.6	42.6	23.2~336	84.5
As	10.2~10.3	10.2	7.08~11.7	9.49	7.94~209	39.6	12.2~18.2	16.0		12.2	6.08~39.1	20.3		13.9		62.0	6.05~15.4	9.80	7.45~28.3	16.1
Sb	0.799~1.86	1.33	0.111~0.418	0.234	0.209~1.84	1.14	0.712~2.36	1.54		0.451	0.085~4.05	1.09		1.12		8.85	0.341~1.90	0.947	0.387~5.22	2.25
Pb	2.34~7.07	4.70	1.32~4.90	3.23	6.69~44.7	19.9	6.99~31.5	19.8		14.3	6.45~192	59.9		19.8		237	0.727~91.5	30.8	6.38~86.6	40.4
W	31.0~72.1	51.5	7.86~60.5	38.7	3.70~143	47.3	60.8~319	176		1.16	6.05~143	50.9		18.6		91.3	13.0~1250	232	10.9~80.3	41.6
Sn		0.74			1.98~2.84	2.30	0.834~1.84	1.34			8.56~					17.5		18.1		
Bi	0.002~0.020	0.011	0.009~0.038	0.023	0.028~0.641	0.353	0.034~0.311	0.16		0.174	0.010~1.92	0.465		1.75		3.77	0.007~1.60	0.602	0.746~3.43	1.75
Mo	0.588~1.13	0.859	0.229~0.454	0.330	0.219~0.899	0.475	0.643~18.1	8.74		3.53	0.062~31.0	6.00		11.8		5.59	0.407~6.40	2.00	0.394~7.39	2.97
Zr	2.48~5.87	4.17	1.30~5.47	2.98	89.0~195	143	13.0~89.0	46.7		175	236~1300	610		618		902	306~1270	665	680~1290	954
Hf	0.055~0.127	0.091	0.015~0.157	0.074	2.32~5.42	3.77	0.296~2.32	1.18		4.76	6.78~36.4	17.7		16.0		33.1	8.69~33.9	19.4	17.2~36.1	26.2
Nb	0.258~0.503	0.381	0.114~0.668	0.326	7.27~19.0	14.2	1.52~7.27	4.35		13.5	28.60~46.9	36.9		56.2		61.7	31.7~80.9	55.2	29.5~91.9	62.1
Ta	0.023~0.049	0.036	0.025~0.073	0.046	0.632~1.43	1.08	0.098~0.632	0.339		0.963	2.15~4.52	2.96		4.15		7.53	2.43~9.57	4.61	0.985~7.05	4.52
Th	0.232~0.469	0.350	0.086~0.777	0.403	9.96~19.7	16.4	1.44~9.96	5.26		15.0	9.87~213	55.0		44.0		229	22.7~115	45.6	21.4~120	49.5
U	1.64~4.40	3.02	0.103~2.59	0.965	1.62~6.20	2.85	1.62~6.15	4.14		6.39	4.90~15.1	9.94		17.5		14.7	6.30~39.6	15.5	7.23~30.8	19.3
Ag	0.065~0.089	0.077	0.007~0.038	0.028	0.014~0.713	0.374	0.140~0.196	0.18		0.285	0.607~1.09	0.440		1.10		1.50	0.607~1.68	1.13	0.947~1.79	1.28
Ga	0.304~0.705	0.505	0.234~0.802	0.464	11.8~23.9	20.5	2.34~11.8	6.59		13.3	15.0~53.4	34.1		51.3		79.5	7.86~101	48.8	7.79~116	55.0
Ge	0.013~0.039	0.026	0.022~0.045	0.036	0.025~2.01	1.17	0.254~1.13	0.548		0.151	0.022~1.87	0.621		1.01		2.78	0.156~5.14	1.52	1.78~23.5	6.97
Cd	0.156~0.913	0.534	0.093~2.60	1.04	0.003~2.00	0.417	0.145~2.56	1.41		0.082	0.010~1.33	0.573		0.445		0.816	0.031~0.794	0.426	0.312~1.11	0.553
Tl	0.026~0.048	0.037	0.012~0.021	0.016	0.006~1.23	0.495	0.194~0.418	0.322		1.67	0.016~1.35	0.397		0.112		1.99	0.004~0.634	0.368	0.007~0.268	0.095
In	0.001~0.007	0.004		0.005	0.001~0.232	0.076	0.001~0.073	0.041		0.061	0.000~0.310	0.103		0.249		0.416	0.142~0.255	0.171	0.113~0.532	0.274

注：原始数据据附表1，括号内为统计样品数；P_2q+m-中二叠统栖霞－茅口组灰岩及白云质灰岩，C_1h-中石炭统黄龙组灰岩，S_{1-2}hj-中下志留统韩家店组砂页岩，C~Ms-碳质泥岩（含矿系顶板标志层），ARU-上部铝土岩，ARL-下部铝土岩，AOB-致密块状铝土矿，AOPO-豆鲕状铝土矿，AOC-碎屑状铝土矿，AOE-土状～半土状铝土矿。

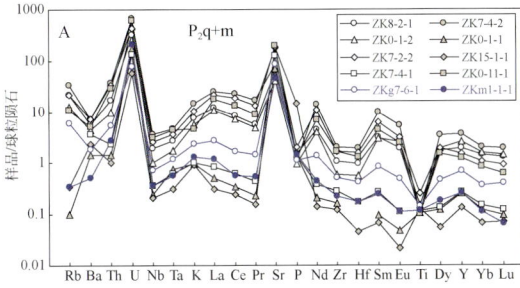

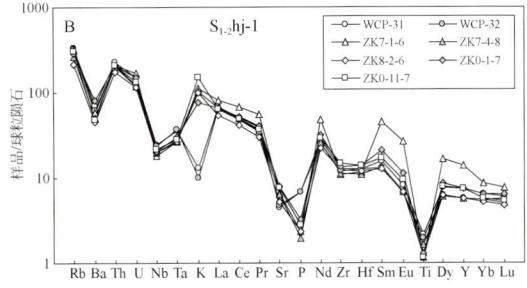

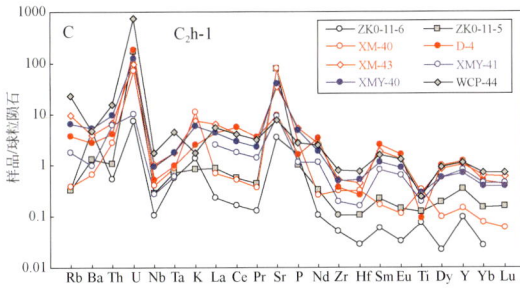

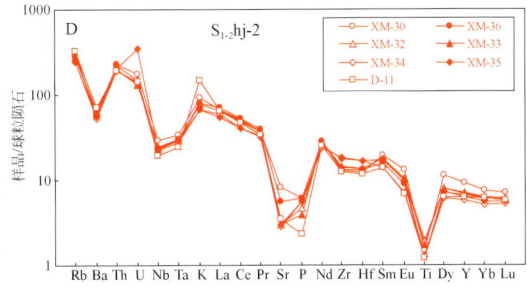

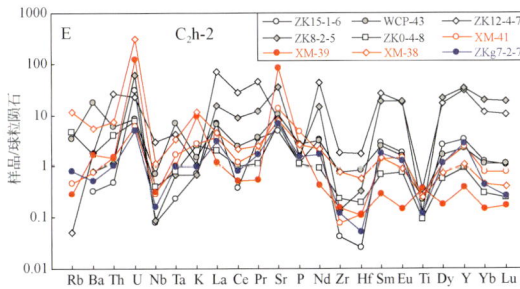

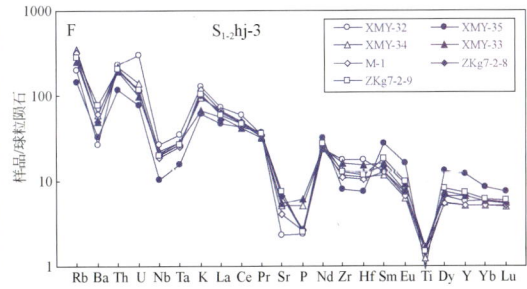

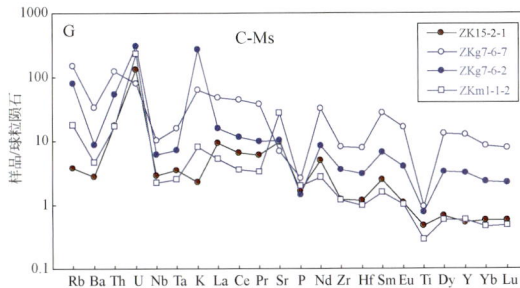

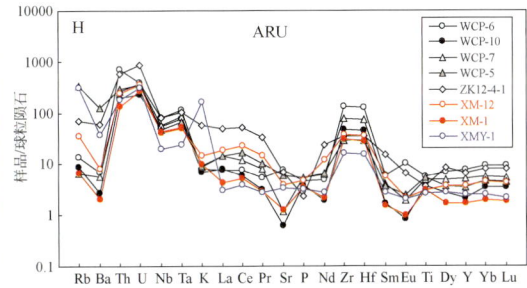

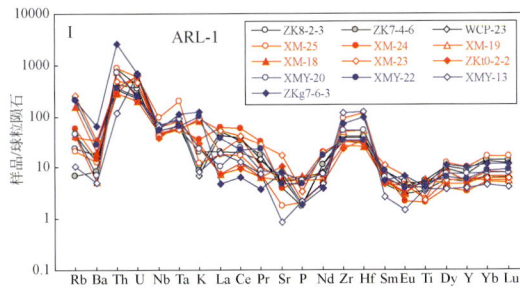

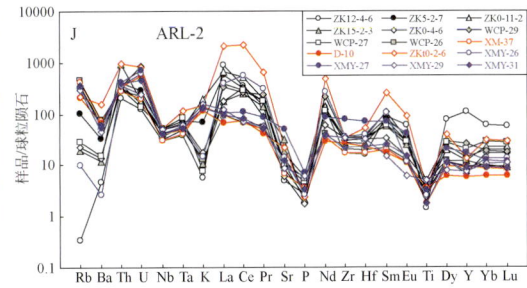

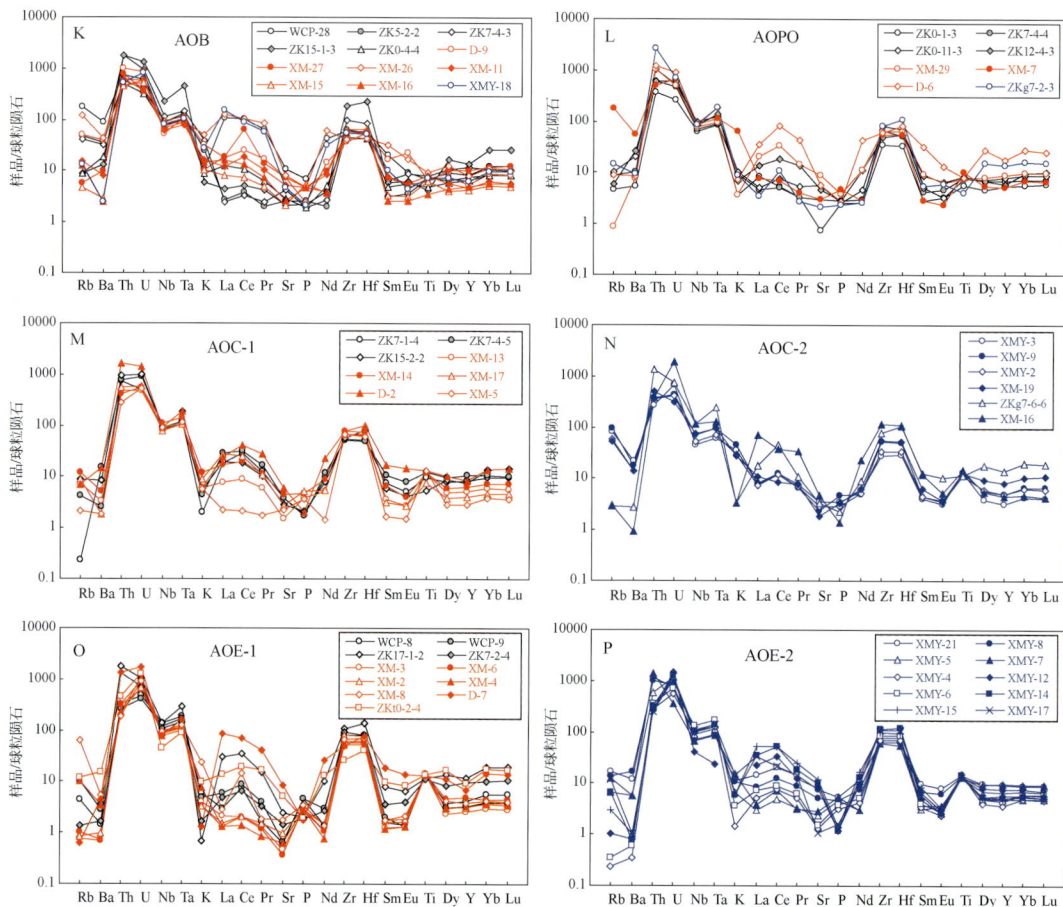

图 5-11　务正道铝土矿微量元素配分模式（原始地幔据 Sun and McDonough，1989）

样品编号同附表 1，图中带符号黑线为瓦厂坪矿床样品，带符号红线为新民矿床样品，带符号蓝线为新木–晏溪样品；$P_2 q+m$-中二叠统栖霞–茅口组灰岩及白云质灰岩，$C_2 h$-中石炭统黄龙组灰岩，$S_{1-2} hj$-中下志留统韩家店组砂页岩，C-Ms-碳质泥岩（含矿岩系顶部标志层），ARU-上部铝土岩，ARL-下部铝土岩，AOB-致密块状铝土矿，AOPO-豆鲕状铝土矿，AOC-碎屑状铝土矿，AOE-土状–半土状铝土矿

除顶部标志层外，3 个矿床含矿岩系中的微量元素含量特征相似，均具有含量变化范围宽的特征（表 5-2），除大离子亲石元素（Rb、Sr、Ba 等）、过渡元素（Sc、V、Cr、Co、Ni、Cu、Zn 等）和高场强元素（Zr、Hf、Nb、Ta、Th、U 等）外，其他元素的含量变化多在 3~4 个数量级，K_{EC} 一般在 0.1~100 之间，少量元素的 K_{EC} 大于 100 或少于 0.1，如土状–半土状矿石中 Li 含量和 K_{EC} 分别在 0.547~1360ppm 和 0.034~85.0 之间。与克拉克值相比，矿岩系中的岩石或矿石总体亏损大离子亲石元素、过渡元素和富集高场强元素，K_{EC} 分别主要在 0.1~1、0.1~1 和 2~10 之间。

从配分模式看（图 5-11H、I、J、K、L、M、N、O、P），该区含矿岩系中铝土岩和铝土矿微量元素也存在一致的差异：①ARU 存在明显的 Ba、Sr 负异常，Th-U 和 Zr-Hf 正异常（图 5-11H）。②ARL 大体可分为两组，一组与 ARU 相似，存在 Ba、Sr 负异常，Th-U 和 Zr-Hf 正异常（图 5-11I）；另一组除 Ba、Sr 负异常外，还存在明显的 P、Zr-Hf 和 Ti 负异常，大部分样品出现 K 负异常，总体特征与 $S_{1-2}hj$ 相似（图 5-11J）。③AOB 存在明显的 Ba、K 和 Sr-P 负异常，Th-U、Nb-Ta 和 Zr-Hf 正异常（图 5-11K）。④AOPO 总体特征与 AOB 相似，Ba、K 负异常和 Th-U、Nb-Ta 和 Zr-Hf 正异常明显，但其 Sr-P 负异常不明显（图 5-11L）。⑤AOC 和 AOE 不具明显差别，总体与 AOPO 相似，但均存在较明显的 Ti 正异常（图 5-11M、N、O、P）。

二、聚类分析及变化规律

1. 聚类分析

对本次工作分析的务正道地区 91 件含矿岩系中的 ARU、ARL、AOB、AOPO、AOC 和 AOE 微量元素进行了 R 型聚类分析。计算过程中同时加入主要氧化物 Al_2O_3、SiO_2、Fe_2O_3、TiO_2 以及 A/S 值，微量元素中由于钨金钵磨样使 W 含量可信度较差、仪器精度所限 Sn 给出数据较少，这 2 个元素未加计算。图 5-12 为计算结果，可见以下特征。

（1）总体分为 2 组元素，第一组为活动元素，包括全部 REE、微量元素 Ni、Co、Rb、Ba、Sr、Cs、Tl、Sr、Cu、Zn、As、Sb、V、Pb、Mo、Cd 和主要氧化物 SiO_2、Fe_2O_3；第二组为不活动元素，包括微量元素 Be、Ge、Zr、Hf、Nb、Ta、Ag、Ga、Th、In、Bi、U、Cr、Li、Sc 以及主要氧化物 Al_2O_3、TiO_2 和 A/S。2 组元素呈弱的负相关，相关系数（R）略大于 –0.40。

（2）每组元素之间呈正相关，但相关性差别很大。相关系数大于 0.40 的活动元素组可分 4 小组，即 REE、Ni、Co、Fe_2O_3 小组，Rb、Ba、SiO_2、Cs、Tl、Sr 小组，Cu、Zn 小组和 As、Sb 小组，V、Pb、Mo 和 Cd 与该组中的其他元素相关性较差；不活动元素组可分为 2 小组，即 Al_2O_3、TiO_2、A/S、Be、Ge、Zr、Hf、Nb、Ta、Ag、Ga、Th、In、Bi、U 小组和 Cr、Li、Sc 小组，其中第 1 小组在相关系数大于 0.60 水平上，还可分为 3 个组合，即 Al_2O_3、TiO_2、A/S、Be 组合，Zr、Hf、Nb、Ta、Ag 组合和 Ga、Th、In、Bi、U 组合，表明该组元素之间的相关性较好。

2. 变化规律

铝土矿微量元素的亏损和富集与原岩中所含的矿物种类有关（Meshram and Randive，2011），如钾长石相对富 Rb、Ba，斜长石富 Sr、Eu，橄榄石富 Ni、Cr，辉石富 V、Co，磷灰石富 LREE，碳酸盐岩富 Sr，锆石和金红石（锐钛矿）富 Zr、Hf、Nb、Ta、Th 等。原岩中的微量元素主要赋存于造岩矿物和副矿物，含量特征与造岩矿物和副矿物多少密切相关；铝土矿中微量元素分布特征受风化作用程度或红土作用强度控制（Bárdossy and Aleva，1990；Mordberg，1996）。红土作用形成铝土矿过程中，造岩矿物抗风化能力较差易于溶解，其中微量元素随之迁移，在相应的岩（矿）石中减少；副矿物抗风化能力较强不易溶解（Mordberg and Spratt，1998），其中的微量元素得以保存，在相应的岩（矿）石中相对稳定或增加；如果微量元素寄主的造岩矿物没有溶解，即使是活动性很强的元素也可以在铝土矿剖面上富集（Boski，1990；Mordberg，1996）。

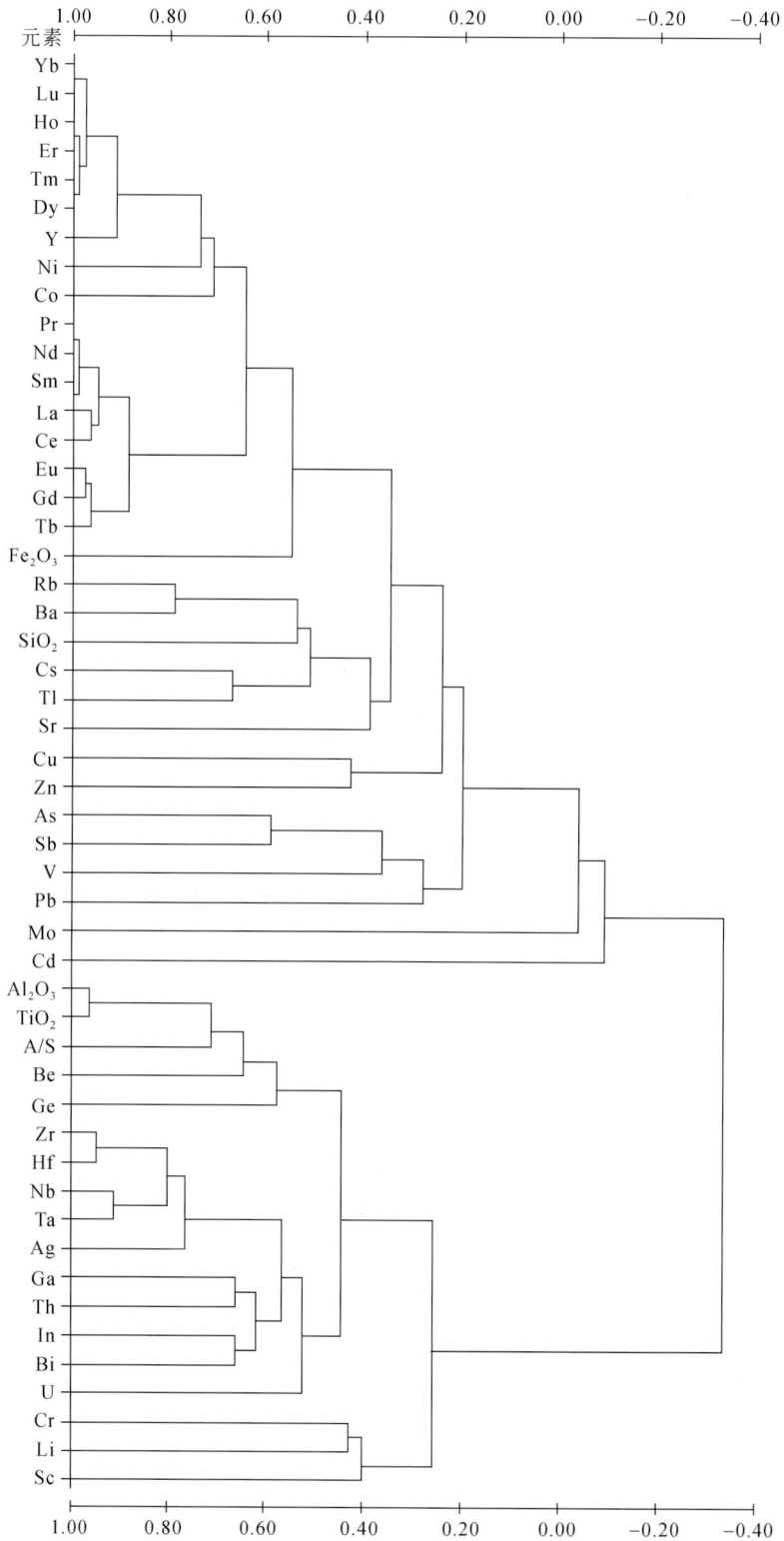

图 5-12　务正道地区铝土岩和铝土矿 R 型聚类分析结果

务正道地区铝土岩和铝土矿微量元素的变化特征总体遵循上述规律。R 型聚类分析中的活动元素组主要寄主矿物为石英、钾长石、斜长石、辉石等造岩矿物，红土作用形成铝土矿过程中，这些矿物易溶解，相应岩（矿）石中的含量减少；不活动元素组主要寄主矿物为锆石、金红石等副矿物，红土作用形成铝土矿过程中，这些矿物不易溶解，相应岩（矿）石中的含量增加。相关分析结果也证实上述结论，如 Al_2O_3 与 Rb 负相关（图 5-13A）、K_2O 与 Rb 以及 Rb 与 Ba（图 5-13B、C）正相关，表明成矿过程中钾长石等造岩矿物溶解，其中的 Rb、Ba 等逐渐减少；Al_2O_3 与 Zr、TiO_2 与 Zr 以及 Zr、Hf、Nb、Ta、Th、U 之间均为正相关（图 5-13D、E、F、G、H），暗示成矿过程中锆石、金红石等副矿物没有溶解，其中的 Zr、Hf、Nb、Ta 等元素逐渐增加，该区铝土矿中金红石和锆石电子探针面扫描分析（图 4-5、图 4-6）也证实，这两种矿物均相对富集 Ga、Nb、Ta、Hf、Th 等多种微量元素。

值得一提的是，R 型聚类分析结果显示，务正道地区铝土岩和铝土矿中不活动元素组中元素众多，大部分与 Al_2O_3、TiO_2 及 Zr、Hf、Nb、Ta 等高场强元素存在较好的相关性，如 Zr 与 Ag、Ga（图 5-13I、J），表明成矿过程中这些元素具有相似的变化规律，即伴随 Al 富集而富集。这为该区铝土矿伴生元素综合利用提供了科学依据。

三、成矿物源及成矿环境

1. 成矿物源

微量元素常用于判别喀斯特型铝土矿成矿物源，如 Ni-Cr 对数双变量图解（Schroll and Sauer，1968）、Ga-Zr-Cr 三角图解（Özlü，1983）、微量元素富集系数 R（Özlü，1983）、Eu/Eu^*-TiO_2/Al_2O_3-Ti/Cr 图解（Mongelli，1993；Mameli et al.，2007）和相对不活动元素比值（MacLean and Kranidiotis，1987；MacLean，1990；MacLean and Barrett，1993；Kurtz et al.，2000；Calagari and Abedini，2007）等，揭示矿床成矿物质可能来源：碳酸盐岩（MacLean et al.，1997）、基岩岩屑（Bárdossy，1982）、火山灰（Lyew-Ayee，1986；Morelli et al.，2000）、风搬运物质（Pye，1988；Brimhall et al.，1988）以及铁镁质岩石（Calagari and Abedini，2007；Mameli et al.，2007）等。

主量元素已初步揭示（前文），务正道地区铝土矿成矿直接母岩为下伏中下志留统韩家店（$S_{1-2}hj$）砂页岩，主要依据为从 $S_{1-2}hj$ 砂页岩→铝土岩→铝土矿，主量元素呈连续有规律变化。虽然该区 $S_{1-2}hj$ 砂页岩与铝土岩和铝土矿微量元素含量存在较明显差别（表 5-2），但原始地幔（Sun and McDonough，1989）标准化配分模式有许多相似之处（图 5-11），如：与原始地幔相比富集大离子亲石元素、高场强元素、稀土元素，随元素的活动性减弱、富集程度总体降低，Ba 和 Sr-P 负异常、Th-U 正异常等；从 $S_{1-2}hj$→ ARU、ARL→AOPO、AOB→AOC→ AOE，许多元素呈有规律增减，如 Rb、Ba、K、Sr 等大离子亲石元素逐渐降低，而 Nb、Ta、Zr、Hf 等高场强元素逐渐增加，配分模式由 Nb-Ta、Zr-Hf 和 Ti 负异常逐渐演化为正异常。相关性分析结果也显示（图 5-13），从 $S_{1-2}hj$ 砂页岩→铝土岩→铝土矿，微量元素呈连续有规律变化。这些微量元素特征同样表明，该区成矿直接母岩为下伏 $S_{1-2}hj$ 砂页岩。

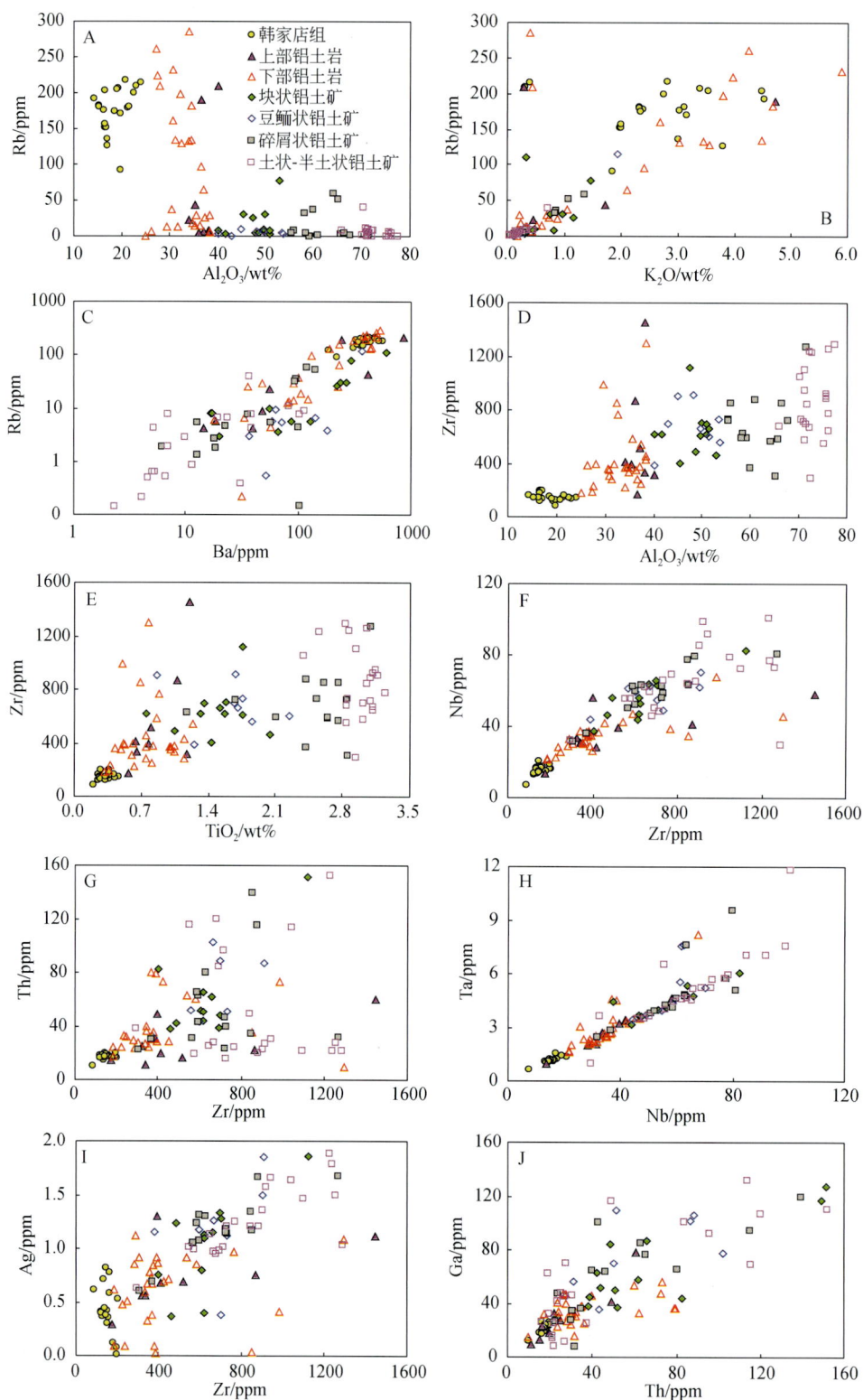

图 5-13　务正道地区铝土岩和铝土矿部分主、微量元素相关分析结果

值得注意的是，务正道地区 $S_{1-2}hj$ 为经过长距离搬运再沉积的砂页岩，可视为铝土矿的直接母岩，但不是最终物源。在 Schroll 和 Sauer（1968）的 Ni-Cr 图中（图 5-14），该区 $S_{1-2}hj$ 位于页岩和板岩附近，而铝土岩和铝土矿分布范围较宽，相对靠近基性岩、页岩和板岩、花岗岩以及砂岩，远离超基性岩、正长岩和碳酸盐岩，显示沉积岩、变质岩以及岩浆岩中的基性岩和酸性岩均有可能为成矿最终物源；该图中，该区铝土岩和铝土矿绝大部分落在红土型铝土矿范围内及其周围，仅个别样品落在岩溶型铝土矿区域，说明铝土矿属红土型铝土矿。在 Hallberg（1984）的 Zr-Ti 图中（图 5-15），该区 $S_{1-2}hj$ 位于片麻岩附近，而铝土岩和铝土矿的分布范围同样较宽，主要夹持于片麻岩形成的铝土矿和玄武岩形成的铝土矿之间，同样暗示变质岩和玄武岩可能为成矿最终物源。

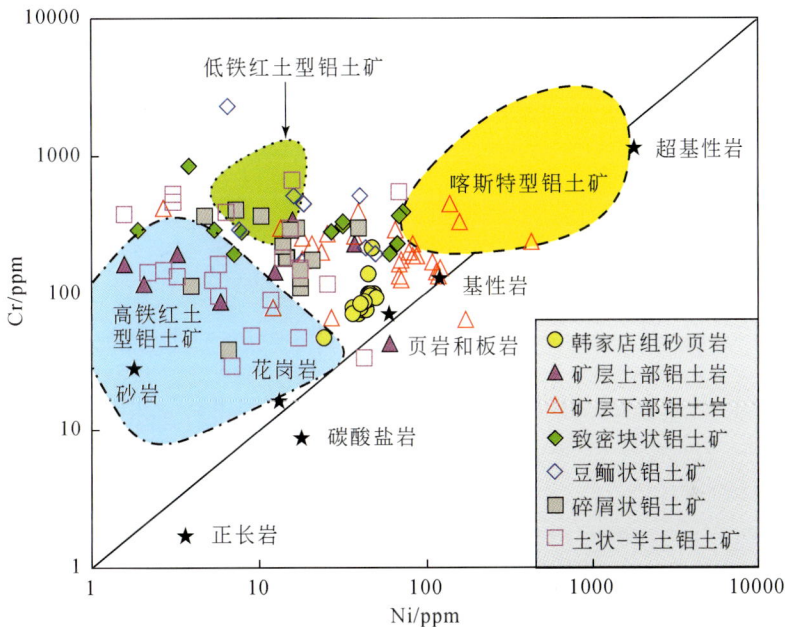

图 5-14　务正道地区铝土岩和铝土矿 Ni-Cr 图（底图据 Schroll and Sauer，1968）

2. 成矿环境

微量元素蕴含着丰富的成矿环境信息，是有效的地球化学指示剂之一。不同的沉积环境对应不同的地质地形条件、气候条件、介质性质、动力条件、生物作用及区域构造背景等因素，由于各种元素的物理化学性质不同，沉积作用过程中在沉积物中的分散与聚集规律存在差别，为利用微量元素研究成矿环境，如判断海、陆相沉积环境等提供了科学依据（曾从盛，2000；俞缙等，2009）。目前，国内外学者已总结出多种判别成矿环境的微量元素地球化学指标，如 B、Sr 含量、Sr/Ba 值、V/Zr 以及 Th/U 值等。以下利用这些指标，判别务正道铝土矿成矿环境。

（1）海相沉积物中 Sr 通常大于 160ppm、陆相沉积物中 Sr 小于 160ppm（俞缙等，2009），陆相沉积物中 Sr/Ba<1、海相沉积物中 Sr/Ba>1、半咸水沉积物中 0.6<Sr/Ba<1（王益友等，1979）。该区铝土岩和铝土矿 Sr 含量分别在 12.8 ~ 1060ppm 和 16.2 ~

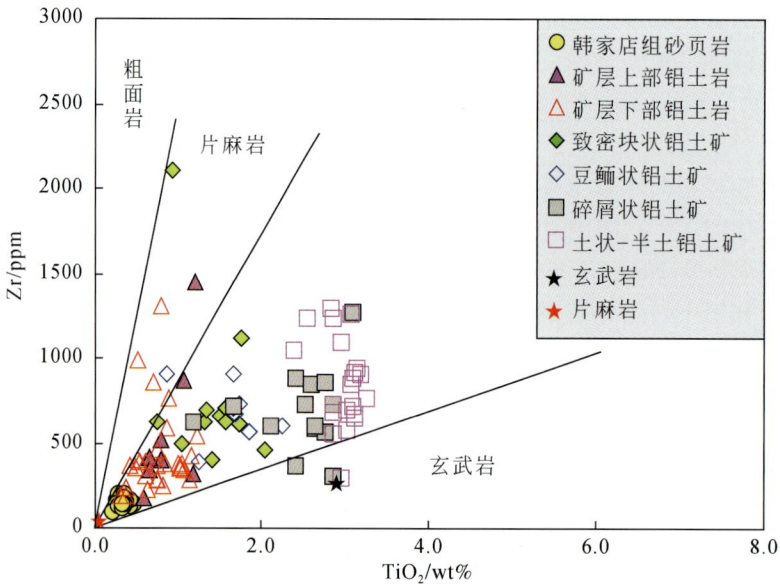

图 5-15　务正道地区铝土岩和铝土矿 Zr-Ti 图（底图据 Hallberg，1984）

249ppm，Sr/Ba 分别在 0.14 ~ 3.38 和 0.16 ~ 7.85，均表明铝土矿形成于海陆过渡环境。这与迄今为止世界所发现的铝土矿都形成于陆地或海陆过渡环境一致（Бушинский，1975；Bárdossy，1982）。

（2）V/Zr 值为 0.12 ~ 0.40 指示陆相环境、0.25 ~ 4.0 指示海相环境（陈平和柴东浩，1997）。该区铝土岩和铝土矿的 V/Zr 值分别在 0.10 ~ 1.20 和 0.08 ~ 1.01 之间，也说明铝土矿形成于海陆过渡环境。

（3）风化过程中 U 和 Th 在表生条件下产生分离，U 易氧化和淋失，Th 则残留在残积物中或吸附于黏土矿物上，逐渐富集在土壤和风化岩石的残留物中，因此在陆相沉积环境中的页岩和三水铝土矿中的 Th/U>7；而从水解质中固定出来的黑色页岩、灰岩等岩层中的 Th/U<2（南京大学地质系，1979）。该区铝土岩和铝土矿除少量样品的 Th/U<2 或>7，大部分样品的 Th/U 在 2 ~ 7 之间，同样指示铝土矿形成于海陆过渡环境。

第三节　稀　土　元　素

一、含量特征及配分模式

附表 1 列出瓦厂坪矿床 56 件、新民矿床 45 件和新木–晏溪矿床 44 件岩（矿）石样品的稀土元素（REE）分析结果。表 5-3 为按矿床、不同时代地层及含矿岩系 [中二叠统梁山组（P_2l）] 的 REE 含量进行相关统计；为便于对比，含矿岩系中的铝土岩和不同类型矿石的 REE 含量分别统计。图 5-16 为所有样品 REE 球粒陨石（Boynton，1984）标准化配分模式。

1. 地层

（1）P_2q+m：全区这套地层的 REE 含量变化范围较宽（附表 1、表 5-3），其 ΣREE（包括 Y，下同）、LREE 和 HREE（不包括 Y，下同）分别为 1.700~114ppm、0.919~87.0ppm 和 0.152~10.3ppm，LREE/HREE 在 4.23~12.37 之间。配分模式为相似的 LREE 富集型（图 5-16A），其中 $(La/Yb)_N$、$(La/Sm)_N$ 和 $(Gd/Yb)_N$ 分别为 3.94~19.15、2.51~5.09 和 0.74~3.55；大部分样品存在明显的 Eu 负异常，δEu 在 0.37~0.96 之间；除个别样品外，Ce 异常不明显，δCe 为 0.68~1.10。

（2）C_2h：3 个矿区这套地层的 REE 含量及相关参数不存在明显差别（表 5-3），均具有 REE 含量变化范围较宽的特征，全区该地层 ΣREE：1.200~365ppm、LREE：0.670~181ppm、HREE：0.089~58.0ppm，LREE/HREE：1.04~7.57。REE 配分模式可大体分为 2 组，即 Ce 异常不明显组（图 5-16B）和 Ce 异常明显组（图 5-16C）。Ce 异常不明显组 REE 含量相对较低、变化范围较小，ΣREE：1.20~27.4ppm、LREE：0.670~19.3ppm、HREE：0.089~2.75ppm，LREE/HREE：4.44~7.57；配分模式与 P_2q+m 相似，为 LREE 富集型（图 5-16B），$(La/Yb)_N$：5.25~10.44、$(La/Sm)_N$：1.66~4.01、$(Gd/Yb)_N$：1.47~3.81；大部分样品存在弱的 Eu 负异常，δEu 在 0.60~0.92 之间；Ce 异常不明显，δCe 为 0.89~1.41。Ce 异常明显组 REE 含量相对较高、变化范围较大，ΣREE：4.88~365ppm、LREE：2.61~181ppm、HREE：0.497~58.0ppm，LREE/HREE：1.41~5.68；配分模式与 P_2q+m 存在较明显差别（图 5-16B），$(La/Yb)_N$：0.74~9.29、$(La/Sm)_N$：0.84~4.01、$(Gd/Yb)_N$：1.02~3.81；大部分样品存在弱的 Eu 负异常，δEu 在 0.55~0.97 之间；Ce 负异常明显，δCe 为 0.07~0.67。

（3）$S_{1-2}hj$：3 个矿区这套地层的 REE 含量及相关参数不存在明显差别，变化范围相对较小（表 5-3），全区 ΣREE：198~390ppm、LREE：155~280ppm、HREE：16.0~47.4ppm，LREE/HREE：4.94~11.41。配分模式为相似的 LREE 富集型（图 5-16D、E、F），$(La/Yb)_N$ 在 5.35~12.23 之间，LREE 和 HREE 分馏明显，$(La/Sm)_N$ 和 $(Gd/Yb)_N$ 分别为 1.68~5.46 和 1.29~3.55；存在弱的 Eu 负异常，δEu：0.60~0.72；Ce 异常不明显，δCe：0.90~1.15。

2. 含矿岩系

（1）C-Ms：虽然本次工作只分析了 4 件样品，但其 REE 含量及相关参数均具有较宽的变化范围（表 5-3），ΣREE：19.2~266ppm、LREE：15.0~176ppm、HREE：1.59~35.5ppm，LREE/HREE：4.94~13.01。配分模式与 P_2q+m 相似，为 LREE 富集型（图 5-16G），$(La/Yb)_N$、$(La/Sm)_N$ 和 $(Gd/Yb)_N$ 分别为 5.35~15.27、1.68~3.79 和 1.90~2.39，具弱的 Eu 负异常，δEu：0.60~0.84，Ce 异常不明显，δCe：0.83~1.01。

表5-3　务正道铝土矿稀土元素（单位：ppm）及相关参数统计结果

3个矿床（瓦厂坪、新民和新木—晏溪）

元素及参数	P.q+m (10)		C.h (17)		S..hj (21)		C~Ms (4)		ARU (8)		ARL (28)		AOB (12)		AOPO (8)		AOC (14)		AOE (21)	
	范围	均值	范围	均值	范围	均值	范围	均值	范围	均值	范围	均值	范围	均值	范围	均值	范围	均值	范围	均值
La	0.220~17.5	6.39	0.160~47.7	5.55	32.3~55.6	43.5	3.59~32.3	13.2	2.09~33.6	10.3	3.24~1425	162	1.72~103	27.4	2.38~23.6	8.45	1.55~48.2	13.0	0.891~57.1	11.0
Ce	0.428~40.6	13.2	0.300~47.8	6.64	71.0~120	86.1	6.14~75.9	28.4	6.62~93.3	28.1	10.8~3819	367	5.74~183	65.7	9.08~140	36.93	3.78~80.5	38.4	2.37~122	32.8
Pr	0.043~4.59	1.44	0.035~12.6	1.40	8.22~15.1	9.92	0.885~10.2	3.84	0.741~9.09	2.76	1.00~179	25.8	0.548~23.3	6.30	0.737~11.8	3.09	0.473~9.05	3.31	0.233~11.1	2.60
Nd	0.194~19.1	5.84	0.143~57.7	6.56	30.0~65.0	37.1	3.56~42.3	15.8	2.62~31.5	10.1	5.14~649	98.3	2.73~79.4	21.1	3.42~56.6	13.50	1.91~30.9	12.2	1.03~34.9	9.35
Sm	0.031~4.37	1.26	0.026~11.8	1.67	5.21~19.9	7.71	0.677~12.1	4.16	0.675~6.55	2.20	1.15~109	17.5	1.17~13.9	4.44	1.23~14.1	3.86	0.747~7.34	3.16	0.532~8.12	2.27
Eu	0.004~0.902	0.274	0.005~3.15	0.500	1.05~4.41	1.63	0.162~2.73	0.931	0.141~1.70	0.563	0.237~15.2	2.83	0.440~3.83	1.32	0.389~2.22	0.954	0.250~2.38	0.863	0.218~2.31	0.649
Gd	0.030~3.96	1.19	0.030~14.5	2.21	4.57~18.8	7.35	0.513~12.1	4.05	0.829~5.37	2.31	1.62~69.4	13.1	1.85~10.6	4.78	2.02~12.3	4.48	1.38~7.41	3.59	1.05~7.08	3.04
Tb	0.005~0.520	0.164	0.003~2.31	0.352	0.709~2.64	1.11	0.077~1.79	0.601	0.183~1.02	0.472	0.378~9.18	2.01	0.438~1.77	0.947	0.495~2.76	1.04	0.314~1.74	0.784	0.240~1.71	0.694
Dy	0.042~2.63	0.859	0.017~15.5	2.16	4.00~12.2	5.81	0.411~9.49	3.17	1.24~6.23	3.16	2.71~56.6	10.68	2.99~12.41	6.18	3.44~20.1	7.52	2.12~12.9	5.37	1.75~12.5	4.83
Ho	0.015~0.534	0.181	0.011~3.96	0.520	0.894~2.37	1.23	0.091~1.98	0.663	0.294~1.38	0.712	0.642~13.3	2.30	0.715~3.19	1.47	0.812~4.86	1.81	0.496~3.19	1.29	0.437~2.83	1.14
Er	0.022~1.37	0.461	0.015~11.2	1.38	2.52~5.74	3.27	0.209~4.95	1.67	0.835~3.98	2.19	2.05~36.1	6.66	2.14~9.91	4.41	2.40~13.9	5.27	1.43~9.25	3.80	1.29~7.86	3.31
Tm	0.006~0.175	0.066	0.005~1.55	0.194	0.345~0.697	0.449	0.036~0.638	0.218	0.121~0.597	0.342	0.296~5.00	0.977	0.350~1.61	0.694	0.390~2.04	0.798	0.249~1.37	0.585	0.201~1.25	0.507
Yb	0.033~1.00	0.382	0.013~9.75	1.11	2.47~4.28	3.00	0.218~4.07	1.42	0.939~4.53	2.45	2.19~30.3	6.78	2.54~12.7	5.10	2.79~13.8	5.66	1.85~9.69	4.25	1.46~9.37	3.64
Lu	0.005~0.147	0.052	0.004~1.36	0.165	0.356~0.571	0.430	0.035~0.558	0.198	0.136~0.701	0.362	0.298~4.27	0.991	0.353~1.94	0.759	0.442~1.84	0.823	0.266~1.39	0.629	0.210~1.42	0.529
Y	0.630~16.3	5.70	0.444~151	22.0	23.0~63.3	32.4	2.39~54.8	18.4	7.69~34.0	18.6	14.9~504	58.3	19.3~61.2	34.7	23.2~78.4	40.0	12.7~61.7	30.0	11.5~53.0	27.0
ΣREE	1.70~114	37.4	1.20~365	52.4	198~390	241	19.2~266	96.8	28.8~229	84.6	71.9~6399	775	57.3~462	185.3	58.6~398	134	29.5~223	121	25.8~299	103
LREE	0.919~87.0	28.4	0.670~181	22.3	155~280	186	15.0~176	66.4	14.7~175	54.0	23.7~6197	673	14.0~389	126.2	19.9~248	66.8	8.71~159	70.9	5.28~235	58.6
HREE	0.152~10.3	3.35	0.089~58.0	8.07	16.0~47.4	22.6	1.59~35.5	12.0	4.58~23.1	12.0	10.2~209	43.5	11.4~48.9	24.3	12.9~71.6	27.4	8.11~46.9	20.3	6.63~42.2	17.7
LREE/HREE	4.23~12.37	7.20	1.04~7.57	4.77	4.94~11.41	8.65	4.94~13.01	8.21	1.56~7.57	4.17	0.84~43.50	11.63	0.46~15.43	5.02	0.77~4.14	2.18	1.07~10.86	3.71	0.63~10.91	3.19
δEu	0.37~0.96	0.60	0.55~0.97	0.75	0.60~0.72	0.66	0.60~0.84	0.71	0.47~1.06	0.74	0.24~1.06	0.63	0.58~1.74	0.92	0.51~1.05	0.81	0.59~1.13	0.77	0.44~0.98	0.75
δCe	0.68~1.10	0.97	0.07~1.41	0.73	0.90~1.15	1.00	0.83~1.01	0.90	1.10~1.45	1.27	0.73~2.61	1.36	0.93~3.99	1.48	0.97~3.54	1.71	0.75~3.27	1.52	0.97~6.04	1.80
(La/Sm)$_N$	2.51~5.09	3.76	0.84~4.01	2.90	1.68~5.46	3.87	1.68~3.79	2.79	1.10~4.89	3.00	0.86~10.09	4.81	0.36~14.49	3.43	0.63~2.96	1.65	1.31~8.37	2.69	0.82~6.00	2.40
(Gd/Yb)$_N$	0.74~3.55	2.02	1.02~4.97	2.26	1.29~3.55	1.92	1.90~2.39	2.14	0.56~1.09	0.75	0.43~3.81	1.35	0.36~1.52	0.78	0.47~0.85	0.62	0.43~1.31	0.72	0.42~0.95	0.68
(La/Yb)$_N$	3.94~19.15	9.55	0.74~10.44	6.76	5.35~12.23	9.97	5.35~15.27	9.51	0.79~5.71	2.67	0.39~65.37	11.65	0.16~14.74	3.72	0.20~2.03	1.04	0.56~14.38	2.64	0.27~8.22	1.94

续表

瓦厂坪铝土矿床

元素及参数	P₁q+m (8)		C₃h (8)		S₁-₂hj (7)		C~Ms (1)		ARU (5)		ARL (11)		AOB (2)		AOPO (4)		AOC (3)		AOE (4)	
	范围	均值	范围	均值	范围	均值	范围	均值	范围	均值	范围	均值	范围	均值	范围	均值	范围	均值	范围	均值
La	0.220~17.5	7.65	0.160~47.7	9.22	37.3~55.6	45.6		6.44	5.33~33.6	12.9	13.8~619	215	1.72~73.7	17.8	3.26~9.49	5.53	12.3~19.5	15.1	2.06~21.07	7.63
Ce	0.428~40.6	16.0	0.300~47.8	9.84	72.6~120	90.8		11.6	10.5~93.3	33.7	34.1~920	397	5.74~183	44.8	9.08~32.3	16.1	33.3~57.4	47.4	11.9~63.4	26.1
Pr	0.043~4.59	1.73	0.035~12.6	2.39	8.22~15.1	10.6		1.66	0.850~9.09	3.30	3.86~66.6	31.4	0.548~17.8	4.39	0.916~3.74	1.76	2.76~4.62	3.60	0.461~4.23	1.68
Nd	0.194~19.1	6.99	0.143~57.7	11.4	30.0~65.0	40.7		6.56	2.62~31.5	11.6	10.8~291	120	2.73~58.9	15.6	3.42~14.9	7.15	10.8~15.8	13.2	1.83~14.1	5.89
Sm	0.031~4.37	1.51	0.026~11.8	2.92	5.68~19.9	8.76		1.07	0.720~6.55	2.65	2.08~49.0	22.0	1.42~9.22	3.67	1.23~3.86	2.30	2.64~4.87	3.64	0.701~3.56	1.69
Eu	0.004~0.902	0.330	0.005~3.15	0.891	1.11~4.41	1.82		0.179	0.141~1.70	0.729	0.503~10.0	3.79	0.608~1.56	1.13	0.552~1.10	0.744	0.717~1.35	0.982	0.218~1.09	0.553
Gd	0.030~3.96	1.41	0.030~14.5	3.93	4.99~18.8	8.11		0.783	1.19~5.37	2.84	2.94~54.4	18.3	2.77~7.35	4.94	2.10~3.28	2.90	3.66~5.36	4.43	1.46~5.45	2.95
Tb	0.005~0.520	0.196	0.003~2.31	0.647	0.787~2.64	1.20		0.101	0.280~1.02	0.572	0.588~9.18	2.82	0.605~1.55	1.04	0.495~0.726	0.660	0.875~1.08	0.946	0.328~1.33	0.720
Dy	0.042~2.63	1.01	0.017~15.5	4.02	4.50~12.2	6.24		0.480	1.96~6.23	3.89	4.16~56.6	15.8	4.31~12.4	7.23	3.44~5.29	4.68	5.99~7.26	6.59	2.34~10.0	5.33
Ho	0.015~0.534	0.212	0.011~3.96	0.981	0.925~2.37	1.29		0.104	0.431~1.38	0.866	0.921~13.3	3.42	1.07~3.19	1.75	0.812~1.26	1.11	1.39~1.73	1.62	0.533~2.59	1.32
Er	0.022~1.37	0.544	0.015~11.2	2.64	2.72~5.74	3.44		0.281	1.35~3.98	2.70	2.92~36.1	9.85	3.27~9.91	5.36	2.40~3.92	3.34	4.18~5.40	4.86	1.75~7.52	3.98
Tm	0.006~0.175	0.080	0.012~1.55	0.400	0.366~0.697	0.469		0.036	0.236~0.597	0.426	0.438~5.00	1.45	0.522~1.61	0.859	0.390~0.663	0.528	0.636~0.858	0.742	0.282~1.23	0.641
Yb	0.033~1.00	0.449	0.013~9.75	2.12	2.58~4.28	3.07		0.284	1.70~4.53	3.05	3.21~30.3	9.80	4.09~12.7	6.47	2.79~4.78	3.87	4.74~6.89	5.67	2.02~9.37	4.79
Lu	0.005~0.147	0.061	0.012~1.36	0.339	0.356~0.571	0.434		0.042	0.260~0.701	0.457	0.465~4.27	1.42	0.606~1.94	0.972	0.442~0.757	0.599	0.713~1.05	0.834	0.279~1.42	0.724
Y	0.630~16.3	6.59	0.444~151	40.8	25.7~63.3	34.6		2.39	9.63~34.0	22.7	22.9~504	95.4	29.5~61.2	43.6	24.5~35.9	29.5	34.5~49.6	40.9	15.3~53.0	32.7
ΣREE	1.70~114	44.7	1.20~365	92.4	198~390	257		31.99	37.5~229	102	130~2227	948	66.5~412	160	58.6~113	80.8	125~180	150	49.2~199.3	96.7
LREE	0.919~87.0	34.2	0.670~181	36.6	155~280	198		27.49	20.4~175	64.9	71.5~1668	789	14.0~344	87.3	19.9~65.4	33.6	63.6~104	83.9	18.7~107.4	43.5
HREE	0.152~10.3	3.96	0.089~58.0	15.0	17.5~47.4	24.3		2.11	7.41~23.1	14.8	15.6~209	62.8	17.3~48.9	28.6	12.9~20.4	17.7	22.8~27.3	25.7	9.00~38.9	20.4
LREE/HREE	4.23~12.37	7.54	1.04~7.57	3.99	5.91~10.58	8.68		13.01	1.56~7.57	4.09	2.80~25.45	12.70	0.46~11.49	3.11	1.11~3.21	1.85	2.36~3.80	3.29	0.98~2.88	2.07
δEu	0.37~0.96	0.62	0.60~0.97	0.75	0.60~0.70	0.65		0.60	0.47~1.70	0.79	0.42~0.74	0.61	0.58~1.20	0.92	0.67~1.05	0.90	0.70~0.81	0.74	0.58~0.87	0.73
δCe	0.95~1.10	1.03	0.07~0.96	0.64	0.98~1.01	0.99		0.85	1.10~1.34	1.21	0.89~2.45	1.28	1.18~1.62	1.29	0.97~1.45	1.25	1.32~1.91	1.56	1.62~3.31	2.09
(La/Sm)$_N$	2.51~5.09	3.70	0.84~3.92	2.80	1.76~4.76	3.76		3.79	1.30~4.89	3.37	2.38~10.09	5.89	0.36~5.03	1.89	1.02~2.96	1.65	2.27~3.19	2.66	1.30~3.72	2.43
(Gd/Yb)$_N$	0.74~3.55	2.05	1.02~3.02	1.93	1.48~3.55	2.02		2.22	0.56~1.09	0.72	0.43~2.80	1.47	0.36~0.97	0.67	0.55~0.74	0.61	0.43~0.81	0.65	0.42~0.59	0.51
(La/Yb)$_N$	3.94~19.15	9.79	0.74~8.30	5.61	8.76~11.29	10.13		15.27	0.79~5.71	2.82	1.46~28.26	13.46	0.16~8.09	2.04	0.56~1.40	0.98	1.31~2.45	1.84	0.45~1.52	0.95

续表

新民铝土矿床

元素及参数	P₂q+m		C₁b (6)		S₁₋₂bj (7)		C~Ms		ARU (2)		ARL (9)		AOB (6)		AOPO (3)		AOC (5)		AOE (7)	
	范围	均值	范围	均值	范围	均值	范围	均值	范围	均值	范围	均值	范围	均值	范围	均值	范围	均值	范围	均值
La			0.468~4.27	2.33	36.9~47.9	43.3			2.96~12.9	7.93	4.87~1425	183	5.40~88.0	22.8	5.22~23.6	14.4	1.55~18.9	10.7	0.891~57.1	10.4
Ce			0.909~9.68	4.11	71.0~93.0	83.0			9.23~40.7	25.0	16.0~3819	486	13.10~182	68.0	12.50~140	70.47	3.78~72.6	34.1	2.37~122	27.8
Pr			0.102~0.961	0.552	8.68~10.6	9.68			0.793~4.04	2.42	1.72~179	25.4	1.32~23.3	6.30	1.08~11.8	5.64	0.473~7.46	3.14	0.233~11.06	2.48
Nd			0.352~4.42	2.38	31.9~37.9	35.7			2.82~15.80	9.31	6.71~649	90.9	4.84~79.4	22.3	3.89~56.6	25.3	1.91~30.7	11.78	1.03~34.88	8.59
Sm			0.073~1.08	0.557	6.06~8.55	7.22			0.675~2.46	1.57	2.07~109	15.8	1.17~13.9	5.09	1.23~14.1	6.44	0.747~7.34	2.81	0.532~8.12	2.26
Eu			0.019~0.261	0.152	1.16~2.17	1.58			0.158~0.360	0.259	0.358~15.2	2.53	0.440~3.83	1.58	0.389~2.22	1.23	0.250~2.38	0.838	0.220~2.31	0.728
Gd			0.086~1.15	0.658	5.58~11.6	7.40			0.829~2.22	1.52	2.79~69.4	11.6	1.85~10.6	4.93	2.02~12.3	6.43	1.38~5.62	3.04	1.05~7.08	2.95
Tb			0.011~0.137	0.086	0.827~1.76	1.10			0.183~0.422	0.303	0.488~7.70	1.57	0.438~1.77	0.891	0.540~2.76	1.41	0.314~1.13	0.615	0.240~1.71	0.685
Dy			0.070~0.814	0.475	4.40~8.41	5.64			1.24~2.62	1.93	2.86~28.7	7.64	2.99~9.23	5.46	3.92~20.1	10.0	2.12~7.58	4.10	1.75~12.5	4.78
Ho			0.014~0.202	0.104	0.961~1.72	1.19			0.294~0.648	0.471	0.685~4.85	1.57	0.715~1.91	1.25	0.979~4.86	2.42	0.496~1.85	0.986	0.437~2.83	1.11
Er			0.036~0.508	0.263	2.62~4.20	3.15			0.835~2.01	1.42	2.14~13.13	4.47	2.14~5.52	3.64	3.03~13.9	7.07	1.43~5.62	2.92	1.29~7.86	3.14
Tm			0.005~0.064	0.033	0.381~0.572	0.443			0.121~0.309	0.215	0.344~1.90	0.671	0.350~0.865	0.562	0.469~2.04	1.06	0.249~0.889	0.466	0.201~1.25	0.500
Yb			0.038~0.368	0.208	2.53~3.64	2.97			0.939~2.18	1.56	2.51~14.70	4.98	2.54~5.93	4.03	3.47~13.78	7.32	1.85~6.67	3.46	1.46~8.68	3.59
Lu			0.004~0.056	0.029	0.391~0.524	0.435			0.136~0.317	0.227	0.365~2.16	0.736	0.353~0.925	0.592	0.487~1.84	1.02	0.266~1.05	0.522	0.210~1.22	0.517
Y			0.659~10.7	4.69	26.2~41.7	31.2			7.69~16.50	12.10	14.9~60.2	31.2	19.3~46.5	28.3	23.2~78.4	47.0	12.7~38.1	24.1	11.5~42.3	22.0
ΣREE			2.85~27.4	16.6	204~269	234			28.9~103	66.2	76.0~6399	868	57.3~462	176	62.4~397.8	207	29.5~205	104	25.8~299	91.4
LREE			1.92~19.3	10.1	159~198	180			16.6~76.3	46.4	32.2~6197	803	26.6~389	126	24.3~247.9	123	8.71~137	63.4	5.28~235	52.2
HREE			0.264~3.12	1.86	17.7~32.5	22.3			4.58~10.7	7.65	12.4~142	33.2	11.4~36.3	21.4	14.9~71.6	36.7	8.11~30.4	16.1	6.63~42.2	17.3
LREE/HREE			2.70~7.29	5.78	5.99~9.50	8.28			3.63~7.11	5.37	1.59~43.50	11.27	2.34~10.73	4.87	1.63~4.14	3.08	1.07~6.78	3.69	0.63~7.18	2.15
δEu			0.55~0.95	0.73	0.61~0.70	0.66			0.47~0.65	0.56	0.36~0.86	0.65	0.68~1.74	0.97	0.51~0.76	0.67	0.66~1.13	0.79	0.71~0.93	0.86
δCe			0.43~1.41	0.84	0.90~1.01	0.97			1.36~1.45	1.40	0.95~2.61	1.52	0.97~3.99	1.73	1.27~2.01	1.72	1.06~1.58	1.35	1.17~6.04	1.99
(La/Sm)$_N$			1.66~4.01	3.10	3.08~4.53	3.82			2.76~3.30	3.03	1.34~8.55	4.38	1.00~5.81	2.86	1.06~2.67	1.98	1.31~8.37	3.11	0.82~4.42	1.68
(Gd/Yb)$_N$			1.64~3.81	2.39	1.53~2.58	1.99			0.71~0.82	0.77	0.49~3.81	1.32	0.59~1.52	0.92	0.47~0.85	0.68	0.60~0.85	0.71	0.57~0.82	0.65
(La/Yb)$_N$			4.54~9.38	7.91	8.41~10.84	9.88			2.13~3.99	3.06	0.83~65.37	12.37	1.43~10.54	3.28	1.01~2.03	1.40	0.56~5.61	2.24	0.27~5.52	1.22

续表

新木－晏溪铝土矿床

元素及参数	P_1q+m (2)		C_2h (3)		$S_{1-3}hj$ (7)		C-Ms (3)		ARU (1)		ARL (8)		AOB (1)		AOPO (1)		AOC (6)		AOE (10)	
	范围	均值	范围	均值	范围	均值	范围	均值	范围	均值	范围	均值	范围	均值	范围	均值	范围	均值	范围	均值
La	0.825~1.88	1.35	1.72~2.88	2.22	32.3~49.2	41.7	3.59~32.3	15.5		2.09	3.24~262	65.7		103		2.38	5.00~48.2	13.9	2.01~35.1	12.7
Ce	0.989~2.93	1.96	1.42~4.99	3.18	74.1~103	84.5	6.14~75.9	34.0		6.62	10.8~959	191		156		19.5	15.0~80.5	37.4	8.46~92.7	38.9
Pr	0.147~0.407	0.277	0.378~0.616	0.482	8.73~10.2	9.46	0.885~10.2	4.57		0.741	1.00~85.0	18.8		15.8		0.737	1.82~9.05	3.31	0.859~6.75	3.05
Nd	0.603~1.84	1.22	1.52~2.47	2.08	31.7~42.3	34.9	3.56~42.3	18.9		3.67	5.14~359	77.3		41.9		3.43	6.69~30.9	12.0	3.94~22.4	11.3
Sm	0.108~0.375	0.241	0.352~0.781	0.545	5.21~12.1	7.16	0.677~12.1	5.20		1.19	1.15~46.5	13.1		4.47		2.39	1.76~5.54	3.21	1.39~4.39	2.52
Eu	0.019~0.082	0.051	0.105~0.210	0.154	1.05~2.73	1.50	0.162~2.73	1.18		0.342	0.237~6.67	1.84		0.732		0.976	0.521~1.75	0.824	0.393~1.34	0.632
Gd	0.128~0.432	0.280	0.460~1.25	0.726	4.57~12.1	6.55	0.513~12.06	5.14		1.25	1.62~20.1	7.63		3.10		4.96	1.82~7.41	3.63	1.92~5.21	3.13
Tb	0.017~0.060	0.039	0.065~0.158	0.099	0.709~1.79	1.02	0.077~1.79	0.767		0.309	0.378~3.12	1.37		0.815		1.49	0.431~1.74	0.845	0.444~1.07	0.691
Dy	0.133~0.349	0.241	0.412~0.827	0.552	4.00~9.49	5.54	0.411~9.49	4.07		2.00	2.71~14.7	7.12		5.28		11.4	2.85~12.9	5.82	2.94~7.08	4.66
Ho	0.030~0.081	0.055	0.089~0.181	0.122	0.894~1.98	1.20	0.091~1.98	0.849		0.427	0.642~2.79	1.58		1.31		2.75	0.647~3.19	1.39	0.696~1.60	1.09
Er	0.059~0.199	0.129	0.241~0.354	0.288	2.52~4.95	3.22	0.209~4.95	2.13		1.17	2.05~6.92	4.73		4.29		7.56	1.82~9.25	4.00	2.04~4.48	3.16
Tm	0.007~0.029	0.018	0.031~0.036	0.034	0.345~0.64	0.44	0.036~0.638	0.279		0.177	0.296~0.875	0.670		0.654		1.10	0.296~1.37	0.605	0.332~0.660	0.459
Yb	0.055~0.182	0.118	0.186~0.221	0.203	2.47~4.07	2.95	0.218~4.07	1.80		1.18	2.19~6.29	4.65		4.71		7.86	2.04~9.69	4.21	2.39~4.51	3.21
Lu	0.005~0.030	0.017	0.019~0.033	0.027	0.369~0.558	0.422	0.035~0.558	0.250		0.159	0.298~0.944	0.689		0.704		1.14	0.298~1.39	0.615	0.345~0.668	0.460
Y	1.18~3.16	2.17	3.12~12.4	6.37	23.0~54.8	31.4	2.60~54.8	23.8		10.9	17.3~75.0	37.8		28.0		60.9	14.0~61.7	29.5	16.6~43.6	28.1
ΣREE	4.31~12.0	8.17	12.4~22.6	17.1	213~266	232	19.2~266	118		32.23	71.9~1787	434		371		129	63.6~223	121	52.0~199	114
LREE	2.69~7.52	5.10	7.19~11.6	8.67	163~200	179	15.0~176	79.3		14.65	23.7~1713	367		322		29.4	36.1~159	70.7	17.3~161	69.1
HREE	0.433~1.36	0.897	1.53~3.03	2.05	16.0~35.5	21.3	1.59~35.5	15.3		6.68	10.2~55.2	28.4		20.9		38.3	10.2~46.9	21.1	11.1~25.1	16.9
LREE/HREE	5.52~6.21	5.87	2.37~7.56	4.82	4.94~11.41	9.00	4.94~9.45	6.61		2.19	0.84~42.35	10.56		15.43		0.77	1.47~10.86	3.93	0.95~10.91	4.38
δEu	0.50~0.63	0.56	0.65~0.92	0.79	0.63~0.72	0.67	0.69~0.84	0.75		0.86	0.24~1.06	0.64		0.60		0.87	0.59~0.89	0.76	0.44~0.98	0.69
δCe	0.68~0.81	0.75	0.35~0.93	0.73	0.98~1.15	1.02	0.83~1.01	0.92		1.28	0.73~2.50	1.29		0.93		3.54	0.75~3.27	1.63	0.97~2.07	1.55
$(La/Sm)_N$	3.15~4.81	3.98	1.66~3.60	2.78	1.68~5.46	4.04	1.68~3.33	2.45		1.10	0.86~8.18	3.81		14.49		0.63	1.38~5.78	2.35	0.91~6.00	2.89
$(Gd/Yb)_N$	1.90~1.92	1.91	1.68~4.97	2.89	1.29~2.39	1.74	1.90~2.39	2.11		0.86	0.58~2.74	1.22		0.53		0.51	0.59~1.31	0.76	0.65~0.95	0.77
$(La/Yb)_N$	6.96~10.19	8.58	5.25~10.44	7.51	5.35~12.23	9.90	5.35~11.11	7.59		1.19	0.39~28.08	8.35		14.74		0.20	0.84~14.38	3.37	0.39~8.22	2.83

注：原始数据据附表1。括号内为统计样品数；P_1q+m-中二叠统栖霞－茅口组灰岩，C_2h-中石炭统黄龙组灰岩，$S_{1-3}hj$-中下志留统韩家组砂页岩，C-Ms-碳质泥岩（含矿岩系顶部标志层），ARU-上部铝土岩，ARL-下部铝土岩，AOB-致密块状铝土矿，AOPO-豆鲕状铝土矿，AOC-碎屑状铝土矿，AOE-土状－半土状铝土矿。

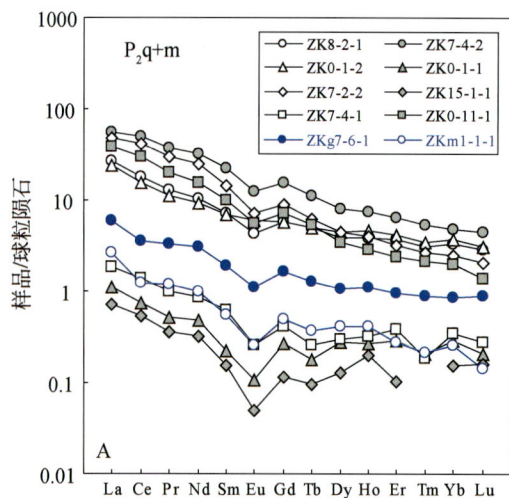

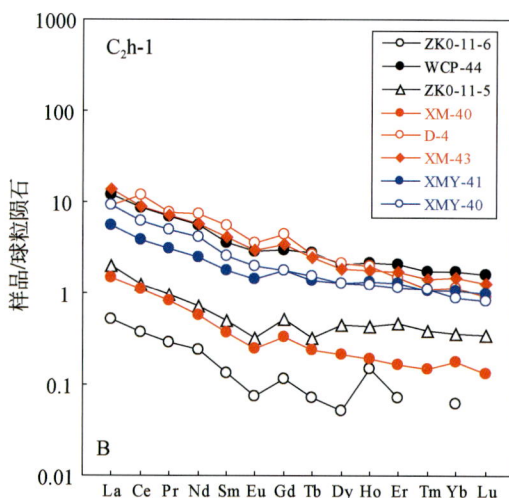

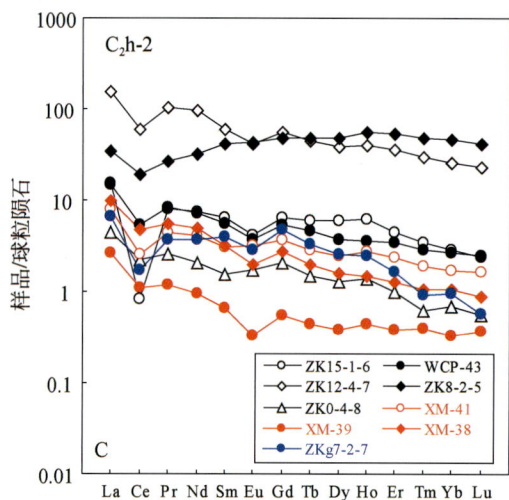

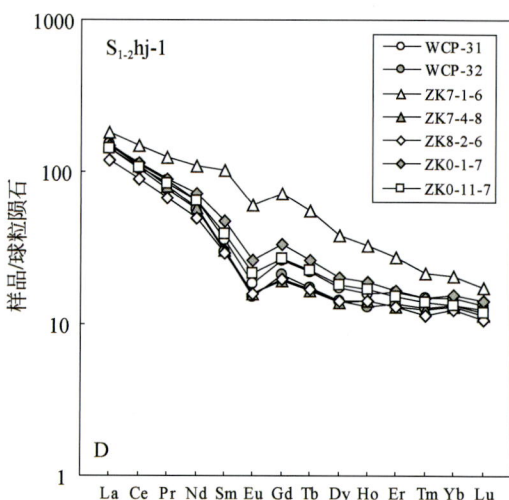

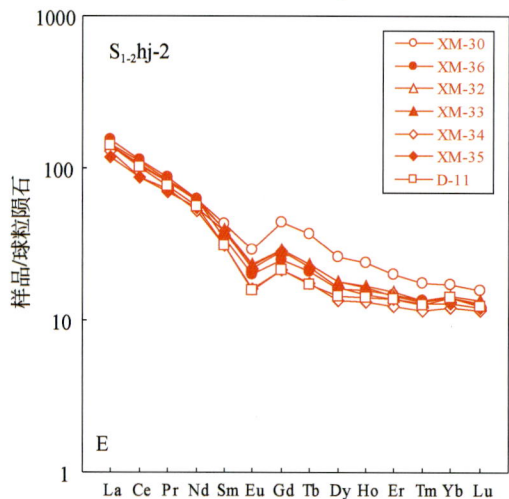

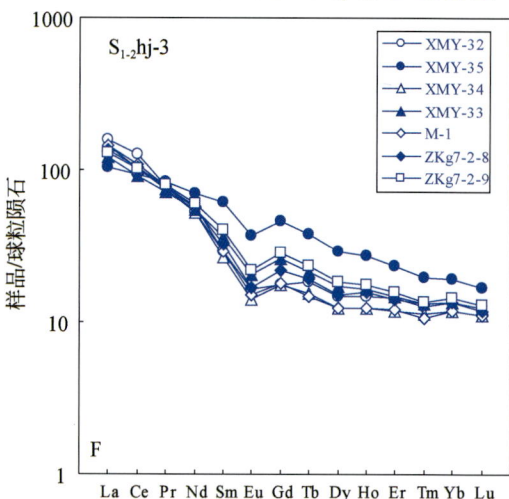

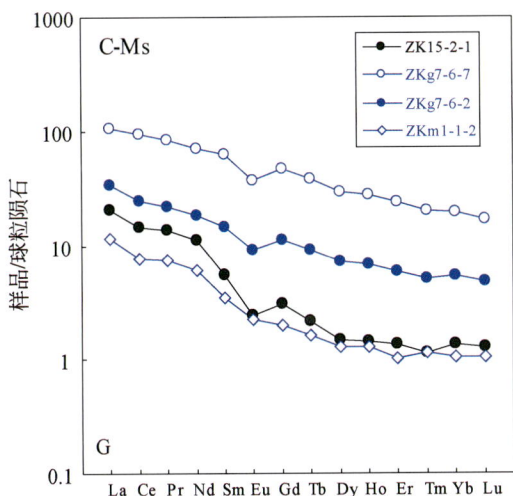

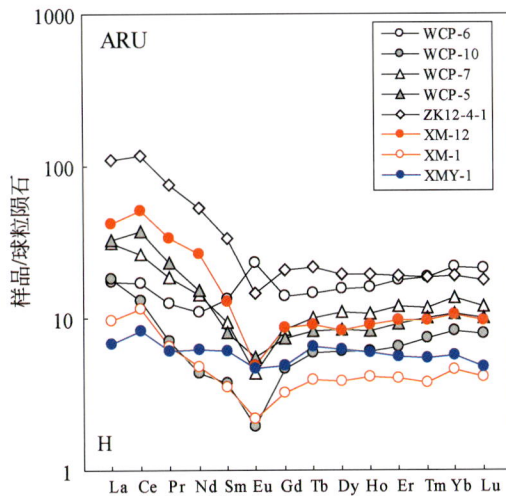

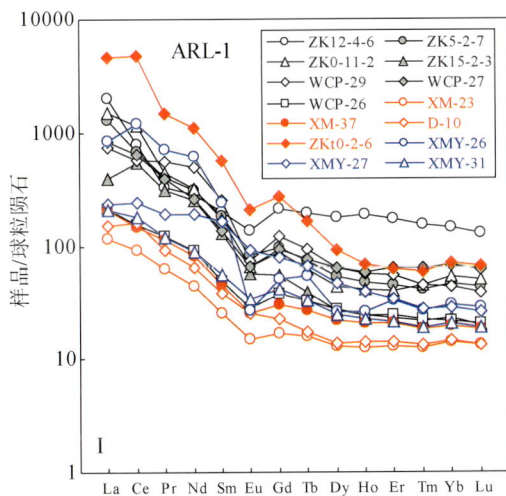

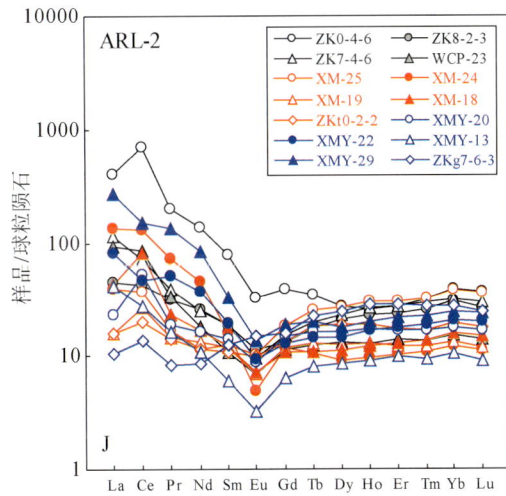

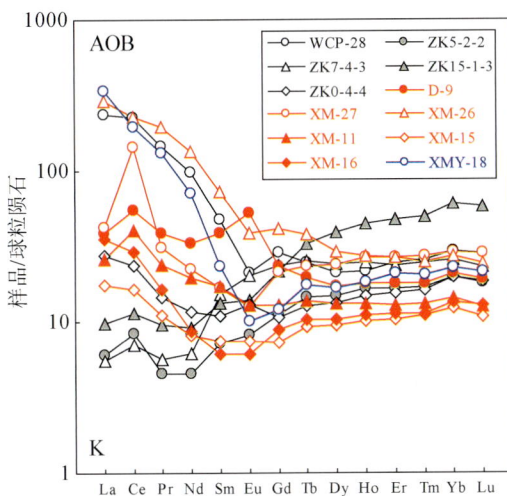

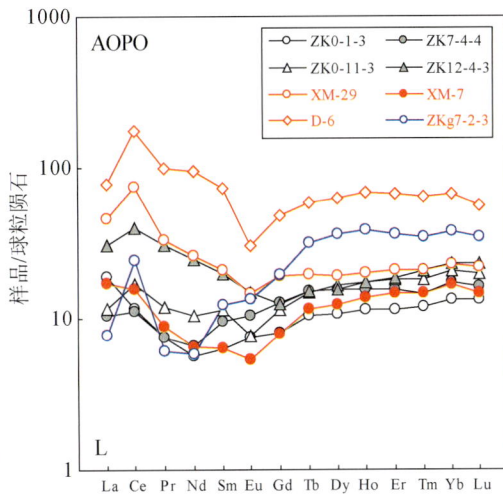

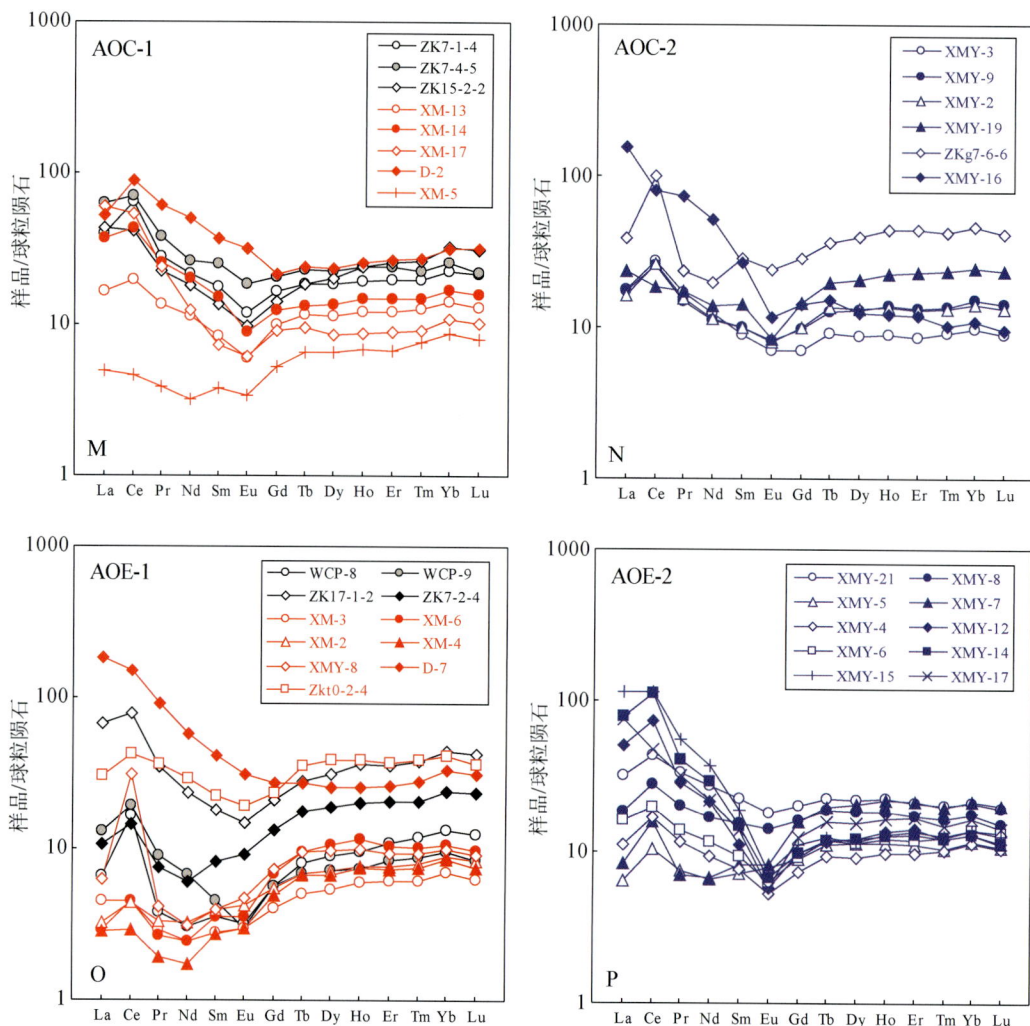

图 5-16　务正道铝土矿稀土配分模式（球粒陨石据 Boynton，1984；图解说明同图 5-10）

（2）ARU：3 个矿区含矿岩中 ARU 的 REE 含量及相关参数不具明显区别（表 5-3），其中 REE 含量在 1 个数量级内变化，全区 ΣREE：28.9 ~ 229ppm、LREE：14.7 ~ 175ppm、HREE：4.58 ~ 23.1ppm，LREE/HREE：1.56 ~ 7.57。配分模式与 P_2q+m、C_2h 和 $S_{1-2}hj$ 均明显不同，为 MREE 相对亏损型（图 5-16H），$(La/Yb)_N$：0.79 ~ 5.71、$(La/Sm)_N$：1.10 ~ 4.89、$(Gd/Yb)_N$：0.56 ~ 1.09，Eu 异常从弱负到弱正，δEu：0.47 ~ 1.70，弱的 Ce 正异常，δCe：1.10 ~ 1.45。

（3）ARL：3 个矿区含矿岩中 ARL 的 REE 含量及相关参数也不具明显区别（表 5-3），最大特征是 REE 含量高、变化大，全区 ΣREE：71.9 ~ 6399ppm、LREE：23.7 ~ 6197ppm、HREE：10.2 ~ 209ppm，LREE/HREE：0.84 ~ 43.50。配分模式可大体分为两组，即 LREE 富集型组（图 5-16I）和 HREE 富集型组或 MREE 亏损型组（图 5-16J）。

LREE 富集型组的 REE 含量相对较高、变化大，ΣREE 在 152 ~ 6399ppm 之间，所分析的 15 件样品中，10 件大于离子吸附型稀土矿边界品位 500ppm、7 件大于工业品位 1000ppm（矿产资源工业要求手册编委会，2010），最高达 6399ppm；LREE 和 HREE 分别为 114～6197ppm 和 15.6～209ppm，LREE/HREE 在 7.24～43.50 之间。配分模式为 LREE 富集型（图 5-16I），(La/Yb)$_N$：5.99～65.37、(La/Sm)$_N$：1.42～10.09、(Gd/Yb)$_N$：0.74～3.81；Eu 负异常从强至弱，δEu：0.24～0.86；Ce 异常从弱负至较强，δCe：0.89～2.45。

HREE 富集型组的 REE 含量相对较低、变化较小，ΣREE：71.9～333ppm、LREE：23.7～276ppm、HREE：10.2～32.8ppm，LREE/HREE：0.84～14.69。配分模式为 HREE 富集型或 MREE 亏损型（图 5-16J），(La/Yb)$_N$：0.39～11.00、(La/Sm)$_N$：0.36～1.06、(Gd/Yb)$_N$：0.73～2.61；Eu 负异常从较强至不明显，δEu：0.43～0.98；个别样品 Ce 异常不明显，大部分样品有较强 Ce 正异常，δCe：0.86～8.55。

（4）AOB：3 个矿区含矿岩中 AOB 同样具有 REE 含量及相关参数变化范围较宽的特征（表 5-3），ΣREE：57.3～462ppm、LREE：14.0～389ppm、HREE：11.4～48.9ppm、LREE/HREE：0.46～15.43。配分模式存在 LREE 亏损型、MREE 亏损型和 HREE 亏损型等多种样式（图 5-16K），相应的 (La/Yb)$_N$、(La/Sm)$_N$ 和 (Gd/Yb)$_N$ 具有很宽的变化范围，分别在 0.36～1.52、0.16～14.74 和 0.36～14.49 之间；Eu 异常从较强负异常至较强正异常，δEu：0.58～1.74；大部分样品出现较强 Ce 正异常，δCe：0.93～3.99。

（5）AOPO：该区含矿岩系中 AOPO 的 REE 含量和配分模式总体与 ARL 中的 HREE 富集型组相似，ΣREE：58.6～398ppm、LREE：19.9～248ppm、HREE：12.9～71.6ppm、LREE/HREE：0.77～4.14。配分模式为 MREE 亏损型或 HREE 富集型（图 5-16L），(Gd/Yb)$_N$：0.47～0.85、(La/Yb)$_N$：0.20～2.03、(La/Sm)$_N$：0.63～2.96，Eu 异常从较强负至不明显，δEu：0.51～1.05；大部分样品出现较强 Ce 正异常，δCe：0.97～3.54。

（6）AOC：3 个矿区含矿岩中 AOC 的 REE 含量及相关参数不具明显区别（表 5-3），总体特征与 AOPO 相似，全区 ΣREE：29.5～223ppm、LREE：8.71～159ppm、HREE：8.11～46.9ppm，LREE/HREE：1.07～10.86。配分模式为 MREE 亏损型或 HREE 富集型（图 5-16M、N），(Gd/Yb)$_N$、(La/Yb)$_N$ 和 (La/Sm)$_N$ 分别为 0.43～1.31、0.56～14.38 和 1.31～8.37，Eu 异常从较强负异常至弱正异常，δEu：0.59～1.13；Ce 异常从弱负异常至较强正异常，δCe：0.75～3.27。

（7）AOE：3 个矿区含矿岩中 AOE 的 REE 含量及相关参数同样不具明显区别（表 5-3），总体特征与 AOPO 和 AOC 相似，ΣREE：25.8～299ppm、LREE：5.28～235ppm、HREE：6.63～42.2ppm，LREE/HREE：0.63～10.91。配分模式为 MREE 亏损型或 HREE 富集型（图 5-16O、P），(Gd/Yb)$_N$：0.42～0.95、(La/Yb)$_N$：0.27～8.22、(La/Sm)$_N$：0.82～6.00，Eu 异常从较强负至不明显，δEu：0.44～0.98；Ce 异常从不明显至较强正，δCe：0.97～6.04。

二、富稀土层及成因

1. 富稀土层

从上述务正道铝土矿地层和含矿岩系 REE 含量特征看，含矿岩系中矿层下部铝土岩

（ARL）中的 LREE 富集型组的 REE 含量总体明显高于其他岩（矿）石，所分析的样品中，三分之二大于离子吸附型稀土矿边界品位 500ppm、近一半大于工业品位 1000ppm（矿产资源工业要求手册编委会，2010），最高达 6399ppm，笔者称之为"富稀土层"。

目前该层的分布、规模及地质特征还有待详细查定，本次工作获得的 10 件高 REE 样品在 3 个矿床均有分布，其中瓦厂坪矿床 7 件（ZK12-4-6、ZK0-4-6、ZK5-2-7、ZK0-11-2、ZK15-2-3、WXP-29、WCP-27）、新民矿床 1 件（ZKt0-2-6）、新木－晏溪矿床 2 件（XMY-26、XMY-27），表明"富稀土层"在务正道铝土矿普遍存在。从主量元素看（附表 1），其 SiO_2 和 Al_2O_3 分别为 24.79wt% ~ 47.39wt% 和 25.03wt% ~ 37.16wt%，明显高于和低于矿层，A/S 在 0.72 ~ 1.05 之间，达不到铝土矿工业要求。

2. 稀土分异与富集

REE 是一组具有特殊地球化学属性的指示性元素，原岩中 REE 含量和源区风化条件是沉积物中 REE 富集的主要控制因素，搬运、沉积和成岩期间的同生及后生作用过程对沉积物中 REE 变化的影响较小（Bárdossy，1982；MacLean et al.，1997；Hill et al.，2000；Karadag et al.，2009）。原岩矿物的风化作用可导致 REE 迁移、LREE 和 HREE 分馏以及 Ce、Eu 的异常（Ji et al.，2004），从母岩中释放出来的 REE 会在高岭石化和风化过程中被各种不同类型的矿物和非晶质表层吸收或吸附到它们的表面。因此，铝土矿层中 REE 地球化学分馏基本上发生在铝土矿化作用过程中（Maksimovic and Panto，1991）。

务正道地区 $S_{1-2}hj$ 砂页岩和含矿岩系中的铝土岩和铝土矿大都富集 LREE、亏损 HREE，配分模式 LREE 右倾、HREE 平坦。其原因主要是：在化学反应中，REE 具有明显碱性特征，并随原子序数的递增，元素的碱性减弱，形成络合物的能力及水化离子被吸附的能力也相应发生变化（Maksimovic and Panto，1991）。因此，LREE 相对不易于形成络合物迁移，而易于被黏土矿物吸附聚集。另外，根据阳离子交换吸附的一般原理，REE 吸附能力的大小与其离子半径成正比，LREE 的离子半径大于 HREE，相对更易被黏土矿物所吸附，因而富黏土矿物的铝土岩和铝土矿相对富集 LREE。

此外介质的酸碱度是控制 REE 移动的重要参数（Duddy，1980；Johannesson，1995）。在酸性条件下，REE 容易从风化产物中迁移；而在中性到碱性条件下，REE 常被主要的吸附剂吸附（Muzaffer Karadağ et al.，2009）。该区铝土矿层中 REE 含量总体从顶部向底部递增，如 ARL 的 REE 含量明显高于 ARU（表 5-3），这是因为在铝土矿风化作用过程中，REE 可从某些矿物中溶解出来，地表酸性条件下，三价的 REE 离子不易被黏土矿物吸附，而随径流向下迁移，矿层底部由于地下水活性减弱以及碳酸盐岩基岩的影响，pH 为中性到碱性，最终聚集在 Eh 和 pH 都适宜 REE 存在的矿层底部，造成风化壳上部 REE 含量降低、底部增加。这种趋势在国外的铝土矿中也有描述（Valeton et al.，1987；Maksimovic and Panto，1991；MacLean et al.，1997）。

铝土矿中 REE 载体矿物也可能是影响其溶解程度的重要因素。很多矿物的存在都可能对 REE 的分布有重要的影响，如黏土矿物（Condie，1991）、磷酸盐矿物（Braun et al.，1993）、Mn 的氧化物和氢氧化物（Koppi et al.，1996；Mutakyahwa et al.，2003）、Fe 的氧化物和氢氧化物（Pokrovsky et al.，2006）等。从化学成分和统计数据来看，务正道地区铝土矿层中的 REE 含量主要受含钙矿物（如方解石、白云石）、黏土矿物（如高岭石、蒙脱石、伊利石）以及铁矿物（如针铁矿）的控制。在铝土矿矿化过程中会形成大量的黏土矿物，REE 极易吸附到黏土矿物的表面，如蒙脱石和高岭石（Roaldset，1979；Laufer，1984），该区矿层下部的铝土岩中黏土矿物含量相对高于上部铝土岩和铝土矿（前文），也是造成矿层下部 REE 富集的重要因素之一。在铝土矿层位中一些重矿物（榍石、金红石、磷灰石和锆石等）以及稀土矿物（氟碳钙铈矿、磷钇矿等）的存在也对铝土矿层 REE 含量有重要的影响（Gromet and Silver，1983），如磷灰石为 REE 主要的寄主矿物（Morteani and Preinfalk，1995），该区矿层随着深度的增加，SiO_2 含量也明显增加，反映铝土矿化作用的程度逐渐减弱，磷灰石得以保存，岩（矿）中 REE 增加。

此外，该区铝土岩和铝土矿微量元素 R 型聚类分析及相关分析结果显示（图 5-12、图 5-17），REE 元素之间具有很好的正相关性，暗示各种 REE 在铝土矿化过程中具有相似的活动规律；REE 与 Fe_2O_3、SiO_2 正相关（图 5-17B、C），与 Al_2O_3 和 Zr 等相对不活动元素负相关（图 5-17A、H），表明铝土矿 REE 的含量随着风化程度的降低而增加，进一步解释了矿层底部 REE 富集的现象。这种规律在国外的铝土矿也得到证实（Boulangé，1996）。

许多学者证实含 Fe 矿物对铝土矿剖面上 REE 分布有重要影响，REE 常常在含有针铁矿的铁壳内聚集。Mongelli（1997）发现铝土矿中 La 的含量取决于 Fe 的含量，提出铁矿物对 REE 的分布具有重要的控制作用；Mameli 等（2007）根据铝土矿中 Fe_2O_3 的含量与 $\sum$REE 呈正相关，提出 REE（尤其是 LREE）在 Fe 含量丰富的铝土矿层位富集，同时认为 Fe 亏损的层位上有较高的 REE 含量是因为稀土矿物的存在，可能是氟碳铈镧矿组矿物。务正道地区铝土岩和铝土矿的 REE 与 Fe_2O_3 正相关（图 5-17B），也暗示 REE 富集与铁矿物有关，针铁矿可能对 REE 发挥了重要的吸附作用，这也可以解释矿层底部富稀土层的形成。

Schwertmann（1983）的实验结果证明，针铁矿的形成与 pH 密切相关，当 Fe^{3+}（$Fe(OH)^{2+}$ 或 $Fe(OH)_4^-$）离子浓度最大时最有利于其形成。在矿层底部接近中性到偏碱性的 pH，有利于针铁矿的形成。可见，铁矿物种类是控制铝土矿中 REE 分布的重要因素。同时，在相似的 pH 条件下，形成稀土碳酸盐络合物的能力也增加（Kevin et al.，1996），这些络合物的稳定性随着原子数增加而增加，故在矿层底部 HREE 优先形成络合物并保留在溶液中。此外，微碱性条件下更有利于 LREE 吸附到矿物颗粒表面（Sholkovitz，1995），这进一步解释了矿层底部较高 LREE/HREE 值的现象。

综上所述，务正道铝土矿含矿岩系中"富稀土层"应是多方面因素综合作用的结果，这些因素包括：原岩类型、pH、Eh、地下水的化学性质、剖面上 Fe 的浓度变化、吸附过程、风化作用程度、所含矿物的种类以及稀土元素的地球化学性质等。

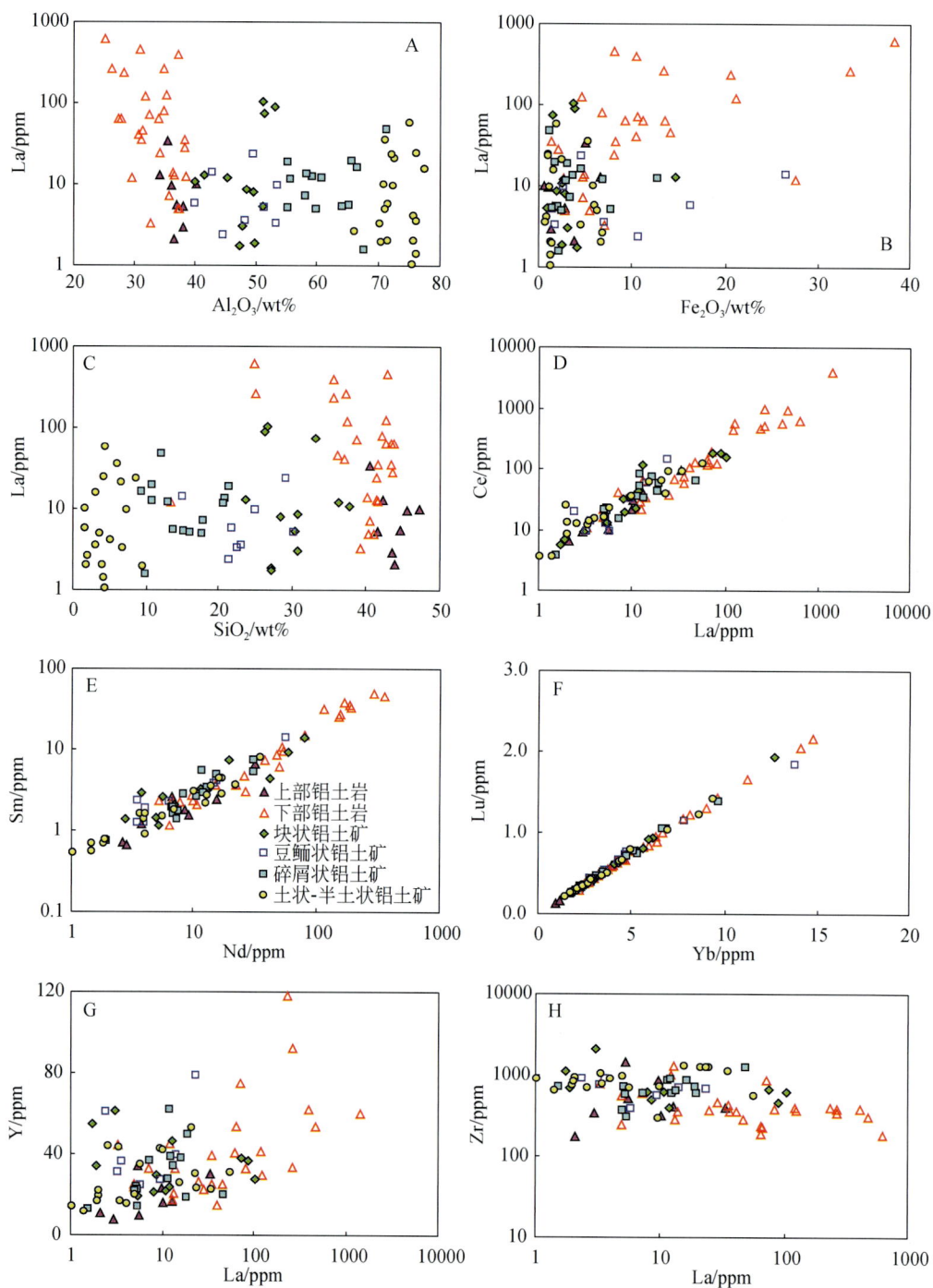

图5-17　务正道地区铝土岩和铝土矿 REE 相关性分析结果（原始数据据附表1）

三、稀土矿物及意义

1. 概述

许多研究表明铝土矿中富集 REE，岩溶型铝土矿较红土型铝土矿相对更富 REE（e. g. Mordberg，1993），研究铝土矿中 REE 存在形式不仅对资源综合利用有重要意义，而且有助于了解在铝土矿风化过程中 REE 的分布以及迁移规律，为成矿环境和成矿过程的研究提供重要的信息。国内外学者对铝土矿中 REE 的存在形式已经研究了数十年（文献众多，略），提出了三种存在形式：①REE 吸附在一水硬铝石、三水铝石以及黏土矿物的表面；②REE 取代一些矿物中的化学性质相似的离子，如一水硬铝石和三水铝石；③REE 以独立矿物的形式存在，如磷钇矿 $[Y(PO_4) \cdot 2(H_2O)]$、氟碳钙铈矿 $[CaCe_{1.1}La_{0.9}(CO_3)_3F_2]$ 等。

中国有关铝土矿中稀土矿物的报道和研究很少（Deng et al.，2010），国外众多研究表明，铝土矿中的 REE 可以呈多种稀土矿物的形式出现（Mordberg，1996；Boulangé et al.，1996；Mongelli and Acquafredda，1999；Onac et al.，2005；Kanazawa and Kamitani，2006；Calagari and Abedini，2007）。Mongelli（1997）在意大利南部阿普利亚区的碳酸盐台地的岩溶型铝土矿中发现多种稀土矿物，主要包括：氟菱钙铈矿 $[REE_2Ca(CO_3)_3F_2]$、氟维钙铈矿 $[REE_3Ca_2(CO)_5F_3]$、直氟碳钙稀土矿 $[REECa_3(CO_3)_2]$、方铈矿 $[CeO_2]$ 等；Horbe 和 da Costa（1999）在巴西 Pitinga 地区某红土剖面也发现多种稀土矿物，包括磷钇矿 $[YPO_4]$、钍矿 $[ThSiO_4]$、氟碳铈矿 $[(Ce,La)(CO_3)F]$、氟铈矿 $[(Ce,La)F_3]$ 和针磷钇铒矿 $[YPO_4 \cdot nH_2O]$ 等；Mordberg 等（2000）在俄罗斯 Schugorsk 铝土矿中发现多种富稀土和稀土矿物，主要包括：菱磷铝锶石 $[SrAl_3(PO_4)(SO_4)(OH)_6]$、磷铝锶石 $[SrAl_3(PO_4)_2(OH,H_2O)_6]$、水磷铝铅矿 $[PbAl_3(PO_4)_2(OH,H_2O)_6]$、磷铅铝矾 $[PbAl_3(PO_4)(SO_4)(OH)_6]$、磷铝铈矿 $[CeAl_3(PO_4)_2(OH,H_2O)_6]$、氟菱铈钙矿 $[Ca(Ce,La)(CO_3)_2F]$、羟碳铈矿 $[Ca(Ce,La)(CO_3)_2F]$、氟碳铈矿 $[(Ce,La)(CO_3)F]$、氟碳镧矿 $[(La,Ce)(CO_3)F]$、氟碳钇矿 $[(Y,Ce)(CO_3)F]$、方铈石（CeO_2）等；Laskou（2003）在希腊 Parnassos-Ghiona 铝土矿中发现磷镧锆矿 $[(Y,REE)PO_4 \cdot H_2O]$、磷铝铈矿 $[CeAl_3(PO_4)_2(OH)_6]$、针磷钇铒矿 $[(Y,REE)PO_4 \cdot 2H_2O]$、磷钇矿 $[(Y,REE)PO_4]$ 等稀土矿物。

2. 务正道铝土矿中发现的稀土矿物

汪小妹等（2013）在新木–晏溪矿床的钻孔 ZK3402 和 ZK14904 发现氟菱钙铈矿 $[Ce_2Ca(CO_3)_3F_2]$，本次工作在瓦厂坪矿床矿层底部的富 REE 铝土岩中发现两种稀土矿物，即氟碳钙铈矿 $[CaCe_{1.1}La_{0.9}(CO_3)_3F_2]$ 和磷钇矿 $[Y(PO)_4]$。

（1）氟碳钙铈矿 $[CaCe_{1.1}La_{0.9}(CO_3)_3F_2]$。在样品 WCP-27 中发现，样品的 SiO_2：37.10wt%、Al_2O_3：34.82wt%、Fe_2O_3：13.38wt%、A/S：0.94、La：262ppm、Ce：510ppm、$\sum$REE：1182ppm、LREE：1005ppm，REE 配分模式为 LREE 富集型（图 5-16I）。该类矿物呈星点状分布，电子探针背散射图像下呈亮白色（图 5-18），除 Ca、F、La 以及 Ce 等主要成分外，其他 REE 也有分布（图 5-19）。电子探针分析为氟碳钙铈矿 $[CaCe_{1.1}La_{0.9}(CO_3)_3F_2]$

（表5-4），平均的化学成分：CaO 5.88wt%、F_2O 8.04wt%、Nd_2O_3 7.4wt%、Ce_2O_3 53.32wt%、La_2O_3 3.97wt%。

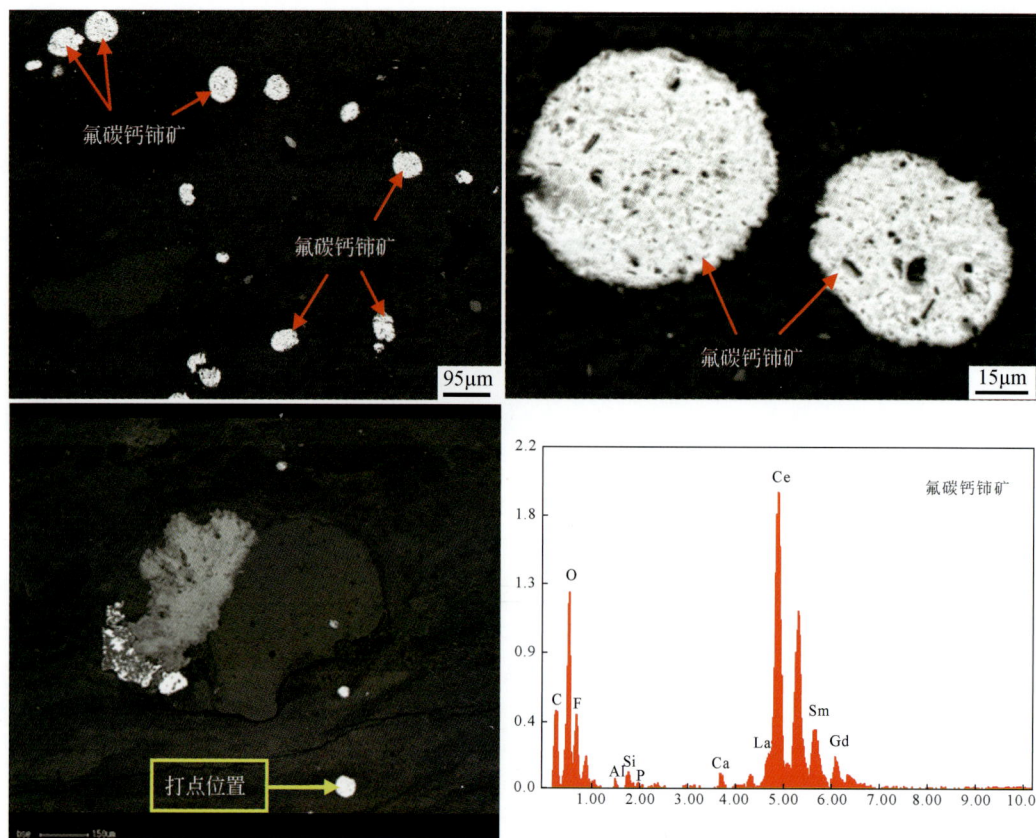

图5-18　务正道铝土矿含矿岩系矿层下部铝土岩中氟碳钙铈矿电子探针背散射图

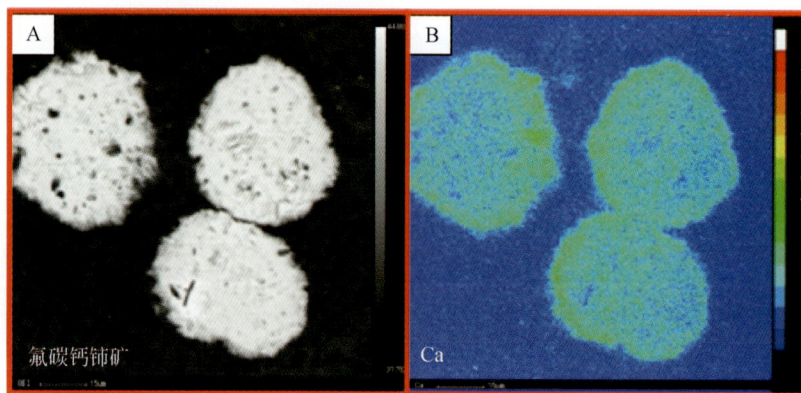

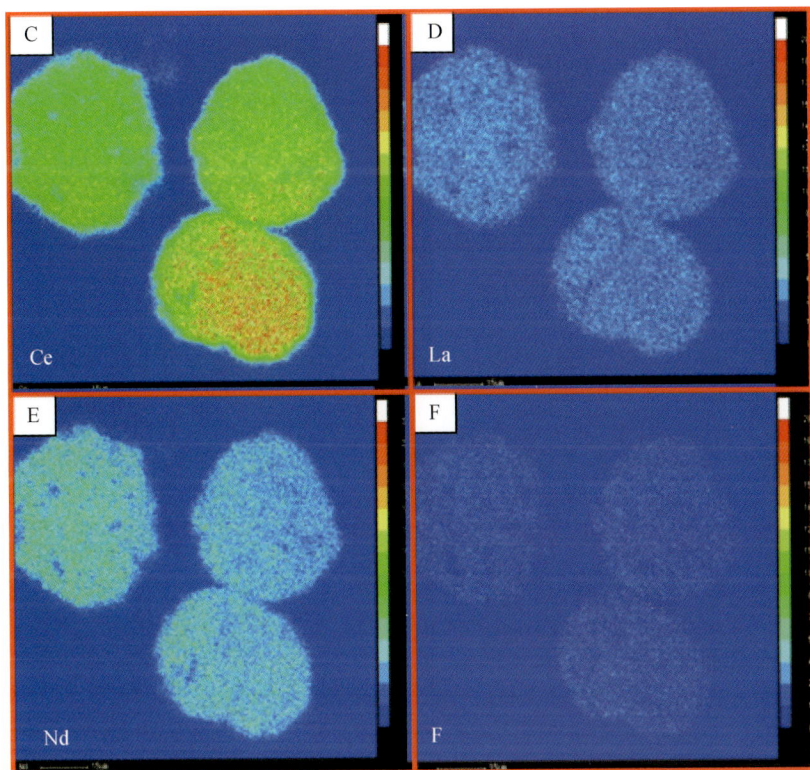

图 5-19 务正道铝土矿含矿岩系矿层下部铝土岩中氟碳钙铈矿电子探针面扫描图

表 5-4 样品 WCP-27 中氟碳钙铈矿电子探针分析结果（单位：wt%）

测点号	Plot1	Plot2	Plot3	Plot4	Plot5	Plot6	Plot7	Plot8	Plot9	Plot10	Plot11	平均
Al_2O_3	4.64	2.66	2.34	2.23	2.17	4.28	3.05	3.16	3.12	2.28	2.73	2.97
SiO_2	5.76	3.15	3.36	2.89	2.95	5.77	3.78	4.17	4.18	3.03	3.60	3.88
TiO_2	0.22	0.04	0.10	0.32	0.09	0.18	0.09	0.23	0.63	0.13	0.61	0.24
FeO	0.00	0.27	0.01	0.00	0.07	0.13	0.53	0.30	0.07	0.00	0.00	0.12
K_2O	0.01	0.02	0.07	0.01	0.01	0.09	0.15	0.22	0.12	0.02	0.05	0.07
Na_2O	0.00	0.00	0.00	0.00	0.00	0.00	0.00	0.17	0.00	0.14	0.00	0.03
MgO	0.00	0.02	0.00	0.00	0.01	0.00	0.00	0.00	0.00	0.00	0.32	0.03
MnO	0.00	0.00	0.00	0.00	0.00	0.00	0.00	0.00	0.00	0.00	0.00	0.00
CaO	6.69	4.66	10.69	4.66	5.73	6.60	5.73	4.68	4.66	6.83	3.76	5.88
F_2O	7.66	8.90	8.24	8.76	7.86	7.67	7.66	8.52	7.76	7.90	7.53	8.04
P_2O_5	0.05	0.01	0.04	0.05	0.01	0.00	0.03	0.01	0.02	0.02	0.37	0.05
ZrO_2	0.00	0.00	0.00	0.04	0.00	0.52	0.69	0.00	0.39	0.01	0.00	0.15
La_2O_3	3.89	5.07	4.00	3.94	4.30	4.06	3.46	3.56	3.77	3.58	4.05	3.97
Ce_2O_3	51.94	47.89	54.22	54.76	53.56	49.41	54.56	54.48	53.55	56.92	55.27	53.32

测点号	Plot1	Plot2	Plot3	Plot4	Plot5	Plot6	Plot7	Plot8	Plot9	Plot10	Plot11	平均
Pr_2O_3	3.04	4.00	2.65	3.09	3.14	2.70	2.77	2.78	2.68	2.98	2.55	2.94
Nd_2O_3	7.37	9.34	7.03	7.42	7.57	7.37	6.96	6.65	7.51	6.41	7.81	7.40
Y_2O_3	0.83	0.71	0.89	0.86	0.90	1.11	0.05	0.75	0.82	0.59	0.82	0.76
Total	92.10	86.72	93.65	89.02	88.38	89.88	89.52	89.66	89.28	90.84	89.46	89.86
REE_2O_3	67.07	67.00	68.79	70.07	69.48	64.64	67.80	68.21	68.33	70.48	70.50	68.40
REE_2O_3/CaO	10.03	14.37	6.43	15.04	12.12	9.79	11.82	14.59	14.66	10.32	18.75	11.63

（2）磷钇矿[$Y(PO)_4$]。在样品 WCP-29 中发现，样品的 SiO_2：35.58wt%；Al_2O_3：28.07wt%；Fe_2O_3：20.52wt%；A/S：0.79；La：233ppm；Ce：460ppm；$\sum REE$：1307ppm；LREE：1105ppm，REE 配分模式为 LREE 富集型（图 5-16I）。颗粒较小，多数与锆石颗粒共生，电子探针背散射图像下比锆石更亮（图 5-20）。电子探针分析为磷钇矿[$Y(PO)_4$]（表 5-5），平均化学成分：P_2O_5 39.94wt%、Y_2O_3 43.67wt%、Dy_2O_3 2.16wt%、Gd_2O_3 1.32wt%，LREE 含量很低。

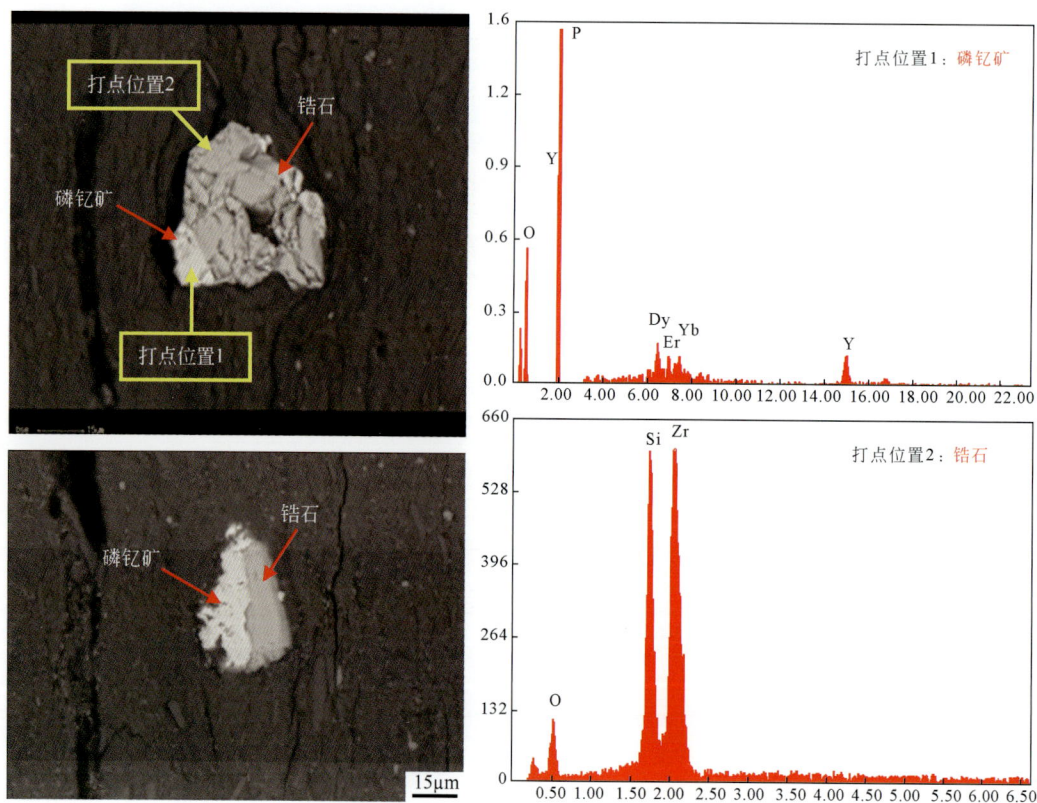

图 5-20　务正道铝土矿含矿岩系矿层下部铝土岩中磷钇矿电子探针背散射图

表 5-5　样品 WCP-29 中磷钇矿电子探针分析结果（单位：wt%）

测点号	Plot13	Plot14	Plot15	Plot16	Plot17	Plot18	平均
Al_2O_3	0.51	1.14	0.48	0.85	0.18	0.00	0.53
SiO_2	0.52	0.38	0.47	0.97	0.74	0.25	0.55
TiO_2	0.79	0.10	0.12	0.17	0.12	0.00	0.22
FeO	0.50	0.39	0.33	0.13	0.98	0.67	0.50
K_2O	0.17	0.21	0.10	0.18	0.35	0.09	0.18
Na_2O	0.00	0.00	0.26	0.00	0.00	0.00	0.04
MgO	0.00	0.00	0.00	0.00	0.07	0.00	0.01
MnO	0.00	0.00	0.00	0.00	0.00	0.00	0.00
CaO	0.05	0.00	0.07	0.00	0.00	0.00	0.02
P_2O_5	40.95	37.83	38.02	40.67	40.78	41.41	39.94
ZrO_2	0.00	0.66	0.81	0.59	0.00	0.00	0.34
La_2O_3	0.00	0.00	0.33	0.07	0.00	0.01	0.07
Ce_2O_3	0.00	0.00	0.03	0.00	0.09	0.00	0.02
Pr_2O_3	0.03	0.00	1.43	0.00	0.00	0.00	0.24
Nd_2O_3	0.05	0.07	0.01	0.04	0.00	0.00	0.03
Y_2O_3	43.31	43.20	41.92	45.34	43.69	44.57	43.67
Gd_2O_3	1.38	1.98	1.65	0.39	1.28	1.26	1.32
Dy_2O_3	2.58	3.10	1.45	1.16	1.47	3.17	2.16
Total	90.85	89.05	87.47	90.55	89.75	91.43	89.85

3. 地质意义

本次工作在务正道铝土矿床中发现的两种稀土矿物——氟碳钙铈矿和磷钇矿，对矿床形成过程以及形成环境具有重要的指示意义。一般而言，氟碳铈矿是岩溶型铝土矿中最常见的稀土矿物，所有矿床中的氟碳铈矿中均强烈富集 LREE（Mariano，1989），这些稀土矿物的出现严重影响矿石的 REE 配分模式以及 Ce 异常。务正道地区含矿岩系下伏地层 C_2h 灰岩、$S_{1-2}hj$ 砂页岩的 REE 配分模式为相似的 LREE 富集型（图 5-16），说明二者都有可能为铝土矿提供矿源。由于 C_2h 灰岩在该区只在局部地方出露，且厚度较小（小于 5m）、含铝低，不可能提供大量成矿物质；$S_{1-2}hj$ 砂页岩在该区广泛分布，且厚度较大，含铝丰富，应为铝土矿的直接物源。

初始物质中的 ΣREE 应远超过 1000ppm 才有可能形成稀土矿物，由于 $S_{1-2}hj$ 砂页岩很容易被风化，且风化残余以较高的 REE 含量为特征，可以推断稀土矿物起初是通过 $S_{1-2}hj$ 砂页岩经强烈的风化作用形成，之后混入少量 C_2h 灰岩风化产物，这些强风化物质经过短距离的搬运，到岩溶洼地等有利的沉积环境中，形成了铝土矿。不同样品的 Ce 异常变化范围较大（表 5-3、图 5-16），说明灰岩和砂页岩的风化产物在铝土矿化以及随后海侵过程中并没有完全混合。

前人研究结果表明，氟碳钙铈矿形成于碱性的条件，而磷钇矿形成于酸性条件（Johannesson et al.，1995；Mongelli，1997），如 Hukuo 和 Hikichi（1979）在 pH 为 0.5～3.0、温度为≥20℃的条件下合成了磷钇矿。这两种矿物在务正道铝土矿中同时出现，暗示该区铝土矿形成于不稳定的 pH 环境，也说明了这些稀土矿物经历了一个复杂的形成过程。笔者根据务正道铝土矿及前人有关铝土矿中稀土矿物形成环境研究结果，推测该区铝土矿矿化过程中稀土矿物的形成可能经历了三个阶段（图 5-21）。

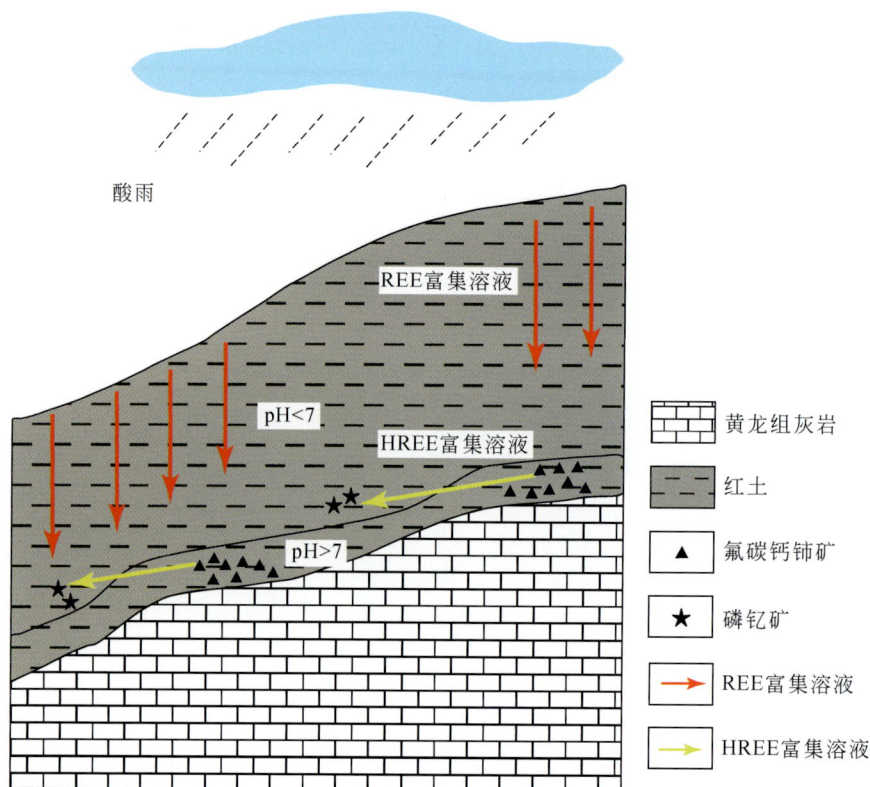

图 5-21　务正道铝土矿中稀土矿物形成过程示意图

第一阶段：强烈的风化作用导致 REE 在风化产物中富集，REE 主要呈离子吸附的形式吸附在黏土矿物颗粒表面，随后被搬运到岩溶洼地等有利的沉积环境，在风化剖面的最上部形成了稀土矿物，如独居石和方铈石等（Bárdossy，1982；Mongelli，1997）。

第二阶段：由于地壳抬升作用的影响，产生大量的酸雨，使地表为酸性条件，REE 以氟化物络合物的形式随地下水向下渗透，在碳酸盐岩基岩附近富集，矿层底部由于地下水活性减弱以及碳酸盐岩基岩的影响，此处的 pH 条件变为碱性，导致 Ce^{3+} 沉淀为氟碳化合物（Maksimovic，1979；Williams-Jones and Wood，1992；Johannesson et al.，1995；Mongelli，1997）。Williams-Jones 和 Wood（1992）通过理论研究指出，在给定的温度和压力下，Ca^{2+} 或 CO_3^{2-} 在液体中的活性发生变化都可导致氟碳化合物之间的转换，氟碳铈镧矿可以通过下面的反应转化为氟碳钙铈矿：

$$2REE(CO_3)F(氟碳铈镧矿) + CO_3^{2-} + Ca^{2+} \rightarrow REE_2Ca(CO_3)_3F_2(氟碳钙铈矿)$$

自生的氟碳钙铈在铝土矿中广泛分布，证实它主要形成在 Ca^{2+} 和 CO_3^{2-} 都很丰富的碳酸盐岩基岩附近。

第三阶段：LREE 含量较高的氟碳钙铈矿沉淀之后，HREE 分离出来，使溶液中富集 HREE（Millero，1992；Henderson，1996；Mameli et al.，2007）。在 HREE 富集的溶液沿着斜面向下渗透的过程中，由于地势高低的差异，会再次经过 pH 为酸性条件的区域。大气水向下渗透会溶解沉积物中的磷酸盐。同时，Y 在风化过程中一般为不活动元素，且通常在具有较高吸附能力的一水软铝石和一水硬铝石中富集（Mordberg，1993；MacLean et al.，1997）。因此，活动性较高的磷酸盐岩、富 Y 沉积物以及 HREE 富集溶液在 pH 为酸性的斜坡上沉淀为磷钇矿（Onac et al.，2005）（图 5-21）。由于磷钇矿易遭受风化作用（Lottermoser，1990；Kolitsch and Holtstam，2004），大多数磷钇矿在搬运、成岩、风化以及后生改造过程中被分解，只有少数保存下来。在沉积物搬运的过程中，氟碳钙铈矿在酸性环境下也可能被分解，但是由于在铝土矿成矿过程中，形成氟碳钙铈矿的环境较磷钇矿的形成环境更广泛，氟碳钙铈矿很可能再次形成且广泛分布，而磷钇矿却很少形成。磷钇矿与氟碳钙铈矿的出现都表明地表为酸性条件，酸性的 pH 条件下有利于红土化作用的进行，加速 Al 的富集。

第六章　碎屑锆石微量元素及年代学

成矿物质是铝土矿形成的基础，对成矿规模及找矿方向有决定性作用。前文已从主量元素、微量元素和稀土元素等方面揭示，务正道铝土矿成矿物质主要来源于含矿岩系下伏中下志留统韩家店组（$S_{1-2}hj$）砂页岩；前人通过该区铝土矿含矿岩系剖面测量、矿物共生演化以及 REE 地球化学等的研究，也得出相同结论（刘平，1999；谷静，2013；金中国等，2013；汪小妹等，2013）。笔者认为，该区 $S_{1-2}hj$ 为经过长距离搬运再沉积的砂页岩，可视为铝土矿的直接母岩，但不是最终物源；图 5-14 和图 5-15 也显示，该区铝土矿物源复杂，沉积岩、变质岩以及岩浆岩中的基性岩和酸性岩均有可能为成矿最终物源。因此，要揭示该区铝土矿成矿过程，应该追踪其最终物源。

由于铝土矿化作用过程中，元素的活动行为受母岩成分、元素在母岩中赋存形式、元素化学性质、成矿物理化学条件、成岩和后期改造等诸多因素的影响（Mordberg，1996），传统的元素和同位素地球化学方法示踪铝土矿物源往往存在多解性（Deng et al.，2010）；此外，不同地区铝土矿中微量元素组成和变化规律存在很大差异，根据局部地区铝土矿地球化学特征建立的指标和图解，判别其他地区铝土矿物质来源也具有一定的不可靠性。因此，急需更直接、更有效、更可靠的方法示踪务正道铝土矿的成矿物源。

碎屑锆石为沉积岩石中常见的一种重矿物，是来自于物源区各类岩石中锆石的混合，也是一种特别稳定的矿物，抗风化能力强，受沉积分选过程影响小，其 U-Th-Pb 同位素体系封闭温度高，受后期构造热事件影响较小，年龄谱系特征不仅可以直接反映沉积物源区岩石的年龄组成（Geslin et al.，1999），而且在示踪沉积物物源方面也是近年发展起来的、并且被广泛应用的直接有效方法（e.g. Fedo et al.，2003；Najman，2006；Newson et al.，2006；Deng et al.，2010；Long et al.，2010；Jiang et al.，2011；Pereira et al.，2012）。本次工作对务正道地区瓦厂坪、新民、新木–晏溪、桃园、三清庙和东山等矿区铝土矿、下伏 C_2h 和 $S_{1-2}hj$ 中的碎屑锆石进行了微量（主要为 REE）和年代学研究，以此揭示出该区铝土矿的最终物源，同时初步确定了成矿时代。

第一节　样品及分析方法

一、样　品

本次工作对务正道地区 6 个代表性铝土矿床 14 件铝土矿及下伏 C_2h 和 $S_{1-2}hj$ 样品中的碎屑锆石进行了微量（主要为 REE）和 U-Pb 定年，具体为：瓦厂坪矿床 2 件，1#和 2#为铝土矿；新民矿床 4 件，3#和 X-3 为铝土矿、X-1 为 $S_{1-2}hj$、X-2 为 C_2h；新木–晏溪矿床 1 件，4#为铝土矿；三清庙矿床 3 件，S-1 为 $S_{1-2}hj$、S-2 为铝土矿、S-3 为 C_2h；东山矿床 2

件，A-1 为铝土矿、A-2 为 $S_{1-2}hj$；桃园矿床 2 件，T-1 为铝土矿、T-2 为 $S_{1-2}hj$。

二、分析方法

锆石分选在河北廊坊诚信地质服务公司完成，采用常规重液和电磁分选并结合双目镜下手工挑选的方法获取纯净锆石颗粒，在挑选时要求不区分粒度、颜色和自形程度，尽可能地全部或绝大部分挑出以避免人为筛选。每件样品尽量挑选出大于 1000 颗至数千颗锆石颗粒。然后随机挑选 100 颗左右用环氧树脂固定并进行抛光，使锆石颗粒露出核部。

对锆石进行透射光和反射光显微照相以及阴极发光图像分析，以检查锆石的内部结构、帮助选择适宜的测试点位。样品靶在真空下镀金以备分析。所有样品的阴极发光照相均在西北大学大陆动力学国家重点实验室完成。阴极发光照相仪器为 MonoCL3+（Gatan，USA）外接扫描电镜荧光探头（Quanta400FEG）。在进行上机测定之前，所有样品用体积百分比为 3% 的 HNO_3 清洗样品表面，以除去样品表面的污染及 Pb 的混染而造成的背景值变高。

1#、2#、3#和4#样品中的碎屑锆石为 SIMS U-Pb 年龄测定，在中国科学院地质与地球物理研究所 CAMECA IMS-1280 二次离子质谱仪（SIMS）上完成。一次离子束加速电压为 13kV，强度为 10nA。用 ca.200mm 的束斑在光圈照明模式（Kohler illumination）下预剥蚀待测区域。二次离子加速电压为 10kV，剥蚀半径约 $20\sim30\mu m$。详细的锆石分析方法参考 Li 等（2009）。标样与样品以 1:3 比例交替测定。U-Th-Pb 同位素比值用标准锆石 Plésovice（337Ma，Sláma et al.，2008）校正获得，U 含量采用标准锆石 91500（81ppm，Wiedenbeck et al.，1995）校正获得，以长期监测标准样品获得的标准偏差（1SD = 1.5%，Li et al.，2010）和单点测试内部精度共同传递得到样品单点误差，以标准样品锆石 Qinghu（159.5Ma，Li et al.，2009）作为未知样监测数据的精确度。普通 Pb 校正采用实测^{204}Pb 值。由于测得的普通 Pb 含量非常低，假定普通 Pb 主要来源于制样过程中带入的表面 Pb 污染，以现代地壳的平均 Pb 同位素组成（Stacey and Kramers，1975）作为普通 Pb 组成进行校正，同位素比值及年龄误差均为 1σ，数据结果处理采用 ISOPLOT 软件。

其余样品中的碎屑锆石为激光剥蚀等离子体质谱（LA-ICP-MS）原位微量元素（主要为 REE）和 U-Pb 年龄测定，在西北大学大陆动力学国家重点实验室完成。激光剥蚀系统是配备有 193nmArF-excimer 激光器的 Geolas200M，分析采用激光剥蚀孔径 $30\mu m$，剥蚀深度 $20\sim40\mu m$，激光脉冲为 10Hz，能量为 $32\sim36mJ$，同位素组成用锆石 91500 进行外标校正。用^{29}Si 作为内标。在数据分析前使用美国国家标准技术研究院研制的人工合成硅酸盐玻璃标准参考物质 NIST610 作为参考标准。LA-ICP-MS 分析的详细方法和流程见 Yuan 等（2008），U-Th-Pb 含量分析见 Gao 等（2002）。原始数据采集和同位素比值的计算处理采用 Glitter4.0 软件，数据处理过程中尽量选择信号平稳的区间实验获得的数据。采用 Andersen（2002）的方法进行同位素比值的校正，以扣除普通 Pb 的影响。锆石的谐和图以及年龄频率图用 ISOPLOT3.0（Ludwig，2003）绘制，对年龄老（>1Ga）的锆石采用 $^{207}Pb/^{206}Pb$ 的表面年龄，而年轻的锆石（<1Ga）采用$^{206}Pb/^{238}U$ 年龄，同位素比值及年龄误差均为 1σ。

第二节　锆石特征

一、概　　述

铝土矿是堆积的成矿母岩经长期的变质、风化和蚀变作用后形成的，其中碎屑锆石为来自于物源区各类岩石中锆石的混合，类型多种多样，既有变质、风化和蚀变作用中形成的锆石，又有变质前岩浆作用形成的岩浆锆石（如果是正变质岩）或变质前沉积岩物源区中的碎屑锆石（如果是负变质岩）。同样，变质、风化和蚀变作用中形成的锆石可以形成独立的新生颗粒，即热液锆石，也可以是在原岩锆石颗粒基础上的增生或改造，形成内核是原岩锆石、外边是变质的复杂锆石颗粒（Rubatto et al.，1999；陈道公等，2001）。

锆石成因类型的确定是 U-Pb 年龄解释的关键，识别岩浆锆石、变质锆石和热液锆石常用的方法是内部结构和化学成分，前者主要有 HF 酸蚀刻图像、背散射电子（BSE）图像和阴极发光电子（CL）图像等，后者主要为微区 Th/U 值和 REE。近年来很多学者开始尝试用常规方法加上微区微量元素组合来识别锆石的类型及变质条件（Hoskin and Black，2000；Hoskin and Ireland，2000；Rubatto，2002；Hoskin and Schaltegger，2003；Yuan et al.，2004；Chen et al.，2010；Liu et al.，2010），研究表明不同成因类型的锆石的微量元素组成有较大差别，甚至不同变质条件下形成的锆石的微量元素组成也不尽相同，特别是敏感的 REE 在判别锆石的成因类型方面已初见成效（Yuan et al.，2004；Liu et al.，2010）。表6-1为李长民（2009）总结的不同成因类型锆石的形成环境、矿物学、内部结构以及微量元素特征，根据这些特征，能较好地限定其成因类型，为解释锆石年龄和示踪物源提供了有效途径。

表 6-1　锆石成因类型特征对比（李长民，2009）

成因类型	岩浆锆石	变质锆石	热液锆石
形成环境	熔体中的结晶作用	高级变质岩的深熔作用、变质结晶作用、变质重结晶作用	热液流体蚀变作用、热液流体改造作用、热液流体结晶作用
结晶习性	自形、晶面简单，晶棱锋锐、清晰，柱状或细长柱状	外形多圆卵形、不规则状，一般延长度小，晶面复杂、晶棱圆滑、晶面有溶蚀	不规则状、多孔洞状、海绵状、环带状、细脉状，晶体的棱柱不明显
内部结构	振荡环带，亮色的 CL，HF 易蚀刻	黑色不分带 CL，HF 易蚀刻，多种增生结构，如冷杉状、星云状、辐射状等	无振荡环带，黑色不分带 CL

续表

成因类型	岩浆锆石	变质锆石	热液锆石
化学成分	Th、U 含量较高, Th/U 较大 (一般>0.4), REE 配分模式为均匀较高的 LREE 和陡立的 HREE 富集型, 明显正 Ce 异常、中等 Eu 负异常	Th、U 含量低, Th/U 小 (一般 <0.1), REE 配分模式为不同程度分散的 LREE 富集型, HREE 相对较低	Th、U 含量高, Th/U 低, LREE 富集, REE 配分模式为轻微倾斜, 较小正 Ce 异常、中等 Eu 负异常
包裹体	金红石、磷灰石和熔体包裹体	绿泥石、石榴子石、绿辉石以及金刚石、柯石英等超高压变质矿物包裹体	电气石、黄铁矿、白钨矿、绢云母、自然金等, 与低盐度 H_2O-CO_2 流体包裹体共存
年龄意义	岩浆冷却年龄	形成年龄、冷却年龄	热液矿物的形成年龄, 即成矿年龄

二、铝土矿中的碎屑锆石

1. 阴极发光 (CL) 图像

图 6-1~图 6-8 为务正道地区瓦厂坪、新民、新木–晏溪、东山、三清庙和桃园等 5 个矿床铝土矿中碎屑锆石的 CL 图像, 可见不同矿区、不同铝土矿样品中的锆石具有相似的特征。约 80% 的锆石颗粒粒度在 60~120μm 之间, 20% 的粒度在 40~60μm 之间。大部分锆石颗粒为无色透明, 振荡环带清晰; 少量为浅棕色, 无振荡环带, 黑色不分带, 部分颗粒内见有细小的包裹体及裂纹。锆石颗粒的形态差别较大, 多数颗粒已磨圆, 没有明显的棱面, 少数为半自形–自形柱状晶体, 有保存较好的棱面。

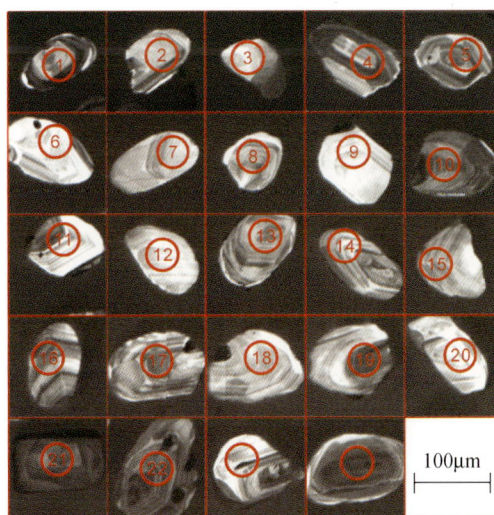

图 6-1 瓦厂坪矿床铝土矿中碎屑锆石的 CL 图像及测点位置 (1#样品)

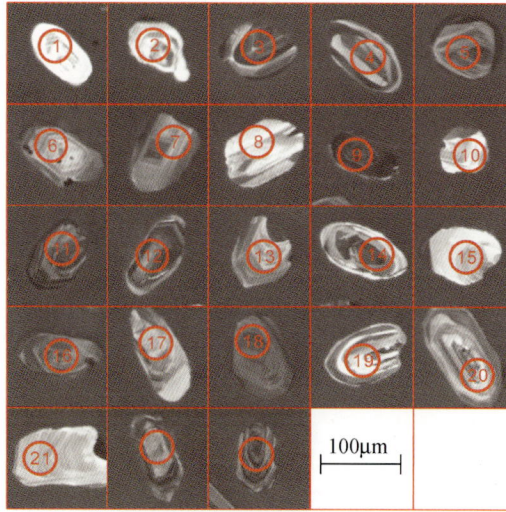

图 6-2　瓦厂坪矿床铝土矿中碎屑锆石的 CL 图像及测点位置（2#样品）

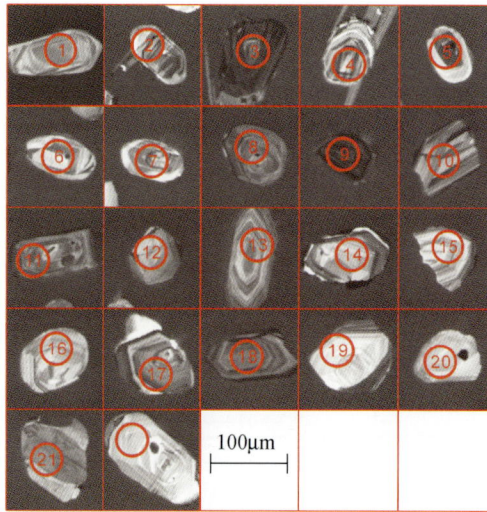

图 6-3　新民矿床铝土矿中碎屑锆石的 CL 图像及测点位置（3#样品）

　　对比岩浆锆石、变质锆石和热液锆石的矿物学特征（表 6-1），该区铝土矿中的碎屑锆石大部分为岩浆锆石，主要特征：CL 图像无色透明，颗粒为半自形-自形，岩浆振荡环带清晰；晶形保存较好的颗粒应为近距离的沉积物源，磨圆度较好的颗粒可能经过长距离的搬运，或者经历不止一个侵蚀沉积旋回。少部分为变质锆石，主要特征：CL 图像深灰色到黑色，颗粒为他形-半自形，分带不明显，多种增生结构，如冷杉状、星云状、辐射状等，常具典型的核-幔-边结构，原生锆石或继承锆石位于颗粒核部，变质锆石位于颗粒的幔部、边部（Hermann et al.，2001）。极少数为热液锆石，主要特征：CL 图像深灰色到黑色，颗粒自形度较高，环带不明显或无环带结构。

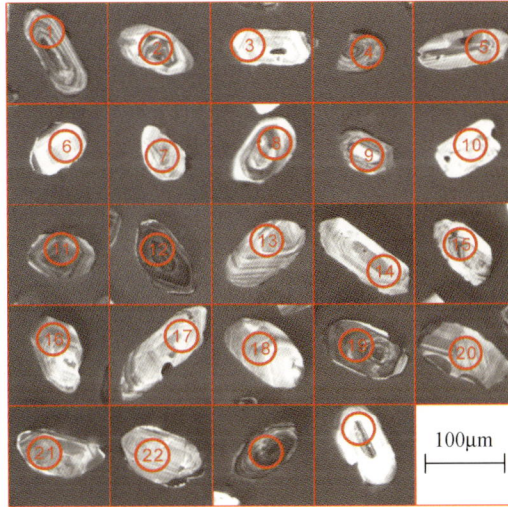

图 6-4　新木–晏溪矿床铝土矿中碎屑锆石的 CL 图像及测点位置（4#样品）

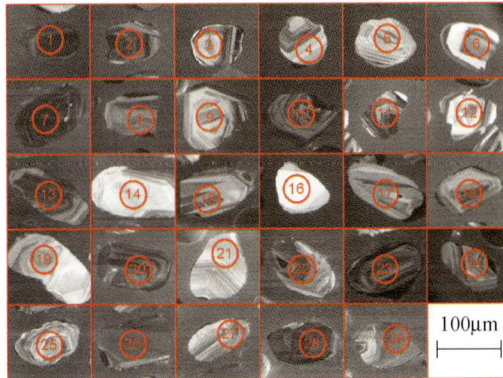

图 6-5　新民矿床铝土矿中碎屑锆石的 CL 图像及测点位置（X-3 样品）

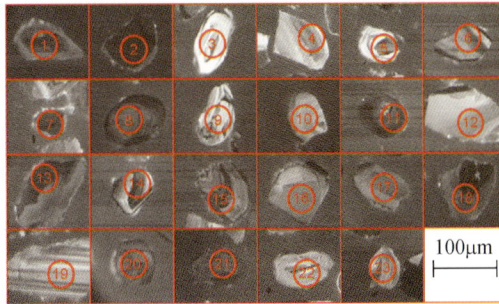

图 6-6　东山矿床铝土矿中碎屑锆石的 CL 图像及测点位置（A-1 样品）

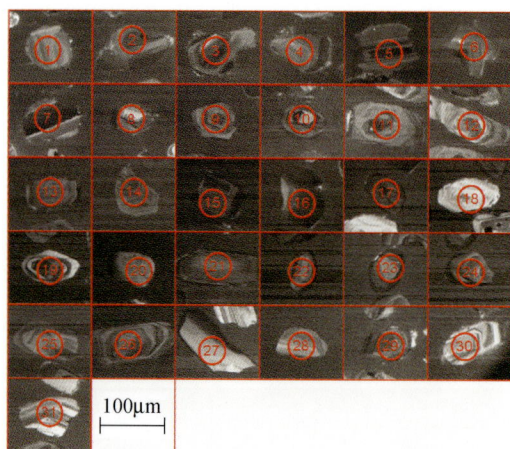

图 6-7　桃园矿床铝土矿中碎屑锆石的 CL 图像及测点位置（T-1 样品）

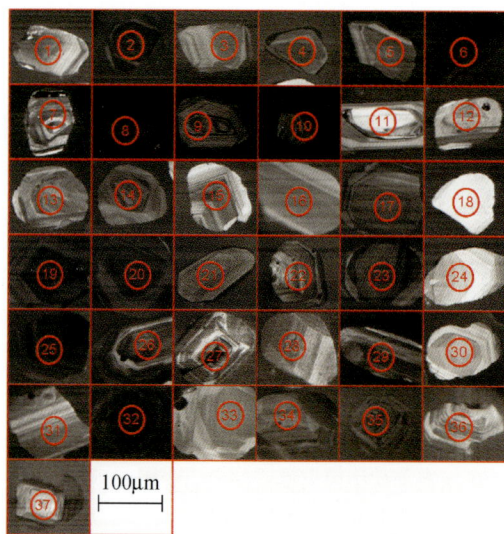

图 6-8　三清庙矿床铝土矿中碎屑锆石的 CL 图像及测点位置（S-2 样品）

2. 微量元素

这部分只利用碎屑锆石 U-Pb 定年给出的 U、Th、Pb 含量及 Th/U 值来分析锆石的成因类型，REE 将在后文专门介绍和讨论。从表 6-2 中可见，5 个矿床 8 件铝土矿中碎屑锆石的 U、Th、Pb 含量不存在明显差别，均具有较宽的变化范围，全部样品的 U：24.2 ~ 1005ppm；Th：5.00 ~ 1316ppm；Pb：10.0 ~ 1965ppm；相应的 Th/U 在 0.01 ~ 3.59 之间变化。

表6-2 务正道铝土矿床碎屑锆石 U、Th、Pb 含量及 Th/U 值统计结果

样号	名称	产地	测点数	U/ppm	Th/ppm	Pb/ppm	Th/U	Th/U 值分布/%		
								>0.4	0.4~0.1	<0.1
1#	铝土矿	瓦厂坪	22	54~517	19~439	10~95	0.09~2.52	77.27	13.64	9.09
2#	铝土矿	瓦厂坪	21	76~515	5~385	10~280	0.01~2.44	76.19	19.05	4.76
3#	铝土矿	新民	21	27~892	28~1316	11~197	0.16~1.801	80.95	19.05	0.00
X-3	铝土矿	新民	27	24.2~1005	5.17~1178	43.5~1549	0.13~2.18	77.78	22.22	0.00
4#	铝土矿	新木–晏溪	22	64~847	34~597	14~264	0.07~3.59	81.82	13.65	4.55
A-1	铝土矿	东山	20	84.2~776	16.1~399	54.5~677	0.15~0.99	65.00	35.00	0.00
S-2	铝土矿	三清庙	36	27.5~923	9.16~517	13.9~1965	0.30~2.61	94.44	5.56	0.00
T-1	铝土矿	桃园	30	61.1~747	61.8~1323	41.4~458	0.14~2.55	90.00	10.00	0.00
铝土矿中的碎屑锆石			199	24.2~1005	5.00~1316	10.0~1965	0.01~3.59	81.55	16.50	1.95
A-1	韩家店组	东山	19	50.9~661	5.23~747	23.7~669	0.10~1.13	78.95	15.79	5.26
S-1	韩家店组	三清庙	36	43.3~934	21.3~1375	24.7~1281	0.16~1.64	80.55	16.67	2.78
T-2	韩家店组	桃园	17	75.2~861	33.4~1163	36.1~1490	0.26~1.38	88.24	11.76	0.00
X-1	韩家店组	新民	20	45.5~651	57.1~316	16.2~703	0.16~1.84	75.00	25.00	0.00
韩家店组中的碎屑锆石			92	43.3~934	5.23~1375	16.3~1490	0.10~1.84	81.00	18.00	1.00
S-3	黄龙组	三清庙	20	28.7~457	35.1~389	15.2~426	0.26~1.60	80.00	20.00	0.00
X-2	黄龙组	新民	24	51.6~509	30.6~399	25.7~1016	0.31~1.74	91.67	8.33	0.00
黄龙组中的碎屑锆石			44	28.7~509	30.6~399	15.2~1016	0.26~1.74	86.96	13.04	0.00

注：原始数据据附表2，统计过程中去除定测年异常数据。

锆石是岩石中 U、Th 和 Pb 的重要寄主矿物之一，不同成因的锆石 U、Th 含量存在较大差异（倪涛等，2006；向芳等，2011；朱华平等，2011），这对正确认识锆石成因具有重要意义（Hanchar and van Westrenen，2007）。大量研究表明，不同成因锆石有不同的 Th，U 含量及 Th/U 值：岩浆锆石的 U、Th 含量较高，Th/U 值较大（一般>0.4）；变质锆石的 U、Th 含量低，Th/U 值小（一般<0.1）（Rubatto and Gebauer，2000；Möller et al.，2003）；热液锆石的 U、Th 含量高，但 Th/U 值小（一般<0.1）（Schaltegger et al.，1999；Hoskin and Black，2000；Rubattu，2002）。岩浆锆石的 Th/U 值与 U、Th 在岩浆中的含量以及在锆石与岩浆之间的分配系数有关（Rowley et al.，1997；Mojzsis and Harrison，2002），对应关系为：$(Th/U)_{锆石} \cong (D^{Th}/D^{U})_{锆石/熔体} \cdot (Th/U)_{熔体}$，一般情况下 $(D^{Th}/D^{U})_{锆石/熔体} \cong 0.2$，平均地壳物质中 Th/U 值约为4，所以通常岩浆锆石的 Th/U 值接近1。

从表6-2中可见，虽然务正道地区铝土矿中的碎屑锆石 Th/U 值变化范围很宽，在0.01~3.59之间，但各样品 Th/U>0.4 的测点占 65.00%~94.44%、平均81.55%，0.1<Th/U<0.4 的测点占 5.56%~35.00%、平均16.50%，Th/U<0.1 的测点占 0.00%~9.09%、平均1.95%；图6-9A 也显示，碎屑锆石的 U 与 Th 总体正相关，绝大部分测点的 Th/U 值在1附近，只有极少数测点的 Th/U 值小于0.1。可见，该区铝土矿中碎屑锆石应主要为岩浆锆石，少量为变质锆石和热液锆石，与 CL 图像特征所获结论一致。

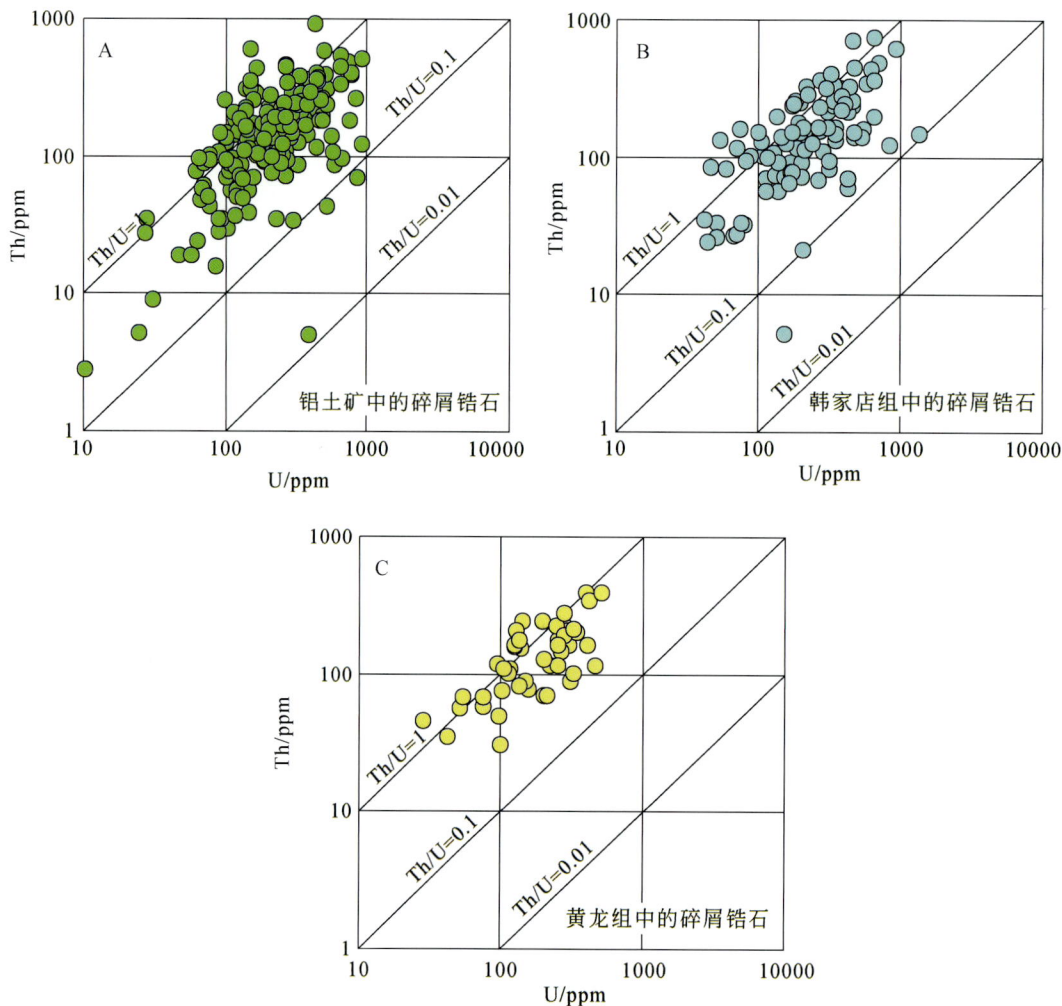

图 6-9　务正道铝土矿及地层中碎屑锆石 Th-U 图（原始数据据附表 2）

三、韩家店组中的碎屑锆石

1. 阴极发光（CL）图像

图 6-10～图 6-13 为务正道地区新民、东山、三清庙和桃园等 4 个矿床下伏地层中下志留统韩家店组（$S_{1-2}hj$）砂页岩中碎屑锆石的 CL 图像。可见不同矿区该套地层中的碎屑锆石的晶形和内部结构不具明显差别，而且与铝土矿中的碎屑锆石相似。大部分（80% 以上）锆石颗粒为自形–半自形，发育振荡环带，应为岩浆锆石；少量（低于 20%）为他形–半自形、CL 图像深灰色到黑色、振荡环带不发育，应为变质锆石；还有极少量（小于 1%）颗粒自形程度较高，CL 图像灰色到黑色、无振荡环带，可能为热液锆石。

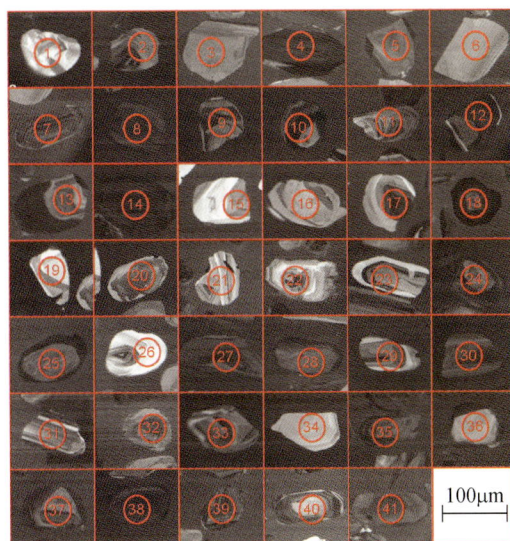

图 6-10　三清庙矿床韩家店组砂页岩中碎屑锆石的 CL 图像及测点位置（S-1 样品）

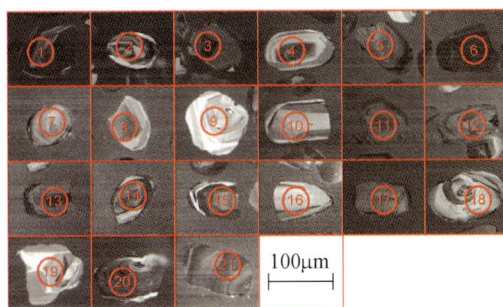

图 6-11　新民矿床韩家店组砂页岩中碎屑锆石的 CL 图像及测点位置（X-1 样品）

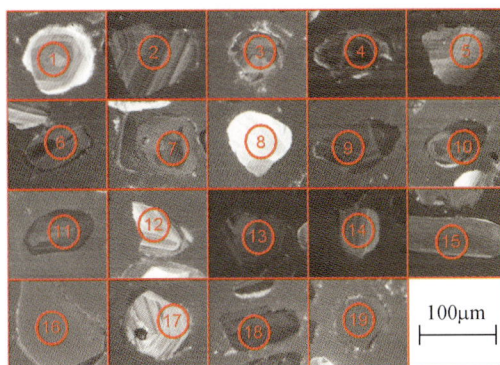

图 6-12　东山矿床韩家店组砂页岩中碎屑锆石的 CL 图像及测点位置（A-2 样品）

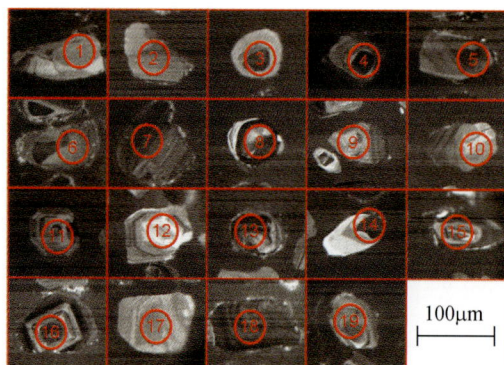

图 6-13　桃园矿床韩家店组砂页岩中碎屑锆石的 CL 图像及测点位置（T-2 样品）

2. 微量元素

4 件韩家店组砂页岩样品中碎屑锆石的 U、Th、Pb 含量及 Th/U 值也不存在明显差别（表 6-2），全部样品的 U：43.3~934ppm、Th：5.23~1375ppm、Pb：16.3~1490ppm，与铝土矿中碎屑锆石相应元素变化范围重叠，Th/U 值在 0.10~1.84 之间，在铝土矿中碎屑锆石 Th/U 值变化范围之内。统计结果表明，4 件样品 Th/U>0.4 的测点占 75.00%~88.24%、平均 81.00%，0.1<Th/U<0.4 占 11.76%~25.00%、平均 18.00%，Th/U<0.1 占 0.00%~5.26%、平均 1.00%，同样与铝土矿中的碎屑锆石相似；图 6-9B 也显示，碎屑锆石的 U 与 Th 总体正相关，绝大部分测点的 Th/U 值在 1 附近，只有个别测点的 Th/U 值小于 0.1。可见，该区韩家店组中碎屑锆石与铝土矿中的碎屑锆石相似，应主要为岩浆锆石，少量为变质锆石和热液锆石。

四、黄龙组中的碎屑锆石

1. 阴极发光（CL）图像

本次工作只分析了务正道地区新民和三清庙 2 个矿床下伏地层中石炭统黄龙组（C_2h）灰岩中的碎屑锆石，图 6-14 和图 6-15 为其 CL 图像。可见 2 个矿区该套地层中的碎屑锆石的晶形和内部结构也不具明显差别，而且与铝土矿和韩家店组砂页岩中的碎屑锆石相似。大部分（80%以上）锆石颗粒为自形–半自形，发育振荡环带，应为岩浆锆石；少量（低于 20%）为他形–半自形、CL 图像深灰色到黑色、振荡环带不发育，应为变质锆石；2 件样品中极少见热液锆石。

2. 微量元素

2 件黄龙组灰岩样品中碎屑锆石的 U、Th、Pb 含量及 Th/U 值同样不存在明显差别（表 6-2），U：28.7~509ppm、Th：30.6~399ppm、Pb：15.2~1016ppm，与铝土矿和韩家店组砂页岩中碎屑锆石相应元素的变化范围重叠，Th/U 值在 0.26~1.74 之间，同样在铝土矿和韩家店组砂页岩中碎屑锆石的 Th/U 值变化范围之内。统计结果表明，2 件样品

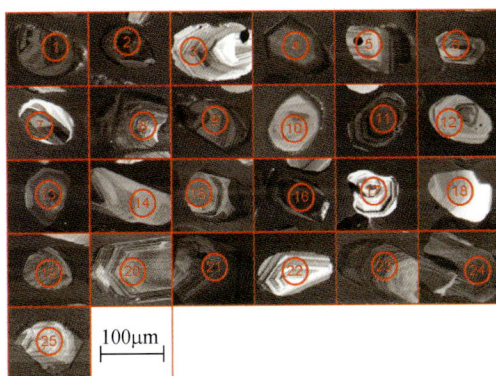

图 6-14　新民矿床黄龙组灰岩中碎屑锆石的 CL 图像及测点位置（X-2 样品）

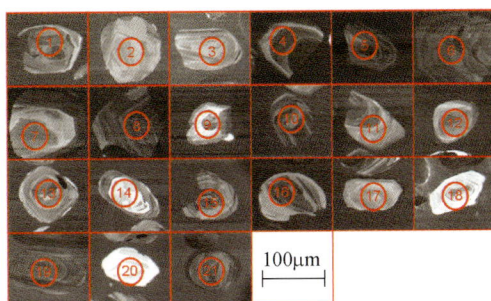

图 6-15　三清庙矿床黄龙组灰岩中碎屑锆石的 CL 图像及测点位置（S-3 样品）

Th/U>0.4 的测点占 80.00% ～91.67%、平均 86.96%，0.1<Th/U<0.4 占 8.33% ～
20.00%、平均 13.04%，没有 Th/U<0.1 的测点，总体也与铝土矿和韩家店组砂页岩中的
碎屑锆石相似；图 6-9C 显示，碎屑锆石的 U 与 Th 总体正相关，全部测点的 Th/U 值在 1
附近。可见，该区黄龙组灰岩中碎屑锆石与铝土矿和韩家店组砂页岩中的碎屑锆石相似，
应主要为岩浆锆石，少量为变质锆石。

第三节　锆石稀土元素

对务正道地区新民、东山、三清庙和桃园等 4 个矿床 4 件铝土矿（样号 X-3、A-1、S-2、
T-1）、4 件韩家店组砂页岩（样号 X-1、A-2、S-1、T-2）和 2 件黄龙组灰岩（样号 X-2、
S-3）中的碎屑锆石进行了 LA-IPC-MS 原位 REE 元素含量分析，测点位置见图 6-5 ～图 6-8、
图 6-10 ～图 6-15，附表 3 为分析结果及计算的相应 REE 参数，表6-3 为各样品中碎屑锆石
REE 含量及参数统计结果。

一、含量特征及配分模式

1. 铝土矿中的碎屑锆石

从表 6-3 中可见，采自不同矿区 4 件样品中碎屑锆石的 REE 含量具有很宽的变化范
围，不同样品中碎屑锆石的 REE 含量范围相互重叠，HREE 明显高于 LREE，如新民样品

表6-3　务正道地区铝土矿及下伏地层中碎屑锆石稀土元素含量（单位：ppm）及参数统计结果（按矿石和地层）

统计对象	铝土矿中的碎屑锆石			下伏地层中的碎屑锆石		韩家店组砂页岩中的碎屑锆石			黄龙组灰岩中的碎屑锆石	
样品号	X-3	A-1	S-2	T-1	X-1	A-2	S-1	T-2	X-2	S-3
产地	新民	东山	三清庙	桃园	新民	东山	三清庙	桃园	新民	三清庙
测点数	29	23	37	31	21	19	41	19	25	21
La	0.03~103	0.01~14.9	0.03~98.9	0.01~27.6	0.02~48.0	0.02~15.0	0.01~31.0	0.02~18.3	0.02~23.2	0.02~8.98
Ce	1.43~252	1.30~74.6	0.49~254	1.44~153	1.76~144	1.13~74.9	0.58~316	2.84~66.4	0.88~75.8	1.48~57.2
Pr	0.02~31.1	0.03~13.7	0.02~21.0	0.02~8.13	0.06~12.4	0.01~2.93	0.03~32.3	0.02~7.94	0.03~8.03	0.04~3.45
Nd	0.40~136	0.40~96.6	0.18~65.6	0.28~38.9	0.53~50.9	0.22~11.6	0.54~189	0.40~64.2	0.68~41.6	1.00~19.4
Sm	0.98~48.6	1.03~76.5	0.36~165	0.50~44.1	0.88~34.7	0.61~14.0	1.51~122	1.10~63.4	1.55~13.1	1.93~14.7
Eu	0.05~12.7	0.12~25.2	0.05~60.9	0.08~13.5	0.23~13.9	0.08~2.54	0.08~32.9	0.19~19.2	0.07~3.93	0.10~5.12
Gd	6.88~80.5	5.80~141	2.37~801	2.83~127	5.78~64.2	4.01~60.3	7.59~164	5.20~113	7.99~47.4	10.5~38.4
Tb	2.52~23.5	2.07~41.7	0.82~259	1.04~31.1	2.35~21.2	1.26~23.3	2.65~49.2	1.82~31.8	2.67~16.6	3.92~12.56
Dy	28.1~235	24.9~352	10.1~2043	13.5~263	30.6~204	11.7~271	27.8~442	22.8~283	29.3~209	45.5~147
Ho	10.2~95.2	5.67~95.4	3.93~443	5.96~85.3	13.2~62.2	3.54~99.8	9.70~119	9.06~91.7	10.5~83.6	16.1~54.2
Er	43.4~423	16.0~358	17.6~1118	22.5~375	64.9~266	12.6~422	40.8~467	43.5~375	42.5~369	66.3~220
Tm	9.07~90.8	2.55~73.5	3.84~143	3.12~79.6	15.7~61.6	2.48~87.6	8.89~91.6	9.44~78.99	8.70~81.5	13.9~42.9
Yb	86.8~856	20.0~657	38.7~937	22.1~722	162~619	22.5~800	91.8~790	78.9~732	79.1~778	133~378
Lu	15.1~159	2.73~108	5.85~153	3.10~123	28.6~118	3.84~129	16.4~127	12.4~129	12.5~138	23.3~77.0
Y	296~2660	163~2583	110~13404	214~2547	417~1849	114~2743	265~3244	285~2554	299~2308	461~1384
ΣREE	511~4642	268~4657	197~19553	420~4199	755~3358	179~4738	510~5852	532~4310	517~4083	808~2347
LREE	7.37~552	3.34~294	1.13~449	8.17~242	5.26~272	2.84~102	6.74~712	8.01~205	4.88~165	6.91~104
HREE	202~1926	95.4~1780	85.7~5880	140~1644	333~1387	61.9~1892	209~2139	238~1746	205~1719	325~933
LREE/HREE	0.010~0.889	0.007~0.165	0.009~0.820	0.005~0.443	0.010~0.438	0.011~0.121	0.007~0.333	0.013~0.348	0.007~0.141	0.011~0.134
δEu	0.020~0.619	0.048~0.741	0.032~0.833	0.017~0.720	0.052~0.898	0.020~0.885	0.018~0.794	0.056~0.691	0.036~0.704	0.029~0.774
δCe	1.07~216	1.50~176	1.10~110	1.37~268	1.21~219	1.40~133	1.08~251	1.37~132	1.34~344	1.65~148
$(La/Sm)_N$	0.002~2.26	0.002~1.28	0.002~7.48	0.001~1.18	0.002~2.07	0.002~2.29	0.002~0.960	0.003~1.32	0.002~1.116	0.002~0.672
$(Gd/Yb)_N$	0.020~0.193	0.034~1.09	0.024~0.690	0.021~0.963	0.024~0.106	0.019~0.252	0.036~0.273	0.026~0.260	0.023~0.123	0.035~0.188
$(La/Yb)_N$	0.000~0.256	0.000~0.033	0.000~0.285	0.000~0.120	0.000~0.126	0.000~0.032	0.000~0.040	0.000~0.095	0.000~0.029	0.000~0.021

续表

统计对象	铝土矿中的碎屑锆石				韩家店组砂页岩中的碎屑锆石				黄龙组灰岩中的碎屑锆石			
类型	全区	类型I	类型II	类型III	全区	类型I	类型II	类型III	全区	类型I	类型II	类型III
测点数	120	89 (74.17%)	16 (13.33%)	12 (10.00%)	100	80 (80.00%)	9 (9.00%)	11 (11.00%)	46	32 (69.57%)	6 (13.04%)	8 (17.39%)
La	0.01~103	0.01~1.58	0.01~7.56	1.51~103	0.01~48.0	0.01~4.95	0.02~19.1	2.35~48.0	0.02~23.2	0.02~0.40	0.02~0.14	1.09~23.2
Ce	0.49~254	0.49~78.8	1.30~153	10.4~252	0.58~316	1.76~74.9	0.58~316	18.9~144	0.88~75.8	0.88~45.2	2.19~27.9	13.5~75.8
Pr	0.02~31.1	0.02~1.57	0.03~13.7	0.53~31.1	0.01~32.3	0.01~4.40	0.02~32.3	1.19~12.4	0.03~8.03	0.03~0.31	0.14~0.33	0.32~8.03
Nd	0.18~136	0.18~21.5	0.62~96.6	3.42~136	0.22~189	0.25~35.5	0.22~189	6.00~50.9	0.68~41.6	0.68~5.74	2.07~5.14	1.81~41.6
Sm	0.36~165	0.36~26.2	2.11~76.5	2.89~165	0.61~122	0.61~34.2	0.63~122	3.75~20.3	1.55~14.7	1.55~9.99	3.30~8.27	2.09~14.7
Eu	0.05~60.9	0.05~4.79	0.08~25.2	0.31~60.9	0.08~32.9	0.08~6.30	0.25~32.9	0.17~3.82	0.07~5.12	0.07~3.93	0.14~1.55	0.10~5.12
Gd	2.37~801	2.37~93.8	13.3~141	12.8~801	4.01~164	4.83~89.3	4.01~164	14.5~59.9	7.99~47.4	7.99~47.4	11.8~38.4	9.67~34.4
Tb	0.82~259	0.82~31.9	3.82~41.7	4.50~259	1.26~49.2	1.82~31.3	1.26~49.2	5.10~18.6	2.67~16.6	2.67~16.6	3.58~10.2	3.46~11.5
Dy	10.1~2043	10.1~351	25.9~352	46.4~2043	11.7~442	22.8~343	11.7~442	56.7~203	29.3~209	29.3~209	35.5~85.1	42.8~135
Ho	3.93~443	3.93~125	5.67~95.4	16.1~443	3.54~119	9.06~119	3.54~117	18.5~71.7	10.5~83.6	10.5~83.6	11.0~25.6	17.8~53.7
Er	16.0~1118	17.6~501	16.0~358	68.0~1118	12.6~467	40.8~467	12.6~421	71.1~295	42.5~369	45.9~369	42.5~101	73.6~245
Tm	2.55~143	3.84~100	2.55~69.0	14.6~143	2.48~91.6	8.89~91.6	2.48~84.0	14.4~58.7	8.70~81.5	9.78~81.5	8.70~20.2	15.5~55.3
Yb	20.0~937	38.7~893	20.0~623	140~937	22.5~800	91.8~800	22.5~751	130~597	79.1~778	94.2~778	79.1~183	147~545
Lu	2.73~159	8.32~159	2.73~99.7	24.9~136	3.84~129	17.1~129	3.84~111	21.5~110	12.5~138	16.6~138	12.5~32.0	25.8~100
Y	110~13404	110~3302	163~2583	468~13404	114~3244	265~3244	114~3000	497~2018	299~2308	299~2308	300~727	517~1512
ΣREE	197~19553	197~5653	268~4657	933~19553	179~5852	510~5342	179~5852	953~3529	517~4083	521~4083	517~1239	912~2858
LREE	1.13~552	1.13~102	8.44~294	19.4~552	2.84~712	5.26~148	2.84~712	37.7~272	4.88~165	4.88~58.3	12.2~41.0	22.5~165
HREE	85.7~5880	85.7~2249	95.4~1780	329~5880	61.9~2139	209~2059	61.9~2139	339~1324	205~1719	217~1719	205~471	359~1181
LREE/HREE	0.005~0.889	0.007~0.140	0.024~0.182	0.032~0.889	0.007~0.438	0.007~0.175	0.020~0.333	0.047~0.438	0.007~0.141	0.007~0.084	0.032~0.141	0.038~0.140
δEu	0.017~0.833	0.020~0.833	0.021~0.741	0.040~0.513	0.018~0.898	0.018~0.794	0.055~0.898	0.052~0.553	0.029~0.774	0.029~0.704	0.064~0.392	0.054~0.774
δCe	1.07~268	4.53~268	1.76~144	1.07~2.79	1.08~251	1.19~251	1.25~24.0	1.08~4.24	1.34~344	4.62~344	7.86~106	1.34~7.64
$(La/Sm)_N$	0.001~7.48	0.002~0.230	0.001~0.062	0.012~2.26	0.002~2.29	0.002~0.340	0.002~0.201	0.092~2.29	0.002~1.12	0.002~0.084	0.002~0.013	0.176~1.12
$(Gd/Yb)_N$	0.020~1.09	0.020~0.188	0.091~1.09	0.035~0.690	0.019~0.273	0.019~0.134	0.085~0.273	0.026~0.124	0.023~0.188	0.023~0.104	0.110~0.188	0.032~0.099
$(La/Yb)_N$	0.000~0.285	0.000~0.003	0.000~0.008	0.002~0.256	0.000~0.126	0.000~0.010	0.000~0.021	0.003~0.126	0.000~0.029	0.000~0.001	0.000~0.001	0.003~0.029

注：原始数据据附表3；"0.000"指小数点后4位以上有小于5的数值，括号内为所占百分比。

X-3 中碎屑锆石的 ∑REE、LREE、HREE 和 LREE/HREE 分别为 511~4642ppm、7.37~552ppm、202~1926ppm 和 0.010~0.889，东山样品 A-1 中碎屑锆石分别为 268~4657ppm、3.34~294ppm、95.4~1780ppm 和 0.007~0.165，三清庙样品 S-2 中碎屑锆石分别为 197~19553ppm、1.13~449ppm、85.7~5880ppm 和 0.009~0.820，桃园样品 T-1 中碎屑锆石分别为 420~4199ppm、8.17~242ppm、140~1644ppm 和 0.005~0.443。从球粒陨石（Boynton，1984）标准化 REE 配分模式看（图 6-16），4 件样品中的碎屑锆石均可分为三种类型，不同样品每种类型的配分模式相似。

类型Ⅰ：大部分锆石测点为该类型，占所有测点的 74.17%。∑REE、LREE、HREE 和 LREE/HREE 分别为 197~5653ppm、1.13~102ppm、85.7~2249ppm 和 0.007~0.140；配分模式明显特征为 HREE 富集型+Ce 正异常+Eu 负异常（图 6-16A~D），其（La/Yb）$_N$、（La/Sm）$_N$ 和（Gd/Yb）$_N$ 均很小，分别在 0.000（指小数点后 4 位有小于 5 的数字，下同）~0.003、0.002~0.230 和 0.020~0.188 之间；明显 Eu 负异常、Ce 正异常，δEu 和 δCe 分别为 0.020~0.833 和 4.53~268。

类型Ⅱ：少量锆石测点为该类型，在 4 件样品的碎屑锆石中都有分布，占所有测点的 13.33%。∑REE、LREE、HREE 和 LREE/HREE 分别为 268~4657ppm、8.44~294ppm、95.4~1780ppm 和 0.024~0.182；配分模式明显特征为 HREE 相对平坦型+Ce 正异常+Eu 负异常（图 6-16E），其（La/Yb）$_N$、（La/Sm）$_N$ 与类型Ⅰ相近，分别为 0.000~0.008 和 0.001~0.062，但（Gd/Yb）$_N$ 相对高于类型Ⅰ，在 0.091~1.09 之间；明显 Eu 负异常、Ce 正异常，δEu 和 δCe 分别为 0.021~0.741 和 1.76~144。

类型Ⅲ：该类型的锆石测点也很少，但在 4 件样品的碎屑锆石中也都有分布，占所有测点的 10.00%。其 ∑REE、LREE、HREE 和 LREE/HREE 分别为 933~19553ppm、19.4~552ppm、329~5880ppm 和 0.032~0.889。配分模式明显特征为 MREE 亏损型+Eu 负异常（图 6-16F），其（La/Yb）$_N$ 和（La/Sm）$_N$ 明显高于类型Ⅰ和类型Ⅱ锆石，分别为 0.002~0.256 和 0.012~2.26，（Gd/Yb）$_N$ 介于类型Ⅰ与类型Ⅱ锆石之间，为 0.035~0.690；明显 Eu 负异常，δEu 为 0.040~0.513；Ce 弱正异常，δCe 在 1.07~2.79，明显低于类型Ⅰ和类型Ⅱ锆石。

2. 韩家店组中的碎屑锆石

采自不同矿区 4 件样品中碎屑锆石的 REE 含量相似，同样具有很宽的变化范围，不同样品中碎屑锆石的 REE 含量范围相互重叠，HREE 明显高于 LREE（表 6-3），如新民样品 X-1 中碎屑锆石的 ∑REE、LREE、HREE 和 LREE/HREE 分别为 755~3358ppm、5.26~272ppm、333~1387ppm 和 0.010~0.438，东山样品 A-2 中碎屑锆石分别为 179~4738ppm、2.84~102ppm、61.9~1892ppm 和 0.011~0.121，三清庙样品 S-1 中碎屑锆石分别为 510~5852ppm、6.74~712ppm、209~2139ppm 和 0.007~0.333，桃园样品 T-2 中碎屑锆石分别为 532~4310ppm、8.01~205ppm、238~1746ppm 和 0.013~0.348。按 REE 配分模式，4 件样品中的碎屑锆石均可分为三种类型（图 6-17），不仅不同样品每种类型的配分模式相似，而且每种类型均可与铝土矿中的碎屑锆石对比。

类型Ⅰ：大部分锆石测点为该类型，占所有测点的 80.00%。REE 含量与铝土矿中同类型锆石相近，∑REE、LREE、HREE 和 LREE/HREE 分别为 510~5342ppm、5.26~

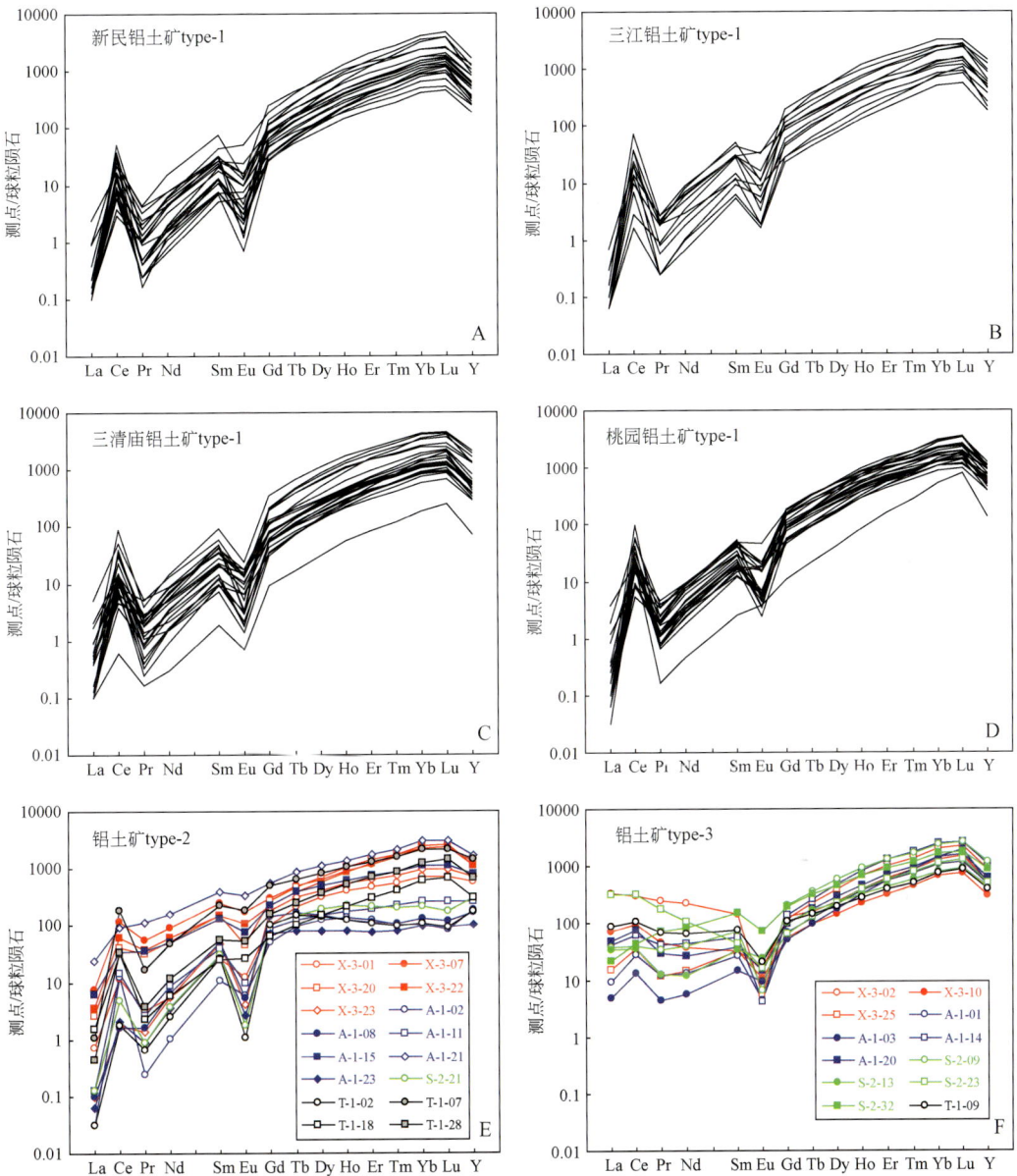

图 6-16 务正道地区铝土矿中碎屑锆石 REE 配分模式（球粒陨石据 Boynton，1984）

原始数据据附表 3；A-新民铝土矿（样品 X-3）中类型 I 锆石；B-东山铝土矿（样品 A-1）中类型 I 锆石；C-三清庙铝土矿（样品 S-2）中类型 I 锆石；D-桃园铝土矿（样品 T-1）中类型 I 锆石；E-4 个矿区铝土矿中类型 II 锆石，其中带符号红线为新民样品 X-3 中的锆石，带符号蓝线为东山样品 A-1 中的锆石，带符号绿线为三清庙样品 S-2 中的锆石，带符号黑线为桃园样品 T-1 中的锆石；F-4 个矿区铝土矿中类型 III 锆石，说明同 "E"

148ppm、209～2059ppm 和 0.007～0.175；配分模式明显特征同样为 HREE 富集型+Ce 正异常+Eu 负异常（图 6-17A～D），其（La/Yb）$_N$、（La/Sm）$_N$ 和（Gd/Yb）$_N$ 均很小，分别为 0.000～0.010、0.002～0.340 和 0.019～0.134；明显 Eu 负异常和 Ce 正异常，δEu 和 δCe 分别为 0.018～0.794 和 1.19～251。

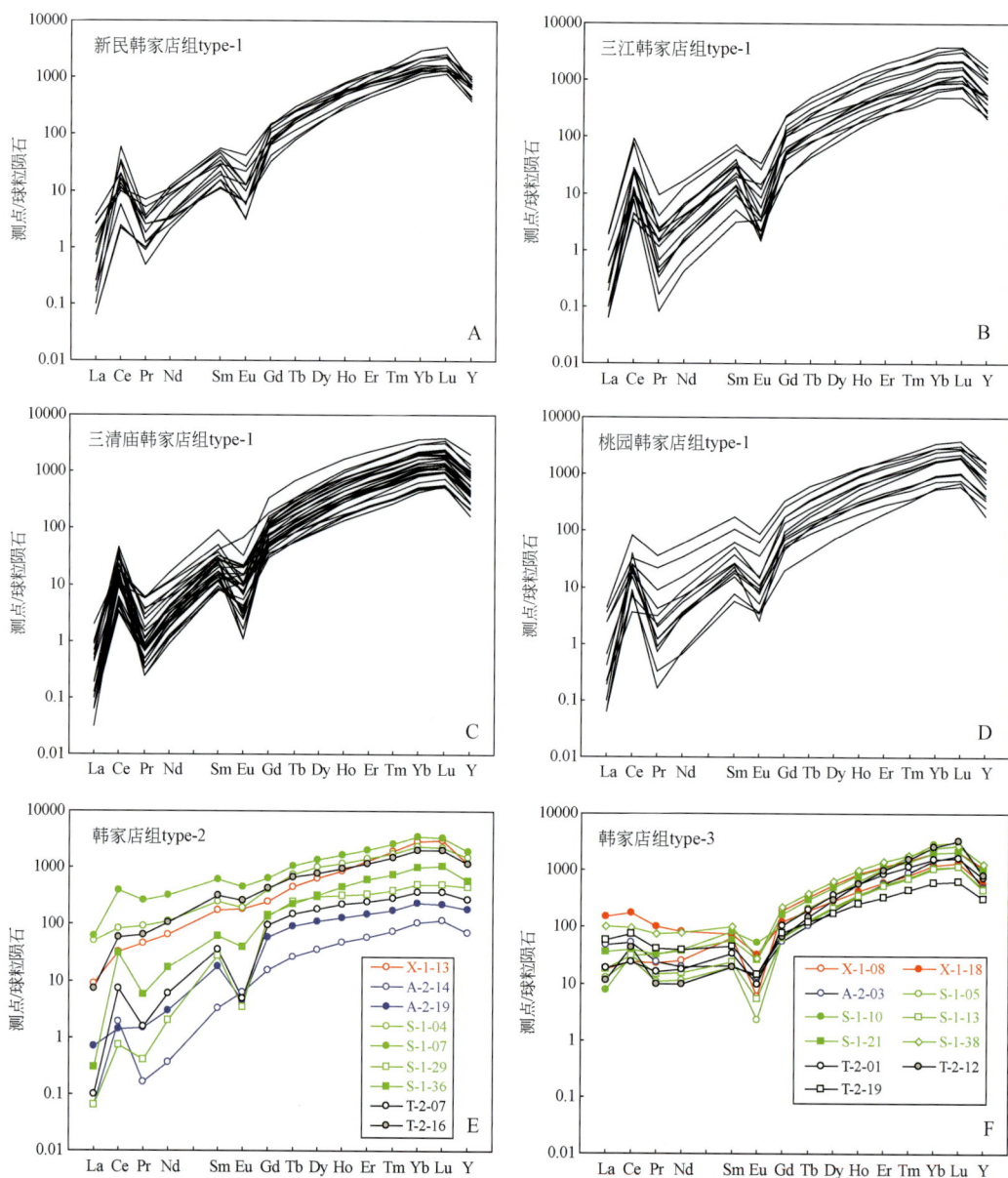

图 6-17　务正道地区韩家店组中碎屑锆石 REE 配分模式（球粒陨石据 Boynton，1984）

原始数据据附表 3；A-新民韩家店组砂页岩（样品 X-1）中类型 I 锆石；B-东山韩家店组砂页岩（样品 A-2）中类型 I 锆石；C-三清庙韩家店组砂页岩（样品 S-1）中类型 I 锆石；D-桃园韩家店组砂页岩（样品 T-2）中类型 I 锆石；E-4 个矿区韩家店组砂页岩中类型 II 锆石，其中带符号红线为新民样品 X-1 中的锆石，带符号蓝线为东山样品 A-2 中的锆石，带符号绿线为三清庙样品 S-1 中的锆石，带符号黑线为桃园样品 T-2 中的锆石；F-4 个矿区韩家店组砂页岩中类型 III 锆石，说明同 "E"

　　类型 II：少量锆石测点为该类型，在 4 件样品的碎屑锆石中都有分布，占所有测点的 9.00%。REE 含量同样与铝土矿中同类型锆石相近，$\sum$REE、LREE、HREE 和 LREE/ HREE 分别为 179～5852ppm、2.84～712ppm、61.9～2139ppm 和 0.020～0.333；配分模式明显特征也为 HREE 相对平坦型+Ce 正异常+Eu 负异常（图 6-17E），其（La/Yb）$_N$、（La/Sm）$_N$ 与类型 I 锆石相近，分别为 0.000~0.021 和 0.002~0.201，（Gd/Yb）$_N$ 相对高于类型 I 锆石，但低于铝土矿中同类型的锆石，在 0.085~0.273 之间；明显 Eu 负异常，δEu 为 0.055~0.898，Ce 正异常明显，但 δCe 相对低于类型 I 锆石，在 1.25~24.0 之间。

类型 III：该类型的锆石测点也很少，但在 4 件样品的碎屑锆石中也都有分布，占所有测点的 11.00%。REE 含量也与铝土矿中同类型锆石相近，其 ΣREE、LREE、HREE 和 LREE/HREE 分别为 953~3529ppm、37.7~272ppm、339~1324ppm 和 0.047~0.438。配分模式与铝土矿中同类型锆石相近，明显特征为 MREE 亏损型+Eu 负异常（图 6-17F），其（La/Yb）$_N$ 和（La/Sm）$_N$ 明显高于类型 I 和类型 II 锆石，分别为 0.003~0.126 和 0.092~2.29，（Gd/Yb）$_N$ 介于类型 I 与类型 II 锆石之间，为 0.026~0.124；明显 Eu 负异常，δEu 为 0.052~0.553；Ce 弱至中等正异常，δCe 在 1.08~4.24 之间，明显低于类型 I 锆石，与类型 II 锆石相近。

3. 黄龙组中的碎屑锆石

采自新民和三清庙矿区 2 件黄龙组灰岩样品中碎屑锆石的 REE 含量相似，也具有较宽的变化范围，不同样品中碎屑锆石的 REE 含量范围相互重叠，HREE 明显高于 LREE（表 6-3），如新民样品 X-2 中碎屑锆石的 ΣREE、LREE、HREE 和 LREE/HREE 分别为 517~4083ppm、4.88~165ppm、205~1719ppm 和 0.007~0.141，三清庙样品 S-3 中碎屑锆石分别为 808~2347ppm、6.91~104ppm、325~933ppm 和 0.011~0.134。按 REE 配分模式，2 件样品中的碎屑锆石均也可分为三种类型（图 6-18），不仅不同样品每种类型的配分模式相似，而且每种类型均可与铝土矿和韩家店组砂页岩中的碎屑锆石对比。

类型 I：大部分锆石测点为该类型，占所有测点的 70% 左右。REE 含量与铝土矿和韩家店组砂页岩中同类型锆石不具明显差别，ΣREE、LREE、HREE 和 LREE/HREE 分别为 521~4083ppm、4.88~58.3ppm、217~1719ppm 和 0.007~0.084；配分模式明显特征也为 HREE 富集型+Ce 正异常+Eu 负异常（图 6-18A、B），其（La/Yb）$_N$、（La/Sm）$_N$ 和（Gd/Yb）$_N$ 均很小，分别为 0.000~0.001、0.002~0.084 和 0.023~0.104；明显 Eu 负异常和 Ce 正异常，δEu 和 δCe 分别为 0.029~0.704 和 4.62~344。

类型 II：少量锆石测点为该类型，在 2 件样品的碎屑锆石中都有分布，占所有测点的 13% 左右。REE 含量同样与铝土矿和韩家店组砂页岩中同类型的锆石相近，但 ΣREE、LREE、HREE 和 LREE/HREE 变化范围相对较小，分别为 517~1239ppm、12.2~41.0ppm、205~471ppm 和 0.032~0.141；配分模式明显特征也为 HREE 相对平坦型+Ce 正异常+Eu 负异常（图 6-18C），其（La/Yb）$_N$、（La/Sm）$_N$ 与类型 I 锆石相近，分别为 0.000~0.001 和 0.002~0.013，（Gd/Yb）$_N$ 相对高于类型 I 锆石，但低于铝土矿和韩家店组砂页岩中同类型的锆石，在 0.110~0.188 之间；明显 Eu 负异常和 Ce 正异常，δEu 和 δCe 分别在 0.064~0.392 和 7.86~106 之间。

类型 III：该类型的锆石测点也较少，同样在 2 件样品的碎屑锆石中也都有分布，占所有测点的 17% 左右。REE 含量也与铝土矿和韩家店组砂页岩中同类型的锆石相近，其 ΣREE、LREE、HREE 和 LREE/HREE 分别为 912~2858ppm、22.5~165ppm、359~

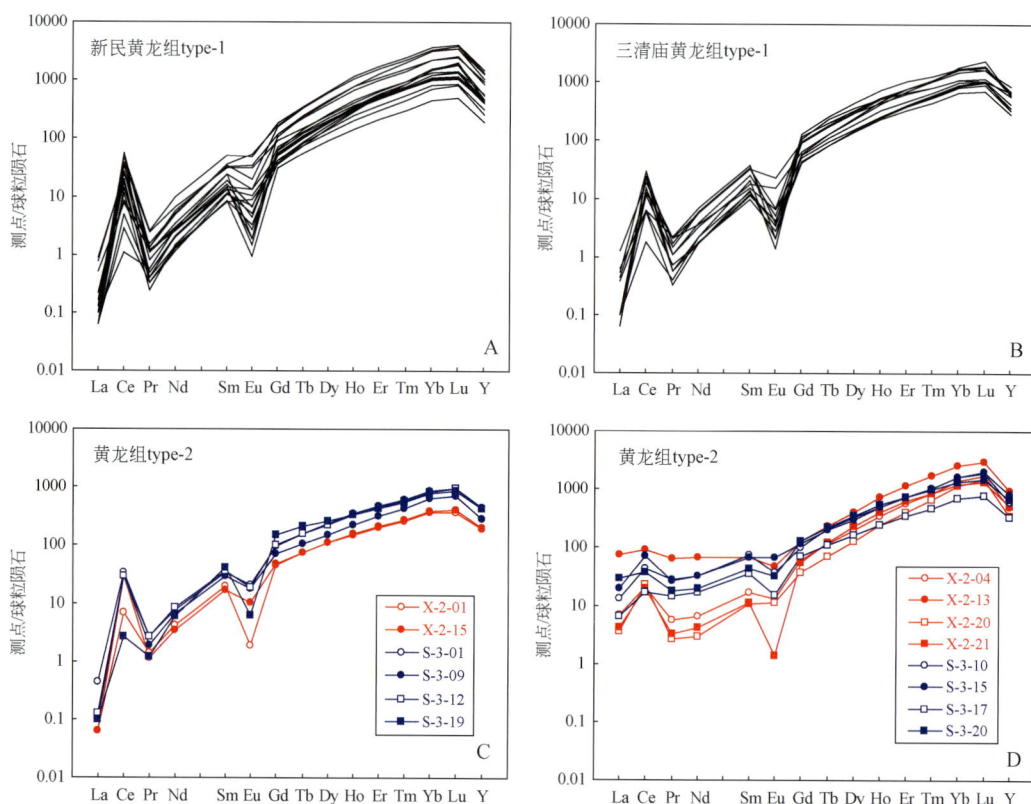

图6-18　务正道地区黄龙组中碎屑锆石 REE 配分模式（球粒陨石据 Boynton，1984）

原始数据据附表3；A-新民黄龙组灰岩（样品 X-2）中类型 I 锆石；B-三清庙黄龙组灰岩（样品 S-3）中类型 I
锆石；C-2 个矿区黄龙组灰岩中类型 II 锆石，其中带符号红线为新民样品 X-2 中的锆石，带符号蓝线为三清庙
样品 S-3 中的锆石；D-2 个矿区黄龙组灰岩中类型 III 锆石，说明同"C"

1181ppm 和 0.038 ~ 0.140。配分模式与铝土矿和韩家店组砂页岩中同类型锆石相近，明显
特征为 MREE 亏损型+Eu 负异常（图6-17D），$(La/Yb)_N$ 和 $(La/Sm)_N$ 明显高于类型 I 和
类型 II 锆石，分别在 0.003 ~ 0.029 和 0.176 ~ 1.12 之间，$(Gd/Yb)_N$ 介于类型 I 与类型 II
锆石之间，为 0.032 ~ 0.099；Eu 负异常明显，δEu 为 0.054 ~ 0.774；Ce 弱至中等正异
常，δCe 为 1.34 ~ 7.64，明显低于类型 I 和类型 II 锆石。

二、锆石成因类型及物源信息

1. 锆石成因类型

　　不同成因的锆石 REE 含量及配分模式存在较明显的差别，因而 REE 常用于判别其成
因类型。大量的分析结果表明（文献众多，略），岩浆锆石 REE 含量从 La 到 Lu 急剧增
加，配分模式为 HREE 强烈富集型、Ce 明显正异常、Eu 明显负异常（Hoskin，2005）；热
液锆石 REE 含量相对较高，虽然配分模式也为 HREE 富集型，但 LREE 相对平缓、Ce 不
明显至中等正异常、Eu 明显负异常（Hoskin，2005）；变质锆石 REE 含量及配分模式较为

复杂，变质过程中锆石是否发生了重结晶以及结晶过程中是否有流体或熔体的参与，都会显著影响其 REE 含量变化（Rubatto，2002），变质增生锆石的 REE 特征除与各个 REE 进入锆石晶格的能力大小有关外，还明显受与锆石同时形成的矿物种类（如石榴子石、长石、金红石等）以及形成环境（是否封闭）控制（吴元保和郑永飞，2004），麻粒岩相变质锆石一般具有 HREE 相对亏损和明显 Eu 负异常（Schaltegger et al.，1999；吴元保等，2003；Rubatto and Hermann，2003；Whitehouse and Plat，2003），榴辉岩相变质锆石具有 HREE 相对亏损、无明显 Eu 负异常（吴元保等，2002；Rubatto，2002；Rubatto and Hermann，2003）。

前已述及，务正道地区铝土矿及下伏地层中下志留统韩家店组（$S_{1-2}hj$）砂页岩和中石炭统黄龙组（C_2h）灰岩中的碎屑锆石均可分为 3 种类型，即类型Ⅰ、类型Ⅱ和类型Ⅲ，主要为类型Ⅰ，少量类型Ⅱ和类型Ⅲ。虽然 3 种类型锆石的 REE 和配分模式存在较明显差别，但不同地质单元中的同类型锆石的 REE 含量及配分模式相似，类型Ⅰ的配分模式明显特征为"HREE 富集型+Ce 正异常+Eu 负异常"（图 6-16A~D、图 6-17A~D、图 6-18A~B），与典型岩浆锆石的配分模式（Hoskin，2005）相似，应为岩浆锆石；类型Ⅱ的配分模式明显特征为"HREE 相对平坦型+Ce 正异常+Eu 负异常"（图 6-16E、图 6-17E、图 6-18C），与典型变质锆石的配分模式（Schaltegger et al.，1999；吴元保等，2003；Whitehouse and Plat，2003；Rubatto and Hermann，2003）相似，应为变质锆石；类型Ⅲ的配分模式明显特征为"HREE 富集型+LREE 平坦+Eu 负异常"（图 6-16F、图 6-17F、图 6-18D），与典型热液锆石的配分模式（Hoskin，2005）相似，应为热液锆石。在 Hoskin（2005）的锆石成因类型 REE 判别图中（图 6-19），该区 3 种地质单元中的碎屑锆石中分布区域相似，其中类型Ⅰ主要分布于岩浆锆石区，类型Ⅲ主要分布于热液锆石区；由于变质锆石与岩浆锆石和热液锆石的明显差别为 HREE，类型Ⅱ在该图中无法与岩浆锆石区分，但与热液锆石分布区存在明显差异。因此，务正道地区铝土矿、$S_{1-2}hj$ 和 C_2h 中的碎屑锆石主要为岩浆锆石，少量变质锆石和热液锆石，这与 CL 图像和 Th/U 值确定的该区锆石类型一致。

2. 成矿物源信息

沉积物中碎屑锆石的 REE 地球化学提供了重要的物源信息（Belousova et al.，1998，2002；Rubatto and Hermann，2003；Hoskin，2005；Grimes et al.，2007）。务正道地区铝土矿、$S_{1-2}hj$ 砂页岩和 C_2h 灰岩中的碎屑锆石具有基本一致的 REE 含量及配分模式，表明 3 种地质单元具有相同（或相似）物源，为该区 $S_{1-2}hj$ 砂页岩是铝土矿直接物源、但不是最终物源提供了又一重要证据。3 种地质单元中的碎屑锆石颗粒细小、磨圆度较高（图 6-5~图 6-8、图 6-10~图 6-15），暗示是最终物源长距离搬运的产物；从大部分碎屑锆石为岩浆锆石看（图 6-16A~D、图 6-17A~D、图 6-18A~B），该区铝土矿最终物源应主要为岩浆岩。

Belousova 等（1998，2002）的研究结果表明，岩浆锆石 REE 含量与源岩类型和结晶条件密切相关，从超基性岩→基性岩→花岗岩，锆石 REE 含量总体升高，金伯利岩中的锆石 REE 含量一般低于 50ppm，碳酸岩和煌斑岩中可达 600~700ppm，基性岩中可达

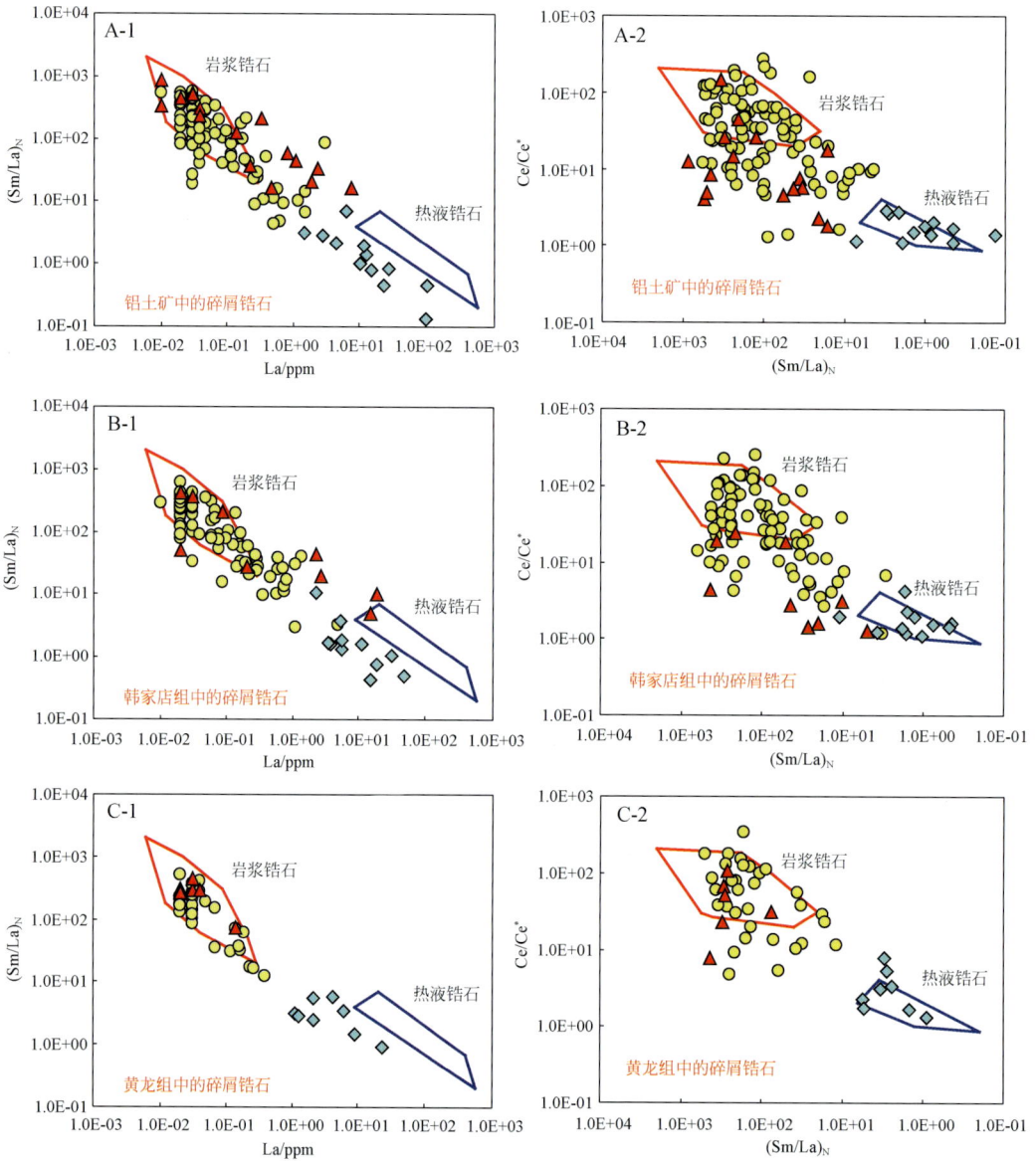

图 6-19　务正道地区铝土矿、韩家店组砂页岩和黄龙组灰岩中碎屑锆石成因类型 REE 判别图

（底图据 Hoskin，2005）

原始资料据附表 3；黄色实心圆圈为类型 I 锆石，红色实心三角为类型 II 锆石，蓝色实心菱形为类型 III 锆石

2000ppm，花岗质岩石和伟晶岩中可高达百分之几。图 6-20 显示，正长岩中锆石 REE 配分具正 Ce 异常、负 Eu 异常、中等富集 HREE，花岗质岩石中的锆石明显负 Eu 异常、Ce 异常不明显、HREE 富集程度较低，碳酸岩中的锆石无明显 Ce、Eu 异常、LREE 和 HREE 分异程度变化较大，镁铁质火山岩中的锆石 LREE 和 HREE 分异明显，金伯利岩中的锆石无明显的 Eu、Ce 异常、LREE 和 HREE 分异不明显。

　　务正道地区 3 种地质单元中的岩浆锆石 REE 含量范围跨越 Belousova 等（2002）统计

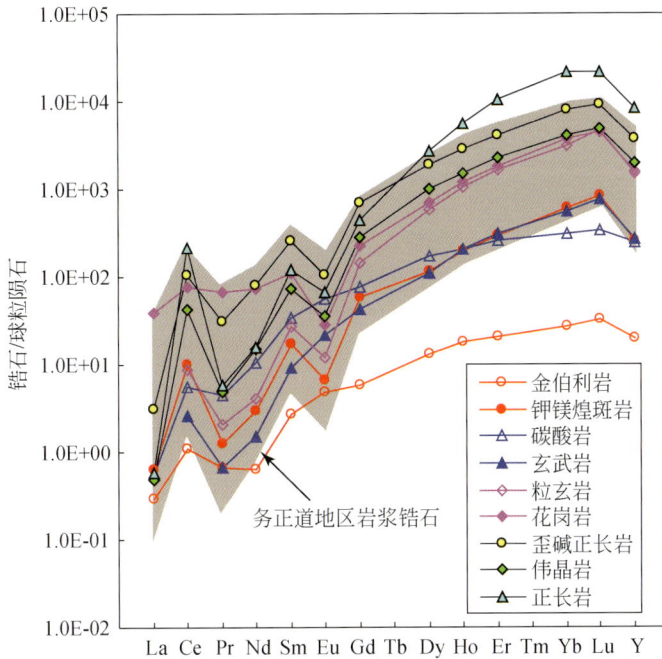

图 6-20　务正道铝土矿及地层中岩浆锆石与不同类型岩石中岩浆锆石 REE 配分模式对比

务正道地区岩浆锆石由本次工作分析，不同类型岩石中岩浆锆石 REE 平均值据 Belousova 等（2002）

的除金伯利岩和正长岩外的所有岩石类型中锆石 REE 平均值，其高值区与歪碱正长岩、伟晶岩、粒玄岩和花岗岩中锆石 REE 平均值相近，低值区与碳酸岩、玄武岩和钾镁煌斑岩中锆石 REE 平均值相近；从配分模式看（图 6-20），与歪碱正长岩、伟晶岩、粒玄岩和钾镁煌斑岩相似，显示成矿最终物源岩石类型复杂，基性岩、酸性岩和碱性岩都有可能为最终物源。在 Belousova 等（2002）的一系列岩浆锆石微量元素物源判别图中（图 6-21），该区 3 种地质单元中的岩浆锆石主要分布于基性岩、花岗闪长岩、碱性正长岩、钾镁煌斑岩和正长伟晶岩区，相对远离金伯利岩、碳酸岩、正长岩和霞石正长岩区，进一步说明铝土矿最终物源可能为基性岩、酸性岩和碱性岩。

Grimes 等（2007）的分析结果显示，洋壳岩石（样品为大西洋和南印度洋洋脊辉长岩）中锆石的微量元素与大陆岩石（样品为自大陆太古宙到显生宙花岗岩类、金伯利岩和阿拉斯加 Talkeetna 岛弧石英闪长岩和英云闪长岩岩墙）中锆石的微量元素存在明显差别，前者 U/Yb 值平均为 0.18，后者平均为 1.07，在 U-Yb、U/Yb-Hf，或 Y、Th-Yb、Th/Yb、Hf，或 Y、P 等图解上，两者明显分布于不同区域。务正道地区铝土矿中岩浆锆石 U/Yb 值平均为 1.43、S_{1-2}hj 砂页岩中岩浆锆石平均为 1.12、C_2h 中岩浆锆石平均为 1.03，均与大陆岩石中的锆石相近；在图 6-22 中，3 种地质单元中的岩浆锆石都分布于大陆岩石区域。可见，该区成矿最终物源应主要由大陆岩浆岩提供。

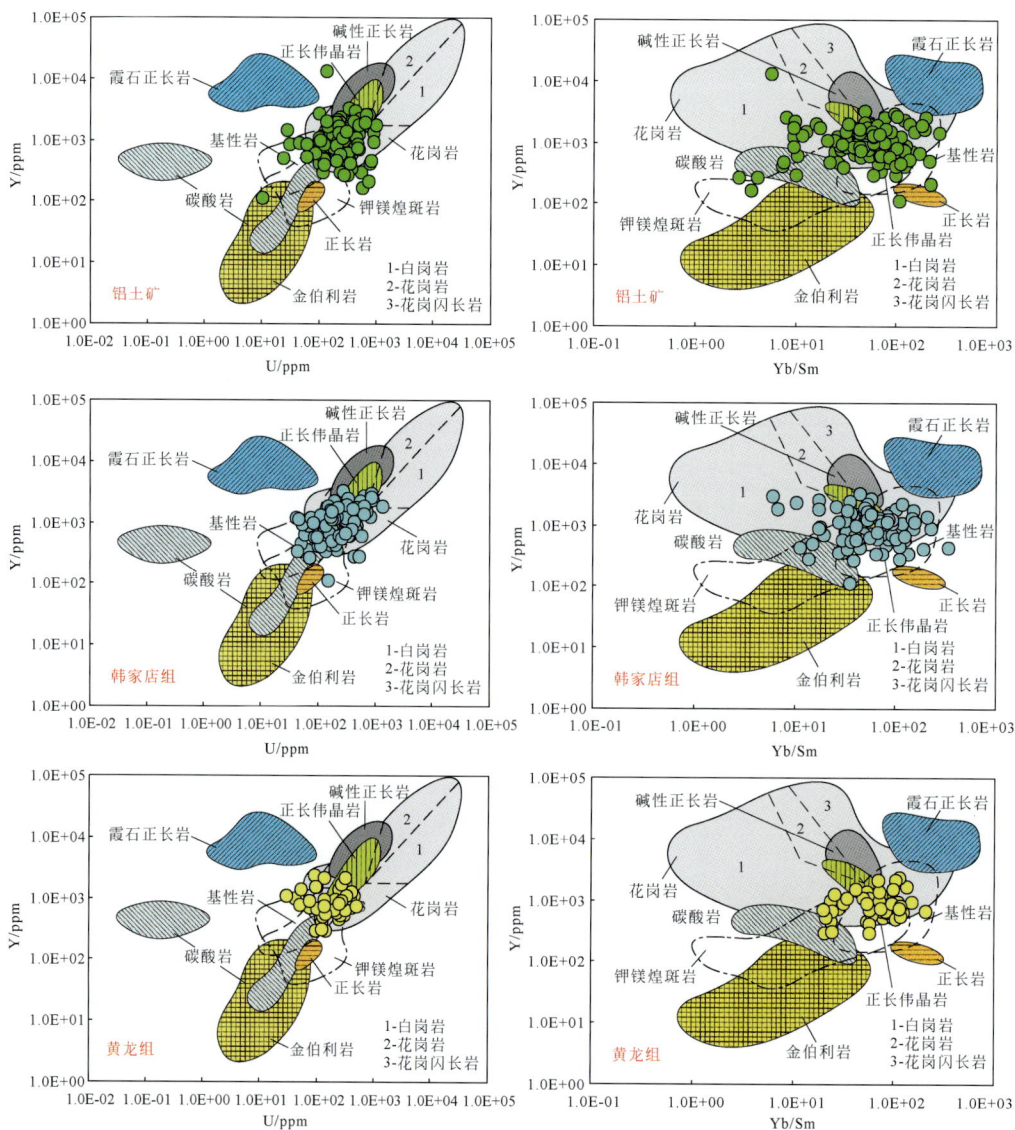

图 6-21　务正道铝土矿及地层中岩浆锆石微量元素物源判别图（底图据 Belousova et al.，2002）

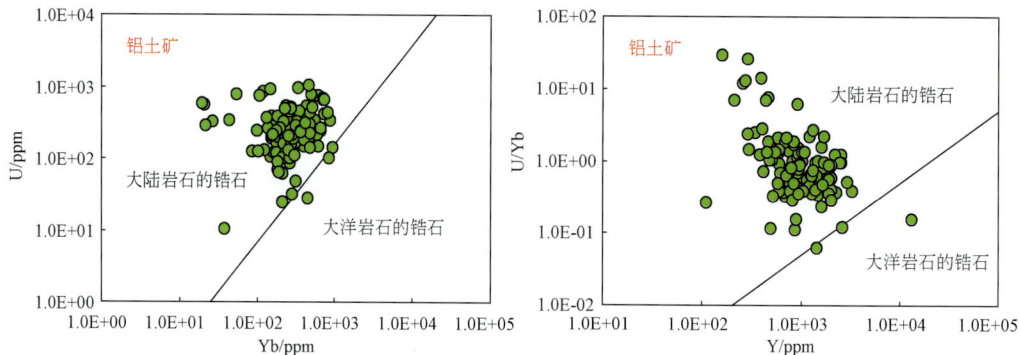

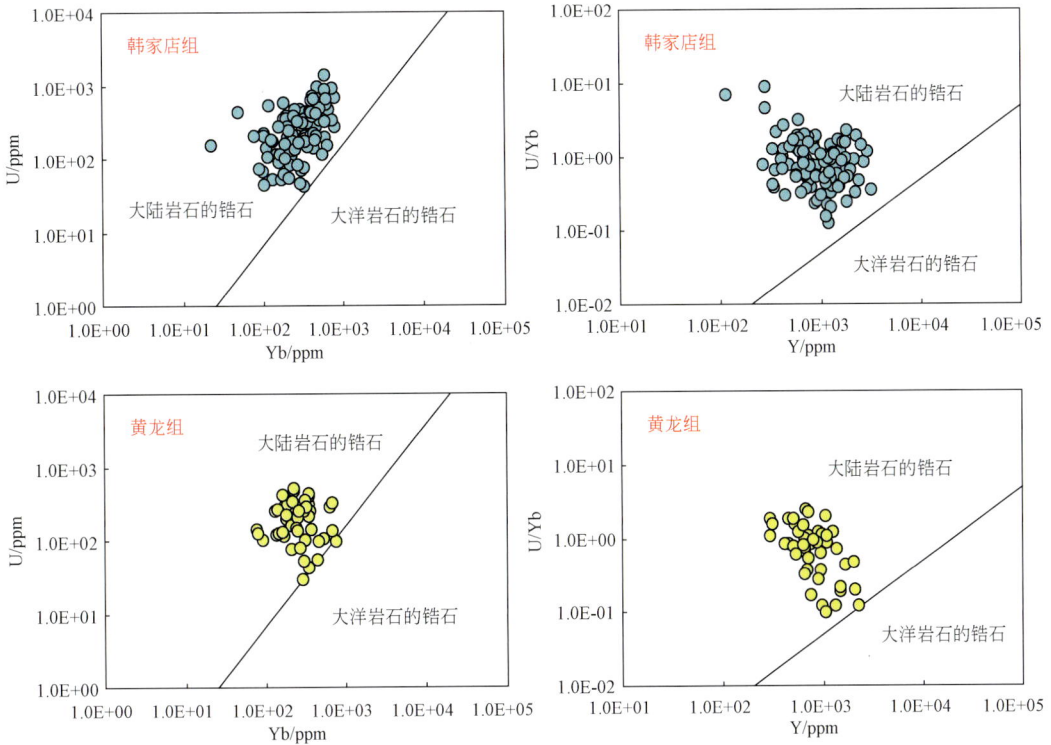

图6-22　务正道铝土矿及地层中岩浆锆石 U-Yb 和 U/Yb-Y 图（底图据 Grimes et al. , 2007）

第四节　锆石年代学

务正道地区铝土矿及下伏地层中下志留统韩家店组（S_{1-2}hj）砂页岩和中石炭统黄龙组（C_2h）灰岩中的碎屑锆石主要为岩浆锆石，微量元素和稀土元素示踪其物源复杂，大陆环境的基性岩、酸性岩和碱性岩等均可能为成矿最终物源（前文）。虽然该区岩浆活动微弱，侵入岩和火山岩分布极少，但区域上很多地层，尤其是前寒武纪地层中大都含有大量火山岩，哪个时代的岩浆岩为铝土矿成矿提供了充足的最终物源？碎屑锆石微区结构以及微量元素和稀土元素均无法回答。本次工作对研究区铝土矿和下伏地层中的碎屑锆石进行 U-Pb 定年，以期回答这个问题。

一、定年结果

本次工作对瓦厂坪、新民、新木-晏溪、东山、三清庙和桃园等 5 个矿床 8 件铝土矿、4 件 S_{1-2}hj 砂页岩和 2 件 C_2h 灰岩中的碎屑锆石进行了 U-Pb 定年，其中 1#、2#、3# 和 4# 铝土样品中的碎屑锆石由 SIMS 测定，其余样品中的碎屑锆石由 LA-ICP-MS 测定，测点位置见图 6-1 ~ 图 6-8 和图 6-10 ~ 图 6-13，附表 2 为全部测点的分析结果，表 6-4 为各样品锆石 ^{207}Pb/^{206}Pb、^{207}Pb/^{235}U、^{206}Pb/^{238}U 和 ^{208}Pb/^{232}Th 年龄统计结果。由于务正道地区不同铝土矿床的地质特征、成矿条件、主要控矿因素、矿物组合以及地球化学特征相似（前文），加之不同类型样品中碎屑锆石内部结构、微量元素和稀土元素不具明显差别（前文），同时考虑到 U-Pb 定年方法不同，将 14 件样品碎屑锆石定年结果分为 4 组描述，即Ⅰ组、Ⅱ组、Ⅲ组和Ⅳ组。

表 6-4　务正道地区铝土矿及下伏地层碎屑锆石 U-Pb 定年统计结果（单位：Ma）

分组	样品类型	取样位置	样品号	测点数	$^{207}Pb/^{206}Pb$	$^{207}Pb/^{235}U$	$^{206}Pb/^{238}U$	$^{208}Pb/^{232}Th$
Ⅰ组	铝土矿	瓦厂坪	1#	22	277～1841	300～1832	303～1824	301～1810
		瓦厂坪	2#	21	534～2496	518～2449	513～2392	515～2396
		新民	3#	21	439～2963	444～2916	445～2850	445～2722
		新木–晏溪	4#	22	520～1788	560～1664	569～1567	567～1496
Ⅰ组全部样品				86	277～2963	300～2449	303～2850	301～2722
Ⅱ组	铝土矿	东山	A-1	20	443～2433	441～2431	440～2429	413～2445
		三清庙	S-2	36	493～2694	529～2693	529～2692	512～2601
		桃园	T-1	30	496～2495	453～2495	444～2495	431～2539
		新民	X-3	27	519～2616	455～2606	442～2594	454～2822
Ⅱ组全部样品				113	443～2694	411～2693	440～2692	413～2822
Ⅲ组	韩家店组砂页岩	东山	A-2	19	562～2599	541～2599	531～2598	540～2657
		三清庙	S-1	36	585～2724	461～2721	437～2717	433～2896
		桃园	T-2	17	570～2504	553～2471	538～2434	434～2438
		新民	X-1	20	643～2714	610～2682	568～2640	566～2629
Ⅲ组全部样品				92	562～2724	461～2721	437～2717	433～2896
Ⅳ组	黄龙组灰岩	三清庙	S-3	20	690～2525	669～2517	663～2506	689～2546
		新民	X-2	24	537～2506	534～2495	533～2481	562～2681
Ⅳ组全部样品				44	537～2502	534～2517	533～2506	562～2681

注：原始数据据附表 2，个别超过 3000Ma 的测点未参与统计。

1. 铝土矿（Ⅰ组和Ⅱ组）碎屑锆石定年结果

　　Ⅰ组包括瓦厂坪 1#、瓦厂坪 2#、新民 3# 和新木–晏溪 4# 铝土矿样品中的碎屑锆石，由 SIMS U-Pb 定年；Ⅱ组包括东山 A-1、三清庙 S-2、桃园 T-1 和新民 X-3 铝土矿样品中的碎屑锆石，由 LA-ICP-MS U-Pb 定年。从表 6-4 中可见，Ⅰ组 4 件样品锆石的 U-Pb 年龄均具有很大的变化范围，各测点的 $^{207}Pb/^{206}Pb$、$^{207}Pb/^{235}U$、$^{206}Pb/^{238}U$ 和 $^{208}Pb/^{232}Th$ 年龄相近，全部测点的年龄分别在 277～2963Ma、300～2449Ma、303～2850Ma 和 301～2722Ma 之间；Ⅱ组 4 件样品锆石的 U-Pb 年龄同样具有很大的变化范围，其 $^{207}Pb/^{206}Pb$、$^{207}Pb/^{235}U$、$^{206}Pb/^{238}U$ 和 $^{208}Pb/^{232}Th$ 年龄除最小值较高外，总体与Ⅰ组年龄相近，全部测点的年龄分别在 443～2694Ma、411～2693Ma、440～2692Ma 和 413～2822Ma 之间；在 2 组样品的所有测点中，只有 1# 样品有 1 个测点（1@4）年龄小于 400Ma（附表 2），其 $^{207}Pb/^{206}Pb$、$^{207}Pb/^{235}U$、$^{206}Pb/^{238}U$ 和 $^{208}Pb/^{232}Th$ 年龄分别为 277Ma、300Ma、303Ma 和 301Ma。

在锆石 U-Pb 年龄谐和图上（图6-23A1、B1），虽然 2 组样品锆石的 U-Pb 年龄有很大的变化范围，但全部测点的年龄绝大部分位于地球 U-Pb 年龄演化线上，在 700～1300Ma 之间集中较多测点（图 6-23A2、B2），表明造成年龄变化大的原因主要是该区铝土矿中锆石形成于不同时代或受到不同时代重大地质事件的影响。图 6-24A 显示，8 件样品所有测点出现多个峰值，其中 800Ma 附近的峰值最明显，其次是 430Ma、550Ma、1800Ma 和 2500Ma 附近的峰值；在 270Ma 附近存在弱的峰值，该峰值与赋矿地层中二叠统梁山组（P_2l）时代一致，有可能代表成矿年龄。

利用这些锆石定年数据，在 400～700Ma 之间获得 4 个精确年龄值：456±12Ma（图6-25A）、541±10Ma（图6-25B）、608±14Ma（图6-25C）和680±15Ma（图6-25D），分别对应晚奥陶世、晚寒武世和新元古代晚期；在 700～1400Ma 之间获得 6 个精确年龄值：796±9.1Ma（图6-25E）、921±10Ma（图6-25F）、998±9.4Ma（图6-25G）、1064±13Ma（图6-25H）、1152±13Ma（图6-25I）和1361±18Ma（图6-25J），分别对应新元古代中期、新元古代晚期、中元古代早期以及中元古代中期。另外，还获得 2 个较老的精确年龄值：1698±13Ma（图6-25L）和 2429±31Ma（图6-25L），分别对应古元古代晚期和古元古代早期。

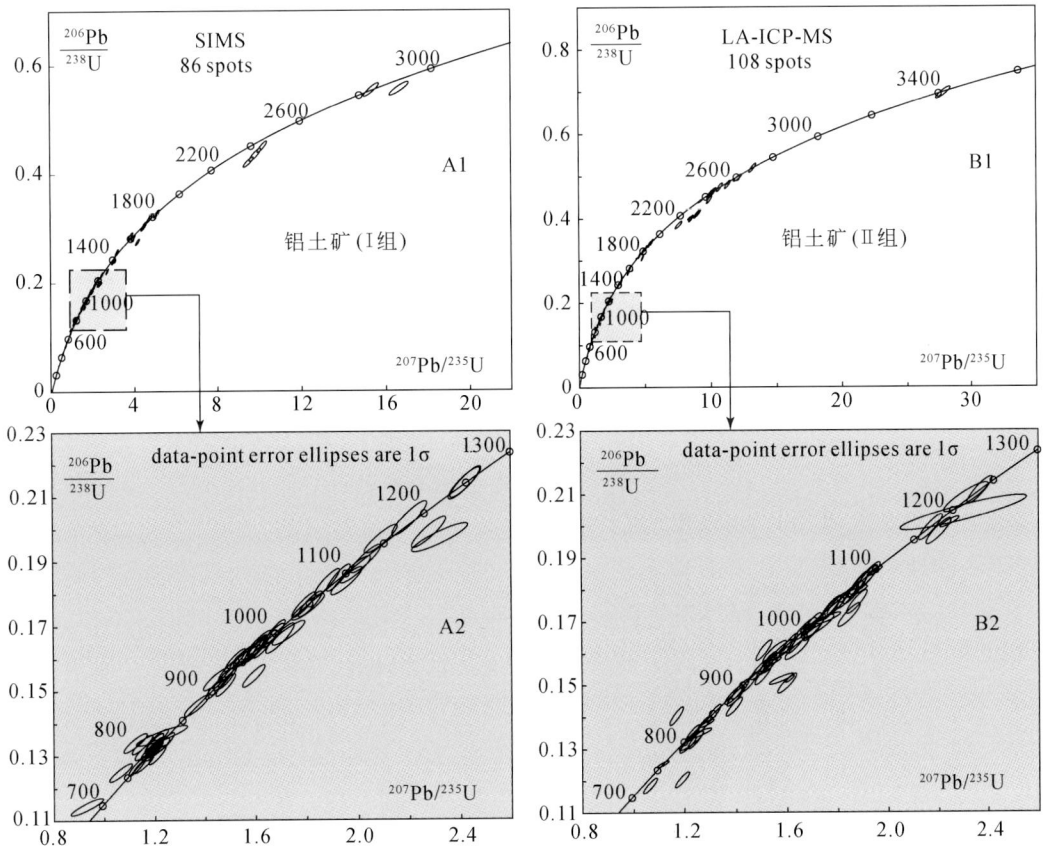

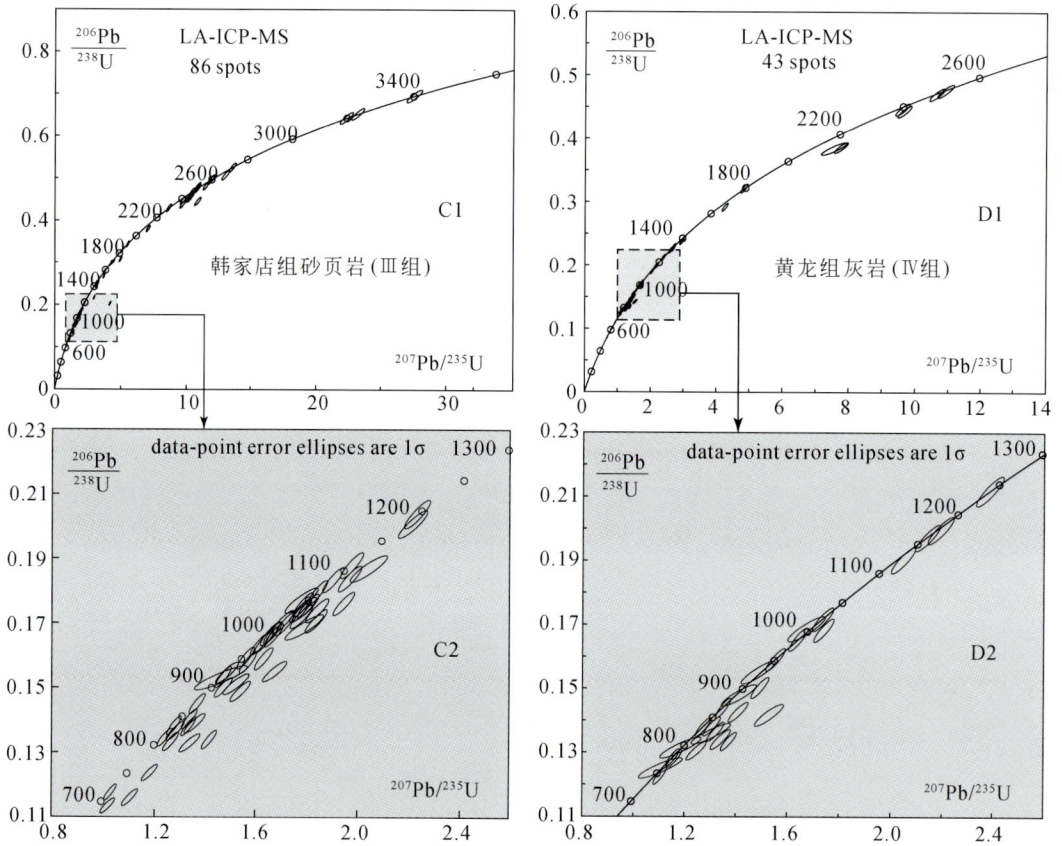

图 6-23 务正道铝土矿及下伏地层碎屑锆石 U-Pb 年龄谐和图

A1、B1、C1 及 D1 分别为 I 组、II 组、III 组和 IV 组样品中所有分析颗粒谐和图，A2、B2、C2 及 D2 分别为各组样品中分布最多年龄组（0.7～1.3Ga）颗粒谐和图

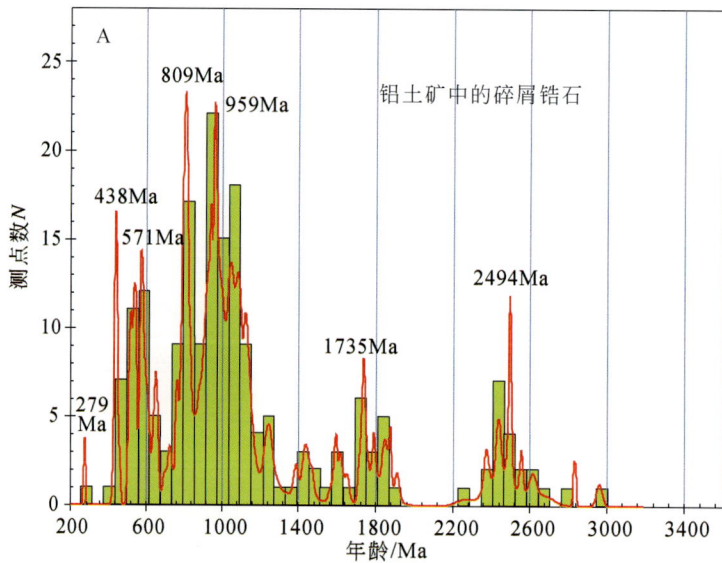

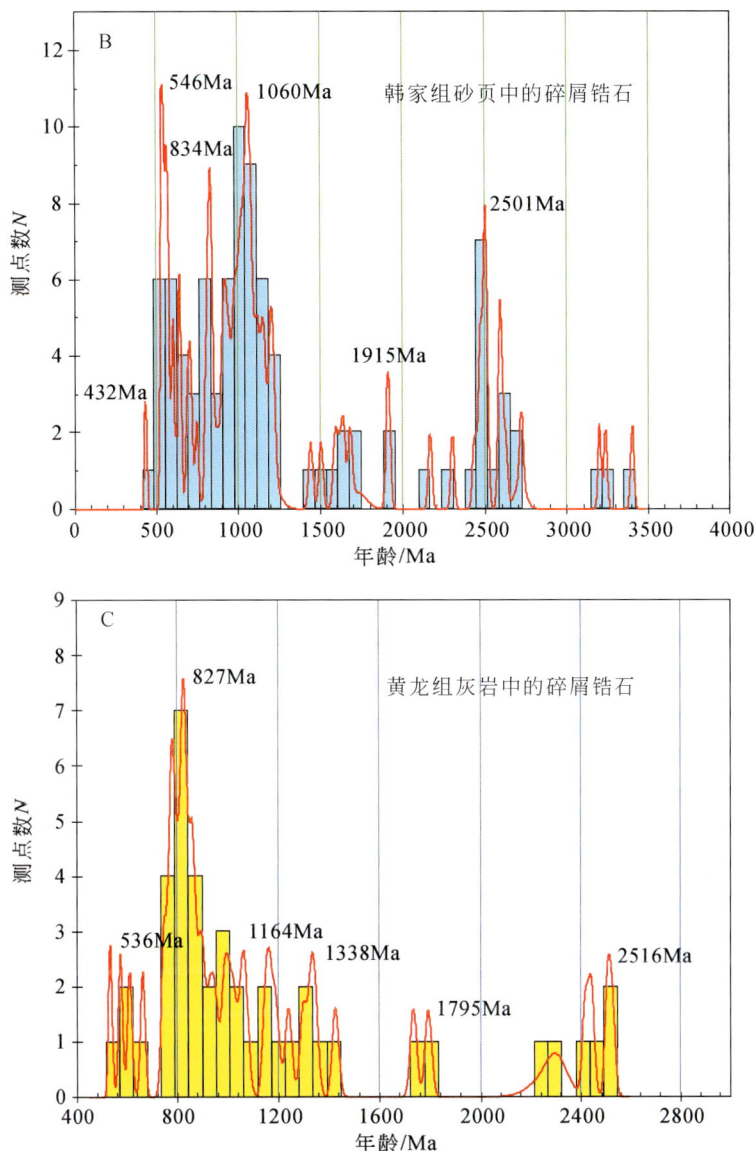

图 6-24　务正道铝土矿及下伏地层中碎屑锆石 U-Pb 年龄频谱图

2. 韩家店组砂页岩（Ⅲ组）碎屑锆石定年结果

包括东山 A-2、三清庙 S-1、桃园 T-2 和新民 X-1 样品中的碎屑锆石，由 LA-ICP-MS U-Pb 定年。4 件样品锆石的 U-Pb 年龄也具有很大的变化范围（表 6-4），各测点的 $^{207}Pb/^{206}Pb$、$^{207}Pb/^{235}U$、$^{206}Pb/^{238}U$ 和 $^{208}Pb/^{232}Th$ 年龄相近，全部测点的年龄分别在 562 ~ 2724Ma、461 ~ 2721Ma、437 ~ 2717Ma 和 433 ~ 2896Ma 之间，与铝土矿锆石的 U-Pb 年龄变化范围基本一致。在谐和图上（图 6-23C1），全部测点的年龄也绝大部分位于地球 U-Pb 年龄演化线上，同样在 700 ~ 1300Ma 之间集中较多测点（图 6-23C2），表明造成年龄变化大的原因也主要是该区韩家店组砂页岩中锆石形成于不同时代或受到不同时代重大地质事件的影响。4 件样品所有测点出现多个峰值（图 6-24B），其中 800～1000Ma 附近的峰值最明显，其次是 550Ma 和 2500Ma 附近，在 430Ma 和 1800Ma 附近存在弱的峰值，这些峰值也大体与该区铝土矿中碎屑锆石 U-Pb 年龄出现的峰值一致（图 6-24A）。

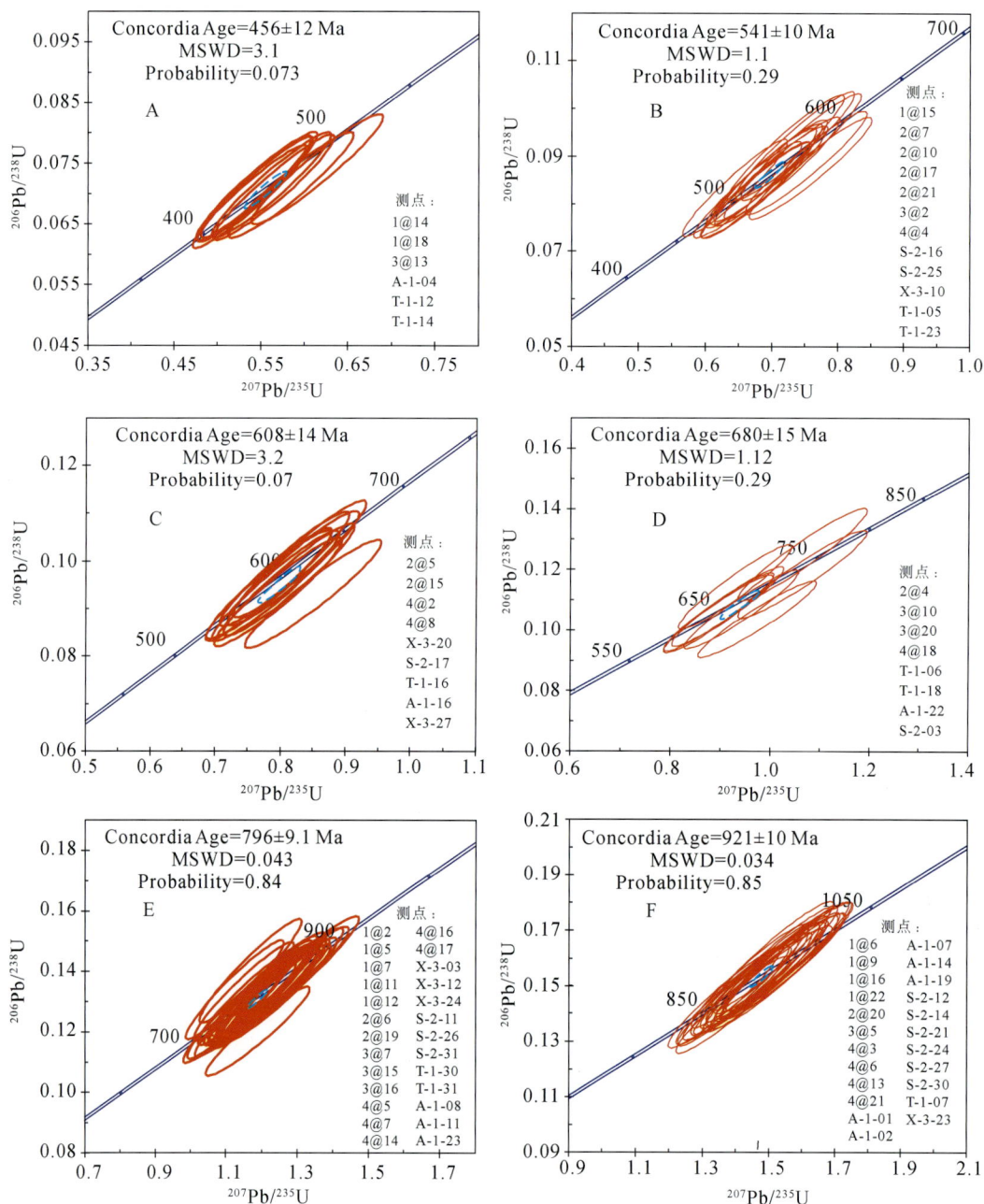

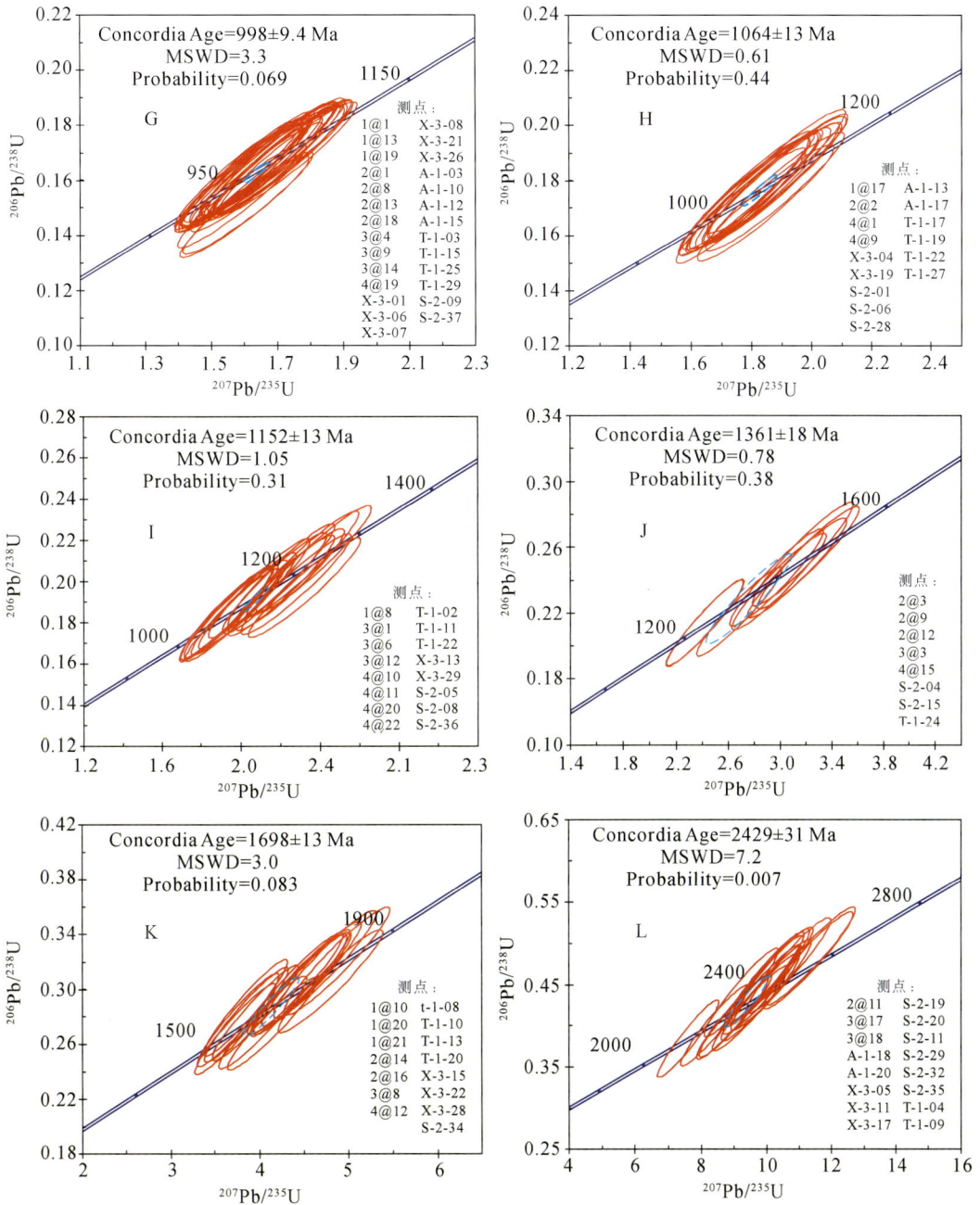

图 6-25　务正道铝土矿中碎屑锆石获得精确年龄谐和图

在 400～700Ma 之间获得 2 个精确年龄值：581±13Ma（图 6-26A）和 688±40Ma（图 6-26B），对应的时代分别为新元古代晚期和新元古代中期；在 700～1200Ma 之间获得 4 个精确年龄值：870±15Ma（图 6-26C）、998±9.4Ma（图 6-26D）、1000±12Ma（图 6-26E）和 1142±17Ma（图 6-26F），时限分别为新元古代早期和中元古代晚期；也获得 2 个较老的精确年龄值：分别为 1560±64Ma（图 6-26G）和 2530±35Ma（图 6-26H），分别代表中元古代早期和太古代晚期。这些精确年龄可与该区铝土矿中碎屑锆石获得的精确年龄对比。

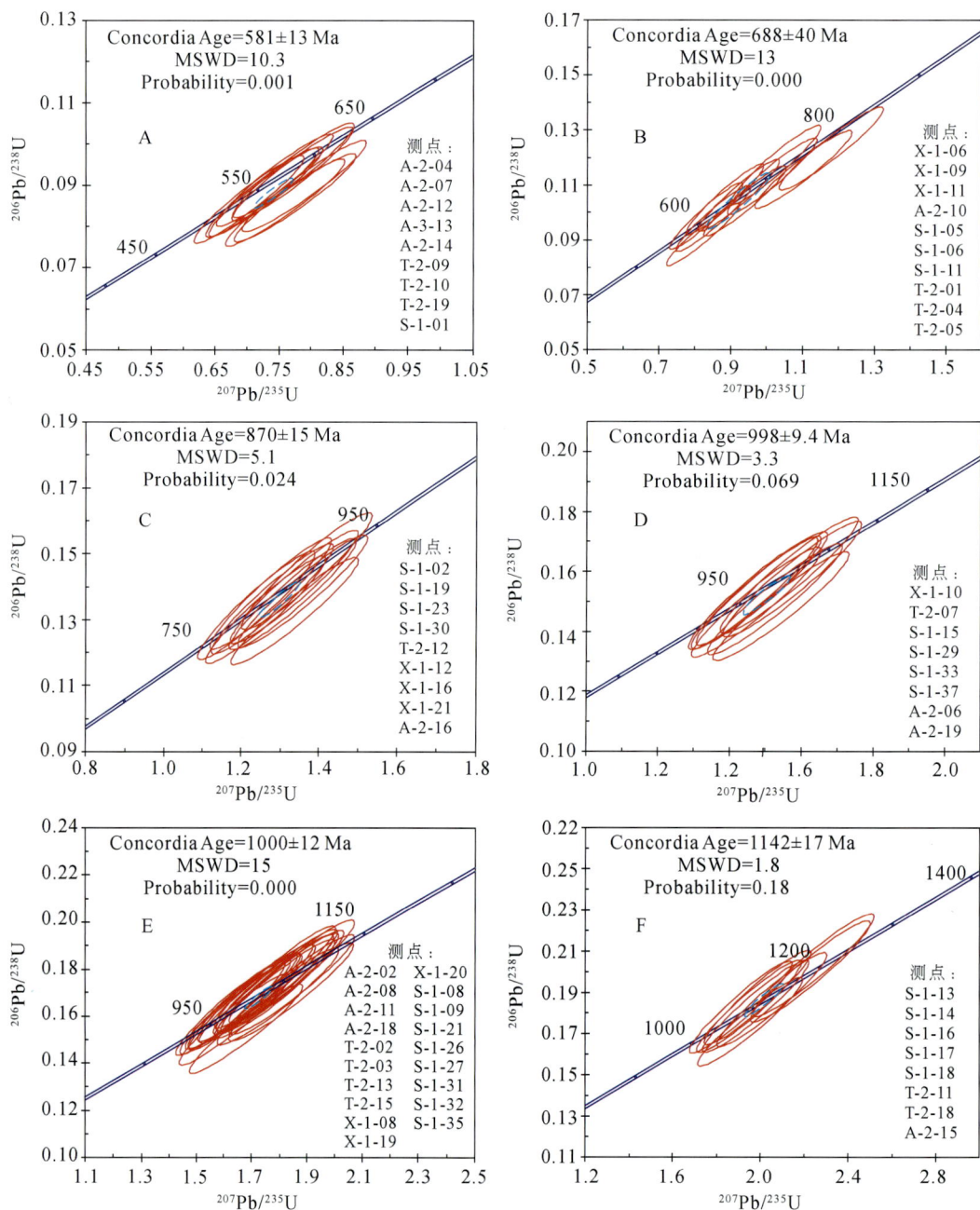

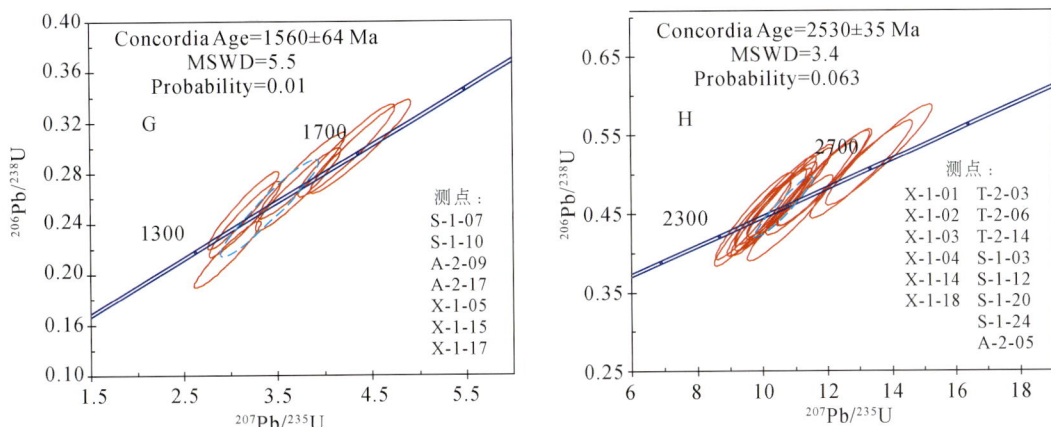

图 6-26　务正道地区韩家店组砂页岩中碎屑锆石获得精确年龄谐和图

3. 黄龙组灰岩（Ⅳ组）碎屑锆石定年结果

包括三清庙 S-3 和新民 X-2 样品中的碎屑锆石，由 LA-ICP-MS U-Pb 定年。从表 6-4 可见，2 件样品锆石的 U-Pb 年龄同样具有很大的变化范围，各测点的 $^{207}Pb/^{206}Pb$、$^{207}Pb/^{235}U$、$^{206}Pb/^{238}U$ 和 $^{208}Pb/^{232}Th$ 年龄相近，全部测点的年龄分别在 537~2502Ma、534~2517Ma、533~2506Ma 和 562~2681Ma 之间，与铝土矿和 $S_{1-2}hj$ 砂页岩中锆石的 U-Pb 年龄变化范围基本一致。在谐和图上（图 6-23D1），全部测点的年龄也绝大部分位于地球 U-Pb 年龄演化线上，同样在 700~1300Ma 之间集中较多测点（图 6-23D2），表明造成年龄变化大的原因同样主要是该套地层中锆石形成于不同时代或受到不同时代重大地质事件的影响。2 件样品所有测点出现多个峰值（图 6-24C），同样在 800Ma 附近的峰值最明显，其次是 550Ma 和 2500Ma 附近，在 1800Ma 附近存在弱的峰值。这些峰值也大体与该区铝土矿和 $S_{1-2}hj$ 砂页岩中碎屑锆石 U-Pb 年龄出现的峰值一致（图 6-24A、B）。

在 400~700Ma 之间只获得 1 个精确年龄值：592±20Ma（图 6-27A），对应的时代为新元古代晚期；在 700~1400Ma 之间还可获得 5 个精确年龄值：774±20Ma（图 6-27B）、886±15Ma（图 6-27C）、985±17Ma（图 6-27D）、1181±25Ma（图 6-27E）和 1341±25Ma（图 6-27F），时限包括新元古代中期、新元古代早期、中元古代晚期和中元古代中期；也存在 2 个较老的精确年龄值：分别为 1753±35Ma 和 2464±24Ma（测点较少，图 6-27 中未示出），分别代表中元古代早期和太古代晚期。这些精确年龄也可与该区铝土矿和 $S_{1-2}hj$ 砂页岩中碎屑锆石获得的精确年龄对比。

二、定年意义

1. 成矿时代

务正道铝土矿成矿时代是 1 个长期争论、至今尚未解决的问题。20 世纪 50 年代末至 60 年代初，经过一系列普查和勘探工作，认为该区铝土矿的时代属于早二叠世，当时没

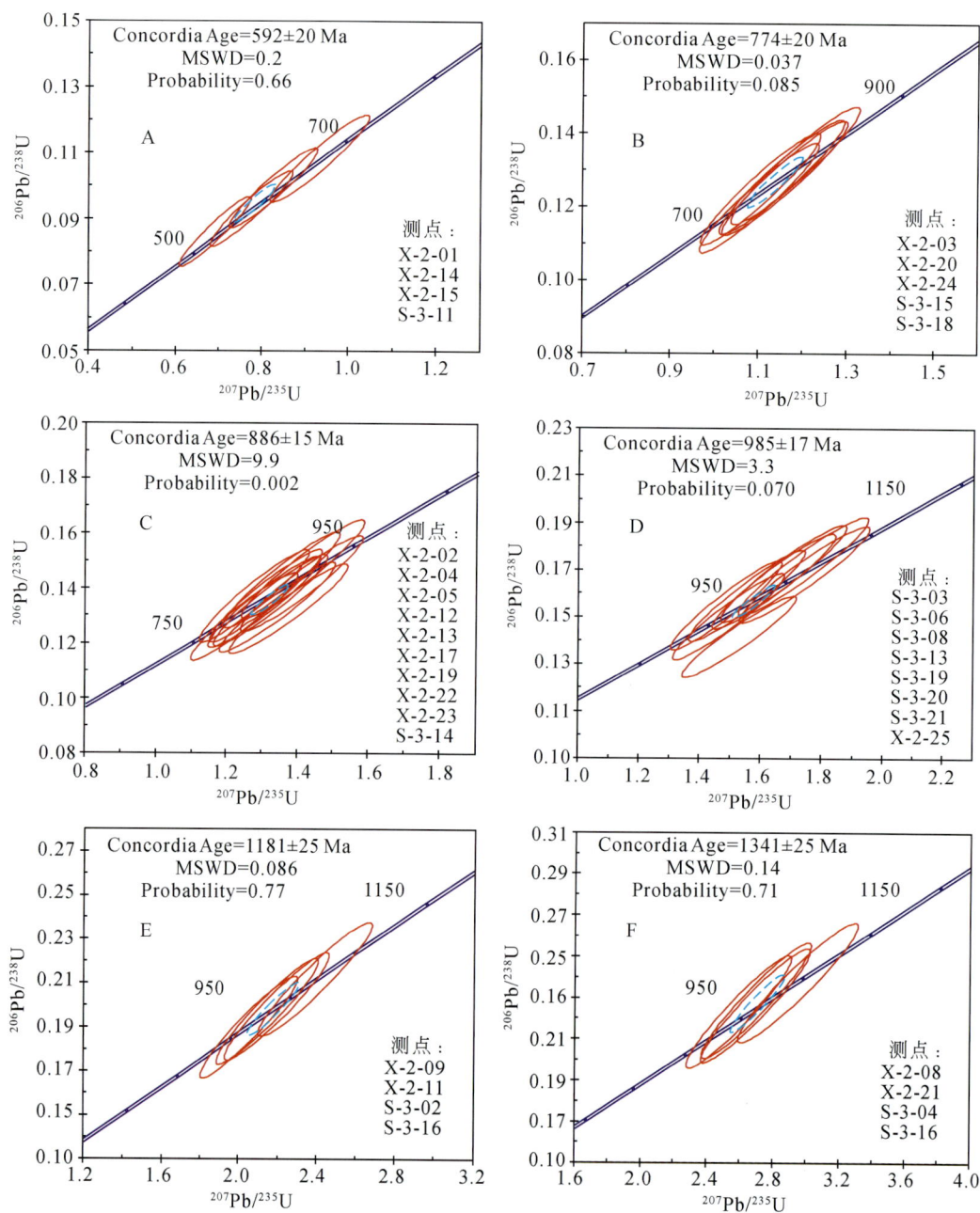

图6-27　务正道地区黄龙组灰岩中碎屑锆石获得精确年龄谐和图

有可靠的生物化石依据；60年代后期至70年代末，通过对区域地质矿产的调查，提出该区铝土矿与黔中铝土矿产于同一时代，同属于早石炭世大塘期（刘巽峰等，1990；刘泽源，1993）；陈有能等（1987）通过孢粉分析、同位素年龄测定等详细研究，认为该区铝土矿的形成时代应晚于早石炭世，初步认为其沉积时代为中石炭世，并推测其极有可能为早二叠世梁山期；90年代，刘平（1992）通过孢粉组合等古生物资料和地层的相互关系研究，对该区铝土矿的沉积时代为早二叠世梁山期这一推断提出了质疑，认为沉积时代应属于晚石炭世马平期。近年来，贵州省有色金属和核工业地质勘查局加大了该区铝土矿的找矿勘探工作力度，在黔北-川南地区中二叠统梁山组地层中发现了多处大中型铝土矿床，提出该区含矿岩系的沉积时代归属于中二叠世梁山期（武国辉等，2006）；郝家栩等（2007）通过对该区铝土矿含矿岩系下伏灰岩中丰富的䗴类化石和含矿岩系中大量的植物化石研究，认为该区含矿岩系沉积时代应为晚石炭世马平组晚期，层位相当于 *Pseudoschwagerina* 化石带，即二叠纪初开始沉积；杜远生等（2013）通过对该区含矿岩系及下伏地层 C_2h 灰岩中孢粉和䗴类化石的研究，限定铝土矿成矿时代介于达拉期和栖霞期之间。

前人对黔北地区铝土岩也进行过部分精确定年分析，但获得的数据并不理想。贵州省地质矿产局 106 地质大队（1988）[①] 对遵义铝土矿带后槽矿床九架炉组上段铝土岩和下段水云母黏土岩进行了全岩 Rb-Sr 等时线法定年，获得 2 个时间跨度很大的年龄，分别为 236.0±14.5Ma 和 384.5±31.9Ma。贵州省地质矿产局地质科学研究所（1986）[②] 对遵义铝土矿带后槽矿床 1 件铝土岩和道真铝土矿带偏岩矿床 1 件水云母黏土岩进行了 K-Ar 同位素定年，获得 2 个年龄数据也有很大差别，分别为 371Ma 和 203Ma；同时对 2 个矿床 9 件铝土矿样品进行了古地磁测定，其中有 5 件为反向磁化，属基阿曼反磁极性间隔，间隔跨越的时间为距今 300~240Ma。可见，这些定年结果均无法确定该区铝土矿成矿时代。

虽然本次工作对务正道铝土矿进行了锆石 U-Pb 定年，由于所分析碎屑锆石绝大部分为岩浆锆石和变质锆石，获得的时间跨度很大（附表 2、表 6-4），除 1 个测点（测点 1@4）外，其余测点的年龄均大于 410Ma（泥盆纪与志留纪界线年龄），显然不能代表该区成矿时代。从阴极发光看（图 6-1），测点 1@4 具阴极发光特征、无环带结构，为变质、风化和蚀变作用形成的热液锆石，形成应与铝土矿化同期，其 $^{207}Pb/^{206}Pb$、$^{207}Pb/^{235}U$、$^{206}Pb/^{238}U$ 和 $^{208}Pb/^{232}Th$ 年龄相近，分别为 277.0±61.9Ma、300.1±8.2Ma、303.1±4.4Ma 和 300.7±10.3Ma，因而可认为该区铝土矿成矿时代为晚石炭世到早二叠世（石炭纪与二叠纪界线年龄为 290Ma）。考虑到测点 1@4 的位置在锆石颗粒中心（图 6-1），获得的年龄值稍大于颗粒边缘，故将成矿时代定为早二叠世可能更合理，这与该区铝土矿产于早二叠世梁山组（P_2l）一致。

2. 成矿最终物源

成矿物质是铝土矿形成的基础，对成矿规模及找矿方向有决定性作用。前文已从主量元素、微量元素和稀土元素等方面揭示，务正道铝土矿成矿物质主要来源于含矿岩系下伏中下志留统韩家店组（$S_{1-2}hj$）砂页岩；前人的研究也得出相同结论（刘平，1999；谷静，2013；金中国等，2013；汪小妹等，2013）。笔者认为，该区 $S_{1-2}hj$ 为经过长距离搬运再沉积的砂页岩，可视为铝土矿的直接母岩，但不是最终物源，要揭示该区铝土矿成矿过程，

[①] 贵州省地质矿产局 106 地质大队.1988.贵州省遵义—息烽铝土矿沉积区含铝岩系划分对比及物质组成初步研究.科研报告.

[②] 贵州省地质矿产局地质科学研究所.1986.贵州省黔北铝土矿成矿地质条件及远景分析.科研报告.

应该追踪其最终物源。

如前文所述，铝土矿化作用过程中，元素的活动行为受母岩成分、元素在母岩中赋存形式、元素化学性质、成矿物理化学条件、成岩和后期改造等诸多因素的影响（Mordberg，1996），传统的元素和同位素地球化学方法示踪铝土矿物源往往存在多解性（Deng et al.，2010），根据局部地区铝土矿地球化学特征建立的指标和图解，判别其他地区铝土矿物质来源也有一定的不可靠性。碎屑锆石为沉积岩中来自于物源区各类岩石中锆石的混合，是一种特别稳定的矿物，抗风化能力强，受沉积分选过程影响小，其 U-Th-Pb 同位素体系封闭温度高，受后期构造热事件影响较小，年龄谱系特征不仅可以直接反映沉积物源区岩石的年龄组成（Geslin et al.，1999），而且在示踪沉积物物源方面也是近年发展起来的、并且被广泛应用的直接有效方法（Fedo et al.，2003；Newson et al.，2006；Najman，2006；Deng et al.，2010；Long et al.，2010；Jiang et al.，2011；Pereira et al.，2012）。

从本次工作分析结果看，务正道地区铝土矿、下伏 $S_{1-2}hj$ 砂页岩和 C_2h 灰岩中碎屑锆石 U-Pb 年龄表现出极为相似的特征（表 6-4，图 6-23A1、B1、C1、D2，图 6-24A、B、C），可以确定铝土矿与 $S_{1-2}hj$ 砂页岩和 C_2h 灰岩具有相同的物源。前文已从多方面论证，该区铝土矿成矿直接母岩为区域广泛分布、厚度大、Al 含量丰富的 $S_{1-2}hj$ 砂页岩，而不是分布局限、厚度薄、Al 含量低的 C_2h 灰岩。3 个地质单元中碎屑锆石内部结构、微量元素和稀土元素研究证实主要为岩浆锆石，变质锆石和热液锆石很少，表明 $S_{1-2}hj$ 砂页岩不是铝土矿成矿的最终物源，其最终物源应为大陆环境的基性岩、酸性岩和碱性岩等（详见前文）。

该区 4 组铝土矿、$S_{1-2}hj$ 砂页岩和 C_2h 灰岩样品中碎屑锆石 U-Pb 年龄都显示出 4 个主要年龄区间（图 6-24），从新到老依次为 400 ~ 700Ma、700 ~ 1300Ma、1700 ~ 1900Ma 和 2400 ~ 2600Ma，分别对应古生代—新元古代、中元古代、古元古代和太古代，显示成矿最终物源复杂。以下从这 4 个年龄区间分析该区铝土矿成矿可能的最终物源。

1）400 ~ 700Ma

在锆石 U-Pb 年龄频谱图中（图 6-24），铝土矿和 $S_{1-2}hj$ 砂页岩样品中分别出现 438Ma 和 432Ma 弱峰值，与志留纪对应；铝土矿中出现 438Ma 和 571Ma、$S_{1-2}hj$ 砂页岩中出现 546Ma、C_2h 灰岩中出现 536Ma 峰值，铝土矿中获得年龄：456±12Ma（图 6-25A）、541±10Ma（图 6-25B）、608±14Ma（图 6-25C），$S_{1-2}hj$ 砂页岩获得年龄：581±13Ma（图 6-26A），这些年龄值分别与奥陶纪和寒武纪对应。如前所述，$S_{1-2}hj$ 砂页岩为务正道铝土矿成矿直接母岩，而非最终物源。奥陶纪和寒武纪地层在黔北务正道地区发育完整、分布广泛，其岩性均以灰岩、白云质灰岩及白云岩为主，其次是 Al 含量较高的粉砂岩和粉砂质页岩，在下奥陶统桐梓组（O_1t）中还含有薄层黏土岩，可见两套地层均可为该区铝土矿提供部分铝土矿成矿母岩。但由于这两套地层中缺少火山物质，与该区铝土矿中的碎屑锆石主要为岩浆锆石不吻合，也不应是最终物源。

2）700 ~ 1300Ma

测点分布最多（图 6-23A2、B2、C2、D2），在铝土矿、$S_{1-2}hj$ 砂页岩和 C_2h 灰岩均出现最强峰值（图 6-24），如铝土矿中出现 809Ma、959Ma，$S_{1-2}hj$ 砂页岩出现 834Ma、1060Ma，

C_2h 灰岩中出现 827Ma；获得的精确年龄在该区间最多，其中铝土矿 5 个：796±9.1Ma（图 6-25E）、921±10Ma（图 6-25F）、998±9.4Ma（图 6-25G）、1064±13Ma（图 6-25H）和 1152±13Ma（图 I），$S_{1-2}hj$ 砂页岩 4 个：870±15Ma（图 6-26C）、998±9.4Ma（图 6-26D）、1000±12Ma（图 6-26E）和 1142±17Ma（图 6-26F），C_2h 灰岩 4 个：774±20Ma（图 6-27B）、886±15Ma（图 6-27C）、985±17Ma（图 6-27D）和 1181±25Ma（图 6-27E），这些年龄值分别对应于新元古代震旦纪、晚元古代青白口纪和中元古代蓟县纪。

震旦纪地层在黔北地区仅零星分布，除上统灯影组（Z_2d）为台地相碳酸盐岩沉积外，其余为台地湖坪-浅滩相沉积（上统陡山沱组）、陆地冰川相沉积（下统南沱组）和冰河（湖）相沉积（下统马路群）（刘巽锋等，1990），可见该套地层也可提供部分铝土矿成矿母岩，但同样不是最终物源。黔北地区出露最老地层为零星分布的板溪群，时限为 800～1000Ma（冯学仕和王尚彦，2004），与新元古代青白口纪对应，为一套巨厚大陆边缘地槽型的陆源碎屑沉积（刘巽锋等，1990），与之时限对应的下江群和丹洲群在黔东地区广泛分布，主要由浅变质陆源碎屑岩和火山碎屑岩组成，可见该套地层可能为该区铝土矿提供部分最终物源。出露于黔东北梵净山地区和黔东南九万大山地区的梵净山群和四堡群，是贵州出露的最老地层，时限为 1000～1600Ma（冯学仕和王尚彦，2004），低值区与中元古代蓟县纪对应，是一套厚逾万米的浅变质绿岩系，下部以枕状基性熔岩为主、夹层状基性-超基性岩，上部为变质砂页岩，从黔北铝土矿中的锆石主要为岩浆锆石看，这套地层也可能为该区铝土矿提供部分最终物源。

更为重要的是，该年龄区间与新元古代—中元古代期间发生在华南陆块上的大规模岩浆活动事件吻合，即时限为 740～1000Ma 与俯冲相关的岩浆活动（Sun et al.，2009）和时限为 1000～1300Ma 与 Rodinia 超级大陆聚合相关的全球 Grenville 造山-岩浆活动（Hoffman，1991）。前者广泛分布于扬子陆块西缘（图 6-28、图 6-29A），如 900～950Ma 的西乡玄武岩（Ling et al.，2003）以及 740～820Ma 的汉南镁铁质-超镁铁质侵入岩（Zhou et al.，2002；Zhao and Zhou，2009），出露于碧口地区的 870～890Ma 的铁镁质-中性深成岩体（Xiao et al.，2007）以及 770～840Ma 的火山岩（Yan et al.，2004），出露于盐边地区 860Ma 左右的关刀山闪长岩侵入体（Sun et al.，2008）以及 810Ma 左右的高家村和冷水箐铁镁质-超铁镁质侵入杂岩体（沈渭洲等，2003；Zhou et al.，2006），出露于攀枝花地区 740Ma 左右的辉长岩侵入体（Zhao and Zhou，2007）以及 760Ma 左右的大田埃达克岩体（Zhao and Zhou，2007）等。后者在扬子陆块很少出露，主要分布在华夏陆块，如位于武夷山西南部的径南流纹岩，SHRIMP U-Pb 岩浆结晶锆石年龄为 972±8Ma，所含的继承锆石年龄范围为 1055～1104Ma（Shu et al.，2008a，b）；在海南岛以及福建北部的变质沉积岩（Li Z X et al.，2002；Wan et al.，2007）以及广东东部的古寨花岗闪长岩体（丁兴等，2005）中发现了大量的 Grenville 时期的碎屑锆石和继承锆石。可见，广泛分布于扬子地块西缘和华夏陆块南部的新元古代—中元古代岩浆岩应为务正道地区铝土矿重要的最终物源。

3）1700～1900Ma

该年龄区间的测点分布较少，但铝土矿、$S_{1-2}hj$ 砂页岩和 C_2h 灰岩均出现峰值（图 6-24），如铝土矿中出现 1735Ma、$S_{1-2}hj$ 砂页岩中出现 1915Ma、C_2h 灰岩中出现 1795Ma；在 3 种样品中均获得该区间精确年龄，铝土矿 1698±13Ma（图 6-25L）、$S_{1-2}hj$ 砂页岩 1560±64Ma

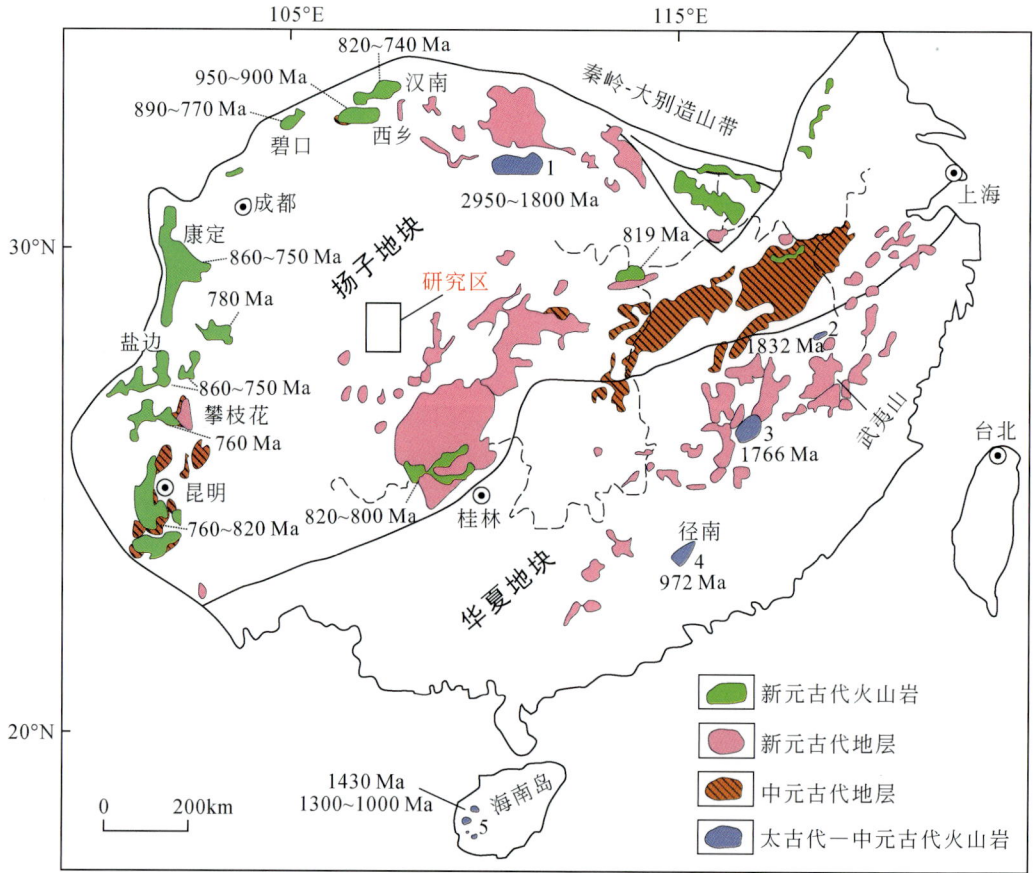

图 6-28　华南板块前寒武纪露头及岩浆岩分布略图（据 Zheng et al.，2007；略修改）
图中 1~5 分别代表崆岭杂岩、武夷山北部片麻状花岗岩、天井坪斜长角闪岩、径南流纹岩以及包板杂岩

（图 6-26G）、C_2h 灰岩 1753±35Ma（测点较少，图 6-27 中未示出）。这些年龄值与扬子陆块西缘（李献华等，1991；Shu et al.，2008a；Sun et al.，2009）和华夏陆块（Yao et al.，2011）古元古代地壳增长的主要阶段相对应。在两个陆块中的很多地方都发现了年龄为 1800Ma 左右的岩浆岩（图 6-28、6-29B），如崆岭地体中发现 1854Ma 左右的花岗岩侵入体（Li，1997；Li and Peng，2010；Li Z X et al.，2010；Li et al.，2012），华夏地块武夷山北部 1854Ma 左右的片麻状花岗岩（Li and Li，2007），武夷山西南部 1766Ma 左右的天井坪斜长角闪岩（Li，1997），在扬子陆块的西缘的中元古代—新元古代沉积岩中也发现了年龄在 1700~1900Ma 之间的碎屑锆石（Greentree et al.，2006）。可见，分布在扬子陆块和华夏陆块的早中元古代—古元古代地体以及岩浆岩也可能为务正道铝土矿提供部分最终物源。

　　4）2400~2600Ma

　　测点很少，但同样在铝土矿、$S_{1-2}hj$ 砂页岩和 C_2h 灰岩均出现峰值（图 6-24），如铝土矿中出现 2494Ma、$S_{1-2}hj$ 砂页岩出现 2501Ma、C_2h 灰岩中出现 2516Ma；在 3 种样品中均获得该区间精确年龄，铝土矿 2429±31Ma（图 6-25L）、$S_{1-2}hj$ 砂页岩 2530±35Ma（图 6-26H）、C_2h 灰岩 2464±24Ma（测点很少，图 6-27 中未示出），这些年龄值与早元古代和晚太古代对应。

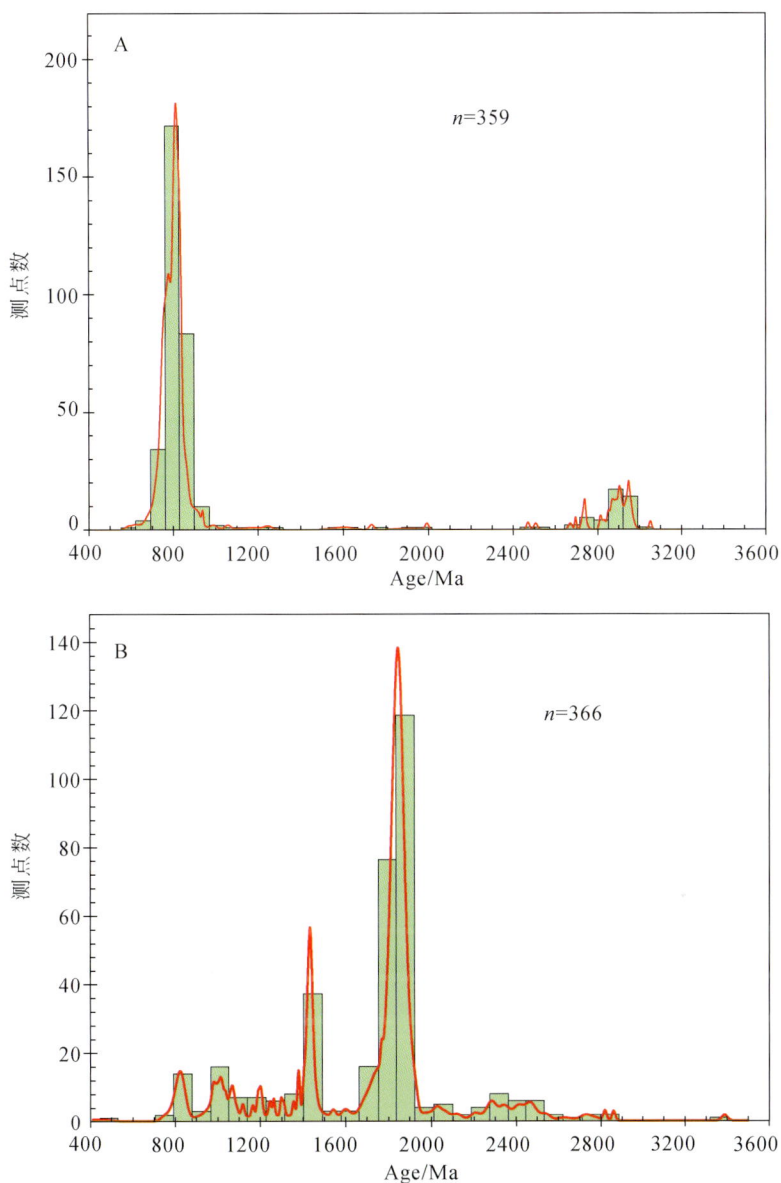

图 6-29　扬子陆块（A）和华夏陆块（B）火山岩锆石年龄密度概率图

扬子陆块原始数据据 Li X H 等（2003）、Li Z X 等（2003）、Qiu 等（2000）、Wang 等（2006）、Zhou 等（2002），

华夏陆块原始数据据 Li X H 等（2002b）、Li（1997）、Xiong 等（2009）、Yu 等（2009）

包括黔北地区在内的贵州境内没有这些古老地层分布，但该区位于扬子地台，其结晶基底为太古代以康定杂岩为主体的康定群，主要分布在四川攀西地区，原岩恢复为一套火山-沉积组合（黄智龙等，2004），其下部以基性火山熔岩为主，向上为中酸性火山岩及火山碎屑岩，最后转为正常的沉积岩，其年龄在 2300~3100Ma（袁海华等，1985；刘观亮，1987；李复汉和覃嘉铭，1988；张云湘等，1988；邢无京，1989；吴懋德等，1990；陈岳龙等，2004）。因此，不排除务正道铝土矿少量最终物源来源于结晶基底。

第七章 矿床成因和成矿规律

务正道铝土矿是渝南–黔中铝土矿成矿带的重要组成部分（图1-5），所在区域大地构造位置特殊，构造活动强烈且具多期性，赋矿地层广泛分布，铝土矿矿床和矿点星罗棋布（图2-3），具有十分有利的成矿地质背景和成矿环境（廖士范，1989；梁同荣和廖士范，1989；刘巽峰等，1990；廖士范和梁同荣，1991；武国辉等，2006；陈兴龙和龚和强，2010；刘幼平等，2010）。本章在该区铝土矿区域地质、矿床地质、矿石矿物学、地球化学以及碎屑锆石微量元素和年代学研究的基础上，分析总结了其成矿条件和主要控矿因素，通过铝矿物形成和质量平衡计算揭示了成矿作用过程及元素活动规律，最后建立成矿模型和总结出区域成矿规律。

第一节 成矿条件及控矿因素

一、成 矿 条 件

1. 有利的成矿背景

区域构造及地史演化研究表明（贵州省地质矿产局，1987），该区在寒武纪—中志留世为长期接受沉积沉降区，沉积了分布范围广、厚度大的富铝硅酸盐岩。志留纪末的加里东运动（广西运动）的强烈隆升作用，使该区乃至贵州整体隆升为陆，遭受剥蚀。之后，泥盆纪与石炭纪之间的紫云运动（海西早期）、石炭纪与二叠纪之间的黔桂运动（海西晚期），加速了研究区地层隆起上升，使研究区中志留世晚期—石炭纪为风化剥蚀、夷平期，为铝土矿成矿准备了丰富的物源。

2. 有利的气候条件

气候是控制铝土矿矿化强度和深度的主要因素之一，全球的铝土矿大都分布在气候炎热、潮湿多雨的亚热–热带气候条件下，风化作用形成。贵州遵义、道真铝土矿位于北纬8.2°（廖士范，1989），刘巽锋等（1990）根据该区硬水铝石及高岭石的氧同位素地质计温，铝土矿风化成矿的年平均气温为$33.4 \sim 40.1℃$，属赤道附近低纬度的古海洋热带。在炎热潮湿、雨量充沛、植物发育的气候条件下，大量的微生物和有机质分解而产生的CO_2、H_2S和有机酸，使水介的pH与Eh受到很大的变动，从而使风化壳岩石遭受强烈的风化。加之研究区地壳相对稳定，适宜风化作用的进行，有利于岩溶作用的发生和发展，促使富铝质的风化物在适宜的环境中重新迁移富集，有利于铝土矿的形成。

3. 有利的岩相古地理环境

岩相剖面测量研究结果表明[①]，研究区铝土矿主要形成于滨浅湖沉积环境（局部为沼泽相），自下而上分别为韩家店组或黄龙组古侵蚀面→冲积平原相、冲积扇相（绿泥石岩、铝土质黏土岩）→浅湖相（铝土矿）→沼泽相（碳质页岩）→局限台地相（栖霞–茅口组灰岩）（图7-1），沉积相类型表现为从陆相—海相的连续变化，与沃尔索相定律相吻合。铝土矿系与上覆的碳质泥页岩为连续、过渡沉积，与梁山组为同一层位（图3-3、图3-9、图3-14），本次工作获得铝土矿碎屑锆石 U–Pb 年龄最小为 277Ma 左右，也与梁山组时代一致。

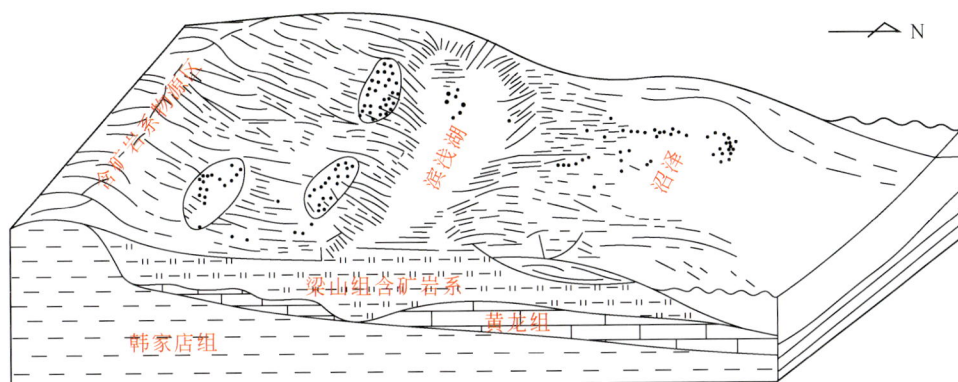

图 7-1　务正道地区铝土矿沉积相模式图

4. 有利的岩相组合

研究区含矿岩系梁山组分布在石炭系黄龙组或志留系韩家店组顶部不整合面之上与二叠系栖霞–茅口组底部之间，是侵蚀洼地或溶蚀洼地充填沉积的结果，根据其空间分布特征及岩相剖面研究成果，可进一步划分为冲积平原亚相、冲积扇亚相、滨浅湖亚相、沼泽亚相。其沉积特征为：在石炭系黄龙组灰岩或志留系韩家店组砂页岩不整合面之上首先以冲积平原相或冲积扇相形成含矿层下部绿泥石岩和部分铝土质黏土岩；绿泥石岩填平补齐侵蚀面上溶蚀洼地后，在低洼的汇水盆地区形成滨浅湖，在含矿层中部、中上部形成铝土矿或铝土岩（图3-3、图3-9、图3-14）；滨浅湖沼泽化，在含矿层顶部形成碳质泥页岩（图7-1），海侵超覆形成栖霞–茅口组泥晶灰岩的沉积序列。

5. 丰富的成矿物源

务正道地区含矿岩系下伏地层为中下志留统韩家店组（$S_{1-2}hj$）砂页岩，局部地段在含矿岩系与 $S_{1-2}hj$ 之间有薄层中石炭统黄龙组（C_2h）灰岩。C_2h 灰岩分布局限，厚度小于5m（图3-3、图3-9、图3-14），Al_2O_3 仅为 0.10wt% ~ 1.88wt%（表5-1），提供大量成矿物质的可能性不大。该区含矿岩系矿物学、主量元素、微量元素和稀土元素以及碎屑锆

---

① 刘辰生，郭建华. 2012. 贵州省务正道地区铝土矿含矿岩系沉积相特征研究. 中南大学科研报告.

石的内部结构、微量元素和稀土元素研究结果均表明（前文），铝土矿成矿直接物源为 $S_{1-2}hj$ 砂页岩。区内 $S_{1-2}hj$ 砂页岩广泛分布，平均厚度近 400m，铝质含量丰富，Al_2O_3 在 14.14wt% ~ 24.00wt% 之间（表5-1），表明其可成为丰富的成矿物源区。

此外，该区铝土矿、$S_{1-2}hj$ 砂页岩和 C_2h 灰岩中的碎屑锆石主要为岩浆锆石、少量变质锆石和热液锆石（图6-19）。3 个地质单元中的碎屑锆石不仅具有相似的 REE 地球化学特征（图6-16 ~ 图6-18）、而且其 U–Pb 年龄分布也不存在明显差别（图6-23、图6-24），表明具有相同（或相似）的物源。碎屑锆石微量元素和稀土元素示踪结果表明（前文），该区铝土矿成矿最终物源不是 $S_{1-2}hj$ 砂页岩，而是区域大陆环境的基性岩、酸性岩和碱性岩等岩浆岩。碎屑锆石 U–Pb 年龄研究表明（前文），广泛分布扬子地台西缘、时限为740 ~ 1000Ma、与俯冲作用相关的岩浆岩（Sun et al.，2009）和主要分布于华夏陆块、时限为 1000 ~ 1300Ma、与 Rodinia 超级大陆聚合相关的 Grenville 火山岩（Hoffman，1991），为该区铝土矿重要的最终物源。

二、主要控矿因素

1. 岩相古地理控矿

前人研究表明（刘巽锋，1988；陈宗清，1990；廖士范，1990；梅冥相，1991；韩忠华，2008；张启明等，2012；黄兴等，2013；雷志远等，2013），黔中铝土矿床形成环境为滨岸潟湖相，矿床均聚集于寒武系娄山群白云岩形成的古岩溶盆地或小湖泊构成的浅水湖泊洼地中，矿床规模、矿石质量与聚矿古岩溶洼地密切相关。黔北务正道地区铝土矿主要形成于滨浅湖相、局部为沼泽相沉积环境，矿床均聚集于志留系韩家店组砂页岩形成的溶蚀洼地中，一般大中型矿床多产于沉积环境面积大于 $5km^2$，呈不规则分布，中心深度一般 5 ~ 22m，底部相对平坦，起伏幅度 1 ~ 10m 的溶蚀洼地区；洼地中心往往矿层厚度大、矿化连续、矿石质量好，而突起的溶丘、溶锥分布地段铝土矿含矿岩系及矿层薄或尖灭。如瓦厂坪矿床含矿岩系和矿体分布在北东向长约3km，北西–南东宽 400 ~ 1600m，面积约 $3km^2$，起伏幅度 5m 左右的溶蚀洼地区（图7-2）。

2. 构造控矿

务正道地区铝土矿明显受构造控制，主要表现在 3 个方面。第一，地壳运动使研究区内的地层发生褶曲、断裂、隆升，矿源层裸露地表遭受风化剥蚀和溶蚀作用，铝质迁移到适宜的环境富集成矿。第二，大面积分布的志留系韩家店组砂页岩为非能干地层，在构造地质作用下易于形成较多规模较大的洼地，利于近岸风化壳中富铝碎屑岩的迁移再沉积、分异、富集，是铝土矿成矿和赋存场所。第三，沉积形成的含矿层或矿体在背斜中由于长期暴露被剥蚀殆尽，在向斜中由于有较厚的上覆地层，含矿层或矿体免受侵蚀、剥蚀，保存完好。研究区有规模不等的向斜构造十几个，覆盖面积超过 $3000km^2$，目前发现的铝土矿床（点），多产于向斜构造扬起端和转折部位（图3-1）。

3. 地层和岩性控矿

务正道铝土矿赋存于中二叠统梁山组地层中，严格受梁山组地层和岩性控制。区内

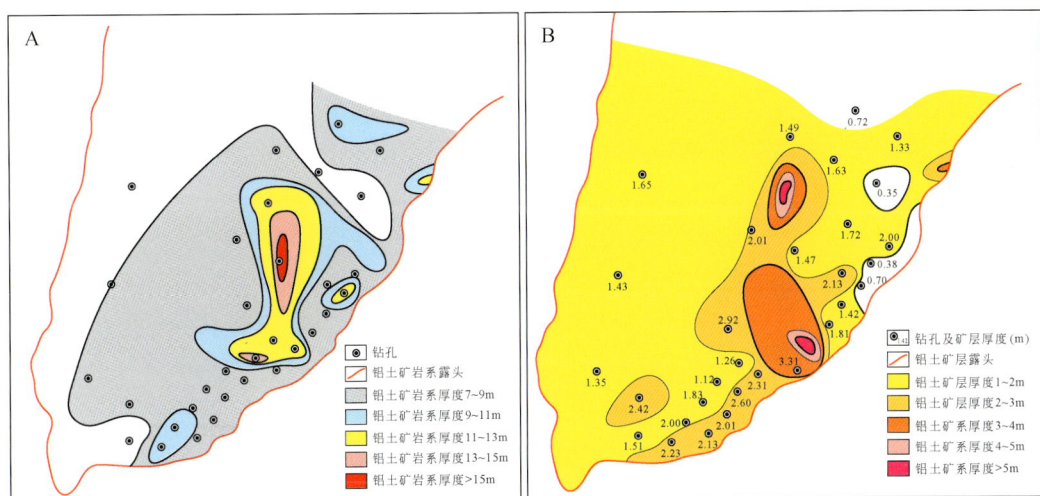

图 7-2　务正道地区瓦厂坪铝土矿含矿岩系（A）和矿层（B）等厚线面

梁山组地层集中分布在向斜构造中，厚度相对稳定（5~8m），展布连续，保存完好（图3-2、图3-8、图3-13、图3-18），为铝土矿成矿提供了有利场所；铝土矿常赋存于含矿岩系（梁山组地层）的中部（图3-3、图3-9、图3-14、图3-19），一般含矿岩系厚度与矿层厚度成正比（图3-4、图3-10、图3-15、图3-20）。岩性上，主要与含矿岩系中的钙质页岩、铝土质黏土岩和铝土岩关系密切，含矿岩系和铝土矿 SiO_2 与 Al_2O_3 之间呈负相关关系、与 A/S（Al_2O_3 / SiO_2）之间呈双曲线关系（图7-3）；铝土矿层越厚，Al_2O_3 与 A/S 越高，矿石质量相对较好。

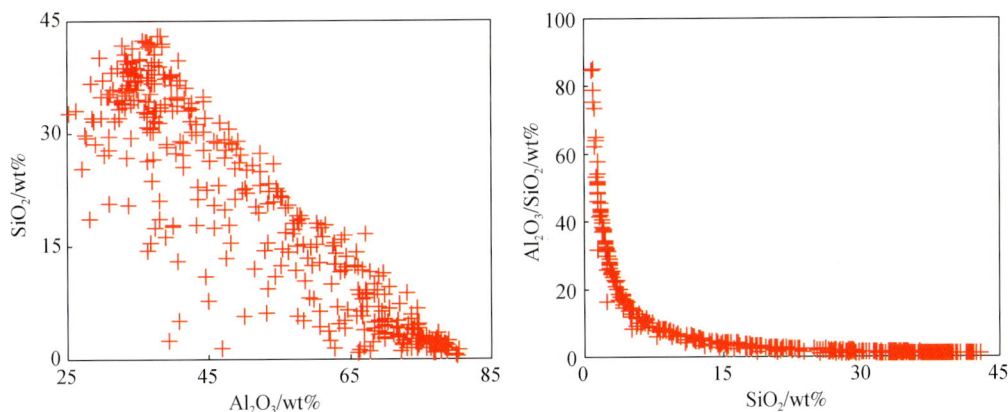

图 7-3　务川瓦厂坪铝土矿床 SiO_2 与 Al_2O_3 和 A/S（Al_2O_3 / SiO_2）相关图

4. 古地形地貌控矿

刘巽锋等（1990）对渝南-黔中铝土矿成矿带的含矿岩系古地貌进行了划分，务正道地区属川黔脊峰谷地古地貌区，由一系列脊峰溶蚀谷地、洼地、侵蚀谷地等组成，底板为中下志留统韩家店组砂页岩。研究区铝土矿成矿及矿层厚度变化与古地形地貌关系密切，古地形地貌低洼处常形成富厚矿体，在隆起的岩溶孤峰、古风化面产状变化较大地段，矿层变薄、矿石质量较差，可形成无矿天窗。如道真池家沟矿点，岩溶起伏面凸起部位含矿岩系和矿层较薄，凹陷部位含矿岩系和矿层的厚度是正常部位的 4 ~ 7 倍（图7-4）；瓦厂坪、新民等矿床的含矿岩系和矿层厚度等厚线也显示，古地形地貌与铝土矿成矿关系密切（图7-2）。

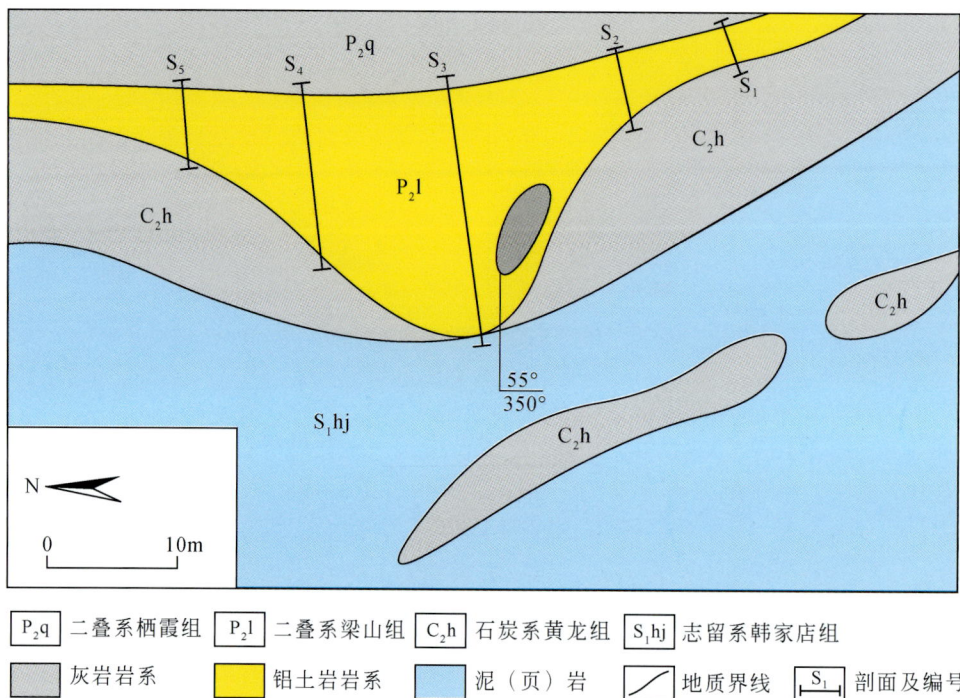

图7-4　道真池家沟铝土矿点岩溶起伏与含矿岩系分布图（据杜定全等，2007）

第二节　成矿作用过程

已有的研究表明，任何含铝岩石在适宜的气候条件下经风化作用都可以形成铝土岩或铝土矿。从矿物学、地球化学以及碎屑锆石年代学研究结果可以看出（前文），务正道铝土矿主要为含矿岩系下伏韩家店组（$S_{1-2}hj$）铝硅酸盐岩经长期的原位红土化作用形成的红土型铝土矿（或铝土岩），后经地表径流短距离搬运、迁移，在附近的滨海、潟湖、沼泽等环境中沉积形成，属机械碎屑为主、少量胶体的风化壳沉积型矿床。成矿作用过程简述为：韩家店组（$S_{1-2}hj$）砂页岩→黏土矿→铝土矿和（或）铝土岩。

一、铝矿物形成过程

电子探针直接观察到该区铝矿物形成过程（图4-7），即富铝硅酸盐矿物→黏土矿→铝土矿和（或）铝土岩。根据铝土矿中矿物组合和地球化学成分，铝矿物的形成大致经历过两个阶段（图4-8、图5-10）：第一阶段：韩家店组（$S_{1-2}hj$）砂页岩富铝矿物（原始矿物）脱硅、富铁阶段，形成黏土矿物；第二阶段：黏土矿物脱硅、脱铁矿物，形成铝矿物。

研究区在志留纪晚期至二叠纪期间，气候炎热潮湿，植物繁茂，有利于化学、物理以及生物作用的进行。风化作用导致韩家店组（$S_{1-2}hj$）砂页岩中大量的长石、云母矿物转化形成黏土矿物（高岭石、绿泥石等）；在此过程中 K、Na、Ca 大量流失，大部分 Si 被地表水或地下水溶解成 $Si(OH)_4$ 而被淋失，部分以硅质凝胶残留。随着风化作用的继续进行，Al 不断富集、Si 不断流失，在 pH>9 或者 pH<5 时，Al_2O_3 以络合离子形式（Al^{3+} 或 AlO_2^-）存在，其中大部分 Al^{3+} 可结晶成铝矿物，小部分 Al^{3+} 与 SiO_2 结晶成黏土矿物；SiO_2 大部分溶解在地下水溶液中呈 $Si(OH)_4$ 溶液流失，一部分形成不易迁移的 SiO_2 凝胶。当风化残积物继续遭受风化作用时，矿层中黏土矿物再次脱硅，铝质富集成铝土矿，硅质又大部分在地下水溶液中呈 $Si(OH)_4$ 溶液流失。上述过程不断进行，最终形成铝土矿。因此，风化作用越彻底，剥蚀间断时间越长，黏土矿物风化成铝土矿物就越多，加上排泄条件好，储藏环境佳，形成富矿的可能性就越大。

1. 三水铝石成因

表生条件下，Al_2O_3 一般稳定、难溶（刘英俊，1984），仅在较强酸（pH<4）或较强碱（pH>8）的环境下以络合离子（Al^{3+} 或 AlO_2^-）存在，故含铝母岩的风化作用常常造成 Al 元素的残留和富集。现代红土研究表明，三水铝石是红土风化壳或红土型铝土矿中最主要的含铝矿物（Бушинский，1975），红土化风化作用被认为是三水铝石形成的主要条件。根据三水铝石的形成方式，可以划分出以下两种成因模式。

1）黏土矿物（高岭土）脱硅

红土化作用是一种发生在低纬度、湿热气候条件下的化学风化作用。在红土化过程中，母岩中的铝硅酸盐岩类矿物在酸性条件下（H_2CO_3）分解，生成黏土矿物（高岭土），黏土矿物进一步脱硅（SiO_2）形成三水铝石。根据母岩矿物的类型，这一过程可分为三种类型（李启津等，1994）：

①斜长石→高岭石→三水铝石；

②正长石类（或云母）→水云母（伊利石）→高岭石→三水铝石；

③辉石、角闪石类→高岭石→三水铝石。

其中第一类最为常见，具体反应式如下：

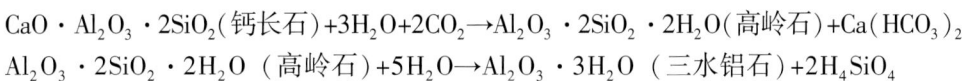

$$CaO \cdot Al_2O_3 \cdot 2SiO_2(钙长石)+3H_2O+2CO_2 \rightarrow Al_2O_3 \cdot 2SiO_2 \cdot 2H_2O(高岭石)+Ca(HCO_3)_2$$

$$Al_2O_3 \cdot 2SiO_2 \cdot 2H_2O（高岭石）+5H_2O \rightarrow Al_2O_3 \cdot 3H_2O（三水铝石）+2H_4SiO_4$$

第二类矿物转变成高岭石时，因其含 K，故有中间态矿物水云母的过渡，而后水云母带出 K，形成高岭石。第三类矿物在变成三水铝石时，经常缺失高岭石带而由母岩直接过渡为红土风化壳。

2）Al^{3+} 结晶形成三水铝石

由于该区铝土矿中含有较多的硫矿物（黄铁矿）（前文），故 Al^{3+} 结晶形成三水铝石与一些学者（李启津等，1994）提出的三水铝石的硫酸成因理论内容相同：在湿热气候条件下，黄铁矿遭受氧化，形成硫酸溶液，局部地段水溶液的 pH 可达到 4.1~2.0 以下，母岩矿物被溶解，Al^{3+} 大量存在，当介质的酸性减弱，Al^{3+} 沉淀、结晶析出三水铝石。这一成矿过程的具体反应式如下：

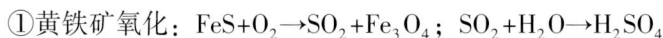

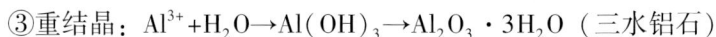

①黄铁矿氧化：$FeS+O_2 \rightarrow SO_2+Fe_3O_4$；$SO_2+H_2O \rightarrow H_2SO_4$

②黏土矿物溶解：$H_4AlSiO_4+H^+ \rightarrow Al^{3+}+SiO_2^-+H_2O$

③重结晶：$Al^{3+}+H_2O \rightarrow Al(OH)_3 \rightarrow Al_2O_3 \cdot 3H_2O$（三水铝石）

在酸性条件下，Al 的金属性大于 Si，故 Al 的溶解度大于 Si，故硬水铝石的溶解度大于黏土矿物。研究表明（刘云华等，2004）：在一个 SiO^- 和 Al^{3+} 共同存在的环境中，当酸性环境减弱时，二者总是优先结合形成高岭土等黏土矿物，只有在几乎全部排除 SiO^- 的环境中，Al^{3+} 才能结晶形成三水铝石；若过剩，则多余的才生成三水铝石，若不足，则只生成黏土。

2. 一水铝石成因

一水铝石的成因有变质成因和表生成因两种观点，这两种观点的提出都是基于一定的事实、实验和理论依据。

1）变质成因

实验研究表明：在较高温度（200℃）和较大压强（100 个大气压以上）的条件下，Al^{3+} 可直接结晶形成硬水铝石或经由三水铝石脱水形成硬水铝石（Бушинский，1975）。这个过程示意为：

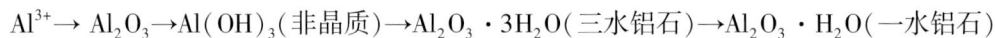

$Al^{3+} \rightarrow Al_2O_3 \rightarrow Al(OH)_3$（非晶质）$\rightarrow Al_2O_3 \cdot 3H_2O$（三水铝石）$\rightarrow Al_2O_3 \cdot H_2O$（一水铝石）

由于该实验具有很强的说服性，国内一些学者（廖士范，1989；李启津，1994）据此"脱水"理论提出了我国铝土矿一水铝石矿物的变质成因理论，认为二叠系铝土矿属古红土—沉积这一模式形成，古红土物质中的三水铝石矿物，在沉积完成后，逐渐被掩埋，在地层压力、构造应力及温度等因素的作用下，三水铝石逐渐脱水、重结晶，形成一水铝石。

2）风化成因

一些铝土矿的事实（Бушинский，1975；刘巽峰等，1990）表明：在遭受动力变质作用的红土剖面中发现有一水铝石的存在。为了解释这种事实，一些学者认为软水铝石、三水铝石的脱水风化形成了一水铝石，一水铝石较三水铝石在低温下稳定，由三水铝石向一水铝石的转变是一个放热的过程，会自然进行（Bárdossy，1982）；另一些学者（Keller，1983；Keller and Clarke，1984）提出了"结构继承"和"能量继承"的观点，认为在岩石风化的过程中，高岭土中淋出 SiO^- 的过程进展非常缓慢，高岭土的八面体层结构并未被破坏，由 AlO_2^- 取代 SiO^- 在高岭石矿物中的位置，最终转变为一水铝石，而无需能量转换。

二、成矿过程中元素活动规律

地球化学分析表明（前文），从韩家店组→铝土岩→铝土矿，除 Al_2O_3 含量明显增加、SiO_2 含量明显减少外，其他主要元素和微量元素也有很大的变化。众所周知，成矿母岩在铝土矿化过程中伴随有质量和体积的变化，因而简单地通过矿化与非矿化岩石的地球化学成分对比仅能定性讨论矿化过程中元素的活动规律。为相对定量探讨该区铝土矿化过程中元素的活动规律，本书利用 Grant（1986）提出的质量平衡方程和图解法计算了成矿母岩（韩家店组）→中间产物（铝土岩）→铝土矿过程中元素的迁移量及迁移比例。

1. 方法简介

Grant（1986）推导的质量平衡方程为（推导过程从略，参见有关文献）

$$C_i^B = (M^A/M^B) \times (C_t^A + \Delta C_i) \tag{7-1}$$

式中，C_i^A、C_i^B 分别为元素 i 在蚀变前后岩石中的浓度，M^A、M^B 分别为蚀变前后岩石的质量，ΔC_i 为元素 i 的得失量。对于不活动元素，$\Delta C_i = 0$，式（7-1）可变化为

$$C_i^B = (M^A/M^B) \times C_i^A \tag{7-2}$$

可见，式（7-2）在 C_i^A–C_i^B 图解上为一条穿过原点（0，0）、斜率为 M^A/M^B 的直线，即等位线（Isocon）。通过该图解可确定岩石蚀变（或矿化）过程中的不活动元素，同时计算出斜率 $K = C_i^B/C_i^A$（一种不活动元素）或 $K = \sum C_i^B \times C_i^A / (\sum C_i^A)^2$（两种或两种以上不活动元素，最小二乘法拟合结果），将 K 代入式（7-1），得岩石蚀变过程中元素得失量计算公式：

$$\Delta C_i = C_i^B/K - C_i^A \tag{7-3}$$

2. 计算过程

研究区除韩家店组的地球化学成分相对稳定外，铝土岩和铝土矿的地球化学成分均具有较宽的变化范围（表5-1），因而选用同一钻孔的样品进行元素活动规律计算更具代表性。本次工作对采自瓦厂坪铝土矿钻孔 ZK7-4 的样品进行了元素活动规律计算，其中 ZK7-4-8 为韩家店组（$S_{1-2}hj$）、代表成矿母岩，ZK7-4-6 为梁山组（P_1l）中的铝土岩、代表成矿母岩→铝土矿的中间产物，ZK7-4-3、ZK7-4-4 和 ZK7-4-5 分别为块状、鲕状和土状铝土矿，其 Al_2O_3 含量及 A/S 逐渐升高（表7-1）、代表铝土矿化的富集过程。

按此计算了 4 个过程，即 ZK7-4-8→ZK7-4-6、ZK7-4-6→ZK7-4-3、ZK7-4-3→ZK7-4-4 和 ZK7-4-4→ZK7-4-5。Grant 图解表明，从 ZK7-4-8→ZK7-4-6 相对不活动为 P_2O_5、Cd、Cu 和 Ge（图 7-5A、B），计算的斜率为 0.90685；从 ZK7-4-6→ZK7-4-3 相对不活动为 LOI（挥发分，下同）、In、As、Sr、Dy 和 Ho（图 7-6A、B），计算的斜率为 1.03370；从 ZK7-4-3→ZK7-4-4 相对不活动为 TiO_2、LOI、Sc、Co 和 Nd（图 7-7A、B），计算的斜率为 0.98055；从 ZK7-4-4→ZK7-4-5 相对不活动为 MnO、Fe_2O_3、LOI、Cr、Sb、Hf 和 Ga（图 7-8A、B），计算的斜率为 1.02157。将每个过程中的斜率代入式（7-3），计算出元素的迁移量及迁移比（元素迁移量与元素在原岩中的含量之比）（表7-1）。

3. 计算结果

计算结果（表7-1）表明，该区铝土矿不同成矿阶段的主量和微量元素活动规律具有明显差异。从砂页岩（韩家店组）→铝土岩（图 7-9A、图 7-10A），主量元素 Al_2O_3、TiO_2 和 Na_2O 明显富集，而 SiO_2、Fe_2O_3、MgO、CaO 和 K_2O 亏损；微量元素除 Ba、Rb、Sr 等少数元素亏损外，大部分元素均明显富集，LREE 相对亏损，HREE 明显富集。从铝土岩→块状铝土矿（图 7-9B、图 7-10B），主量元素 Al_2O_3、Fe_2O_3、MgO、CaO、K_2O 富集，而 SiO_2、Na_2O 亏损；微量元素 Ag、Nb、Sn、Mo、Hf、Ta、Th、U 等明显富集，Be、Sc、Co、Ni、Cu、REE 等相对亏损。从块状铝土矿→鲕状铝土矿（图 7-9C、图 7-10C），主要元素 Al_2O_3、CaO、Na_2O 富集，SiO_2、Fe_2O_3 和 K_2O 亏损；微量元素除 La、Ce、Pr 等少数

表7-1　瓦厂坪铝土矿形成过程的质量平衡计算

样品号 名称	ZK7-4-8 韩家店组砂页岩	ZK7-4-6 铝土岩	ZK7-4-3 块状铝土矿	ZK7-4-4 鲕状铝土矿	ZK7-4-5 土状铝土矿	ZK7-4-8→ZK7-4-6 (铝土岩形成) 迁移量	迁移比	ZK7-4-6→ZK7-4-3 (块状铝土矿形成) 迁移量	迁移比	ZK7-4-3→ZK7-4-4 (鲕状铝土矿形成) 迁移量	迁移比	ZK7-4-3→ZK7-4-4 (土状铝土矿形成) 迁移量	迁移比
SiO_2	59.02	43.44	27.07	22.57	10.79	-11.12	-18.84	-17.25	-39.72	-4.05	-14.97	-12.01	-53.20
TiO_2	0.36	1.16	1.76	1.75	2.65	0.92	255.32	0.54	46.78			0.84	48.23
Al_2O_3	19.89	38.39	47.41	53.34	65.68	22.44	112.84	7.47	19.47	6.99	14.74	10.95	20.53
Fe_2O_3	7.80	1.31	4.05	1.73	1.80	-6.36	-81.48	2.61	199.08	-2.29	-56.44		
MnO	0.042	0.002	0.006	0.004	0.004	-0.04	-94.75	0.00	190.22	0.00	-32.01		
MgO	2.48	0.44	3.28	4.10	2.41	-1.99	-80.44	2.73	621.15	0.90	27.48	-1.74	-42.46
CaO	1.25	0.56	1.21	1.05	1.41	-0.63	-50.60	0.61	109.03	-0.14	-11.50	0.33	31.45
Na_2O	0.45	0.78	0.64	0.72	0.39	0.41	91.14	-0.16	-20.62	0.09	14.73	-0.34	-46.98
K_2O	3.14	0.26	1.15	0.28	0.13	-2.85	-90.87	0.85	327.89	-0.86	-75.17	-0.15	-54.55
P_2O_5	0.043	0.038	0.042	0.063	0.037			0.00	6.92	0.02	52.98	-0.03	-42.51
LOI	5.32	13.70	13.27	14.25	14.42	9.79	183.97						
Li	38.6	911	1785	1153	481	965.85	2502.68	815.97	89.58	-609.58	-34.15	-682.20	-59.19
Be	6.22	9.39	8.41	5.79	10.8	4.14	66.51	-1.25	-13.36	-2.50	-29.74	4.82	83.23
Sc	14.4	45.1	25.1	23.9	33.0	35.33	245.10	-20.81	-46.14			8.43	35.27
V	108	320	583	255	286	243.97	225.09	244.59	76.55	-323.08	-55.40	24.83	9.74
Cr	81.2	446	826	289	294	410.18	505.44	353.96	79.44	-531.63	-64.33		
Co	20.1	9.34	2.66	2.64	28.8	-9.77	-48.68	-6.77	-72.45			25.52	965.73
Ni	40.5	140	3.84	7.71	16.9	113.41	280.25	-135.83	-97.34	4.02	104.77	8.79	113.97
Ag	0.36	0.69	1.86	1.11	1.23	0.40	111.10	1.11	160.60	-0.72	-38.86	0.09	8.43
Cd	0.063	0.054		0.032	0.158	-0.05		-0.05	-100.00	0.03		0.12	382.67
In	0.074	0.334	0.321	0.239	0.211	0.29	400.36	-0.08		-0.08	-24.08	-0.03	-13.71

续表

样品号 名称	ZK7-4-8 韩家店组砂页岩	ZK7-4-6 铝土岩	ZK7-4-3 块状铝土矿	ZK7-4-4 鲕状铝土矿	ZK7-4-5 土状铝土矿	ZK7-4-8→ZK7-4-6形成 （铝土岩形成） 迁移量	迁移比	ZK7-4-6→ZK7-4-3形成 （块状铝土矿形成） 迁移量	迁移比	ZK7-4-3→ZK7-4-4形成 （鲕状铝土矿形成） 迁移量	迁移比	ZK7-4-3→ZK7-4-4 （土状铝土矿形成） 迁移量	迁移比
Sn	1.74	5.24	25.9	6.95	8.08	4.04	232.12	19.81	378.23	-18.81	-72.62	0.96	13.75
Sb	1.20	0.99	4.22	1.25	1.22	-0.11	-8.94	3.09	311.43	-2.94	-69.72		
Cs	11.9	2.19	2.90	2.45	0.25	-9.44	-79.62	0.61	27.90	-0.40	-13.76	-2.20	-89.97
Ba	347	56.5	220	71.39	18.07	-284.62	-82.04	156.68	277.29	-147.56	-66.96	-53.70	-75.23
Cu	17.2	15.6	12.5	5.11	10.2			-3.56	-22.81	-7.25	-58.18	4.91	95.99
Zn	96.3	16.9	27.9	49.9	21.3	-77.59	-80.60	10.07	59.47	22.96	82.24	-29.06	-58.24
Ga	21.5	47.4	127	69.8	76.8	30.72	142.57	75.39	159.06	-55.73	-43.91		
Ge	1.57	1.40	1.11	0.80	2.99			-0.32	-23.20	-0.30	-26.94	2.14	268.52
As	12.1	30.9	31.3	12.4	16.3	21.99	181.89			-18.60	-59.47	3.53	28.40
Rb	171	4.34	25.8	5.47	2.63	-165.88	-97.20	20.60	474.56	-20.20	-78.37	-2.89	-52.89
Sr	134	83.7	86.9	63.2	79.6	-41.21	-30.86			-22.46	-25.84	14.71	23.29
Y	26.2	39.1	55.1	30.8	49.6	16.92	64.65	14.20	36.34	-23.62	-42.89	17.71	57.42
Zr	127	427	1122	732	587	344.06	271.31	658.54	154.22	-375.20	-33.44	-158.11	-21.59
Nb	14.1	36.8	82.4	48.8	62.6	26.51	188.06	42.86	116.36	-32.64	-39.63	12.55	25.74
Mo	0.20	0.25	5.10	0.71	8.78	0.07	35.12	4.68	1867.05	-4.37	-85.79	7.88	1110.02
La	45.6	35.4	1.72	3.26	19.5	-6.61	-14.49	-33.72	-95.29	1.60	93.15	15.83	485.49
Ce	88.0	58.2	5.74	9.08	57.4	-23.79	-27.04	-52.68	-90.46	3.52	61.23	47.10	518.80
Pr	9.70	4.76	0.68	0.92	4.62	-4.46	-45.95	-4.09	-86.08	0.25	36.47	3.61	393.82
Nd	34.8	15.1	3.71	3.99	15.8	-18.14	-52.15	-11.50	-76.19			11.47	287.54
Sm	6.03	3.63	2.97	1.89	4.87	-2.02	-33.57	-0.76	-20.90	-1.05	-35.22	2.89	153.06
Eu	1.16	0.69	1.49	0.76	1.35	-0.39	-33.95	0.74	107.16	-0.71	-47.54	0.56	72.60

续表

名称	ZK7-4-8 韩家店组砂页岩	ZK7-4-6 铝土岩	ZK7-4-3 块状铝土矿	ZK7-4-4 鲕状铝土矿	ZK7-4-5 土状铝土矿	ZK7-4-8→ZK7-4-6 (铝土岩形成) 迁移量	迁移比	ZK7-4-6→ZK7-4-3 (块状铝土矿形成) 迁移量	迁移比	ZK7-4-3→ZK7-4-4 (鲕状铝土矿形成) 迁移量	迁移比	ZK7-4-4→ZK7-4-4 (土状铝土矿形成) 迁移量	迁移比
Gd	4.99	3.94	6.06	3.28	5.36	-0.65	-13.11	1.93	48.93	-2.71	-44.70	1.96	59.76
Tb	0.79	0.95	1.20	0.72	1.08	0.26	32.94	0.22	22.69	-0.47	-39.00	0.34	47.05
Dy	4.50	7.44	7.78	4.97	7.26	3.70	82.25			-2.72	-34.91	2.14	43.10
Ho	1.02	1.89	1.77	1.10	1.72	1.06	104.61			-0.65	-36.47	0.58	52.91
Er	2.72	5.74	4.96	3.28	4.99	3.60	132.43	-0.94	-16.30	-1.62	-32.63	1.61	49.10
Tm	0.40	0.95	0.79	0.47	0.73	0.65	161.93	-0.19	-19.64	-0.31	-39.04	0.24	51.69
Yb	2.72	6.68	5.38	3.59	5.37	4.64	170.20	-1.47	-22.00	-1.72	-31.93	1.66	46.22
Lu	0.38	0.99	0.77	0.54	0.74	0.72	190.00	-0.25	-25.25	-0.22	-28.64	0.19	34.45
Hf	3.38	11.9	25.8	16.3	15.1	9.77	289.05	13.07	109.54	-9.17	-35.48		
Ta	1.12	2.73	6.08	3.69	4.84	1.90	169.76	3.15	115.40	-2.32	-38.15	1.05	28.35
W	41.7	6.8	48.9	36.9	276	-34.24	-82.11	40.58	599.98	-11.25	-23.00	233.34	631.55
Tl	0.680	0.125	0.257	0.063	0.099	-0.54	-79.66	0.12	98.24	-0.19	-74.95	0.03	53.41
Pb	7.21	57.3	21.8	5.75	9.32	55.98	776.66	-36.25	-63.25	-15.90	-73.06	3.37	58.62
Bi	0.33	1.19	2.04	1.15	1.46	0.98	292.81	0.78	65.64	-0.87	-42.47	0.28	24.49
Th	17.5	73.0	151	50.5	65.2	63.06	361.07	73.27	100.33	-99.77	-65.97	13.36	26.48
U	2.50	8.58	19.8	10.0	19.2	6.96	278.35	10.62	123.74	-9.67	-48.75	8.78	88.07

注：①主量元素单位为 wt%，微量元素单位为 ppm；②迁移比为元素迁移量与元素在原岩中的含量之比(%)；③原始数据由本次工作分析，计算过程见正文。

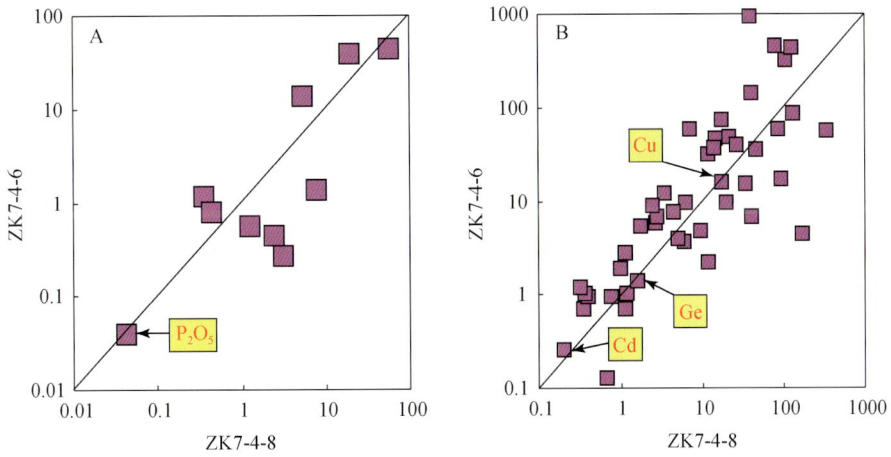

图 7-5　瓦厂坪铝土矿床铝土岩形成（ZK7-4-8→ZK7-4-6）Grant 图解

图中箭头所指为相对不活动元素

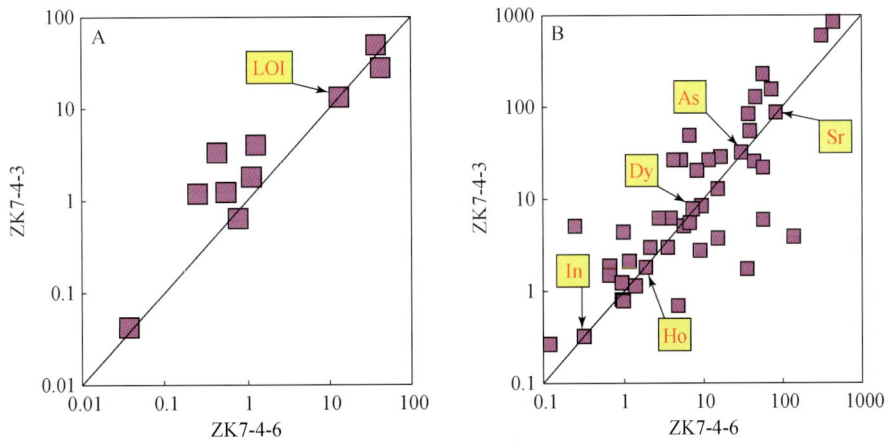

图 7-6　瓦厂坪铝土矿床块状铝土矿形成（ZK7-4-6→ZK7-4-3）Grant 图解

图中箭头所指为相对不活动元素

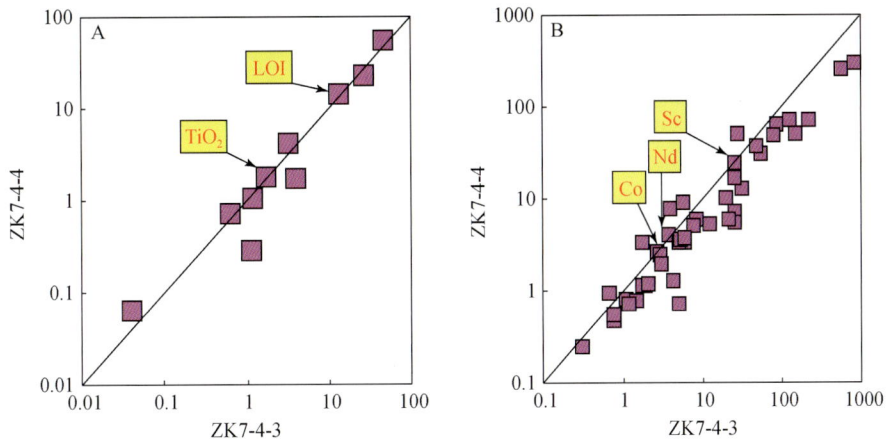

图 7-7　瓦厂坪铝土矿床鲕状铝土矿形成（ZK7-4-3→ZK7-4-4）Grant 图解

图中箭头所指为相对不活动元素

LREE 富集外，其他元素均明显亏损。从鲕状铝土矿→土状铝土矿（图7-9D、图7-10D），主要元素 Al_2O_3、TiO_2 进一步富集，SiO_2、CaO、Na_2O 和 K_2O 亏损；微量元素除 Li、Ba、Rb 等少数元素亏损外，其他元素均明显富集。

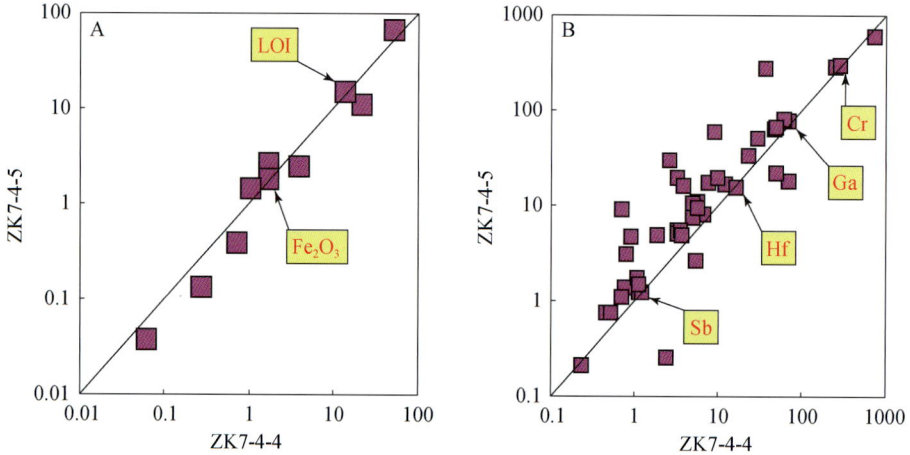

图 7-8　瓦厂坪铝土矿床鲕状铝土矿形成（ZK7-4-4→ZK7-4-5）Grant 图解

图中箭头所指为相对不活动元素

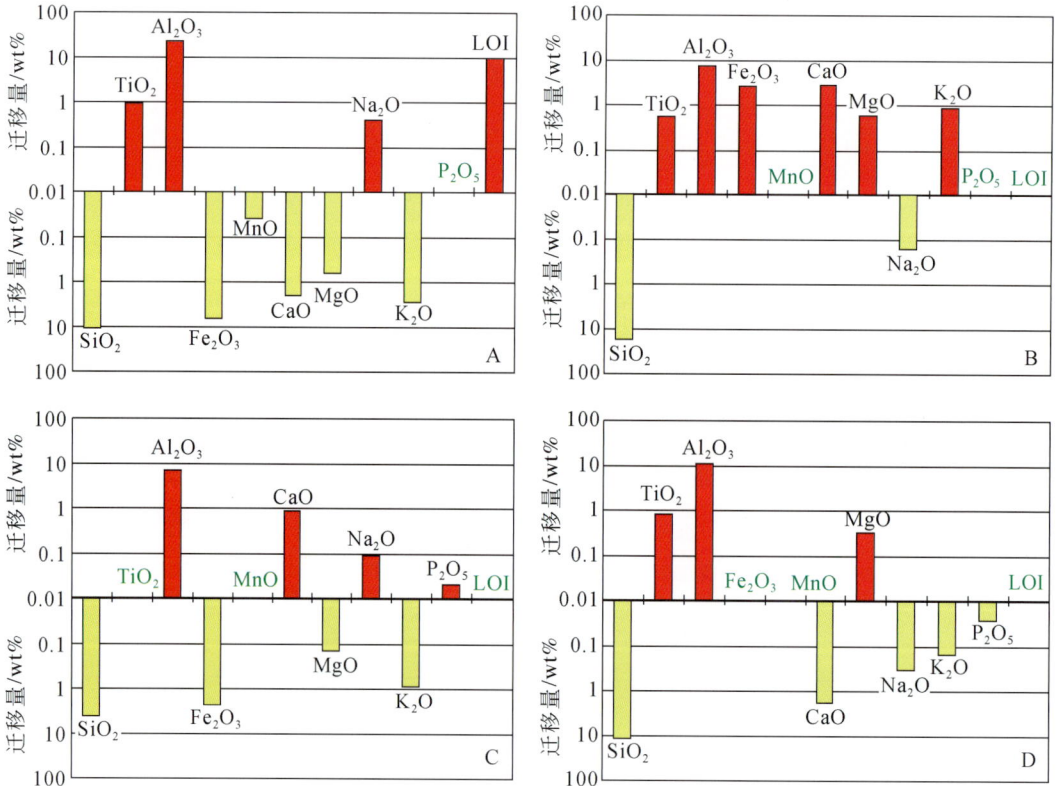

图 7-9　务正道瓦厂坪铝土矿床成矿作用过程主量元素活动规律计算结果

A-砂页岩（韩家店组）→铝土岩；B-铝土岩→块状铝土矿；C-块状铝土矿→鲕状铝土矿；

D-鲕状铝土矿→土状铝土矿；向上红色柱为带进量，向下黄色柱为带出量

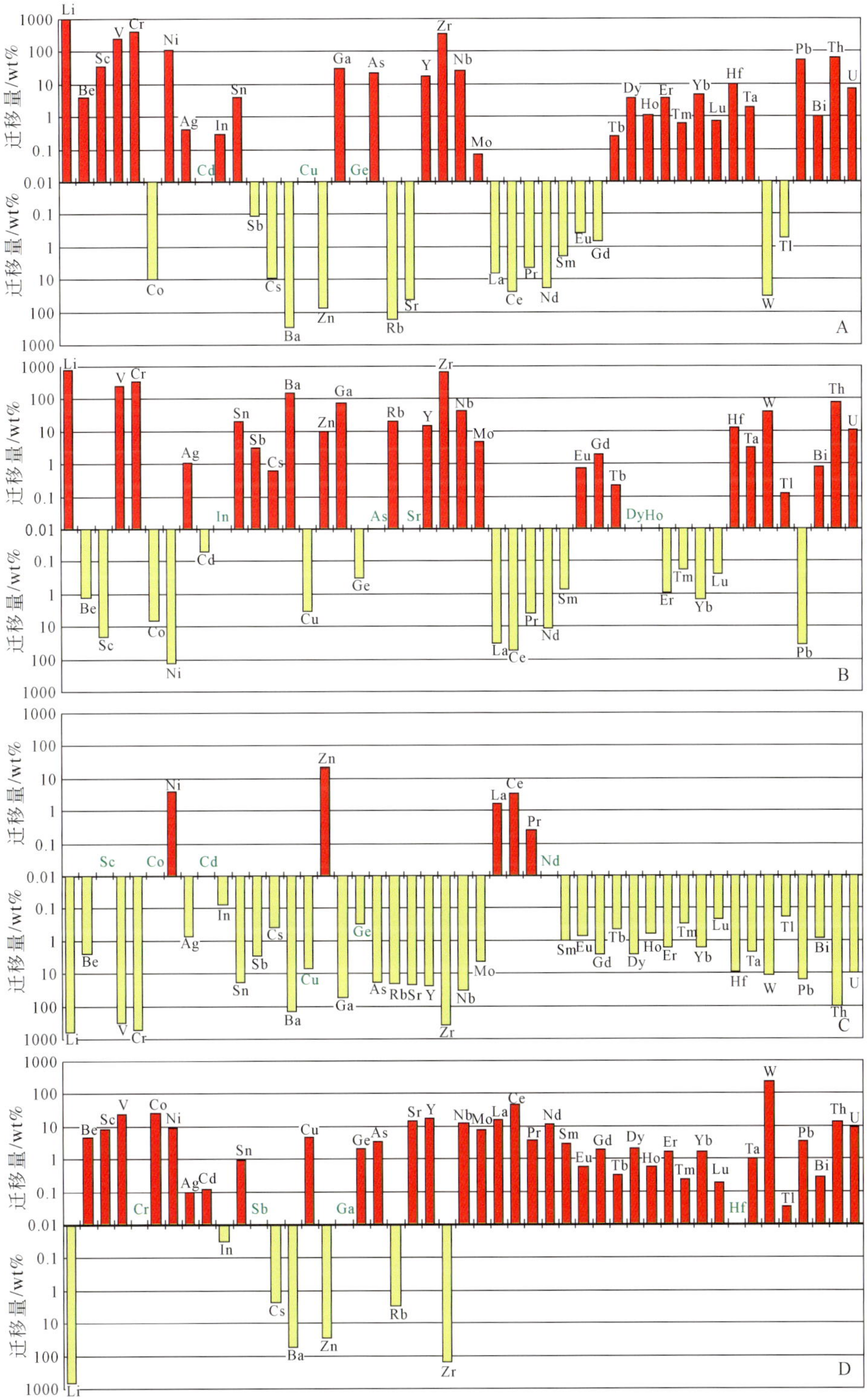

图 7-10　瓦厂坪铝土矿床铝土矿形成过程微量元素质量平衡计算结果

A-砂页岩（韩家店组）→铝土岩；B-铝土岩→块状铝土矿；C-块状铝土矿→鲕状铝土矿；

D-鲕状铝土矿→土状铝土矿；向上红色柱为带进量，向下黄色柱为带出量

第三节　成矿模型及成矿规律

一、成矿模型

综合本次工作及前人获得的各种地质、地球化学及碎屑锆石年代学资料，建立了务正道铝土矿成矿模型（图 7-11），铝土矿床的形成大致可划分为以下 4 个阶段（图 7-12）。

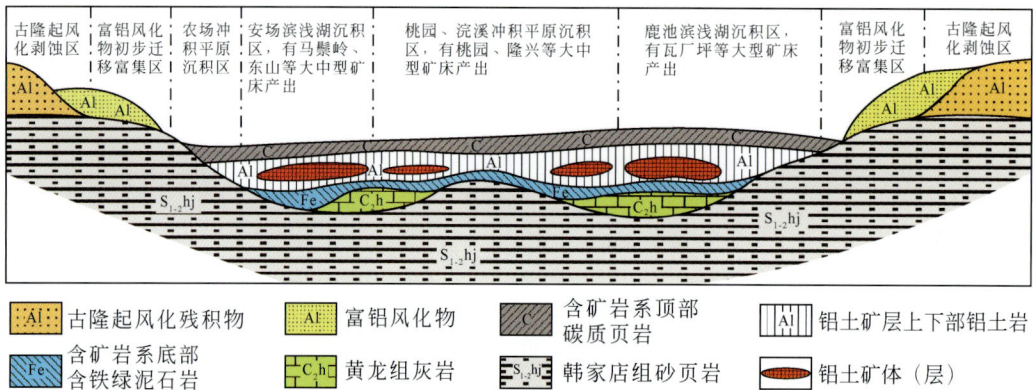

图 7-11　黔北务正道地区铝土矿成矿模型

第一阶段，风化和搬运阶段（图 7-12a）。Grenville 造山运动（1000～1300Ma）以及扬子地块西缘的俯冲作用相关的岩浆作用（740～1000Ma）导致区域地壳抬升，暴露的前寒武纪火山岩和基底岩石经历长时间高强度的风化作用，其中的矿物风化成高岭石等矿物；志留纪早期，受加里东构造运动的影响，黔北地区形成一个广阔的由海进至海退的巨大沉积旋回，接受沉积形成志留纪韩家店组砂页岩，为铝土矿的形成提供了丰富的物质基础。

第二阶段，原位风化阶段（图 7-12b）。晚志留世至早石炭世，受广西运动的影响，区域普遍上升为陆，韩家店组暴露地表，在温湿多雨的亚热-热带气候条件下，其中富铝硅酸盐矿物遭受强烈的红土化作用，形成原位风化层位；该过程导致铝土质物质、铁和钛氧化物以及黏土矿物的聚集，形成以高岭石及其他黏土矿物为主的初始矿源层。

第三阶段，搬运和重新沉积阶段（图 7-12c）。晚石炭世至早二叠世，研究区缓慢下降，海水南侵，韩家店组上部初步富集的铝质风化壳物质经海水径流作用搬运到内陆河湖沼泽环境等有利沉积环境，由于物理化学性质的差异，被搬运的物质再次分异沉积富集；早二叠世—中二叠世，气候炎热潮湿，植物繁茂，利于化学、物理及生物作用的进行，风化淋滤作用强，铝土质物质再次遭受强烈的风化作用，Si 等活动元素被淋滤，Al 等元素在风化剖面的不同部位聚集，形成富含三水铝石和一水软铝石等铝矿物的初始铝土矿层位。

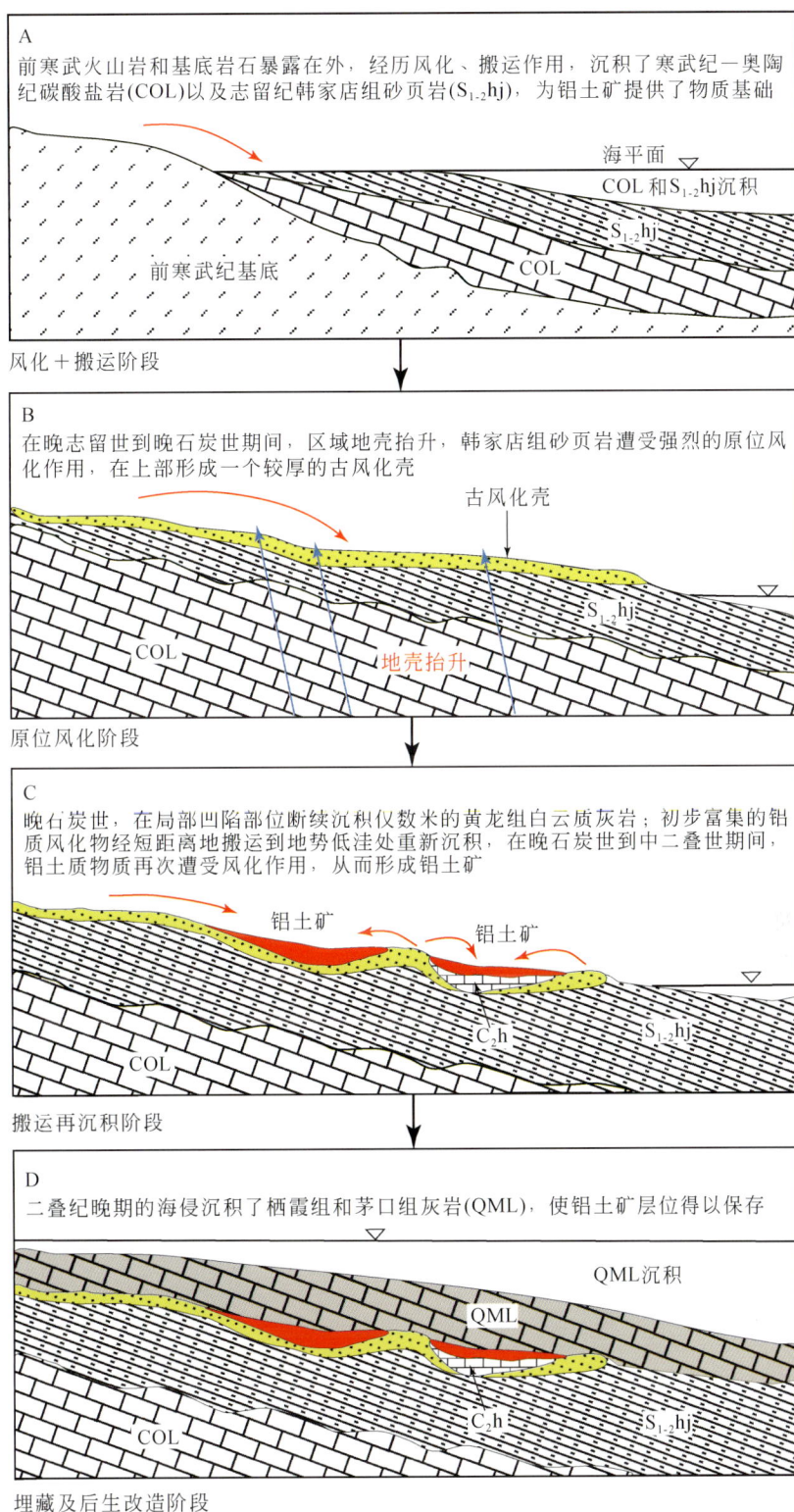

图7-12 务正道铝土矿床成矿阶段示意图

第四阶段，后生改造阶段（图7-12d）。晚二叠世，海侵沉积了较厚的栖霞-茅口组灰岩，使铝土矿层位得以保存，随后受后生成岩作用、深埋压实作用、低级变质作用以及二叠纪晚期峨眉山玄武岩喷发的热动作用的影响，铝土矿中的三水铝石和一水软铝石脱水转变为一水硬铝石；后期地壳的抬升作用，区域内大规模的褶皱和断裂作用，使早期形成的矿石出露于地表或近地表，再次经历风化淋滤改造，进一步脱硅、去硫、除铁，最终形成高品位铝土矿。

二、成矿规律

根据务正道铝土矿分布规律、成矿条件、主要控矿因素、矿床地球化学、成矿作用过程及成矿模型，总结出如下主要成矿规律（图7-13）。

（1）黔北-渝南地区铝土矿分布严格受黔北古陆和武隆岛分布区域控制，铝土矿床（点）大都产于两者限定的区域内，大、中型矿床多分布于黄龙组形成的溶蚀洼地区及边缘地带，以及滨浅湖盆地沉积区。这是由于该区域在铝土矿沉积时期为汇水盆地中心，东、西、南有黔北古陆，北有武陵岛提供风化残积物，物源丰富，汇集物多，沉积厚度大，加之搬运迁移距离相对远，沉积分异相对好，成矿条件优越，是寻找大中型矿床的有利地区。

（2）务正道地区向斜区含矿岩系保留较完整，地表出露较连续的区域，特别是向斜扬起端，处于成岩成矿后的地表和近地表环境，次生风化淋滤作用强，长期的脱硅、去铁、降硫、富铝作用，多形成中、大型矿床。反映出古沉积时期，地形地貌总体较平坦，相邻区域无较大起伏，沉积环境稳定，如鹿池向斜南东段、青坪向斜北段、安场向斜北段、龙桥向斜南段等。

（3）中二叠统梁山组含矿岩系是形成铝土矿的必要条件，其厚度总体上与铝土矿层厚度、矿石质量成正相关关系，即含矿岩系越厚、铝土矿层越厚、Al_2O_3含量及 A/S 越高、矿石质量越好。

（4）下石炭统黄龙组分布相对较厚的区域，往往是沉积时期地势较低、剥蚀程度低的区域，含矿岩系沉积后，岩溶发育，有利于后期地表水、地下水的排放和对矿层的渗滤循环、淋滤作用，脱硅、去铁、降硫、富铝作用强，常形成土状、半土状、碎屑状矿石，其Al_2O_3含量及 A/S 较高，矿石质量较好。

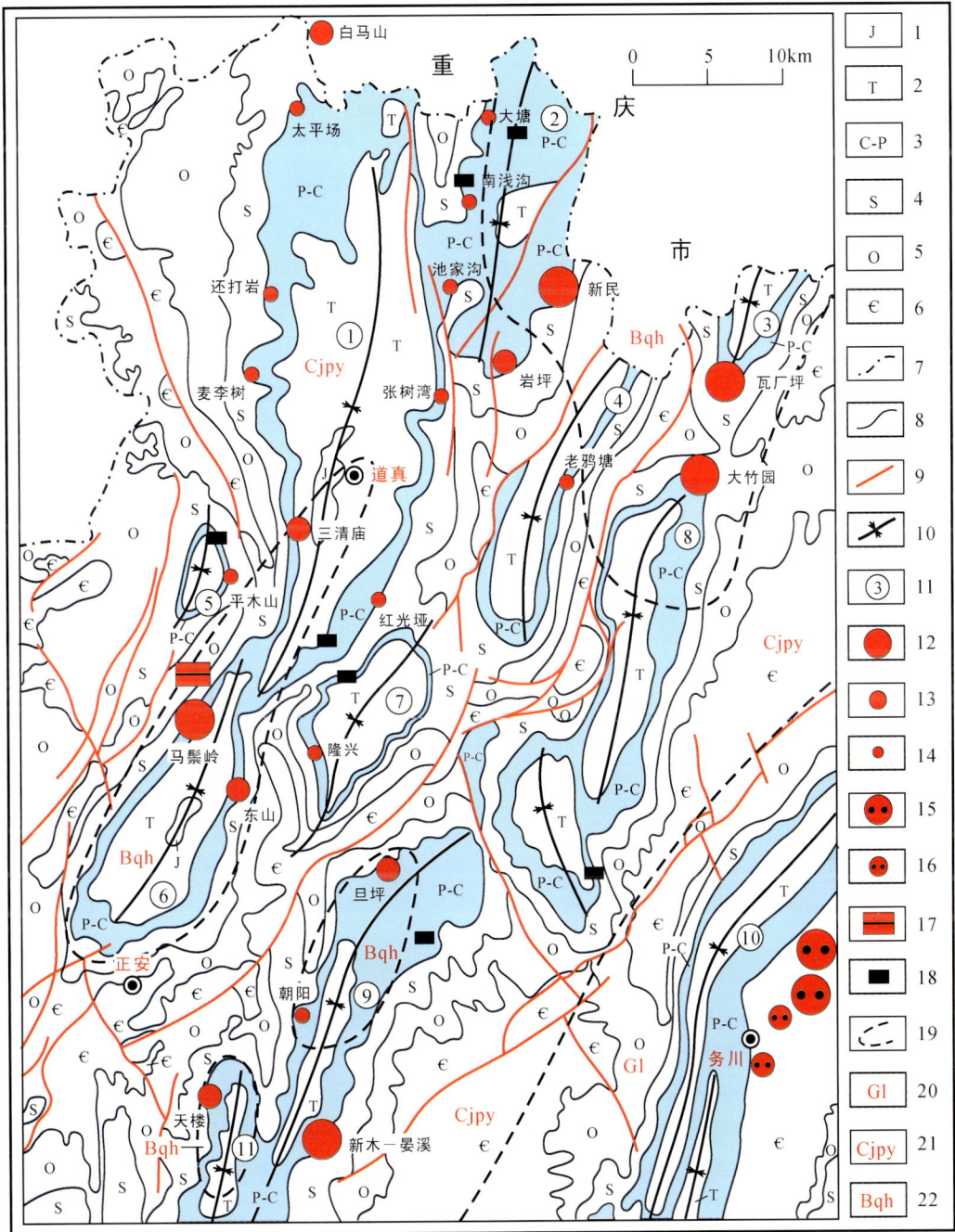

图 7-13　务正道铝土矿成矿规律图

1-侏罗系；2-三叠系；3-石炭—二叠系；4-志留系；5-奥陶系；6-寒武系；7-省（区）界；8-断层；9-地层界线；
10-向斜轴；11-向斜编号；12-大型矿床；13-中型矿床；14-小型矿床或矿点；15-大型汞矿床；
16-中小型汞矿床；17-钾盐矿床；18-煤矿床；19-沉积相界线；20-古陆区；
21-冲积平原沉积相区；22-滨浅湖沉积相区

第八章 成 矿 预 测

近年来，务正道铝土矿找矿取得重大突破，找矿方法主要是传统的综合地质找矿方法，其他先进的找矿方法，如遥感、地球物理等，在该区很少开展，严重影响找矿方法体系的集成和找矿模型的建立。本次工作在务正道地区开展了铝土矿遥感和地球物理找矿方法试验研究，结合综合地质找矿方法，初步集成了该区铝土矿快速的找矿方法体系和建立了有效的找矿模型。

第一节 成矿预测方法试验

一、遥感成矿预测

遥感矿化信息提取技术是基于不同地质体对电磁波的吸收、反射和辐射的波谱特征，采用反差增强、空间滤波、比值处理、彩色合成、KL 变换、HIS 变换、密度分割以及他们的组合等的信息增强、分离和提取的技术方法，获取有效示矿光谱信息和构造信息，提高快速找矿效果。国内外找矿实践证明，遥感在铝土矿资源调查、找矿远景评价、找矿异常圈定过程中具有不可替代的作用（陈松岭，1990；刘沛等，2003；罗允义，2003；高光明等，2007；成功等，2009，2012；李领军等，2010；刘建楠，2010；江海东等，2011；张云峰等，2012；罗一英等，2013）。

1. 数据选择

根据务正道地区含铝岩系的结构分析，铝土矿与铁质、黏土或泥页岩密切相关，铝土矿层之下多为高铁岩系和泥页岩，之上则为黏土岩或碳质页岩，且经常互为消长。选择务正道地区美国 Landsat TM、ETM 卫星数据，开展 1∶10 万遥感地质解译，覆盖范围为经度 $107°05' \sim 108°00'$，纬度 $28°15' \sim 29°20'$，面积约 11000km²。

研究区卫星遥感影像的几何精校采用 1∶50000 地形图。由于研究区位于我国南方，雨量充沛，为了减少自然因素的干扰，特别选择含云量较少季节的图像进行铁化、泥化等矿化信息的提取。

2. 数据处理

（1）数据重采样：为了获得最佳的几何分辨率，对原始数据进行重采样，将分辨率统一为 30m，重采样方法通常有最小距离法、双线性内插法、三次卷积法等，本次研究采用效果最佳、运算量最大的三次卷积法，得到了较清晰的图像。

（2）几何精校：以 1∶50000 地形图（1954 年北京坐标系）作为投影参照系统，将含有各种变形误差的遥感图像进行平差处理，从而进行遥感图像信息的几何测量、相互比较、图像复合分析、遥感与非遥感信息的多元数据融合与复合等处理。采用 krassovsky 投影方式（投影中心为东经 105°），共选择了 279 个 GCP（地面控制点），GCP 误差均控制在 0.2 个像素以内，误差总体为正态分布。经过几何精校之后，对研究区范围进行子区切取，子区大小为 7495×9725 像素，涵盖了务正道整个区域。

3. 解译及信息提取结果

（1）结合野外地质调查，建立并完善了各种不同地质体，尤其是铝土矿含矿层的遥感解译标志：寒武系白云岩常形成峰林景观（图 8-1A）；中下志留统韩家店组砂页岩呈浅灰色、灰紫色，常形成发射状"刘海"式密集冲沟（图 8-1B）；中二叠统栖霞-茅口组灰岩呈封闭的黄绿色带和色块（图 8-1C）；三叠系地层发育紫红色的峰林地貌（图 8-1D）；含

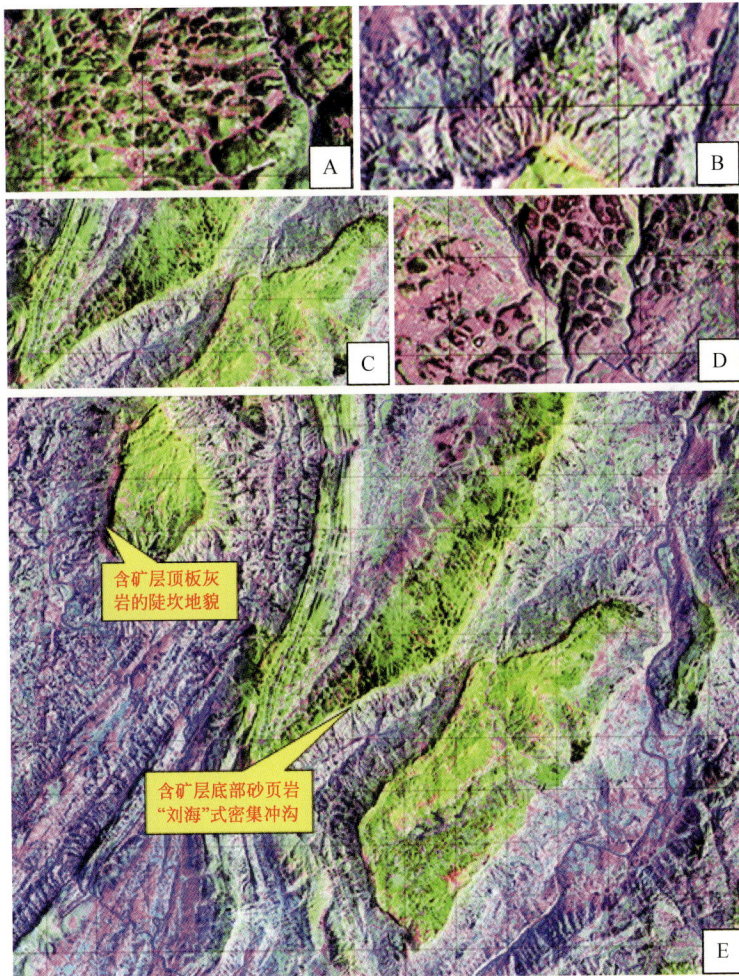

图 8-1　务正道地区遥感影像解译标志

A-寒武系白云岩的峰林景观；B-韩家店组发射状"刘海"式密集冲沟；C-栖霞-茅口组灰岩陡坎、黄绿色带和色块；D-三叠系地层发育紫红色的峰林地貌；E-含矿岩系及相邻层位遥感影像

矿层常环绕向斜形成外围圈闭，在向斜西翼背阴坡陡坎表现为黑色条带状阴影，在向斜东翼向阳坡呈浅黄色条带（图8-1E）。图8-2为务正道地区1：10万遥感地质解译结果，其中主要向斜清晰可见，已知铝土矿床（点）围绕向斜分布。

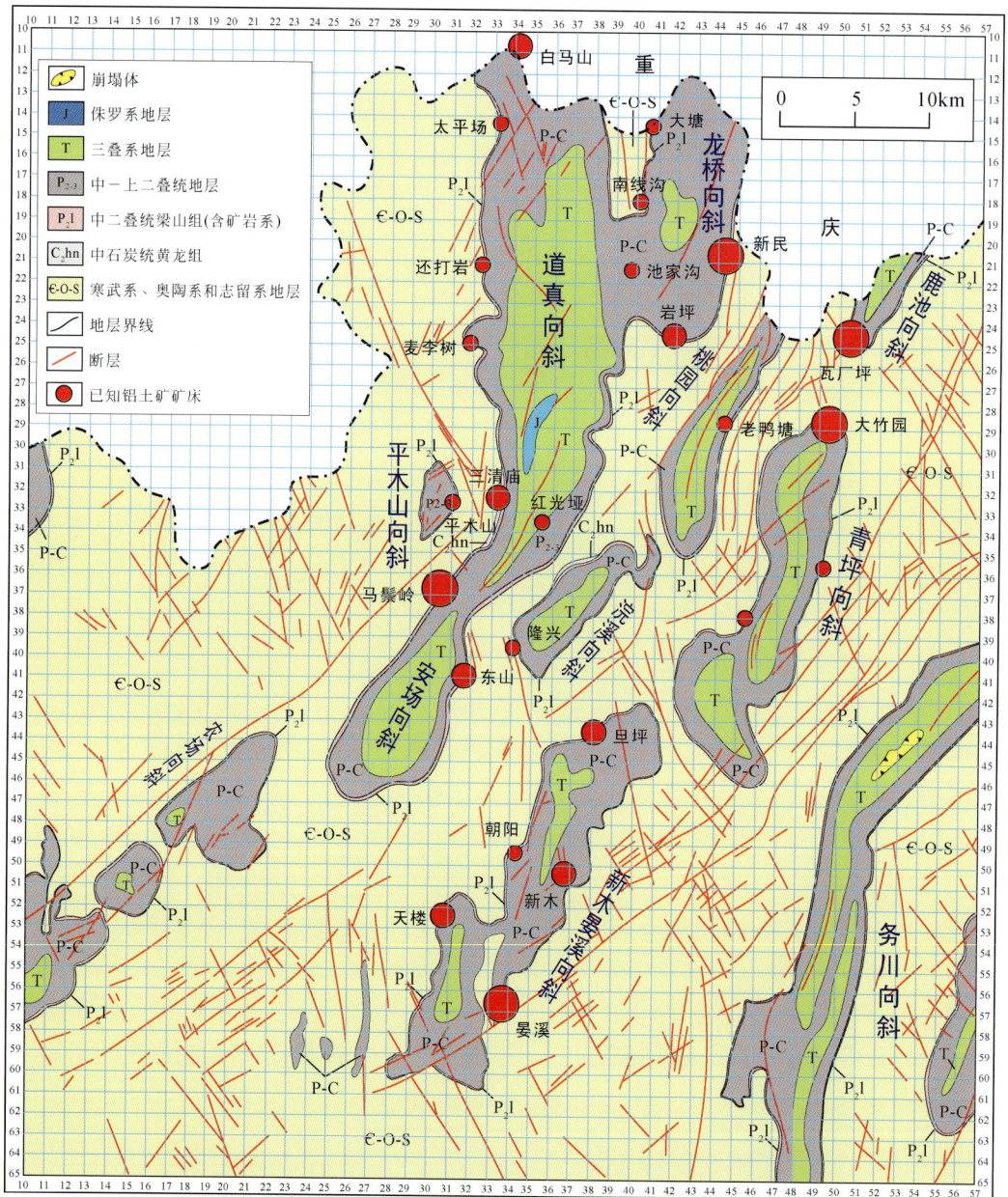

图8-2　黔北务正道地区1：10万TM遥感地质解译图

　　（2）对务正道地区9个向斜区进行了铁化、泥化信息提取。铁化和泥化与铝土矿的关系具体体现为：铁化和泥化呈带状沿含铝层断续分布并相伴出现时，往往有铝土矿存在；铁化和泥化呈带状沿含铝层分布并相伴出现时，且异常连续性好或强度较强时，则意味着该含铝层位中铁矿化较强或黏土岩发育，铝土矿反而不佳；呈面状分布的铁化和泥化基本上与铝土矿无关；铁化和泥化虽然呈带状分布但与含铝层位不吻合时也不是铝土矿的反映。

4. 成矿预测

根据遥感影像标志，可准确地圈定含矿岩系梁山组的分布位置和大致范围。结合铁矿、泥化发育特征及其与铝土矿的共生组合关系，圈出 10 个找矿异常远景区，各远景区面积大约为：Ⅰ区 230km²、Ⅱ区 105km²、Ⅲ区 70km²、Ⅳ区 85km²、Ⅴ区 50km²、Ⅵ区 185km²、Ⅶ区 30km²、Ⅷ区 25km²、Ⅸ区 30km² 和 Ⅹ区 40km²。贵州省有色金属和核工业地质勘查局地质矿产勘查院对Ⅲ号远景区中的新民、岩坪矿区进行了详查，提交 (332)+(333) 资源量 4600 余万 t；省矿权储备交易局对该远景区中的大塘矿区开展了普查，估计可提交 (333)+(334?) 资源量 5000 万 t 以上。

二、地球物理成矿预测

国内外找矿实践同样证明，地球物理在铝土矿找矿靶区圈定和隐伏矿定位预测过程中也发挥了重要作用（易永森和周鹤鸣，1990；Rezessy and Sores，1990；罗小南和蔡运胜，2003；吕佩炎等，2004；袁树森等，2006；杨瑞西等，2008；王桥等，2012；樊金生等，2013）。务正道地区铝土矿总体上矿层薄、埋深大，为节约资金，降低勘查风险，快速评价该地区铝土矿资源，开展深部物探找矿势在必行。本次工作在瓦厂坪、新木-晏溪矿床开展了高密度电阻率法、浅层地震反射波法、瞬变电磁法（TEM）等成矿预测方法的试验研究。

1. 物性参数

通过野外现场测试和标本的室内测试，获得矿区岩（矿）石的物性参数（图 8-3）：含矿岩系上覆地层栖霞-茅口组灰岩呈高阻低极化电性特征。含矿岩系因顶部碳质页岩产出稳定、局部地段发育的黄铁矿及其氧化形成的褐铁矿是良好的导电体，形成较典型的低电阻率、中高极化率电性特征，特别是土状矿发育地段尤为突出，与上覆层物性差异明显，易于物理分层。当含矿岩系下伏地层为中石炭统黄龙组灰岩时，则为高电阻率、低极化率电性特征；当下伏地层为志留系韩家店组砂页岩时，则具低电阻率和低极化率电性特征，因此，含矿岩系与下伏地层物理分层也较明显。加之栖霞-茅口组灰岩中岩溶发育，岩溶的电性与其中有无充填物相关，当充水或充泥时为低阻，无充填物时为高阻，岩溶的异常形态在断面等值图上呈"等轴"状，与呈条带状的铝土矿容易区分。通过对测区地质情况的分析，引起高密度电阻率法获得的低电阻率异常主要是二叠系梁山组中上部铝土矿、水或充泥岩溶、断层破碎带和第四系覆盖层，四类低阻异常的形态、规模、空间分布等特征都不同，为解释推断提供了有利依据。

铝土矿低阻异常特征是异常沿横向展布，呈"条带"状，有一定规模，且上覆高阻层；充填水或充填泥沙的岩溶异常则呈"轴"状或"半轴"状，规模相对较小，主要赋存在铝土矿上覆的高阻层中；断裂构造引起的低阻异常多为纵向展布，呈"条带"状，有

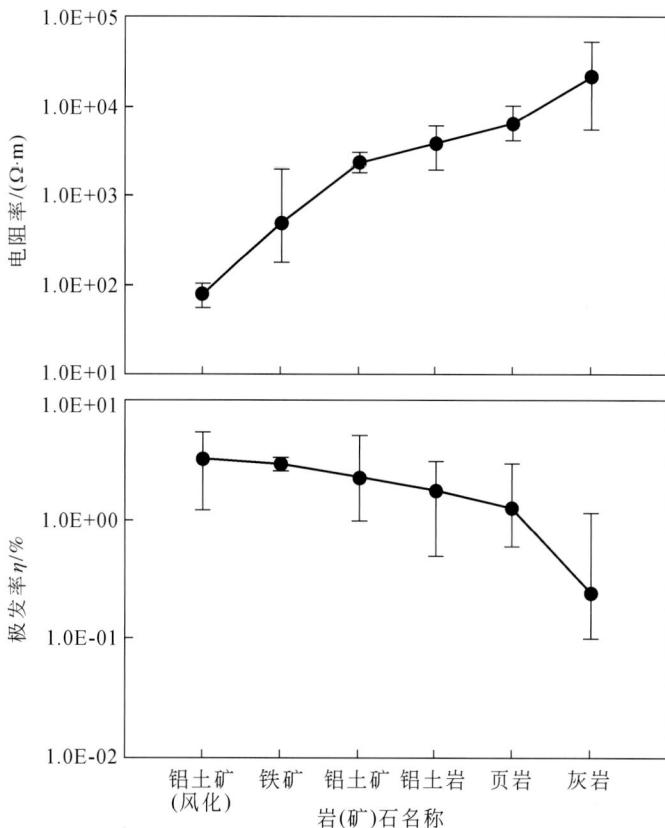

图 8-3　务正道地区岩（矿）石物性参数

一定规模；第四系覆盖层低阻异常为浅部异常。

2. 地震波速

采用折射波法获得区内各岩层的地震波速（图 8-4）：双程时间 0 ~ 35ms 的波速为 1200m/s，与第四系覆盖层对应；35 ~ 170ms 的波速为 3200m/s，与栖霞 – 茅口组灰岩对应；170 ~ 210ms 的波速为 1447m/s，与铝土矿层对应；大于 210ms 的波速为 3400m/s，与志留系砂页岩对应。

3. 成矿预测

所选物探方法在务正道地区铝土矿成矿预测过程中，尤其在隐伏定位方面，发挥了积极作用，以下仅列举瓦厂坪矿区找矿实例。

对瓦厂坪矿床 W3 剖面进行地震反射波法和高密度电阻率法工作，测量剖面长度 470m，测量结果根据速度分析推测，第四系与基岩的界面深度为 0 ~ 25m，含矿层埋深 600m 以上，含矿层厚度 3 ~ 18m，之下为志留系韩家店组砂页岩；同时预测矿层往大测点方向（向北东）埋深变浅、厚度变薄；铝土矿埋深已远远超过高密度电法现有电极的探测范围，故在电阻率断面上未反映铝土矿产生的异常。钻孔 ZK8-6 验证，浮土与基岩的界

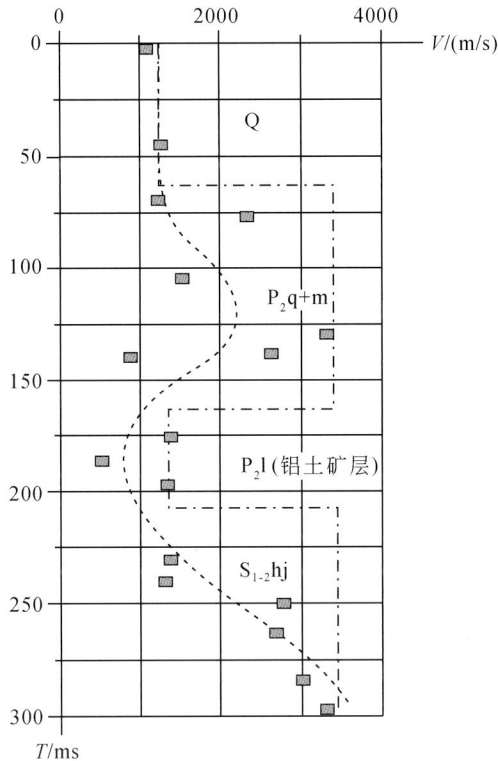

图 8-4 务正道地区岩（矿）石地震波速

面一般在 2~10m，含矿层深 577.58~583.61m，厚 6.03m，矿厚 1.60m；ZK12-4 含矿层深 529.21~539.01m，厚 9.80m，矿厚 0.75m，总体反映出向北东矿层埋深变浅、厚度变薄的特征。

对瓦厂坪矿床进行了 3 条 TEM 剖面测量（图 8-5），3 条剖面的 35/0~40/0、30/0~37/7、24/0~33/15 测点在早中期都是弱异常、异常面积大，晚期只有零星异常出现，总体反映为梁山组铝土矿层从地表露头向北西向深部延伸的地质特征。结合地质剖面和主要控矿因素，推测 0 线 34/0~40/0 段、28/0~32/0 段和 19/0~26/0 段低阻异常均为梁山组中含铝土矿层，深度分别为 350m 左右、450m 左右和大于 650m；7 线 35/7~37/7 段和 30/7~33/7 段低阻异常为梁山组中含铝土矿层，深度分别为 200m 左右和 420m 左右；15 线 30/15~32/15 段和 23/15~26/15 段低阻异常为梁山组中含铝土矿层，深度分别为 280m 左右和 480m 左右。这些预测成果绝大多数已在矿床详查过程中得到验证。

4. 经验与建议

务正道铝土矿区岩（矿）石物性特征差异明显，具有开展浅层地震反射波法及传导类电法（高密度电法、TEM 等）的前提。浅层地震反射波法能很好地确定深部含铝岩系的深度和厚度，基本能反映矿区铝土矿层底板起伏变化情况，含矿岩系对应波速在 1447m/s 左右，在瓦厂坪推测的含矿层深度经钻探验证，是吻合的。高密度电法对于不同产状和形

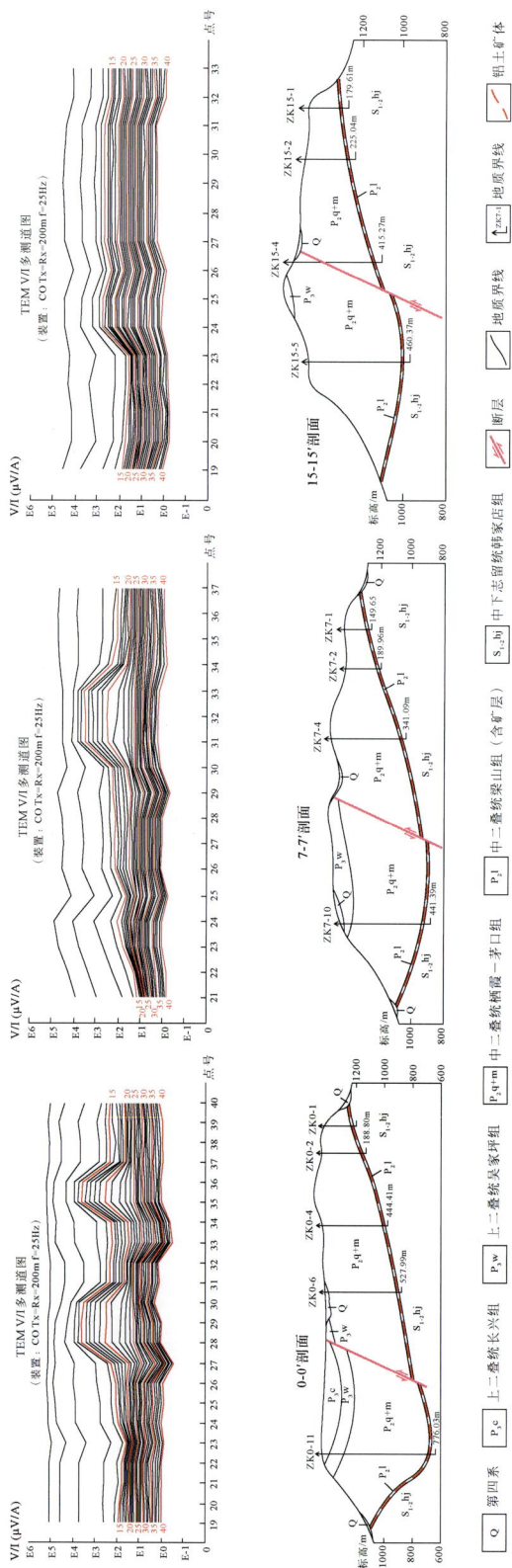

图 8-5　瓦厂坪铝土矿床0线、7线、15线地质物探综合剖面图

状的铝土矿具有较好的探测效果，能较准确地判断出铝土矿的空间展布特征，同时对测区内不良地质体（岩溶、构造等）有很好的探测效果。瞬变电磁法探测深度大，能推测含矿层延深变化，断层位置及深部倾向方向，指导工程验证。

鉴于务正道铝土矿区地形条件总体较差，含矿岩系顶部的栖霞-茅口组灰岩常形成陡崖、绝壁，含矿岩系薄、埋深大的特点，结合本次开展的多种物探找矿效果分析，在已知矿区深部及未知区开展物探找矿工作，建议以大功率激电测深为主，在深度大于600m地段，配合地震反射波法相互印证较有效，主要目的是探索了解含矿岩系沿倾向的变化情况及古风化壳（地板）的起伏状况，大致了解空间产出形态。物探工作布设主要在预查-普查阶段，为初步了解含矿岩系的展布特征，深部钻孔验证提供依据。对构造复杂，岩、矿层较破碎的地段，如钻探采取率不高，可适当优选钻孔开展物探测井工作，为确定含矿岩系及矿层厚度，客观、准确圈定资源量提供依据。

第二节　找矿模型

一、主要找矿标志

1. 地形地貌

从遥感影像图及实地调查均发现，在黔北务正道地区各向斜两翼及扬起转折端绝大多数都是由抗风化能力较强的中二叠统栖霞-茅口组灰岩形成的悬岩陡坎地貌，下为含矿层位中二叠统梁山组，并与下伏抗风化能力较差的中下志留统韩家店组砂页岩，部分地区为薄层的上石炭统黄龙组结晶灰岩、白云岩，形成缓坡地形，地貌特征突出。故铝土矿层多位于高悬崖（>100m）与缓坡转换处，宏观地貌找矿标志明显。

2. 含矿层及底板地层

当含矿层底板为中下志留统韩家店组的紫红色砂页岩，或为厚度1~6m的黄龙组灰岩、结晶白云质灰岩时，含矿层往往有矿。这是由于含矿层沉积时其地势为较低洼负地形，为溶蚀凹地环境，迁移沉积的物源丰富，利于分异沉积，沉积的含矿岩系则厚；反之则显示基底古地形多为地势高凸的正地形，为溶蚀台地环境，迁移沉积物源少，再分异沉积作用差，含矿矿系沉积薄，不利于富厚矿层的形成。

3. 含矿层岩性

当含矿层中各个岩性小分层较多（一般5~7小层或更多），且底部有绿泥石岩存在时，往往有矿；当含矿层中各小分层少（3~4层），则多无矿。特别其顶部的碳质页岩厚度变大时（0.7~1m以上），多为无矿。其原因可能是沉积环境变迁明显的沼泽化环境，脱硅富铝作用差，相反可能有一定的富硅作用，不利于矿层的沉积富集。

4. 向斜构造

务正道地区铝土矿明显受构造控制，尤其是向斜构造。区内大面积分布的志留系韩家店组砂页岩在构造地质作用下易于形成较多规模较大的洼地，利于近岸风化壳中富铝碎屑岩的迁移再沉积、分异、富集，是铝土矿成矿和赋存场所；沉积形成的含矿层或矿体在向斜中有较厚的上覆地层，免受侵蚀、剥蚀，保存完好。在地表浅部的向斜扬起端和深部的向斜转折端，特别是在这些部位的含矿岩系底板为石炭系黄龙组灰岩的岩溶凹陷部位时，是铝土矿成矿的有利部位。

5. 地下水

在含矿岩系和其顶、底部常常有泉水出露，如新民、三清庙、瓦厂坪等矿区均见较多或较大的出水点，因为含矿层上覆地层为较厚的碳酸盐岩地层，为含水层，而含矿层为页岩、黏土岩、泥（灰）岩，是隔水层，因此在地势较低、切割强烈的地段，多见出水点。

6. 地球物理异常

研究区上覆栖霞-茅口组碳酸盐岩与梁山组碳质页岩、含团块状黄铁矿的铝土矿（岩）、绿泥石岩的物性特征差异明显，能提供较好找矿指示信息，特别在推测含矿层深部变化、断层位置及深部倾向方向，有较好的指导作用。

7. 遥感影像异常

由于研究区含矿岩系中含铁绿泥石岩、铝土质黏土岩、碳质页岩发育，因此，遥感影像能较好地圈定铁化、泥化异常发育区，从而圈定铝土矿的找矿远景区。

二、找矿方法

以区域地质背景为基础，以地质理论，尤其是沉积学理论为指导，以地质、物探、遥感为综合找矿方法，以轻型山地工程解剖追索地表露头、深部钻探控制和探索含矿岩系延伸情况为主要手段，评价务正道地区铝土矿资源。具体实施找矿方法为：

第一，遥感方法圈定铁化、泥化异常，结合区域向斜构造单元展布情况及含矿岩系梁山组的出露情况圈定找矿远景区；

第二，通过中大比例尺地质填图，轻型山地工程控制，了解含矿岩系地表露头铝土矿化的连续性，圈定成矿有利地段；

第三，通过地表矿层的走向长度、厚度、产状，结合沉积环境分析，推测倾向延伸情况，物探浅层地震反射波法进一步定位含矿岩系的深度及侵蚀面的起伏情况；

第四，深部钻探验证含矿岩系的含矿性，圈定矿体规模。

务正道地区铝土矿找矿实践证明，遥感方法圈定找矿远景区→大中比例尺地质填图、古沉积环境研究、圈定成矿有利地段→物探方法定位含矿岩系延伸的深度→钻探验证、圈定矿体规模、探求资源量，是快速有效的综合找矿方法。图8-6为找矿模型示意图。

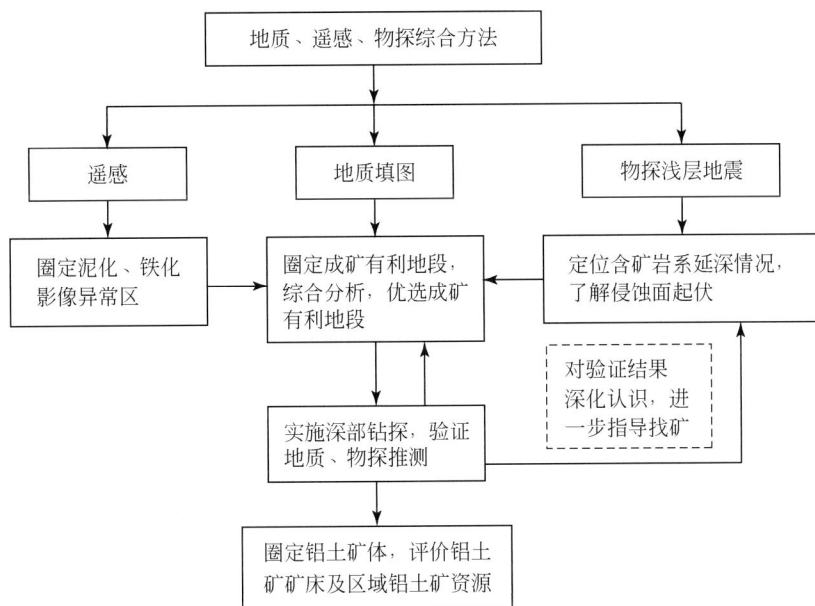

图 8-6 务正道铝土矿找矿模型示意图

第三节 找 矿 效 果

一、成矿远景区

根据务正道地区铝土矿各矿区成矿地质条件，主要控矿因素和遥感影像解译结果，以向斜为构造单元，结合含矿岩系出露情况及保留程度、已知矿床规模的大小、矿床（点）的集中分布规律、地质工作程度等，预测出 14 个成矿远景区，其中Ⅰ类 6 个、Ⅱ类 3 个、Ⅲ类 5 个（图 8-7）。

1. Ⅰ类远景区

包括鹿池向斜（贵州省境内）、青坪向斜北段、旦坪向斜、龙桥向斜、安场向斜北段、张家院向斜（图 8-7）。已有大、中型铝土矿床产出，含矿岩系沿向斜露头出露长、厚度稳定，在向斜区分布面积大，地质工作程度较高，部分地段已投入详查，部分地段正开展普查工作，找矿标志明显，古地理沉积环境为滨（浅）湖区，有良好的遥感影像综合异常，断裂构造不发育。

2. Ⅱ类远景区

包括道真向斜西翼、桃园向斜、浣溪向斜南西段（图 8-7）。有中–大型矿床规模的找矿远景，矿点集中，地质工作程度局部达到普查，部分地段正在开展预查工作，含矿岩系出露广，找矿标志较明显，古地理沉积环境主要为滨（浅）湖区，部分为冲积平原或冲积

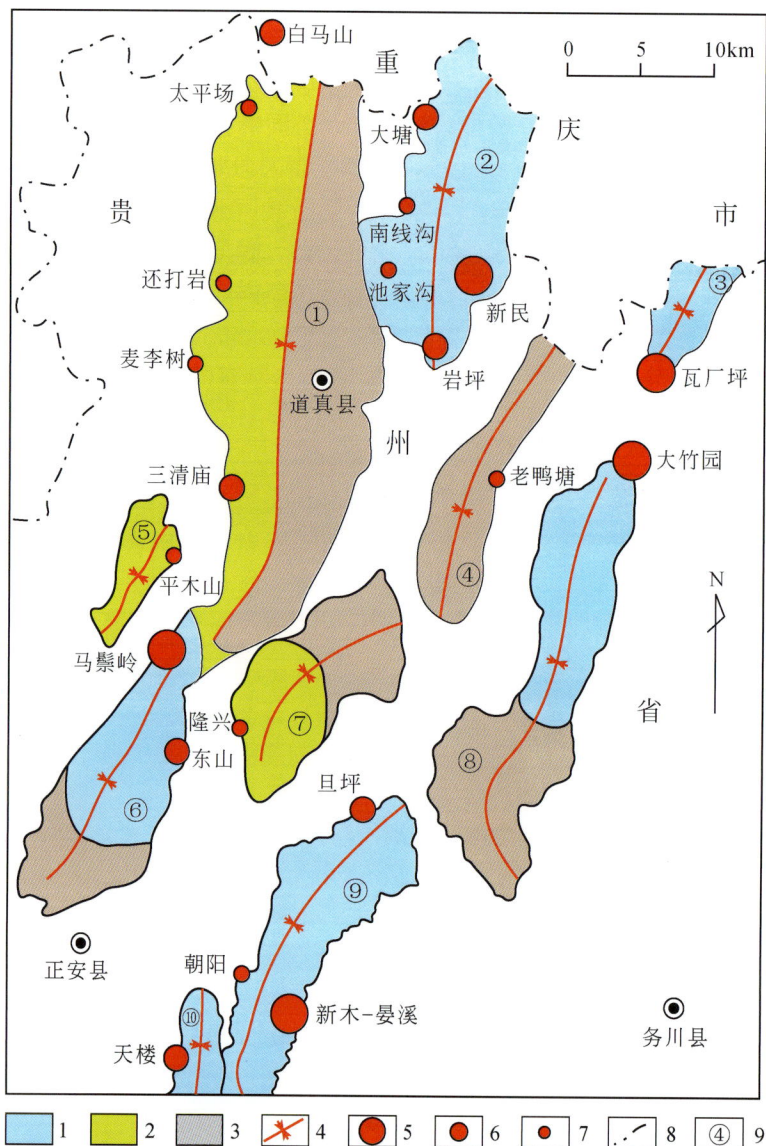

图 8-7　务正道地区铝土矿成矿预测图

1——级预测区，2-二级预测区，3-三级预测区，4-城镇，5-向斜轴，6-铝土矿床（点），7-省界；
①-道真向斜，②-龙桥向斜，③-鹿池向斜，④-桃源向斜，⑤-平木山向斜，⑥-安场向斜，
⑦-浣溪向斜，⑧-青坪向斜，⑨-旦坪向斜，⑩-张家院向斜

扇区；有较好的遥感影像综合异常；矿层经轻型山地工程和少量的钻孔控制较稳定。

3. Ⅲ类远景区

包括浣溪向斜北东段、平木山向斜、道真向斜东翼、青坪向斜中南段、安场向斜南段（图 8-7）。有小型铝土矿床或矿点分布，地质工作程度较低，一般仅作预查或矿点检查；含矿岩系沿向斜边缘出露广，矿层走向不连续，倾向延伸无工程控制；古地理沉积环境主

要为滨（浅）湖区，部分为冲积平原或冲积扇区；存在遥感影像综合异常；加强研究与勘查，将有可能发现规模大、矿化连续的矿床。

二、找矿重大突破

在务正道地区各成矿远景区预测铝总资源量大于 7.0 亿 t，在多个远景区内取得找矿重大突破。至 2012 年 9 月 30 日，已评审备案的瓦厂坪矿床、大竹园矿床、新民矿床等矿床，新增各类别铝土矿资源量约 2.6 亿 t；近期已工程控制，在旦坪向斜北段、安场向斜、道真向斜西翼、龙桥向斜北段、张家院向斜等，新增各类别铝土矿资源量约 4.5 亿 t。预测过程中，大量引用了近两年有关地质勘探单位在务正道地区的勘查成果，预测区工作程度局部达到勘探，如瓦厂坪、大竹园等，部分达到详查，如红光坝、新木－晏溪、新民、岩坪等，部分开展了普查，工作程度总体在预查以上，有大量的验证工程，资料丰富真实，可信度较高。

主要参考文献

曹信禹 . 1982. 试论桂西铝土矿的类型和成因 . 广西地质科技，（1）：38-46.

陈道公，李彬贤，夏群科，吴元保，程昊 . 2001. 变质岩中锆石 U-Pb 计时问题评述——兼论大别造山带锆石定年 . 岩石学报，17（1）：129-138.

陈履安 . 1996. 腐殖酸在铝土矿形成中的作用的实验研究 . 沉积学报，14（2）：117-123.

陈平，柴东浩 . 1997. 山西地块石炭纪铝土矿沉积地球化学研究 . 太原：山西科学技术出版社 .

陈其英，兰文波 . 1991. 二叠纪平果铝土矿成矿物源问题 . 广西地质，4（4）：43-49.

陈松岭 . 1990. 广西三水型铝土矿的遥感研究和找矿 . 大地构造与成矿学，14（1）：83-87.

陈廷臻，张天乐，廖士范 . 1989. 河南不同成因类型铝土矿的矿石特征 . 矿物学报，9（1）：89-94.

陈旺 . 2007. 豫西济源西部铝土矿成矿地质环境 . 地质与勘探，43（1）：26-31.

陈文西，王剑，付修根，汪正江，熊国庆 . 2007. 黔东南新元古界下江群甲路组沉积特征及其下伏岩体的锆石 U-Pb 年龄意义 . 地质评论，54（1）：126-131.

陈兴龙，龚和强 . 2010. 黔北务正道地区铝土矿的成矿地质条件与开发现状 . 矿产勘查，4：343-348.

陈有能，汪生杰，杨文会 . 1987. 贵州北部含铝岩系地质时代及沉积相特征 . 贵州地质，9（4）：323-337.

陈毓川，裴荣富，余天锐，邱小平 . 1998. 中国矿床成矿系列讨论 . 北京：地质出版社 .

陈岳龙，罗照华，赵俊香，李志红，张宏飞，宋彪 . 2004. 从锆石 SHRIMP 年龄及岩石地球化学特征论四川冕宁康定杂岩的成因 . 中国科学（D 辑），34（8）：687-697.

陈宗清 . 1990. 扬子区石炭纪黄龙期沉积相 . 沉积学报，8（2）：23-31.

成功，陈松岭，祝瑞勤，杨震 . 2009. 平果堆积型铝土矿地质特征及遥感找矿预测 . 轻金属，（8）：11-18.

成功，朱战军，高泽润 . 2012. ETM + 与 ASTER 数据在老挝红土型铝土矿勘查中的应用 . 轻金属，（10）：6-10.

程鹏林，李守能，陈群，吴晓红 . 2004. 从清镇猫场矿区高铁铝土矿的产出特征再探讨黔中铝土矿矿床成因 . 贵州地质，21（4）：215-221.

崔滔，焦养泉，杜远生，余文超，计波，雷志远，翁申富，金中国，和秀林 . 2013. 黔北务正道地区铝土矿形成环境的古盐度识别 . 地质科技情报，32：46-51.

戴塔根，龙永珍，张起钻，胡斌 . 2003. 桂西某些铝土矿床稀土元素地球化学研究 . 地质与勘探，39（4）：1-5.

邓宏文，钱凯 . 1993. 沉积地球化学与环境分析 . 兰州：甘肃科学技术出版社 .

丁兴，周新民，孙涛 . 2005. 华南陆壳基底的幕式生长——来自广东古寨花岗闪长岩中锆石 LA-ICPMS 定年的信息 . 地质论评，51（4）：382-392.

杜大年 . 1995. 河南铝土矿的生成 . 河南冶金，2（4）：5-15.

杜定全，任军平，王约，刘幼平，龚和强，郝家栩 . 2007. 古岩溶起伏对黔北铝土矿的控制作用 . 矿物学报，2007，27：473-476.

杜远生，周琦，金中国，凌文黎，张雄华，喻建新，汪小妹，余文超，黄兴，崔滔，雷志远，翁申富，吴波，覃永军，曹建州，彭先红，张震，邓虎 . 2013. 黔北务正道地区铝土矿基础地质与成矿作用研究进展 . 地质科技情报，32：1-6.

樊金生，郭文波，王美丁，王晖 . 2013. 古风化壳沉积型铝土矿物探异常模式及系列方案 . 矿产与地质，27（1）：52-55.

范法明 . 1989. 从贵县铝土矿的特征看豫西铝土矿的成因 . 轻金属，（3）：1-3.

范忠仁.1989.河南省中西部铝土矿微量元素比值特征及成因意义.地质与勘探,7(1):23-27.

丰恺.1992.河南铝土矿成因的一点认识.轻金属,(7):1-8.

冯学仕,王尚彦.2004.贵州省区域矿床成矿系列与成矿规律.北京:地质出版社.

高光明,周利霞,黄宝华.2007.波罗芬高原红土型铝土矿遥感影像特征及信息提取.信息技术与信息化,3:73-75.

高林志,戴传固,刘燕学,王敏,王雪华,陈建书,丁孝忠,张传恒,曹茜,刘建辉.2010.黔东南—桂北地区四堡群凝灰岩锆石SHRIMP U-Pb年龄及其地层学意义.地质通报,37(9):1259-1267.

谷静.2013.黔北务-正-道地区铝土矿地球化学特征及成因研究.中国科学院大学博士学位论文.

贵州省地质矿产局.1987.贵州省区域地质志.北京:地质出版社.

郭连红,金鑫光,熊代榜.2003.长治市铝土矿地质特征及开发利用.煤,12(4):57-58,68.

韩景敏.2005.鲁西地区二叠系铝土特征及成矿机制研究.山东科技大学工程硕士学位论文.

韩忠华.2008.贵州道真县大塘铝土矿沉积相特征.矿产与地质,22(5):428-432.

郝家栩,杜定全,王约,刘幼平,龚和强,任军平.2007.黔北铝土矿含矿岩系的沉积时代研究.矿物学报,27:466-472.

贺淑琴,郭建卫,胡云沪.2007.河南省三门峡地区铝土矿矿床地质特征及找矿方向.矿产与地质,21(2):181-185.

黄兴,张雄华,杜远生,郑文昆,杨兵,段先锋.2013.黔北务正道地区及邻区石炭纪–二叠纪之交海平面变化对铝土矿的控制.地质科技情报,32(1):80-86.

黄苑龄.2013.黔北某铝质岩系中稀土元素赋存状态研究.贵州大学硕士学位论文.

黄智龙,陈进,韩润生,李文博,刘丛强,张振亮,马德云,高德荣,杨海林.2004.云南会泽超大型铅锌矿床地球化学及成因——兼论峨眉山玄武岩与铅锌成矿的关系.北京:地质出版社.

江海东,陈天伟,赵鹏,杨传明.2011.多光谱遥感应用于广西靖西—平果铝土矿调查.测绘与空间地理信息,34(2):138-140.

金中国,武国辉,赵远由,苏之良.2009.贵州务川瓦厂坪铝土矿床地质特征.矿产与地质,23:137-141.

金中国,黄智龙,刘玲,陈兴龙,鲍淼.2013.黔北务正道地区铝土矿成矿规律研究.北京:地质出版社.

矿产资源工业要求手册编委会.2010.矿产资源工业要求手册.北京:地质出版社.

雷怀彦,师育新.1996.铝硅酸盐矿物溶解作用铝活性研究.沉积学报,14(2):151-154.

雷志远,翁申富,陈强,熊星,潘忠华,和秀林,陈海.2013.黔北务正道地区早二叠世大竹园期岩相古地理及其对铝土矿的控矿意义.地质科技情报,46(1):8-12.

黎彤,倪守斌.1990.地球和地壳的化学元素丰度.北京:地质出版社.

李长民.2009.锆石成因矿物学与锆石微区定年综述.地质调查与研究,33(3):161-174.

李复汉,覃嘉铭.1988.康滇地区的前震旦系.重庆:重庆出版社.

李国胜,杨锐.1992.对硼作为相标志的异议.沉积与特提斯地质,12(4):41-45.

李海光.1998.孝义—霍州一带铝土矿形成的古地理环境及找矿前景.华北地质矿产杂志,13(3):249-256.

李领军,张云峰,张蓉,冯淳,焦超卫,张文龙.2010.几内亚金迪亚地区红土型铝土矿遥感矿化信息与找矿预测.遥感应用,(5):93-97.

李启津,杨国高.1996.铝土矿床成矿理论研究中的几个问题.矿产与地质,10(1):22-26.

李启津,杨国高,侯正洪.1994.中国三水型铝土矿成矿地质条件探讨.矿产与地质,8(1):19-24.

李莎,李福春,程良娟.2006.生物风化作用研究进展.矿产与地质,20(6):577-582.

李献华，赵振华，桂训唐，于津生. 1991. 华南前寒武纪地壳形成时代的 Sm-Nd 和锆石 U-Pb 同位素制约. 地球化学，(3)：255-263.

李中明，赵建敏，王庆飞，马瑞申，焦赞超，刘学飞，史春睿. 2009. 豫西郁山铝土矿床沉积环境分析. 现代地质，23 (6)：481-489.

李宗发. 1997. 沿河石炭系九架炉组铝土矿的发现及其意义. 贵州地质，14 (4)：299-302.

梁同荣，廖士范. 1989. 贵州北部铝土矿床成矿地质条件、机制问题. 沉积学报，7 (4)：57-67.

廖士范. 1988. 贵州早石炭世古风化壳相铝土矿地层时代及其与邻省对比问题. 贵州地质，4 (5)：342-348.

廖士范. 1989. 黔川湘鄂早石炭世古风化壳铝土矿床的古地理与成矿条件的研究. 地质学报，63 (2)：148-157.

廖士范. 1990. "黔中隆起" 的发生发展与古风化壳铝土矿的形成问题. 贵州工业大学学报：自然科学版，19 (1)：81-82.

廖士范. 1992. 中国石炭纪古风化壳相铝土矿古地理及有关问题. 沉积学报，10 (1)：1-10.

廖士范，梁同荣. 1991. 中国铝土矿地质学. 贵阳：贵州科技出版社.

廖士范，梁同荣. 1999. 沉积矿床研究若干进展综述. 贵州地质，16 (2)：122-129.

林广春. 2010. 川西石棉花岗岩的锆石 U-Pb 年龄和岩石地球化学特征：岩石成因与构造意义. 地球科学 (中国地质大学学报)，(4)：611-620.

刘长龄. 1985. 华北地台铝土矿床的物质来源. 轻金属，(8)：1-4.

刘长龄. 1987. 中国铝土矿的成因类型. 中国科学 (B 辑)，17 (5)：535-543.

刘长龄. 1988. 中国石炭纪铝土矿的地质特征与成因. 沉积学报，6 (3)：1-10.

刘长龄. 1992. 论铝土矿的成因学说. 河北地质学院学报，15 (2)：195-204.

刘长龄. 2005. 论高岭石黏土和铝土矿研究的新进展.. 沉积学报，23 (3)：467-474.

刘长龄，覃志安. 1999. 论中国岩溶铝土矿的成因与生物和有机质的成矿作用. 地质找矿论丛，14 (4)：24-28.

刘长龄，王双彬. 1990. 我国铝土矿的含矿层位、成矿区带及其形成机理. 地质与勘探，26 (5)：18-25.

刘观亮. 1987. 崆岭群时代获得新进展. 中国区域地质，6 (1)：95.

刘建楠. 2010. 滇东南文山地区铝土矿遥感资源评价. 云南地质，29 (4)：444-447.

刘沛，姚智，况顺达. 2003. 遥感在贵州沉积矿产资源调查中的应用. 贵州地质，20 (1)：20-24.

刘平. 1992. 黔中–川南石炭纪铝土矿的地层及成矿时代. 中国区域地质，4：376-384.

刘平. 1995. 五论贵州铝土矿. 贵州地质，12 (3)：185-203.

刘平. 1996. 六论贵州之铝土矿—铝土矿矿床成因类型划分意见. 贵州地质，13 (1)：29-33.

刘平. 1999. 黔中–川南石炭纪铝土矿的地球化学特征. 中国区域地质，18 (2)：210-217.

刘平. 2007. 黔北务–正–道地区铝土矿地质概要. 地质与勘探，43 (5)：29-33.

刘巽锋. 1988. 黔北铝土矿豆鲕粒结构的成因机理. 贵州地质，5 (4)：337-342.

刘巽峰，王庆生，陈有能. 1990. 黔北铝土矿成矿地质特征及成矿规律. 贵阳：贵州人民出版社.

刘英俊，曹励明，李兆麟，王鹤年，储同庆，张景荣. 1984. 元素地球化学. 北京：科学出版社.

刘幼平，夏云，王洁敏. 2010. 黔北地区铝土矿成矿特征与成矿因素研究. 矿物岩石地球化学通报，29：422-425.

刘云华，黄同兴，谌建国，韦丛中. 2004. 桂西堆积型铝土矿中三水铝石成因矿物学研究. 中国地质，31 (4)：413-419.

刘泽源. 1993. 贵州铝土矿的时代及其顶底界线. 冶金地质动态，(11)：5-7.

刘中凡. 2001. 世界铝土矿资源综述. 轻金属，(5)：7-12.

卢静文, 彭晓蕾, 徐丽杰. 1997. 山西铝土矿床成矿物质来源. 长春地质学院学报, 27 (2): 147-151.

鲁方康, 黄智龙, 金中国, 周家喜, 丁伟, 谷静. 2009. 黔北务-正-道地区铝土矿镓含量特征与赋存状态
　　初探. 矿物学报, 2009, 29 (3): 373-379.

吕佩炎, 孙利杰, 王夏涛. 2004. 直流电法寻找隐伏铝土矿的阶段性总结. 矿产与地质, 18 (4):
　　388-392.

罗建川. 2006. 中国铝工业发展的新问题—中国氧化铝盲目建设现状令人担忧. 世界有色金属, 6:
　　14-18.

罗强. 1989. 论广西平果铝土矿成因与沉积相的关系. 沉积与特提斯地质, (2): 11-18.

罗小南, 蔡运胜. 2003. 物探直流电法寻找铝土矿层的应用效果. 地质与勘探, 39 (3): 53-57.

罗一英, 高光明, 于信芳, 秦瑞. 2013. 基于ETM+的几内亚铝土矿蚀变信息提取方法研究. 遥感技术与
　　应用, 28 (2): 330-337.

罗允义. 2003. 广西铝土矿遥感综合成矿预测及资源总量估算. 地质与勘探, 39 (3): 58-62.

梅博文, 刘希江. 1980. 我国原油中异戊间二烯烷烃的分布及其与地质环境的关系. 石油与天然气地质,
　　1 (2): 99-115.

梅冥相. 1991. 试论贵州早石炭世铝土铁质岩系的沉积环境及物质来源. 贵州地质, 4 (8): 322-328.

孟祥化, 葛铭, 肖增起. 1987. 华北石炭纪含铝建造沉积学研究. 地质学报, (2): 182-197.

莫光员, 金中国, 龚和强, 吴启美. 2013. 黔北道真新民铝土矿矿床地质特征及控矿因素探讨. 地质科技
　　情报, 32: 40-45.

莫光员. 2010. 断裂构造对黔北道真新民南段铝土矿的破坏作用. 贵州地质与勘查, 24 (3): 11-15.

南京大学地质系. 1979. 地球化学. 北京: 科学出版社.

倪涛, 陈道公, 靳平. 2006. 大别山变质岩锆石微区稀土元素和Th、U特征. 高校地质学报, 12 (2):
　　249-258.

全国矿产储量委员会. 1984. 铝土矿地质勘探规范. 北京: 地质出版社.

全国矿产储量委员会办公室. 1987. 矿产工业要求参考手册. 北京: 地质出版社.

Rezessy G, Sores L. 1990. 电磁感应方法在匈牙利煤田和铝土矿勘探中的应用. 陈乐寿译. 国外地质勘探
　　技术, (2): 23-27.

沈渭洲, 高剑峰, 徐士进, 谭国全, 杨铸生, 杨七文. 2003. 四川盐边冷水箐岩体的形成时代和地球化学
　　特征. 岩石学报, 19 (1): 27-37.

施和生, 王冠龙, 关尹文. 1989. 豫西铝土矿沉积环境初探. 沉积学报, 7 (2): 89-97.

苏书灿. 1990. 亦论黔北与黔中铝土矿的差异性. 西南矿产地质, 4 (4): 84-88.

孙镇城. 1997. 中国西部晚第三—第四纪有孔虫和钙质超微化石的发现及其地质意义. 现代地质,
　　11 (3): 269-274.

汤明章, 刘香玲. 1996. 山西宁武铝土矿地质特征及沉积环境分析. 华北地质矿产杂志, 11 (4):
　　580-585.

汪小妹, 焦养泉, 杜远生, 周琦, 崔滔, 计波, 雷志远, 翁申富, 金中国, 熊星. 2013. 黔北务正道地区
　　铝土矿稀土元素地球化学特征. 地质科技情报, 32: 27-33.

汪正江. 2008. 关于建立"板溪系"的建议及其基础的讨论—以黔东地区为例. 地质论评, 54 (3):
　　296-306.

汪正江, 王剑, 谢渊, 杨平, 卓皆文. 2009. 重庆秀山凉桥板溪群红子溪组凝灰岩SHRIMP锆石测年及其
　　意义. 中国地质, 36 (4): 761-768.

王劲松, 周家喜, 杨德志, 刘金海. 2012. 黔东南宰便辉绿岩锆石U-Pb年代学和地球化学研究. 地质学
　　报, 86 (3): 460-469.

王力，龙永珍，彭省临．2004．桂西铝土矿成矿物质来源的地质地球化学分析．桂林工学院学报，24（1）：1-6．

王立亭，陆彦邦，赵时久．1994．中国南方二叠纪岩相古地理与成矿作用．北京：地质出版社．

王桥，万汉平，王闻文，南鹏飞，李华．2012．综合物探方法在铝土矿勘查中的应用．地球物理学进展，27（2）：709-714．

王庆飞，邓军，刘学飞，张起钻，李中明，康微，李宁．2012．铝土矿地质与成因研究进展．地质与勘探，48（3）：430-448．

王绍龙．1992．再论河南 G 层铝土矿的物质来源．河南地质，10（1）：15-19．

王益友，郭文莹，张国栋．1979．几种地球化学标志在金湖凹陷阜宁群沉积环境中的应用．同济大学学报，（2）：51-60．

王志华，陈天红，侯旭勤．2004．山西宽草坪铝上矿矿床地质特征及找矿方向．长春工程学院学报（自然科学版），5（3）：43-45．

温同想．1996．河南石炭纪铝土矿地质特征．华北地质矿产杂志，（4）：491-511．

吴国炎．1996．河南铝土矿．北京：冶金工业出版社．

吴国炎．1997．华北铝土矿的物质来源及成矿模式探讨．河南地质，15（3）：161-166．

吴懋德，段锦荪，宋学良．1990．云南昆阳群地质．昆明：云南科技出版社．

吴元保，郑永飞．2004．锆石成因矿物学研究及其对 U-Pb 年龄解释的制约．科学通报，49（16）：1589-1604．

吴元保，陈道公，夏群科，程昊，涂湘林．2002．大别山黄镇榴辉岩锆石的微区微量元素分析：榴辉岩相变质锆石的微量元素特征．科学通报，47（11）：859-863．

吴元保，陈道公，夏群科，涂湘林，程昊，杨晓志．2003．大别山黄土岭麻粒岩中锆石 LAM-ICP-MS 微区微量元素分析和 Pb- Pb 定年．中国科学（D），33（1）：20-28．

武国辉，刘幼平，张应文．2006．黔北务–正–道地区铝土矿地质特征及资源潜力分析．地质与勘探，2006，42（2）：39-43．

武国辉，金中国，鲍森，毛佐林．2008．黔北务正道铝土矿成矿规律探讨．地质与勘探，44（6）：31-35．

向芳，杨栋，田馨，李志宏，罗来．2011．湖北宜昌地区第四纪沉积物中锆石的 U-Pb 年龄特征及其物源意义．矿物岩石，31（2）：106-114．

邢无京．1989．康定群的地质特征及其在扬子地台基底演化中的意义．中国区域地质，8（4）：347-356．

杨瑞西，马振波，司法祯，李志勋，许国丽．2008．CSAM T 法在铝土矿勘查中的应用．工程地球物理学报，5（4）：400-407．

叶连俊．1993．生物成矿作用研究．北京：海洋出版社．

叶连俊．1998．生物有机质成矿作用和成矿背景．北京：海洋出版社．

易永森，周鹤鸣．1990．钻孔电磁波法在匈牙利铝土矿的初步应用．物探与化探，14（6）：437-443．

殷子明．1988．世界铝土矿矿床的大地构造分类．大地构造与成矿学，12（1）：45-60．

俞缙，李普涛，于航波．2009．靖西三合铝土矿微量元素地球化学特征与成矿环境研究．河南理工大学学报（自然科学版），28（3）：289-293．

袁海华，张树发，张平．1985．渡口市同德混合片岩初获太古宙年龄信息．成都地质学院学报，（3）：79-84．

袁树森，刘振山，李玉芹，陈晓明．2006．大功率电法勘查铝土矿的效果．矿产与地质，20（6）：682-685．

袁跃清．2005．河南省铝土矿床成因探讨．矿产与地质，19（1）：52-56．

曾从盛．2000．闽东南沿海老红砂的地球化学特征．中国沙漠，20（3）：248-251．

曾雯，周汉文，钟增球，曾昭光，李惠民．2005．黔东南新元古代岩浆岩单颗粒锆石 U-Pb 年龄及其构造意义．地球化学，34（6）：10-18.

张启明，江新胜，秦建华，崔晓庄，刘才泽．2012．黔北−渝南地区中二叠世早期梁山组的岩相古地理特征和铝土矿成矿效应．地质通报，31（4）：558-568.

张起钻．1999．桂西岩溶堆积型铝土矿床地质特征及成因．有色金属矿产与勘查，（6）：486-489.

张巧梅，翟东兴，刘国明．2002．石寺铝土矿矿床地质特征及成因．矿产与地质，16（1）：28-29.

张云峰，李领军，冯淳．2012．ASTER 数据在北方铝土矿预普查中的应用—以豫西渑池地区为例．国土资源遥感，（1）：48-52.

张云湘，骆耀南，杨崇喜．1988．攀西裂谷．北京：地质出版社．

章柏盛．1984．黔中石炭纪铝土矿矿床成因等若干问题的初步探讨．地质论评，30（6）：553- 560.

赵晓东，王涛．2008．重庆武隆−南川地区铝土矿地质特征及找矿方向浅析．沉积与特提斯地质，28（1）：110-112.

赵远由．2012．渝南−黔北铝土矿矿物特征及沉积环境浅析．矿产与勘查，3：202-206.

中国矿床发现史贵州卷编委会．1996．中国矿床发现史·贵州卷．北京：地质出版社．

中国铝业网．2011．中国铝土矿对外依存度高达60%．http：//www.alu.cn/aluNews/NewsDisplay _ 67938_ 1.html.2011-10-13.

中国商情网．2012.2011 年中国铝土矿进口 4484.49 万吨．http：//www.askci.com/news/201202/ 09/ 113317_ 18.shtml.2012-2-9.

朱华平，周邦国，王生伟，罗茂金，廖震文，郭阳．2011．扬子地台西缘康滇克拉通中碎屑锆石的 LA-ICP-MS U-Pb 定年及其地质意义．矿物岩石，31（1）：70-74.

Ahmad N，Jones R L. 1969. Occurrence of aluminous lateritic soils（bauxites）in the Bahamas and Cayman Islands. Economic Geology，64（7）：804-808.

Aleva G J J. 1994. Laterites：concepts，geology，morphology and chemistry. International Soil Reference and Information Centre（ISRIC），Wageningen，The Netherlands，169.

Andersen T. 2002. Correction of common lead in U-Pb analyses that do not report ^{204}Pb. Chemical Geology，192（1-2）：59-79.

Bárdossy G Y，Aleva G J J. 1990. Lateritic bauxites. In：Developments in Economic Geology. Amsterdam：Elsevier Scientific Publication，1-624.

Bárdossy G，Kovács O. 1995. A multivariate statistical and geostatistical study on the geochemistry of allochtonous karst bauxite deposits in Hungary. Natural Resources Research，4（2）：138-153.

Bárdossy G. 1982. Karst bauxites，bauxite deposits on carbonate rocks. London：Developments in Economic Geology，320-332.

Belousova E A，Griffin W L，O'Reilly S Y，Fisher N I. 2002. Igneous zircon：trace element composition as an indicator of source rock type. Contributions to Mineralogy and Petrology，142：602-622.

Belousova E A，Griffin W L，Pearson N J. 1998. Trace element composition and cathodoluminescence properties of southern African kimberlitic zircons. Mineralogical Magazine，62（3）：355-366.

Boski A H. 1990. Trace elements and their relation to the mineralphases in the lateritic bauxites from southeast Guinea Bissau. Chemical Geology，82：279-297.

Boulangé B，Bouzat G，Pouliquen M. 1996. Mineralogical and geochemical characteristics of two bauxitic profiles，Fria，Guinea Republic. Mineralium Deposita，31（5）：432-438.

Boynton W V. 1984. Cosmochemistry of the rare earth elements：meteorite studies. Dev Geochem，2：63-114.

Braun J J，Pagel M，Herbillon A，Rosin C. 1993. Mobilization and redistribution of REEs and thorium in a syenitic lateritic profile- a mass-balance study. Geochimica et Cosmochimica Acta, 57 (18): 4419-4434.

Brimhall G H, Lewis C J, Ague J J, Dietrich W E, Hampel J, Teague T, Rix P. 1988. Metal enrichment in bauxites by deposition of chemically mature Aeolian dust. Nature, 333: 819-824.

Calagari A, Abedini A. 2007. Geochemical investigations on Permo-Triassic bauxite horizon at Kanisheeteh, east of Bukan, West-Azarbaidjan, Iran. Journal of Geochemical Exploration, 94 (1-3): 1-18.

Chardon D, Chevillotte V, Beauvais A, Grandin G, Boulange B. 2006. Planation, bauxites and epeirogeny: One or two paleosurfaces on the West African margin? Geomorphology, 82 (3-4): 273-282.

Chen R X, Zheng Y F, Xie L W. 2010. Metamorphic growth and recrystallization of zircon: distinction by simultaneous in-situ analyses of trace elements, U-Th-Pb and Lu-Hf isotopes in zircons from eclogite-facies rocks in the Sulu orogen. Lithos, 114: 132-154.

Condie K C. 1991. Another look at rare-earth elements in shales. Geochimica et Cosmochimica Acta, 55 (9): 2527-2531.

D'Argenio B, Mindszenty A. 1995. Bauxites and related paleokarst: Tectonic and climatic event markers at regional unconformities. Eclogae Geologica Helvetiae, 88: 453-499.

Dariush E, Rahimpour-Bonab H, Alikananian E A. 2010. Petrography and Geochemistry of the Jajarm Karst Bauxite Ore Deposit, NE Iran: Implications for Source Rock Material and Ore Genesis. Turkish Journal of Earth Sciences, 19: 267-284.

Deng J, Wang Q, Yang S, Liu X, Zhang Q, Yang L, Yang Y. 2010. Genetic relationship between the Emeishan plume and the bauxite deposits in Western Guangxi, China: Constraints from U-Pb and Lu-Hf isotopes of the detrital zircons in bauxite ores. Journal of Asian Earth Sciences, 37 (5-6): 412-424.

Duddy L R. 1980. Redistribution and fractionation of rare-earth and otherelements in a weathering profile. Chemical Geology, 30 (4): 363-381.

Fedo C M, Sircombe K N, Rainbird R H. 2003. Detrital zircon analysis of the sedimentary record. In: Hanchar J M and Hoskin P W O (Editors). Zircon. Reviews in Mineralogy & Geochemistry, 277-303.

Fox C S. 1932. Bauxite andalumious laterite. London: The Technical Press Ltd.

Gao S, Liu X M, Yuan H L, Hattendorf B, Gunther D, Chen L, Hu S H. 2002. Determination of forty two major and trace elements in USGS and NIST SRM glasses by laser ablation-inductively coupled plasma-mass spectrometry. Geostandards Newsletter, 26 (2): 181-196.

Geslin J K, Link P K, Fanning C M. 1999. High-precision provenance determination using detrital-zircon ages and petrography of Quaternary sands on the eastern Snake River Plain, Idaho. Geology, 27 (4): 295-298.

Grant J A. 1986. The isocon diagram: A simple solution to Gresens's equation for metasomatic alteration. Economic Geology, 81: 1976-1982.

Greentree M R, Li Z X, Li X H, Wu H. 2006. Late Mesoproterozoic to earliest Neoproterozoic basin record of the Sibao orogenesis in western South China and relationship to the assembly of Rodinia. Precambrian Research, 151 (1-2): 79-100.

Grimes C B, John B E, Kelemen P B, Mazdab F K, Wooden J L, Cheadle M J, Hanghøj K, Schwartz J J. 2007. Trace element chemistry of zircons from oceanic crust: A method for distinguishing detrital zircon provenance. Geology, 35 (7): 643-646.

Gromet P L, Silver L T. 1983. Rare earth element distributions among minerals in a granodiorite and their petrogenic implications. 47,925-939. Geochimica et Cosmochimica Acta, 47: 925-939.

Gu J, Huang Z L, Fan H P, Jin Z G, Yan Z F, Zhang J W. 2013. Mineralogy, geochemistry, and genesis of lateritic bauxite deposits in the Wuchuan-Zheng'an-Daozhen area, Northern Guizhou Province, China. Journal of

Geochemical Exploration, 130: 44-59.

Hallberg J A. 1984. A geochemical aid to igneous rock type identification in deeply weathered terrain. Journal of Geochemical Exploration, 20: 1-8.

Hanchar J M, van Westrenen W. 2007. Rare earth element behavior in zircon-melt systems. Elements, 3: 37-42.

Harder E. 1949. Stratigraphy and origin of bauxite deposits. Geological Society of America Bulletin, 60 (5): 887-908.

Henderson H P. 1996. Manual of chemical peels. British Journal of Plastic Surgery, 49 (5): 335.

Hermann J, Rubatto D, Korsakov A, Shatsky V S. 2001. Multiple zircon growth during fast exhumation of diamondiferous, deeply subducted continental crust (Kokchetav massif, Kazakhstan). Contributions to Mineralogy and Petrology, 141: 66-82.

Hill V. 1955. The mineralogy and genesis of the bauxite deposits of Jamaica, BWI. Am Mineral, 40: 676-688.

Hoffman P F. 1991. Did the breakout of Laurentia turn Gondwanaland inside-out? Science, 252: 1409-1412.

Horbe A M C, da Costa M L. 1999. Geochemical evolution of a lateritic Sn-Zr-Th-Nb-Y-REE- bearing ore body derived from apogranite: the case of Pitinga, Amazonas- Brazil. Journal of Geochemical Exploration, 66 (1-2): 339-351.

Hoskin P W O, Black L P. 2000. Metamorphic zircon formation by solid state recrystallisation of protolith igneous zircon. Journal of Metamorphic Geology, 18: 423-439.

Hoskin P W O, Ireland T R. 2000. Rare earth element chemistry of zircon and its use as a provenance indicator. Geology, 28: 627-630.

Hoskin P W O, Schaltegger U. 2003. The composition of zircon and igneous metamorphic petrogenesis. Reviews in Mineralogy and Geochemistry, 53: 27-62.

Hoskin P W O. 2005. Trace-element composition of hydrothermal zircon and the alteration of Hadean zircon from the Jack Hills, Australia. Geochimica et Cosmochimica Acta, 69: 637-648.

Hukuo K, Hikichi Y. 1979. Syntheses of rare earth orthophosphates ($RPO_4 \cdot nH_2O$, $R = La - Yb$, $n = 0 - 2$). Bulletin of Nagoya Institute of Technology, 31: 175-182.

Ji H, Wang S, Yang Z, Zhang S, Sun C, Liu X, Zhou D. 2004. Geochemistry of red residua underlying dolomites in karst terrains of Yunnan-Guizhou Plateau: I. The formation of the Pingba profile. Chemical Geology, 203 (1-2): 1-27.

Jiang Y, Sun M, Zhao G, Yuan C, Xiao W, Xia X, Long X, Wu F. 2011. Precambrian detrital zircons in the Early Paleozoic Chinese Altai: Their provenance and implications for the crustal growth of central Asia. Precambrian Research, 189 (1-2): 140-154.

Johannesson K H, Stetzenbach K J, Hodge V F. 1995. Speciation of the rare earth element neodymium in groundwaters of the Nevada Test Site and Yucca Mountain and implications for actinide solubility. Applied Geochemistry, 10 (5): 565-572.

Kanazawa Y, Kamitani M. 2006. Rare earth minerals and resources in the world. Journal of Alloys and Compounds, 408 (412): 1339-1343.

Karadag M M, Kupeli S, Aryk F, Ayhan A, Zedef V, Doyen A. 2009. Rare earth element (REE) geochemistry and genetic implications of the Mortas bauxite deposit (Seydisehir/Konya- Southern Turkey). Chemie Der Erde-Geochemistry, 69 (2): 143-159.

Keller W D. 1983. Karst-bauxites. Earth-Science Reviews, 19 (2): 166-167.

Keller W D, Clarke O M. 1984. Resilication of bauxite at the Alabama Street Mine, Saline County, Arkansas, illustrated by scanning electron micrographs. Clays and Clay Minerals, 32 (2): 139-146.

Kevin H, Johannesson K J S, Vernon F, Hodge W, Lyons B. 1996. Rare earth element complexation behavior in circumneutral pH groundwaters: Assessing the role of carbonate and phosphate ions. Earth and Planetary Science Letters, 139 (1-2): 305-319.

Kolitsch U, Holtstam D. 2004. Crystal chemistry of $REEXO_4$ compounds (X = P, As, V) . II. Review of $REEXO_4$ compounds and their stability fields. European Journal of Mineralogy, 16 (1): 117-126.

Koppi A J, Edis R, Field D J, Geering H R, Klessa D A, Cockayne D J H. 1996. Rare earth element trends and cerium-uranium-manganese associations in weathered rock from Koongarra, northern territory, Australia. Geochimica et Cosmochimica Acta, 60 (10): 1695-1707.

Kurtz A C, Derry L A, Chadwick O A, Alfano M J. 2000. Refractory element mobility in volcanic soils. Geology, 28 (8): 683-686.

Laskou M. 2003. Geochemical and mineralogical characteristics of the bauxite deposits of western Greece. Mineral Exploration and Sustainable Development, 77 (1): 93-96.

Laskou M, Economou-Eliopoulos M. 2007. The role of microorganisms on the mineralogical and geochemical characteristics of the Parnassos-Ghiona bauxite deposits, Greece. Journal of Geochemical Exploration, 93 (2): 67-77.

Laskou M, Margomenou-Leonidopoulou G, Balek V. 2005. Thermal characterization of bauxite samples. Journal of Thermal Analysis and Calorimetry, 82: 1-5.

Laufer F, Yariv S, Steinberg M. 1984. The adsorption of quadrivalent cerium by kaolinite. Clay Minerals, 19 (2): 137-149.

Li Q L, Li X H, Liu Y, Tang G Q, Yang J H, Zhu W G. 2010. Precise U-Pb and Pb-Pb dating of Phanerozoic baddeleyite by SIMS with oxygen flooding technique. Journal of Analytical Atomic Spectrometry, 25: 1107-1113.

Li X H, Li Z X, Ge W, Zhou H, Li W, Liu Y, Wingate M T D. 2003. Neoproterozoic granitoids in South China: crustal melting above a mantle plume at ca. 825Ma? Precambrian Research, 122 (1-4): 45-83.

Li X H, Li Z X, He B, Li W X, Li Q L, Gao Y, Wang X C. 2012. The Early Permian active continental margin and crustal growth of the Cathaysia Block: In situ U-Pb, Lu-Hf and O isotope analyses of detrital zircons. Chemical Geology, 328 (0): 195-207.

Li X H, Li Z X, Zhou H, Liu Y, Kinny P D. 2002. U-Pb zircon geochronology, geochemistry and Nd isotopic study of Neoproterozoic bimodal volcanic rocks in the Kangdian Rift of South China: implications for the initial rifting of Rodinia. Precambrian Research, 113 (1-2): 135-154.

Li X H, Liu Y, Li Q L, Guo C H, Chamberlain K R. 2009. Precise determination of Phanerozoic zircon Pb/Pb age by multicollector SIMS without external standardization. Geochemistry Geophysics Geosystems, 10, Q04010, DOI: 10.1029/2009GC002400.

Li X H. 1997. Timing of the Cathaysia block formation: Constraints from SHRIMP U-Pb zircon geochronology. Episodes, 20 (3): 188-192.

Li Z X, Li X H. 2007. Formation of the 1300-km-wide intracontinental orogen and postorogenic magmatic province in Mesozoic South China: A flat-slab subduction model. Geology, 35 (2): 179-182.

Li Z X, Peng S T. 2010. Detrital zircon geochronology and its provenance implications: responses to Jurassic through Neogene basin-range interactions along northern margin of the Tarim Basin, Northwest China. Basin Research, 22 (1): 126-138.

Li Z X, Li X H, Kinny P D, Wang J, Zhang S, Zhou H. 2003. Geochronology of Neoproterozoic syn-rift magmatism in the Yangtze Craton, South China and correlations with other continents: evidence for a mantle superplume that broke up Rodinia. Precambrian Research, 122 (1-4): 85-109.

Li Z X, Li X H, Wartho J A, Clark C, Li W X, Zhang C L, Bao C. 2010. Magmatic and metamorphic events during the early Paleozoic Wuyi-Yunkai orogeny, southeastern South China: New age constraints and pressure-temperature conditions. Geological Society of America Bulletin, 122 (5-6): 772-793.

Li Z X, Li X H, Zhou H W, Kinny P D. 2002. Grenvillian continental collision in south China: New SHRIMP U-Pb zircon results and implications for the configuration of Rodinia. Geology, 30 (2): 163-166.

Liaghat S, Hosseini M, Zarasvandi A. 2003. Determination of the origin and mass change geochemistry during bauxitization process at the Hangam deposit, SW Iran. Geochemical Journal, 37: 627-637.

Ling W, Gao S, Zhang B, Li H, Liu Y, Cheng J. 2003. Neoproterozoic tectonic evolution of the northwestern Yangtze craton, South China: implications for amalgamation and break-up of the Rodinia Supercontinent. Precambrian Research, 122 (1-4): 111-140.

Liu X, Wang Q, Deng J, Zhang Q, Sun S, Meng J. 2010. Mineralogical and geochemical investigations of the Dajia Salento-type bauxite deposits, western Guangxi, China. Journal of Geochemical Exploration, 105 (3): 137-152.

Liu Y S, Hu Z C, Zong K Q, Gao C G, Gao S, Xu J, Chen H H. 2010. Reappraisement and refinement of zircon U-Pb isotope and trace element analyses by LA-ICP-MS. Chinese Science Bulletin, 55 (15): 1535-1546.

Long X, Yuan C, Sun M, Xiao W, Zhao G, Wang Y, Cai K, Xia X, Xie L. 2010. Detrital zircon ages and Hf isotopes of the early Paleozoic flysch sequence in the Chinese Altai, NW China: New constrains on depositional age, provenance and tectonic evolution. Tectonophysics, 480 (1-4): 213-231.

Lottermoser B G. 1990. Rare-earth element mineralisation within the Mt. Weld carbonatite laterite, Western Australia. Lithos, 24 (2): 151-167.

Ludwig K R. 2003. ISOPLOT 3.0: a geochronological toolkit for microsoft excel, Berkeley Geochronology Center. Special publication, 4: 1-71.

Lyew-Ayee P A. 1986. A case for the volcanic origin of Jamaican bauxites. In: Proceedings of the VI Bauxite Symposium 1986. Journal of Geological Society, 1: 9-39.

MacGowan D B, Surdam R C. 1988. Difunctional carboxylic acid anions in oilfield waters. Organic Geochemistry, 12 (3): 245-259.

MacLean W H. 1990. Mass change calculations in altered rock series. Mineralium Deposita, 25 (1): 44-49.

MacLean W H, Barrett T J. 1993. Lithogeochemical techniques using immobile elements. Journal of Geochemical Exploration, 48 (2): 109-133.

MacLean W H, Kranidiotis P. 1987. Immobile elements as monitors of mass transfer in hydrothermal alteration; Phelps Dodge massive sulfide deposit, Matagami, Quebec. Economic Geology, 82 (4): 951-962.

MacLean W H, Bonavia F F, Sanna G. 1997. Argillite debris converted to bauxite during karst weathering evidence from immobile element geochemistry at the Olmedo Deposit, Sardinia. Mineralium Deposita, 32 (6): 607-616.

Maksimovic Z. 1979. Geochemical study of the Marmara bauxite deposit: implication for the genesis of brindleyite. Travaux, 15: 31-121.

Maksimovic Z, Panto G. 1991. Contribution to the geochemistry of the rare earth elements in the karst-bauxite deposits of Yugoslavia and Greece. Geoderma, 51 (1-4): 93-109.

Mameli P, Mongelli G, Oggiano E D. 2007. Geological and mineralogical features of some bauxite deposits from Nurra (Western Sardinia, Italy): insights on conditions of formation and parental affinity. International Journal of Earth Sciences, 96 (5): 887-902.

Mariano A N. 1989. Economic geology of rare earth elements, in geochemistry and mineralogy of the rare earth elements. Review in Mineralogy, 21: 309-337.

Meshram R R, Randive K R. 2011. Geochemical study of laterites of the Jamnagar district, Gujarat, India: Implications on parent rock, mineralogy and tectonics. Journal of Asian Earth Sciences, 42 (6): 1271-1287.

Millero F J. 1992. Stability constants for the formation of rare earth-inorganic complexes as a function of ionic strength. Geochimica et Cosmochimica Acta, 56 (8): 3123-3132.

Mojzsis S J, Harrison T M. 2002. Establishment of a 3.83-Ga magmatic age for the Akilia tonalite (southern West Greenland). Earth and Planetary Science Letters, 202: 563-576.

Möller A, O'Brien P J, Kennedy A, Kroner A. 2003. Linking growth episodes of zircon and metamorphic textures to zircon chemistry: An example from the ultrahigh-temperature granulites of Rogaland (SW Norway). EMU Notes in Mineralogy, 5: 65-82.

Mongelli G. 1997. Ce-anomalies in the textura components of Upper Cretaceous karst bauxites from the Apulian carbonate platform (southernItaly). Chemical Geology, 14 (140): 69-79.

Mongelli G, Acquafredda P. 1999. Ferruginous concretions in a Late Cretaceous karst bauxite: composition and conditions of formation. Chemical Geology, 158 (3-4): 315-320.

Mordberg L E. 1993. Patterns of distribution and behaviour of trace elements in bauxites. Chemical Geology, 107: 241-244.

Mordberg L E. 1996. Geochemistry of trace elements in Paleozoic bauxite profiles in northern Russia. Journal of Geochemical Exploration, 57 (1-3): 187-199.

Mordberg L E, Spratt J. 1998. Alteration of zircons: the evidence of Zr mobility during bauxitic weathering. Goldschmidt Conference Toulouse, 1021-1022.

Mordberg L E, Stanley C J, Germann K. 2000. Rare earth element anomalies in crandallite group minerals from the Schugorsk bauxite deposit, Timan, Russia. European Journal of Mineralogy, 12 (6): 1229-1243.

Mordberg L E, Stanley C J, Germann K. 2001. Mineralogy and geochemistry of trace elements in bauxites: the Devonian Schugorsk deposit, Russia. Mineralogical Magazine, 65 (1): 81-101.

Morelli F, Cullers R, Laviano R, Mongelli G. 2000. Geochemistry and palaeoenviron-mental significance of Upper Cretaceous clay-rich beds from the Periadriatic Apulia carbonate platform, southern Italy. Periodico di Mineralogia, 69 (2): 165-183.

Morteani G, Preinfalk C. 1995. REE distribution and REE carriers in laterites formed on the alkaline complexes of Araxá and Catalão (Brazil). Mineralogical Society Series, 7: 227-255.

Mutakyahwa M K D, Ikingura J R, Mruma A H. 2003. Geology and geochemistry of bauxite deposits in Lushoto District, Usambara Mountains, Tanzania. Journal of African Earth Sciences, 36 (4): 357-369.

Muzaffer Karadaǵ M, Küpeli Ş, Arýk F, Ayhan A, Zedef V, Döyen A. 2009. Rare earth element (REE) geochemistry and genetic implications of the Mortaş bauxite deposit (Seydişehir/Konya-Southern Turkey). Chemie der Erde-Geochemistry, 69 (2): 143-159.

Najman Y. 2006. The detrital record of orogenesis: A review of approaches and techniques used in the Himalayan sedimentary basins. Earth-Science Reviews, 74 (1-2): 1-72.

Newson T, Dyer T, Adam C, Sharp S. 2006. Effect of structure on the geotechnical properties of bauxite residue. Journal of Geotechnical and Geoenvironmental Engineering, 132 (2): 143-151.

Onac B P, Ettinger K, Kearns J, Balasz I I. 2005. A modern, guano-related occurrence of foggite, CaAl (PO$_4$) (OH)$_2$ · H$_2$O and churchite-(Y), YPO$_4$ · 2H$_2$O in Cioclovina Cave, Romania. Mineralogy and Petrology,

85 （3-4）：291-302.

Özlü N. 1983. Trace-element content of "Karst Bauxites" and their parent rocks in the Mediterranean belt. Mineralium Deposita, 18 （3）：469-476.

Öztürk H, Hein J R, Hanilci N. 2002. Genesis of the Dogankuzu and mortas Bauxite deposits, Taurides, Turkey：Separation of Al, Fe, and Mn and implications for passive margin metallogeny. Economic Geology, 97 （5）：1063-1077.

Pereira M F, Linnemann U, Hofmann M, Chichorro M, Sola A R, Medina J, Silva J B. 2012. The provenance of Late Ediacaran and Early Ordovician siliciclastic rocks in the Southwest Central Iberian Zone：Constraints from detrital zircon data on northern Gondwana margin evolution during the late Neoproterozoic. Precambrian Research, 192-95：166-189.

Pokrovsky O S, Schott J, Dupre B. 2006. Trace element fractionation and transport in boreal rivers and soil porewaters of permafrost-dominated basaltic terrain in Central Siberia. Geochimica et Cosmochimica Acta, 70 （13）：3239-3260.

Pye K. 1988. Bauxites gathering dust. Nature, 333：800-801.

Qi L, Hu J, Grégoire D C. 2000. Determination of trace elements in granites by inductively coupled plasma mass spectrometry. Talanta, 51 （3）：507-513.

Qiu Y M, Gao S, McNaughton N J, Groves D I, Ling W. 2000. First evidence of >3.2 Ga continental crust in the Yangtze craton of south China and its implications for Archean crustal evolution and Phanerozoic tectonics. Geology, 28 （1）：11-14.

Roaldset E. 1979. Rare earth elements in different size fractions of a marine quick clay from Ullensaker, and a till from upperNumedal, Norway. Clay Minerals, 14 （3）：229-239.

Rowley D B, Xue F, Tucker R D, Peng Z X, Baker J, Davis A. 1997. Ages of ultrahigh pressure metamorphism and protolith orthogneisses from the eastern Dabie Shan：U/Pb zircon geochronology. Earth and Planetary Science Letters, 151：191-203.

Rubatto D. 2002. Zircon trace element geochemistry：Partitioning with garnet and the link between U-Pb age metamorphism. Chemical Geology, 184：123-138.

Rubatto D, Gebauer D. 2000. Use of cathodoluminescence for U-Pb zircon dating by ion microprobe：Some examples from the Western Alps. In：Pagel M, Barbin V, Blanc P and Ohnenstetter D （eds.）. Cathodoluminescence in Geosciences. Berlin：Springer, 373-400.

Rubatto D, Hermann J. 2003. Zircon formation during fluid circulation in eclogites （Monviso, Western Alps）：implications for Zr and Hf budget in subduction zones. Geochimica et Cosmochimica Acta, 67：2173-2187.

Rubatto D, Gebauer D, Compagnoni R. 1999. Dating of eclogite-facies zircons：the age of Alpine metamorphism in the Sesia-Lanzo Zone （Western Alps）. Earth and Planetary Science Letters, 167 （3-4）：141-158.

Schaltegger U, Fanning C M, Günther D, Maurin J C, Schulmann K, Gebauer D. 1999. Growth, annealing and recrystallization of zircon and preservation of monazite in high-grade metamorphism：conventional and in-situ U-Pb isotope, cathodoluminescence and microchemical evidence. Contributions to Mineralogy and Petrology, 134：186-201.

Schellmann W. 1982. Eine neue Lateritdefinition. Geol Jahrb Reihe, D （58）：31-47.

Schroll E, Sauer D. 1968. Beitrag zur Geochemie von Titan, Chrom, Nickel, Cobalt, Vanadium und Molibdan in bauxitischen Gesteinen und das problem der stofflichen Herkunft des Aluminiums. Travaux du ICSOBA, Zagreb, 5：83-96.

Schwarz T. 1997. Lateritic bauxite in central Germany and implications for Miocene palaeoclimate. Palaeogeography

Palaeoclimatology Palaeoecology, 129 (1-2): 37-50.

Schwertmann E M. 1983. Effect of pH on the formation of goethite and hematite from ferrihydrite. Clay Minerals, 31 (4): 277-284.

Sholkovitz E R. 1995. The aquatic chemistry of rare earth elements in rivers and estuaries Aquatic. Geochemistry, 1 (1): 1-34.

Shu L, Deng P, Yu J, Wang Y, Jiang S. 2008a. The age and tectonic environment of the rhyolitic rocks on the western side of Wuyi Mountain, South China. Science in China Series D: Earth Sciences, 51 (8): 1053-1063.

Shu L, Faure M, Wang B, Zhou X, Song B. 2008b. Late Palaeozoic-Early Mesozoic geological features of South China: Response to the Indosinian collision events in Southeast Asia. Comptes Rendus Geoscience, 340 (2-3): 151-165.

Sláma J, Košler J, Condon D J, Crowley J L, Gerdes A, Hanchar J M, Horstwood M S A, Morris G A, Nasdala L, Norberg N, Schaltegger U, Schoene B, Tubrett M N, Whitehouse M J. 2008. Plešovice zircon: A new natural reference material for U-Pb and Hf isotopic microanalysis. Chemical Geology, 249: 1-35.

Stacey J S, Kramers J D. 1975. Approximation of terrestrial lead isotope evolution by a twostage model. Earth and Planetary Science Letters, 26: 207-221.

Sun S S, McDonough W F. 1989. Chemical and isotopic systematics of oceanic basalts: implications for mantle composition and processes. Geological Society, London, Special Publications, 42 (1): 313-345.

Sun W H, Zhou M F, Yan D P, Li J W, Ma Y X. 2008. Provenance and tectonic setting of the Neoproterozoic Yanbian Group, western Yangtze Block (SW China). Precambrian Research, 167 (1-2): 213-236.

Sun W H, Zhou M F, Gao J F, Yang Y H, Zhao X F, Zhao J H. 2009. Detrital zircon U-Pb geochronological and Lu-Hf isotopic constraints on the Precambrian magmatic and crustal evolution of the western Yangtze Block, SW China. Precambrian Research, 172 (1-2): 99-126.

Tallen V. 1952. Petrographic relations in some typical bauxite and diaspore deposits. Geological Society of America Bulletin, 63 (7): 649-688.

Taylor G, Eggleton R A. 2008. Genesis of pisoliths and of the Weipa Bauxite deposit, northern Australia. Australian Journal of Earth Sciences, 55 (sup1): S87-S103.

USGS. 2010. USGS Minerals Information: Commodity Statistics and Information. http: //minerals. usgs. gov/ minerals/pubs/commodity/.

Utley D. 1938. Organic matter inArkansas bauxite. Industrial & Engineering Chemistry, 30 (1): 35-39.

Vadász. 1951. Bauxitaoldtan (Bauxite geology). Akadémiài Kiàdó, Budapest, 127.

Valeton I, Biermann M, Reche R, Rosenberg F. 1987. Genesis of nickel laterites and bauxites ingreece during the jurassic and cretaceous, and their relation to ultrabasic parent rocks. Ore Geology Reviews, 2 (4): 359-404.

Wan Y, Liu D, Xu M, Zhuang J, Song B, Shi Y, Du L. 2007. SHRIMP U-Pb zircon geochronology and geochemistry of metavolcanic and metasedimentary rocks in Northwestern Fujian, Cathaysia block, China: Tectonic implications and the need to redefine lithostratigraphic units. Gondwana Research, 12 (1-2): 166-183.

Whitehouse M J, Platt J P. 2003. Dating high-grade metamorphism: Constraints from rare-earth elements in zircon and garnet. Contributions to Mineralogy and Petrology, 145: 61-74.

Wiedenbeck M, Allé A, Corfu F, Griffin W L, Meier M, OBerli F, von Quadt A, Roddick J C, Spiegel W. 1995. Three natural zircon standards for U-Th-Pb, Lu-Hf, trace element and REE analyses. Geostandards

Newsletter, 19: 1-23.

Williams-Jones A E, Wood S A. 1992. A preliminary petrogenetic grid for REE fluorocarbonates and associated minerals. Geochimica et Cosmochimica Acta, 56 (2): 725-738.

Xiao L, Zhang H F, Ni P Z, Xiang H, Liu X M. 2007. LA-ICP-MS U-Pb zircon geochronology of early Neoproterozoic mafic-intermediat intrusions from NW margin of the Yangtze Block, South China: Implication for tectonic evolution. Precambrian Research, 154 (3-4): 221-235.

Xiong Q, Zheng J, Yu C, Su Y, Tang H, Zhang Z. 2009. Zircon U-Pb age and Hf isotope of Quanyishang A-type granite in Yichang: signification for the Yangtze continental cratonization in Paleoproterozoic. Chinese Science Bulletin, 54 (3): 436-446.

Yan Q, Hanson A D, Wang Z, Druschke P A, Yan Z, Wang T, Liu D, Song B, Jian P, Zhou H, Jiang C. 2004. Neoproterozoic Subduction and Rifting on the Northern Margin of the yangtze Plate, China: Implications for Rodinia Reconstruction. International Geology Review, 46 (9): 817-832.

Yao J L, Shu L S, Santosh M. 2011. Detrital zircon U-Pb geochronology, Hf-isotopes and geochemistry-New clues for the Precambrian crustal evolution of Cathaysia Block, South China. Gondwana Research, 20 (2-3): 553-567.

Yuan H L, Gao S, Liu X M, Li H M, Günther D, Wu F Y. 2004. Accurate U-Pb Age and Trace Element Determinations of Zircon by Laser Ablation-Inductively Coupled Plasma-Mass Spectrometry. Geostandards and Geoanalytical Research, 28 (3): 353-370.

Yuan H L, Gao S, Dai M N, Zong C L, Guenther D, Fontaine G H, Liu X M, Diwu C. 2008. Simultaneous determinations of U-Pb age, Hf isotopes and trace element compositions of zircon by excimer laser-ablation quadrupole and multiple-collector ICP-MS. Chemical Geology, 247 (1-2): 100-118.

Yu J H, Wang L, O'Reilly SY, Griffin W L, Zhang M, Li C, Shu L. 2009. A Paleoproterozoic orogeny recorded in a long-lived cratonic remnant (Wuyishan terrane), eastern Cathaysia Block, China. Precambrian Research, 174 (3-4): 347-363.

Zarasvandi A, Charchi A, Carranza E, Alizadeh B. 2008. Karst bauxite deposits in the Zagros Mountain Belt, Iran. Ore Geology Reviews, 34 (4): 521-532.

Zarasvandi A, Zamanian H, Hejazi E. 2010. Immobile elements and mass changes geochemistry at Sar-Faryab bauxite deposit, Zagros Mountains, Iran. Journal of Geochemical Exploration, 107 (1): 77-85.

Zhao J H, Zhou M F. 2007. Geochemistry of Neoproterozoic mafic intrusions in the Panzhihua district (Sichuan Province, SW China): Implications for subduction-related metasomatism in the upper mantle. Precambrian Research, 152 (1-2): 27-47.

Zhao J H, Zhou M F. 2009. Secular evolution of the Neoproterozoic lithospheric mantle underneath the northern margin of the Yangtze Block, South China. Lithos, 107 (3-4): 152-168.

Zheng Y F, Zhang S B, Zhao Z F, Wu Y B, Li X, Li Z, Wu F Y. 2007. Contrasting zircon Hf and O isotopes in the two episodes of Neoproterozoic granitoids in South China: Implications for growth and reworking of continental crust. Lithos, 96 (1-2): 127-150.

Zhou M F, Yan D P, Kennedy A K, Li Y, Ding J. 2002. SHRIMP U-Pb zircon geochronological and geochemical evidence for Neoproterozoic arc-magmatism along the western margin of the Yangtze Block, South China. Earth and Planetary Science Letters, 196 (1-2): 51-67.

Zhou M F, Ma Y, Yan D P, Xia X, Zhao J H, Sun M. 2006. The Yanbian Terrane (Southern Sichuan Province, SW China): A Neoproterozoic arc assemblage in the western margin of the Yangtze Block. Precambrian Research, 144 (1-2): 19-38.

Архангельский А Д. 1937. Тиды Бокситов СССР и их генезис. В кн Труды Конференпиипо Генезису руд
　　железа марганпа и алюмния. Изл-во А Н СССР, 365-511.

Бушинский Г И. 1975. Геолоця Боксцтов. Москва: Недра, 237-241.

Пейве А В. 1947. Тектоника североуральското бокситового лонса. Бюл Моил отн Гзол, 4 (8): 54-68.

附　　表

附表 1　务正道铝土矿主量元素（单位：wt%）和微量元素（单位：ppm）分析结果

矿区	瓦厂坪										
样品号	ZK8-2-1	ZK7-4-2	ZK0-1-2	ZK0-1-1	ZK7-2-2	ZK15-1-1	ZK7-4-1	ZK0-11-1	ZK15-2-1	WCP-6	WCP-10
位置	P_2q+m	P_2q+m	P_2q+m	P_2q+m	P_2q+m	P_2q+m	P_2q+m	P_2q+m	P_2l	P_2l	P_2l
名称	Dol	Dol-L	Dol-L	Ls	Ls	Ls	Ls	Ls	C-Ms	ARU	ARU
SiO_2	3.28	4.01	1.57	1.98	3.22	3.24	7.60	2.12	60.07	41.59	44.70
TiO_2	0.03	0.02	0.03	0.02	0.06	0.03	0.03	0.02	0.10	1.21	0.80
Al_2O_3	0.30	0.15	0.34	0.25	1.71	0.31	0.21	0.20	2.80	38.18	37.02
Fe_2O_3	1.02	2.16	0.84	0.43	1.70	0.32	0.24	1.22	1.50	2.80	1.40
MnO	0.27	0.95	0.57	0.03	0.51	0.01	0.03	0.25	0.17	0.02	0.04
MgO	14.85	6.04	5.72	0.98	1.09	0.83	2.08	1.29	3.16	0.43	0.27
CaO	36.05	45.37	47.18	53.43	50.38	52.81	48.96	52.05	14.50	0.50	0.34
Na_2O	0.28	0.48	0.21	0.20	0.19	0.19	0.25	0.25	0.15	0.41	0.28
K_2O	0.23	0.43	0.17	0.17	0.31	0.03	0.03	0.14	0.07	0.24	0.21
P_2O_5	0.03	0.03	0.02	0.03	0.05	0.31	0.03	0.03	0.04	0.10	0.08
LOI	43.59	40.17	43.26	42.35	40.60	42.08	40.40	42.61	17.60	14.32	14.61
TOTAL	99.93	99.81	99.91	99.37	99.81	99.88	99.85	100.18	100.16	99.80	99.75
A/S	0.09	0.04	0.22	0.13	0.53	0.10	0.03	0.09	0.05	0.92	0.83
Li	8.00	6.77	2.31	5.10	5.16	2.87	16.5	11.5	24.2	993	294
Be	0.518	0.992	0.404		0.259		0.113	0.408	0.471	2.47	3.24
Sc	2.00	4.07	2.02	1.61	2.50	1.81	1.55	1.99	2.34	16.5	8.49
V	23.9	145	13.5	5.93	103	14.7	23.6	97.1	25.1	405	67.5
Cr	41.9	58.1	18.4	7.66	46.4	41.2	29.9	62.6	576	339	42.6
Co	7.73	5.02	4.63	11.0	3.69	6.99	3.24	4.95	27.6	4.38	17.3
Ni	29.0	24.0	8.14	10.6	22.4	22.3	20.0	26.5	118	15.8	61.4
Ag	0.089	0.128	0.023	0.023	0.107	0.072	0.057	0.252	0.151	1.120	0.689
Cd	0.517	1.82	0.101	0.149	1.13	0.440	0.528	1.63	0.147	0.385	1.17
In	0.003	0.023	0.009		0.007		0.001	0.006	0.017	0.245	0.164
Sn									0.048		
Sb	1.35	2.30	0.521	0.691	1.72	0.779	0.676	3.92	1.02	1.06	0.840
Cs	1.25	1.26	0.721	0.011	0.846	0.045	0.034	0.637	0.374	4.58	2.97
Ba	40.1	49.7	31.1	9.83	50.6	16.6	25.5	36.1	19.1	48.0	18.5
Cu	2.96	5.48	0.506	0.076	4.74	1.68	2.08	5.55	7.92	19.2	16.7
Zn	26.9	31.8	6.15	4.93	43.0	10.5	7.47	21.8	18.6	45.3	60.3
Ga	1.78	5.11	1.17	0.195	4.94	0.173	0.333	5.28	2.32	78.4	23.3
Ge	0.075	0.128	0.048	0.026	0.115	0.012	0.009	0.094	0.244	3.00	0.619
As	16.0	29.4	22.1	10.5	43.7	9.65	9.83	22.0	14.1	39.8	37.8
Rb	13.7	21.0	8.14	0.064	13.8	0.222		7.04	2.38	8.73	5.71
Sr	1310	1846	859	1483	3831	3992	2718	4204	205	162	12.8
Y	8.95	16.3	11.8	1.16	6.98	0.630	1.25	5.63	2.39	34.0	9.63
Zr	12.0	22.6	6.77	1.83	18.6	1.39	3.11	18.5	13.2	1450	519
Nb	1.39	2.68	0.743	0.176	1.86	0.148	0.259	2.29	2.01	58.2	39.4
Mo	31.0	14.0	4.16	1.75	11.6	0.955	7.91	22.1	24.5	0.975	2.20
La	8.29	17.5	7.58	0.352	14.9	0.220	0.578	11.9	6.44	5.33	5.60
Ce	14.7	40.6	12.7	0.601	33.7	0.428	1.12	23.8	11.6	13.6	10.5
Pr	1.59	4.59	1.37	0.064	3.65	0.043	0.123	2.42	1.66	1.51	0.850
Nd	6.19	19.1	5.60	0.287	14.71	0.194	0.527	9.36	6.56	6.55	2.62
Sm	1.39	4.37	1.34	0.043	2.84	0.031	0.119	1.94	1.07	2.58	0.720
Eu	0.322	0.902	0.446	0.008	0.532	0.004	0.019	0.408	0.179	1.70	0.141
Gd	1.48	3.96	1.51	0.070	2.32	0.030	0.106	1.83	0.783	3.60	1.19
Tb	0.235	0.520	0.236	0.008	0.297	0.005	0.012	0.253	0.101	0.695	0.280
Dy	1.26	2.63	1.43	0.089	1.43	0.042	0.098	1.13	0.480	5.02	1.96
Ho	0.274	0.534	0.337	0.019	0.286	0.015	0.023	0.211	0.104	1.15	0.431
Er	0.770	1.37	0.865	0.060	0.673	0.022	0.081	0.509	0.281	3.75	1.35
Tm	0.102	0.175	0.114	0.007	0.086		0.006	0.069	0.036	0.597	0.236
Yb	0.696	1.00	0.780	0.060	0.527	0.033	0.072	0.418	0.284	4.53	1.70
Lu	0.097	0.147	0.105	0.007	0.070	0.005	0.009	0.046	0.042	0.701	0.260
Hf	0.303	0.611	0.171		0.487	0.014	0.054	0.401	0.354	38.3	13.7
Ta	0.113	0.195	0.072	0.031	0.152	0.013	0.026	0.181	0.140	4.64	3.21
W	84.4	23.3	88.9	204	16.5	40.0	38.8	11.8	143	15.4	8.41
Tl	0.330	1.00	0.147	0.011	0.595	0.008	0.109	0.570	0.264	0.183	0.117
Pb	5.76	9.20	2.35	1.17	13.3	10.8	6.07	5.84	11.6	16.5	43.5
Bi	0.039	0.087	0.010		0.051	0.032	0.004	0.051	0.063	0.980	0.412
Th	1.40	3.17	0.827	0.123	2.83	0.085	0.197	2.50	1.50	60.5	16.2
U	6.91	14.0	10.2	3.50	9.15	1.24	2.82	12.7	2.73	8.33	4.82

矿区	瓦厂坪										
样品号	WCP-7	WCP-5	ZK12-4-1	ZK0-1-3	ZK7-4-4	ZK0-11-3	ZK12-4-3	ZK7-1-4	ZK7-4-5	ZK15-2-2	WCP-8
位置	P_2l	P_2l	P_2l	P_2l	P_2l	P_2l	P_2l	P_2l	P_2l	P_2l	P_2l
名称	ARU	ARU	ARU	AOPO	AOPO	AOPO	AOPO	AOC	AOC	AOC	AOE
SiO_2	45.60	47.30	40.42	21.82	22.57	23.10	24.86	10.72	10.79	20.92	4.10
TiO_2	1.08	1.18	0.78	1.25	1.75	1.68	1.86	2.11	2.65	1.18	3.12
Al_2O_3	36.05	40.20	35.40	40.00	53.34	48.17	53.63	59.20	65.68	58.32	75.73
Fe_2O_3	1.05	0.60	5.05	16.27	1.73	7.06	2.58	12.79	1.80	3.70	1.35
MnO	0.02	0.02	0.01	0.00	0.00	0.01	0.00	0.05	0.00	0.06	0.02
MgO	0.30	0.56	1.24	0.17	4.10	3.38	1.16	0.82	2.41	0.73	0.13
CaO	0.55	0.74	0.70	1.55	1.05	1.33	0.75	0.46	1.41	0.25	0.20
Na_2O	0.39	0.57	1.29	0.12	0.72	0.56	1.03	0.25	0.39	0.32	0.26
K_2O	0.27	0.28	1.72	0.11	0.28	0.30	0.21	0.06	0.13	0.17	0.18
P_2O_5	0.12	0.12	0.05	0.06	0.06	0.06	0.06	0.04	0.04	0.05	0.10
LOI	14.40	8.30	13.46	18.47	14.25	14.18	13.66	13.67	14.42	13.98	14.68
TOTAL	99.83	99.87	100.13	99.82	99.86	99.82	99.81	100.08	99.72	99.67	99.86
A/S	0.79	0.85	0.88	1.83	2.36	2.09	2.16	5.52	6.09	2.79	18.47
Li	379	208	641	12.6	1153	1108	2005	302	481	36.2	1.70
Be	4.64	1.65	3.43	3.14	5.79	7.02	9.00	4.57	10.8	2.52	7.05
Sc	11.3	14.7	23.8	14.3	23.9	29.8	16.9	47.4	33.0	21.1	8.98
V	231	144	84.4	100	255	658	190	305	286	187	183
Cr	230	162	142	193	289	509	2278	368	294	179	151
Co	7.23	7.59	3.94	76.9	2.64	6.18	7.78	18.9	28.8	17.2	17.0
Ni	38.0	1.58	12.5	50.2	7.71	16.3	6.50	10.3	16.9	14.7	17.7
Ag	0.748	0.558	1.30	1.15	1.11	1.85	1.04	1.31	1.23	1.30	1.57
Cd	0.286	0.192	0.284	0.294	0.032	0.295			0.158	1.80	0.636
In	0.149	0.083	0.092	0.218	0.239	0.272	0.192	0.303	0.211	0.197	0.236
Sn			3.70	19.0	6.95	18.4	7.33	9.94	8.08	13.1	
Sb	0.815	0.867	1.67	5.40	1.25	7.04	0.940	3.04	1.22	2.71	2.49
Cs	1.17	5.44	6.40	0.076	2.45	2.24	2.03	0.160	0.251	0.762	0.055
Ba	39.4	873	422	37.0	71.4	142	182	103	18.1	57.7	9.86
Cu	14.7	11.8	12.2	18.2	5.11	20.6	4.95	8.39	10.2	13.6	27.1
Zn	29.7	28.4	37.8	13.3	49.9	28.5	24.4	51.0	21.3	33.8	43.3
Ga	32.4	27.5	41.6	56.1	69.8	102	109	85.4	76.8	65.7	45.0
Ge	1.04	0.754	0.748	2.89	0.795	1.92	1.38	3.12	2.99	3.30	4.80
As	37.0	41.3	17.6	45.0	12.4	49.7	10.9	16.4	16.3	22.4	50.5
Rb	4.11	209	43.2	2.98	5.47	6.53	3.73	0.149	2.63	5.50	2.87
Sr	24.5	124	149	16.2	63.2	120	98.5	80.1	79.6	59.2	13.2
Y	23.5	15.9	30.4	24.5	30.8	35.9	26.8	38.5	49.6	34.5	19.2
Zr	869	321	396	384	732	911	562	597	587	629	919
Nb	41.5	33.3	56.3	44.1	48.8	70.0	61.2	59.9	62.6	63.4	98.8
Mo	0.363	4.61	12.9	7.55	0.710	5.88	1.40	1.17	8.78	5.31	0.904
La	9.77	10.1	33.6	5.79	3.26	3.59	9.49	12.3	19.5	13.4	2.06
Ce	21.4	29.8	93.3	9.37	9.08	13.8	32.3	51.6	57.4	33.3	13.4
Pr	2.24	2.82	9.09	0.927	0.916	1.45	3.74	3.42	4.62	2.76	0.461
Nd	8.43	9.08	31.5	3.42	3.99	6.29	14.9	13.0	15.8	10.8	1.83
Sm	1.81	1.58	6.55	1.23	1.89	2.22	3.86	3.42	4.87	2.64	0.701
Eu	0.318	0.409	1.08	0.552	0.765	0.566	1.10	0.880	1.35	0.717	0.235
Gd	2.15	1.89	5.37	2.10	3.28	2.97	3.25	4.27	5.36	3.66	1.46
Tb	0.476	0.390	1.02	0.495	0.720	0.698	0.726	0.882	1.08	0.875	0.377
Dy	3.54	2.71	6.23	3.44	4.97	5.29	5.04	5.99	7.26	6.52	2.87
Ho	0.774	0.590	1.38	0.812	1.10	1.25	1.26	1.39	1.72	1.73	0.692
Er	2.48	1.92	3.98	2.40	3.28	3.76	3.92	4.18	4.99	5.40	2.31
Tm	0.379	0.322	0.595	0.390	0.473	0.588	0.663	0.636	0.732	0.858	0.383
Yb	2.82	2.25	3.96	2.79	3.59	4.32	4.78	4.74	5.37	6.89	2.80
Lu	0.399	0.334	0.589	0.442	0.537	0.658	0.757	0.713	0.738	1.05	0.415
Hf	22.8	8.84	10.8	10.3	16.3	21.3	16.8	16.2	15.1	25.4	24.6
Ta	3.42	2.70	4.25	3.41	3.69	5.21	5.55	4.67	4.84	7.64	7.56
W	7.04	5.35	12.7	146	36.9	44.7	66.6	115.7	276.1	55.9	117
Tl	0.030	1.25	0.447	0.890	0.063	0.612	0.029	0.062	0.099	0.896	0.138
Pb	14.8	6.60	18.4	300	5.75	73.0	7.97	16.7	9.32	51.1	18.9
Bi	0.581	0.427	0.290	0.682	1.15	1.75	0.275	1.65	1.46	2.44	0.944
Th	22.1	24.8	49.1	31.0	50.5	86.6	51.3	62.7	65.2	80.0	26.9
U	7.75	7.39	17.6	5.43	9.97	11.0	12.8	10.2	19.2	20.4	9.80

矿区	瓦厂坪										
样品号	WCP-9	ZK17-1-2	ZK7-2-4	WCP-28	ZK5-2-2	ZK7-4-3	ZK15-1-3	ZK0-4-4	ZK12-4-6	ZK5-2-7	ZK0-11-2
位置	P_2l	P_2l	P_2l	P_2l	P_2l	P_2l	P_2l	P_2l	P_2l	P_2l	P_2l
名称	AOE	AOE	AOE	AOB	AOB	AOB	AOB	AOB	ARL	ARL	ARL
SiO_2	5.10	6.64	6.69	33.20	27.04	27.07	30.75	30.86	24.79	35.49	42.88
TiO_2	3.18	2.56	2.40	1.52	1.58	1.76	0.92	1.05	0.31	0.83	0.60
Al_2O_3	75.86	72.72	70.23	51.40	49.82	47.41	47.82	48.56	25.03	37.16	30.82
Fe_2O_3	0.82	2.42	4.49	1.48	2.44	4.05	3.06	1.84	38.29	10.39	8.08
MnO	0.02	0.01	0.01	0.02	0.01	0.01	0.00	0.16	0.10	0.20	0.19
MgO	0.16	0.23	0.27	0.50	1.95	3.28	1.29	1.78	2.30	1.46	0.94
CaO	0.22	0.81	0.52	0.45	1.70	1.21	1.53	0.15	1.46	1.50	1.28
Na_2O	0.25	0.12	0.16	0.56	1.00	0.64	0.95	0.86	0.58	0.79	1.20
K_2O	0.15	0.02	0.05	0.32	0.76	1.15	0.18	0.26	0.17	2.11	5.89
P_2O_5	0.10	0.04	0.04	0.15	0.06	0.04	0.05	0.06	0.05	0.05	0.05
LOI	13.90	14.30	15.23	10.47	13.44	13.27	13.30	14.13	7.03	10.14	8.22
TOTAL	99.76	99.87	100.09	100.07	99.80	99.89	99.85	99.69	100.12	100.12	100.14
A/S	14.87	10.95	10.50	1.55	1.84	1.75	1.56	1.57	1.01	1.05	0.72
Li	1.36	7.14	9.17	2040	1271	1785	2725	1125	226	544	82.6
Be	3.78	5.85	6.47	4.64	3.52	8.41	3.12	3.41	10.8	4.64	7.65
Sc	5.87	20.9	48.4	38.6	18.2	25.1	15.8	15.5	17.4	33.2	25.9
V	279	242	297	279	127	583	324	150	136	144	148
Cr	165	387	673	393	288	826	282	306	237	133	185
Co	9.68	4.02	18.4	11.7	1.66	2.66	1.77	4.04	404	18.0	43.6
Ni	5.66	6.39	15.8	73.3	1.91	3.84	7.95	32.3	429	119	89.6
Ag	1.35	1.88	1.63	1.15	1.28	1.86	3.21	1.24	0.618	0.836	0.910
Cd	1.52	0.074	0.059	0.951	0.060			0.041	2.00	0.066	3.49
In	0.234	0.233	0.354	0.343	0.231	0.321	0.296	0.246	0.065	0.182	0.155
Sn		22.2	14.2		7.25	25.9	26.0	9.50	2.79	6.64	4.72
Sb	0.801	2.23	2.44	1.86	1.15	4.22	1.71	1.41	0.978	0.881	3.45
Cs	0.098		0.010	2.46	4.19	2.90	2.27	1.37	0.703	4.17	13.3
Ba	19.5	25.3	11.5	613	240	220	87.9	129	31.7	234	410
Cu	23.7	10.4	10.2	23.3	6.05	12.5	9.59	5.99	52.5	6.84	14.7
Zn	47.9	18.3	34.6	310	32.3	27.9	52.7	18.4	235	52.0	55.6
Ga	24.7	111	131	57.5	84.2	127	117	62.9	32.2	37.9	39.9
Ge	4.14	2.76	4.57	3.78	2.50	1.11	0.547	1.01	1.71	2.23	1.38
As	38.1	11.4	25.2	51.6	14.1	31.3	9.00	22.5	209	11.6	31.0
Rb	6.42		0.843	111	30.2	25.8	5.64	5.51	0.220	64.5	232
Sr	13.5	51.3	30.7	226	53.0	86.9	44.8	59.6	100.6	178.2	224.1
Y	15.3	53.0	43.4	38.2	34.3	55.1	61.2	29.5	504	61.8	53.7
Zr	905	1230	1046	659	702	1122	2103	489	184	379	307
Nb	85.1	100	78.4	63.8	63.4	82.4	162	56.0	21.5	37.2	30.4
Mo	1.45	2.59	1.33	0.572	3.15	5.10	9.72	2.79	0.443	0.374	0.399
La	4.05	21.1	3.34	73.7	1.88	1.72	3.04	8.47	619	402	465
Ce	15.6	63.4	11.9	183	6.81	5.74	9.29	19.1	640	556	920
Pr	1.10	4.23	0.908	17.8	0.548	0.684	1.18	1.76	39.4	48.8	53.2
Nd	4.05	14.1	3.61	58.9	2.73	3.71	5.55	7.02	168	183	192
Sm	0.892	3.56	1.62	9.22	1.42	2.97	2.60	2.13	38.6	35.5	33.1
Eu	0.218	1.09	0.669	1.56	0.608	1.49	1.03	0.954	10.0	6.12	4.77
Gd	1.47	5.45	3.41	7.35	2.87	6.06	5.63	2.77	54.4	24.5	22.8
Tb	0.328	1.33	0.841	1.16	0.690	1.20	1.55	0.605	9.18	3.45	2.95
Dy	2.34	10.0	6.08	6.85	4.78	7.78	12.4	4.31	56.6	17.0	14.1
Ho	0.533	2.59	1.45	1.54	1.19	1.77	3.19	1.07	13.3	3.43	2.92
Er	1.75	7.52	4.34	5.14	3.50	4.96	9.91	3.27	36.1	9.51	8.45
Tm	0.282	1.23	0.671	0.832	0.544	0.791	1.61	0.522	5.00	1.35	1.46
Yb	2.02	9.37	4.98	6.14	4.10	5.38	12.7	4.09	30.3	9.60	11.2
Lu	0.279	1.42	0.788	0.934	0.606	0.768	1.94	0.612	4.27	1.44	1.66
Hf	24.9	42.2	24.5	18.0	16.7	25.8	71.6	13.2	4.93	10.5	8.19
Ta	7.02	11.8	5.92	5.36	4.81	6.08	18.4	4.27	1.59	2.99	2.28
W	60.7	73.1	147	35.3	35.3	48.9	56.4	21.8	6.69	26.2	7.51
Tl	0.066	0.088	0.188	0.693	0.211	0.257	0.087	0.029	0.006	0.387	1.52
Pb	3.88	21.4	24.3	136	7.24	21.8	16.4	5.54	58.9	9.30	132
Bi	1.05	2.26	2.03	0.699	0.775	2.04	1.45	0.349	0.433	0.469	0.623
Th	22.2	152	114	61.8	48.3	151	149	42.0	17.1	35.3	27.9
U	8.76	21.8	14.9	12.9	8.25	19.8	28.3	6.78	2.61	6.16	3.72

矿区	瓦厂坪										
样品号	ZK15-2-3	ZK0-4-6	ZK8-2-3	ZK7-4-6	WCP-29	WCP-27	WCP-26	WCP-23	ZK15-1-6	WCP-43	ZK0-11-6
位置	P_2l	P_2l	P_2l	P_2l	P_2l	P_2l	P_2l	P_2l	C_2h	C_2h	C_2h
名称	ARL	ARL	ARL	ARL	ARL	ARL	ARL	ARL	Ls	Ls	Ls
SiO_2	37.39	42.66	40.06	43.44	35.58	37.10	43.42	43.60	0.27	0.55	0.78
TiO_2	0.61	1.00	1.02	1.16	0.51	1.06	0.63	0.75	0.02	0.05	0.02
Al_2O_3	31.77	35.25	36.39	38.39	28.07	34.82	34.00	38.36	0.12	0.37	0.23
Fe_2O_3	21.10	4.56	4.78	1.31	20.52	13.38	11.20	2.10	0.31	0.23	0.42
MnO	0.01	0.00	0.00	0.00	0.06	0.03	0.07	0.04	0.17	0.01	0.08
MgO	0.59	0.55	0.44	0.44	0.74	0.24	0.80	0.29	0.33	0.12	0.31
CaO	1.59	1.01	1.06	0.56	1.35	0.30	1.27	0.38	55.74	55.27	55.47
Na_2O	0.86	0.79	0.65	0.78	0.52	0.36	0.56	0.32	0.16	0.06	0.25
K_2O	0.33	0.52	0.61	0.26	0.43	0.23	0.39	0.21	0.02	0.05	0.04
P_2O_5	0.05	0.04	0.04	0.04	0.13	0.10	0.12	0.13	0.03	0.06	0.04
LOI	5.62	13.39	15.17	13.70	12.19	12.20	7.58	13.66	42.67	43.02	42.42
TOTAL	99.91	99.77	100.22	100.08	100.10	99.82	100.04	99.84	99.84	99.78	100.06
A/S	0.85	0.83	0.91	0.88	0.79	0.94	0.78	0.88	0.44	0.67	0.29
Li	282	342	678	911	36.0	431	56.3	419		282	
Be	5.40	6.30	6.68	9.39	3.98	11.5	8.16	4.74	0.035	4.29	0.130
Sc	31.7	40.5	34.7	45.1	31.4	23.0	21.7	16.3	2.36	36.0	2.23
V	154	194	148	320	686	101	167	159	8.66	1.78	1.00
Cr	172	166	150	446	393	143	163	163	10.6	5.30	7.12
Co	16.7	20.1	11.7	9.34	7.46	36.0	50.4	45.4	3.64	22.3	3.58
Ni	71.6	110	121	140	39.9	117	70.6	70.3	13.3	10.5	8.55
Ag	0.913	0.668	0.664	0.690	0.858	0.593	0.476	0.709	0.013	0.637	0.005
Cd		0.499	0.858	0.054	0.270	0.416	0.346	0.822	0.852	0.237	0.623
In	0.209	0.155	0.197	0.334	0.182	0.203	0.116	0.142	0.003	0.244	0.002
Sn	8.11	4.38	3.59	5.24							
Sb	3.83	2.37	2.85	0.992	13.30	18.20	0.750	1.04	1.08	3.36	0.807
Cs	1.90	1.86	3.21	2.19	15.8	2.70	22.8	2.66		1.46	0.007
Ba	80.0	92.3	123	56.5	504	105	536	91.8	2.26	124	32.2
Cu	11.9	22.5	11.2	15.6	42.2	70.7	201	21.88	0.582	4.28	3.35
Zn	36.1	37.1	36.6	16.9	83.3	120	224	47.70	8.00	245	4.75
Ga	36.1	30.2	25.1	47.4	46.2	47.2	33.8	26.4	0.154	0.797	0.081
Ge	1.69	1.44	0.743	1.40	1.99	1.67	2.25	1.03	0.010	2.70	0.024
As	13.8	23.0	21.6	30.9	277	42.6	41.3	42.7	9.70	33	9.97
Rb	12.2	14.1	14.7	4.34	210	18.4	286	28.8		2.19	0.22
Sr	669	124	134	83.7	352	218	247	116	104	214	73.0
Y	41.4	29.6	32.9	39.1	118	92.3	53.7	22.9	15.4	10.2	0.444
Zr	392	373	349	427	398	339	225	454	0.465	8.39	0.561
Nb	35.0	34.4	31.0	36.8	26.7	37.2	22.5	42.2	0.055	0.517	0.076
Mo	0.375	0.327	0.581	0.251	2.66	1.00	0.292	0.284	0.276	0.854	0.219
La	120	124	13.8	35.4	233	262	65.0	28.5	4.80	4.63	0.160
Ce	439	562	34.1	58.2	460	510	125	68.0	0.665	4.36	0.300
Pr	37.4	24.4	3.86	4.76	66.6	47.7	14.8	4.02	0.963	0.998	0.035
Nd	152	80.8	15.2	15.1	291	154	53.9	10.8	4.43	4.24	0.143
Sm	24.9	15.1	3.65	3.63	49.0	26.8	9.66	2.08	1.26	1.10	0.026
Eu	4.16	2.37	0.844	0.694	5.38	4.82	2.05	0.503	0.303	0.271	0.005
Gd	14.1	10.1	3.38	3.94	31.3	24.0	9.83	2.94	1.67	1.41	0.030
Tb	1.81	1.63	0.843	0.949	4.44	3.64	1.56	0.588	0.283	0.223	0.003
Dy	8.46	8.88	6.65	7.44	20.7	20.6	8.76	4.16	1.92	1.22	0.017
Ho	1.73	1.86	1.65	1.89	4.03	4.16	1.75	0.921	0.443	0.262	0.011
Er	4.78	5.77	5.00	5.74	11.7	13.3	5.12	2.92	0.951	0.721	0.015
Tm	0.691	1.01	0.837	0.952	1.44	2.04	0.724	0.438	0.112	0.095	
Yb	4.71	8.16	6.34	6.68	9.01	14.1	4.55	3.21	0.605	0.562	0.013
Lu	0.659	1.22	0.886	0.994	1.30	2.05	0.671	0.465	0.079	0.082	
Hf	10.5	9.91	9.49	11.9	10.9	9.58	6.09	12.2	0.008	0.253	0.009
Ta	2.44	2.65	2.51	2.73	2.31	3.39	1.98	3.36	0.010	0.289	0.023
W	10.7	10.2	18.7	6.76	9.75	8.48	8.38	10.9	27.2	19.8	25.2
Tl	0.069	0.156	0.328	0.125	1.86	0.119	1.26	0.224		0.108	
Pb	72.4	51.6	39.7	57.3	831	27.7	22.8	8.94	7.33	11.0	3.94
Bi	0.730	0.497	0.693	1.19	1.07	0.428	0.887	0.438	0.002	1.11	
Th	79.3	32.6	36.2	73.0	28.0	26.8	24.4	28.5	0.042	0.499	0.045
U	3.82	3.33	7.40	8.58	18.2	2.97	4.83	4.87	0.628	0.174	0.155

矿区	瓦厂坪										
样品号	WCP-44	ZK12-4-7	ZK8-2-5	ZK0-4-8	ZK0-11-5	WCP-31	WCP-32	ZK7-1-6	ZK7-4-8	ZK8-2-6	ZK0-1-7
位置	C_2h	C_2h	C_2h	C_2h	C_2h	$S_{1-2}hj$	$S_{1-2}hj$	$S_{1-2}hj$	$S_{1-2}hj$	$S_{1-2}hj$	$S_{1-2}hj$
名称	Ls	Ls	Ls	Ls	Ls	Sh	Sh	Sh	Sh	Sh	Sh
SiO_2	2.48	2.70	4.87	0.65	1.38	58.94	61.72	58.58	59.02	62.86	65.75
TiO_2	0.05	0.08	0.03	0.02	0.03	0.47	0.43	0.25	0.36	0.27	0.28
Al_2O_3	0.56	1.88	0.34	0.12	0.23	24.00	23.15	19.26	19.89	17.02	15.34
Fe_2O_3	0.32	5.58	2.74	1.41	0.42	6.47	7.59	7.70	7.80	7.88	6.88
MnO	0.01	0.46	2.12	0.17	0.10	0.05	0.05	0.05	0.04	0.05	0.04
MgO	0.16	2.20	2.28	0.42	1.42	0.68	0.61	1.65	2.48	2.13	2.57
CaO	54.00	48.03	50.32	54.02	54.03	1.25	1.18	2.65	1.25	1.65	1.95
Na_2O	0.07	0.26	0.15	0.21	0.20	0.56	0.42	0.84	0.45	0.54	0.33
K_2O	0.05	0.03	0.02	0.08	0.03	0.39	0.30	3.38	3.14	3.00	2.31
P_2O_5	0.06	0.03	0.04	0.02	0.02	0.15	0.15	0.05	0.04	0.05	0.07
LOI	42.36	38.60	39.65	42.83	42.00	6.85	4.48	5.71	5.32	4.73	4.46
TOTAL	100.13	99.84	99.82	99.95	99.85	99.81	100.08	100.10	99.80	100.18	99.98
A/S	0.23	0.70	0.07	0.18	0.17	0.41	0.38	0.33	0.34	0.27	0.23
Li	123	19.4	5.51	0.592	23.1	139	509	26.1	38.6	36.7	23.3
Be	7.07	0.752	1.61	0.061	0.040	5.19	3.36	3.44	6.22	3.42	2.84
Sc	26.2	2.11	7.99	1.35	1.36	18.1	38.6	14.4	14.4	11.8	12.4
V	39.4	10.1	3.28	3.25	4.94	137	117	110	108	94.3	97.9
Cr	6.0	34.5	5.60	7.36	8.09	99.2	96.1	80.7	81.2	70.7	75.2
Co	63.0	63.5	7.93	5.01	7.78	27.6	22.4	18.2	20.1	22.1	30.2
Ni	12.3	44.0	12.1	11.2	11.0	45.6	45.0	41.0	40.5	39.2	42.1
Ag	0.879	0.084		0.307	0.014	0.820	0.711	0.411	0.360	0.398	0.299
Cd	0.531	1.69	15.69	0.839	0.080	4.02	0.163	0.242	0.063	0.137	0.028
In	0.151	0.047	0.005		0.001	0.146	0.142	0.093	0.074	0.054	0.122
Sn								2.41	1.74	2.33	4.40
Sb	2.14	0.407	0.195	0.786	1.84	1.95	2.68	1.13	1.20	1.01	1.06
Cs	13.2	0.021		0.187	0.094	12.7	6.20	13.8	11.9	9.12	13.3
Ba	32.2	12.8	5.52	11.8	8.87	488	430	409	347	312	567
Cu	10.2	5.33	2.13		0.224	57.1	57.4	20.2	17.2	23.1	20.4
Zn	36.3	62.1	143	8.77	4.92	36.1	27.3	121	96.3	103	102
Ga	2.17	3.35	1.21	0.622	0.118	25.8	23.2	22.0	21.5	18.2	20.0
Ge	1.28	0.346	0.193	0.036	0.025	0.891	0.824	1.75	1.57	1.40	1.67
As	61.7	48.6	5.12	10.2	10.2	54.6	22.8	11.0	12.1	11.3	11.6
Rb	14.1	0.032		3.00	0.211	215	209	207	171	136	182
Sr	165	181	727	141	1634	93.8	102	138	134	110	168
Y	5.15	138	151	4.26	1.61	33.6	25.8	63.3	26.2	25.7	33.9
Zr	8.86	20.5	1.48	2.57	1.18	143	135	123	127	137	150
Nb	1.23	2.20	0.062	0.291	0.207	17.2	16.7	12.9	14.1	14.1	14.5
Mo	32.6	0.135	0.490	0.097	0.899	22.9	17.6	0.267	0.205	0.298	5.21
La	3.75	47.7	10.7	1.37	0.613	46.9	43.9	55.6	45.6	37.3	45.8
Ce	7.06	47.8	15.8	1.84	1.00	90.6	84.6	120	88.0	72.6	92.8
Pr	0.862	12.6	3.26	0.310	0.120	10.6	9.47	15.1	9.70	8.22	11.0
Nd	3.34	57.7	19.5	1.26	0.436	38.3	33.9	65.0	34.8	30.0	43.4
Sm	0.710	11.8	8.07	0.302	0.098	7.00	5.86	19.9	6.03	5.68	9.29
Eu	0.216	3.03	3.15	0.125	0.023	1.37	1.11	4.41	1.16	1.16	1.91
Gd	0.77	14.5	12.3	0.541	0.134	6.84	5.49	18.8	4.99	5.09	8.60
Tb	0.132	2.13	2.31	0.072	0.015	1.05	0.814	2.64	0.787	0.804	1.25
Dy	0.667	12.3	15.5	0.414	0.142	5.62	4.55	12.2	4.50	4.54	6.42
Ho	0.153	2.89	3.96	0.099	0.031	1.14	0.925	2.37	1.02	1.02	1.36
Er	0.429	7.47	11.2	0.209	0.096	3.37	2.86	5.74	2.72	2.72	3.49
Tm	0.055	0.953	1.55	0.020	0.012	0.480	0.413	0.697	0.401	0.366	0.476
Yb	0.356	5.49	9.75	0.145	0.074	3.12	2.76	4.28	2.72	2.58	3.21
Lu	0.054	0.767	1.36	0.019	0.012	0.445	0.417	0.571	0.378	0.356	0.474
Hf	0.238	0.536	0.099	0.059	0.033	3.97	3.94	3.53	3.38	3.69	4.34
Ta	0.184	0.171	0.028	0.033	0.029	1.45	1.52	1.08	1.12	1.10	1.22
W	5.03	17.2	28.4	39.5	27.6	5.04	3.58	23.8	41.7	61.0	95.8
Tl	1.37		0.012	0.009	0.017	2.36	0.353	0.905	0.680	0.571	0.848
Pb	38.6	38.2	58.7	7.03	0.800	109	16.2	15.3	7.21	13.9	15.9
Bi	0.782	0.025	0.008			0.618	0.523	0.409	0.335	0.379	0.414
Th	1.29	2.28	0.100	0.343	0.089	19.7	17.7	17.8	17.5	15.0	17.5
U	15.5	0.477	1.29	0.159	3.58	3.18	2.61	3.58	2.50	2.41	3.17

续表

矿区	瓦厂坪	新民									
样品号	ZK0-11-7	XM-12	XM-1	XM-29	XM-7	D-6	XM-13	XM-14	XM-17	D-2	XM-5
位置	$S_{1-2}hj$	P_2l	P_2l	P_2l	P_2l	P_2l	P_2l	P_2l	P_2l	P_2l	P_2l
名称	Sh	ARU	ARU	AOPO	AOPO	AOPO	AOC	AOC	AOC	AOC	AOC
SiO_2	66.16	42.35	43.56	15.02	30.29	29.06	16.18	20.75	21.38	9.41	9.86
TiO_2	0.25	0.64	0.65	1.67	2.25	1.70	2.53	2.61	1.68	2.76	2.85
Al_2O_3	14.14	34.20	38.17	42.89	51.28	49.65	55.32	55.81	55.39	66.52	67.70
Fe_2O_3	7.56	6.63	1.36	26.58	1.42	4.48	7.75	2.98	3.02	4.59	2.26
MnO	0.02	0.01	0.02	0.05	0.01	0.00	0.01	0.02	0.01	0.00	0.01
MgO	1.84	0.30	0.83	1.48	0.57	0.70	3.25	2.41	2.54	0.82	2.26
CaO	1.85	0.48	0.22	0.21	0.39	0.54	0.27	0.20	0.24	1.27	0.32
Na_2O	0.41	0.47	0.67	0.56	1.05	0.89	0.28	1.44	0.82	0.43	0.47
K_2O	4.53	0.44	0.29	0.11	1.93	0.22	0.18	0.35	0.27	0.18	0.17
P_2O_5	0.06	0.10	0.08	0.08	0.10	0.06	0.09	0.10	0.11	0.04	0.08
LOI	3.28	14.20	14.02	11.13	10.76	12.46	13.94	13.35	14.35	13.92	13.86
TOTAL	100.11	99.82	99.86	99.78	100.05	99.76	99.80	100.02	99.81	99.94	99.84
A/S	0.21	0.81	0.88	2.86	1.69	1.71	3.42	2.69	2.59	7.07	6.87
Li	19.7	236	551	28.2	1610	641	128	774	326	62.7	69.0
Be	4.47	1.96	1.60	3.43	3.43	4.00	6.72	4.91	7.23	6.41	8.31
Sc	12.5	8.28	10.4	15.0	13.3	18.4	20.2	18.4	14.1	18.6	8.02
V	93.8	370	94.8	418	294	355	296	249	235	221	259
Cr	76.4	194	86.5	501	166	210	217	176	404	368	114
Co	19.8	0.638	1.38	13.6	2.97	4.08	3.83	1.97	3.81	15.2	3.06
Ni	43.6	3.26	5.82	40.9	18.2	44.1	14.0	20.8	7.34	4.75	3.94
Ag	0.771	0.682	0.559	0.379	1.17	1.26	1.14	1.34	1.18	1.17	1.15
Cd		0.263	0.187	0.036	0.861	0.458	0.447	0.668	1.39	0.295	0.387
In	0.057	0.079	0.073	0.079	0.200	0.241	0.221	0.179	0.241	0.384	0.181
Sn	1.27					11.7				13.8	
Sb	1.11	2.29	0.338	1.84	1.17	1.56	0.669	0.911	0.733	1.33	0.677
Cs	15.3	3.79	0.896	11.22	2.21	0.704	0.254	1.49	1.21	0.216	0.083
Ba	327	55.8	14.2	52.4	369	58.7	22.5	35.7	12.6	100	12.8
Cu	11.4	20.6	9.22	19.1	18.3	18.4	16.1	18.4	18.3	5.69	13.1
Zn	78.7	20.4	25.2	90.9	35.5	18.6	60.3	48.8	48.2	22.4	39.6
Ga	19.6	17.8	9.04	106	35.1	77.2	64.2	36.1	63.5	120	47.7
Ge	1.48	0.553	0.233	1.95	2.39	0.786	4.92	2.22	6.27	3.01	3.98
As	11.0	57.1	5.81	12.2	8.37	7.47	16.1	7.38	10.4	8.35	5.94
Rb	192	22.7	4.25	0.555	115	5.67	4.64	7.58	5.50	4.35	1.36
Sr	163	80.3	26.0	184	62.6	119	32.0	94.2	57.7	128	47.2
Y	33.7	16.5	7.69	39.3	23.2	78.4	23.7	27.7	18.5	38.1	12.7
Zr	163	414	339	701	599	665	729	848	723	853	724
Nb	15.3	28.2	31.0	54.8	59.3	62.6	58.6	77.4	56.0	63.4	62.8
Mo	0.233	81.7	0.596	0.332	4.47	0.793	2.50	1.40	1.98	2.68	0.362
La	44.2	12.9	2.96	14.2	5.22	23.6	5.14	11.5	18.9	16.4	1.55
Ce	87.1	40.7	9.23	59.4	12.5	140	15.9	34.8	43.6	72.6	3.78
Pr	10.2	4.04	0.793	3.99	1.08	11.8	1.66	3.15	2.94	7.46	0.473
Nd	39.1	15.8	2.82	15.5	3.89	56.6	6.78	12.1	7.42	30.7	1.91
Sm	7.63	2.46	0.675	4.03	1.23	14.1	1.62	2.94	1.42	7.34	0.747
Eu	1.59	0.360	0.158	1.07	0.389	2.22	0.446	0.663	0.458	2.38	0.250
Gd	6.92	2.22	0.829	4.94	2.02	12.3	2.60	3.20	2.39	5.62	1.38
Tb	1.07	0.422	0.183	0.919	0.540	2.76	0.549	0.624	0.451	1.13	0.314
Dy	5.82	2.62	1.24	6.02	3.92	20.1	3.66	4.41	2.75	7.58	2.12
Ho	1.21	0.648	0.294	1.43	0.979	4.86	0.875	1.07	0.634	1.85	0.496
Er	3.21	2.01	0.835	4.30	3.03	13.9	2.56	3.09	1.89	5.62	1.43
Tm	0.447	0.309	0.121	0.663	0.469	2.04	0.410	0.485	0.296	0.889	0.249
Yb	2.80	2.18	0.939	4.71	3.47	13.8	2.95	3.54	2.27	6.67	1.85
Lu	0.398	0.317	0.136	0.720	0.487	1.84	0.428	0.522	0.342	1.05	0.266
Hf	4.29	11.0	8.26	19.0	16.4	24.5	19.1	22.7	20.7	30.8	18.8
Ta	1.14	1.97	2.10	3.91	4.58	7.62	4.16	5.72	4.27	7.58	4.74
W	102	2.61	2.59	114	16.3	27.5	12.6	12.2	22.5	432	21.2
Tl	0.807	0.452	0.025	0.707	0.764	0.220	0.048	0.078	0.114	0.045	0.022
Pb	10.9	32.3	5.20	58.8	17.5	45.8	13.1	13.8	107	49.4	46.2
Bi	0.330	0.509	0.195	0.531	1.12	1.64	0.593	0.672	0.637	2.37	0.387
Th	17.7	19.8	11.0	88.3	43.3	102	39.9	34.5	46.1	139	23.6
U	2.83	7.33	5.47	10.5	14.2	19.2	9.73	11.6	12.0	29.6	10.9

矿区	新民										
样品号	XM-3	XM-6	XM-2	XM-4	XM-8	D-7	ZKt0-2-4	D-9	XM-27	XM-26	XM-11
位置	P_2l	P_2l	P_2l	P_2l	P_2l	P_2l	P_2l	P_2l	P_2l	P_2l	P_2l
名称	AOE	AOE	AOE	AOE	AOE	AOE	AOE	AOB	AOB	AOB	AOB
SiO_2	4.19	4.21	4.37	8.45	9.56	4.41	7.33	36.29	23.70	26.23	28.40
TiO_2	3.12	3.12	3.10	3.02	2.86	2.85	2.95	1.43	1.32	2.04	1.75
Al_2O_3	76.35	72.25	75.68	71.25	70.41	75.11	72.48	45.31	41.59	53.02	49.62
Fe_2O_3	1.32	5.98	1.35	1.37	1.49	1.87	1.21	2.57	14.69	3.78	2.72
MnO	0.01	0.01	0.01	0.01	0.11	0.00	0.00	0.00	0.05	0.01	0.02
MgO	0.06	0.06	0.28	0.42	0.10	0.17	0.44	0.48	3.82	0.67	1.17
CaO	0.28	0.31	0.27	0.44	0.40	0.15	0.52	1.13	0.13	0.32	0.34
Na_2O	0.18	0.08	0.22	0.17	0.28	0.15	1.04	0.57	0.44	0.64	1.37
K_2O	0.12	0.10	0.10	0.23	0.71	0.04	0.29	0.96	0.31	1.46	0.48
P_2O_5	0.06	0.07	0.06	0.06	0.08	0.04	0.04	0.05	0.10	0.10	0.10
LOI	14.15	13.75	14.29	14.05	13.74	14.98	13.82	11.01	13.68	11.62	14.08
TOTAL	99.84	99.93	99.74	99.83	99.74	99.77	100.12	99.80	99.83	99.89	100.05
A/S	18.22	17.16	17.32	8.43	7.37	17.03	9.89	1.25	1.75	2.02	1.75
Li	7.45	1.01	1.05	5.82	67.0	5.27	724	804	36.7	38.6	1020
Be	9.70	15.8	11.8	11.6	4.42	4.43	5.83	3.45	3.42	6.22	9.80
Sc	3.68	5.59	5.62	6.22	4.13	40.0	22.6	21.2	11.8	14.4	27.3
V	430	371	440	335	387	249	242	195	321	305	360
Cr	144	133	124	115	94.4	299	87.6	192	359	191	328
Co	16.5	17.0	5.77	25.6	3.54	32.9	6.34	2.14	22.4	9.50	15.3
Ni	2.15	3.22	5.31	26.1	5.77	15.3	11.8	7.19	70.4	60.5	31.6
Ag	1.13	0.968	1.20	0.988	1.20	1.01	0.621	0.754	0.398	0.360	0.801
Cd	0.589	0.566	0.470	0.499	1.44	0.370	0.116	0.185	0.137	0.063	0.503
In	0.188	0.201	0.165	0.222	0.178	0.355	0.099	0.229	0.054	0.074	0.189
Sn						10.6	2.64	8.55			
Sb	1.37	1.75	1.43	1.25	1.30	1.99	0.993	1.24	1.01	1.20	2.07
Cs	0.056	0.033	0.080	0.238	0.546	0.047	0.865	2.37	9.12	11.9	2.23
Ba	4.65	5.05	6.67	23.3	37.1	31.0	103	269	66.0	297	55.2
Cu	10.4	26.9	13.2	11.6	33.9	8.16	6.39	3.12	48.7	47.3	22.6
Zn	19.6	21.1	23.3	27.7	24.5	14.3	6.21	17.4	103	96.3	52.3
Ga	47.6	70.0	31.6	62.3	25.8	68.5	25.1	44.0	87.1	38.0	36.6
Ge	3.04	12.5	2.62	5.65	4.15	1.48	1.29	0.859	1.40	1.57	1.54
As	8.80	29.9	9.08	8.23	10.2	8.85	7.06	8.88	11.3	12.1	13.4
Rb	0.481	0.634	0.520	6.54	39.6	0.383	7.59	30.8	3.54	77.5	9.70
Sr	9.85	7.40	20.6	12.8	36.0	174	106	152	150	168	106
Y	11.5	22.3	14.3	15.1	17.0	31.3	42.3	24.1	46.5	36.7	21.3
Zr	647	669	885	575	730	553	294	402	619	464	608
Nb	62.1	59.1	65.4	55.8	65.9	55.3	32.3	37.3	53.1	46.5	43.8
Mo	0.687	1.20	1.45	0.533	1.97	2.25	2.57	2.81	0.298	0.205	4.03
La	1.42	0.901	1.02	0.891	1.96	57.1	9.57	11.9	12.8	88.0	7.98
Ce	3.63	3.65	3.60	2.37	25.0	122	34.2	43.6	114	182	32.2
Pr	0.354	0.327	0.406	0.233	0.507	11.1	4.49	4.60	3.70	23.3	2.88
Nd	1.46	1.47	1.94	1.03	1.87	34.9	17.5	19.6	13.2	79.4	11.5
Sm	0.549	0.694	0.770	0.532	0.769	8.12	4.35	7.49	3.22	13.9	3.30
Eu	0.222	0.260	0.313	0.220	0.347	2.31	1.42	3.83	0.924	2.78	0.936
Gd	1.05	1.79	1.43	1.29	1.89	7.08	6.15	6.02	5.43	10.6	3.32
Tb	0.240	0.457	0.328	0.316	0.454	1.29	1.71	0.909	1.10	1.77	0.646
Dy	1.75	3.41	2.33	2.19	3.12	8.19	12.5	5.51	7.58	9.23	4.17
Ho	0.437	0.828	0.557	0.539	0.713	1.85	2.83	1.28	1.90	1.91	0.931
Er	1.29	2.21	1.60	1.56	1.98	5.45	7.86	3.71	5.47	5.52	2.65
Tm	0.201	0.333	0.262	0.243	0.306	0.904	1.25	0.574	0.865	0.802	0.419
Yb	1.46	2.23	1.89	1.78	2.11	6.96	8.68	4.32	5.93	5.63	3.00
Lu	0.210	0.326	0.277	0.252	0.303	1.03	1.22	0.633	0.925	0.799	0.414
Hf	17.8	18.3	23.9	15.9	21.1	23.4	12.7	17.2	17.4	12.9	17.0
Ta	4.57	4.45	4.55	4.03	5.18	6.52	3.61	4.48	3.99	3.68	3.19
W	209	186	37.6	166	21.7	573	80.6	49.0	61.0	41.7	13.4
Tl	0.030	0.007	0.012	0.070	0.268	0.056	0.100	0.345	0.571	0.680	0.083
Pb	8.18	17.4	19.9	8.90	27.3	53.0	26.0	28.4	11.6	74.8	18.1
Bi	0.659	0.878	0.661	0.434	1.36	1.75	0.647	1.36	0.379	0.335	1.76
Th	25.3	27.7	19.4	19.3	15.9	115	37.8	82.8	65.8	38.1	51.9
U	12.7	18.8	13.8	22.2	19.1	35.9	26.9	18.3	7.75	11.9	12.1

矿区	新民										
样品号	XM-15	XM-16	XM-25	XM-24	XM-19	XM-18	XM-23	XM-37	ZKt0-2-2	D-10	ZKt0-2-6
位置	P_2l	P_2l	P_2l	P_2l	P_2l	P_2l	P_2l	P_2l	P_2l	P_2l	P_2l
名称	AOB	AOB	ARL	ARL	ARL	ARL	ARL	ARL	ARL	ARL	ARL
SiO_2	30.36	37.79	13.42	37.02	40.30	41.36	41.53	42.73	40.96	36.08	47.37
TiO_2	1.36	0.75	0.50	0.43	1.24	1.15	0.49	0.37	0.82	0.75	0.75
Al_2O_3	51.00	40.15	29.56	30.51	37.36	36.52	30.94	27.25	37.23	31.26	34.47
Fe_2O_3	0.89	2.47	27.49	10.37	2.80	4.75	8.23	13.50	5.45	14.01	3.80
MnO	0.10	0.01	0.01	0.01	0.01	0.02	0.02	0.04	0.00	0.02	0.00
MgO	0.22	2.04	2.07	0.48	1.97	0.92	1.88	2.23	0.56	1.10	0.89
CaO	0.82	0.15	4.08	1.45	0.27	0.20	0.40	0.31	0.40	0.25	1.72
Na_2O	0.87	0.91	0.18	0.49	1.45	1.79	1.05	0.78	0.75	0.95	1.34
K_2O	0.30	0.44	0.35	1.04	0.72	2.40	2.68	4.24	0.87	3.44	4.47
P_2O_5	0.12	0.10	0.04	0.12	0.12	0.14	0.07	0.08	0.05	0.05	0.05
LOI	13.91	15.04	22.25	17.88	13.46	10.48	12.45	8.57	12.62	11.96	5.15
TOTAL	99.86	99.85	99.95	99.80	99.70	99.72	99.74	100.09	99.71	99.87	100.01
A/S	1.68	1.06	2.20	0.82	0.93	0.88	0.75	0.64	0.91	0.87	0.73
Li	441	870	26.1	19.7	607	1780	29.3	3.67	592	328	587
Be	4.41	2.76	3.44	4.47	5.04	3.08	3.85	0.324	2.40	3.72	4.57
Sc	8.86	21.4	14.4	12.5	17.5	32.1	14.4	0.357	15.3	27.5	21.6
V	453	156	105	378	154	205	248	185	115	277	254
Cr	278	289	173	196	272	187	297	133	76.5	224	231
Co	3.52	1.83	111	1.23	15.1	14.7	6.06	25.9	2.15	5.48	16.0
Ni	27.4	5.40	18.0	24.0	25.8	83.6	13.4	70.3	12.0	20.8	83.9
Ag	1.33	1.13	0.411	0.771	0.911	1.12	0.318	0.082	0.505	0.848	0.715
Cd	0.588	1.23	0.242		0.431	0.812	0.132	0.332	0.201	1.13	0.146
In	0.163	0.219	0.093	0.057	0.248	0.178	0.094	0.000	0.084	0.182	0.201
Sn									2.91	6.04	6.82
Sb	0.742	0.628	1.13	1.11	0.383	0.935	0.665	0.136	1.87	5.91	1.08
Cs	0.443	2.61	13.8	15.3	2.77	4.13	15.1	0.024	3.61	7.81	5.54
Ba	19.6	16.8	83.6	100	35.5	132	231	503	229	458	1061
Cu	16.3	17.4	41.3	54.2	109	28.4	17.6	248	5.62	11.6	31.2
Zn	27.4	51.6	121	78.7	61.6	25.8	145	10.8	20.5	53.2	24.9
Ga	44.6	50.3	55.9	30.5	32.5	22.6	45.9	40.6	15.7	30.5	36.0
Ge	1.36	1.19	1.75	1.48	0.984	0.711	1.66	0.035	0.289	0.754	1.33
As	6.35	9.15	11.0	11.0	6.38	12.9	40.1	5.99	27.9	96.8	9.58
Rb	2.92	7.94	13.1	37.0	25.7	96.0	161	261	25.0	133	134
Sr	44.7	54.7	37.1	81.1	112	122	352	138	211	456	454
Y	19.3	22.1	45.0	14.9	25.1	20.7	25.1	40.6	23.6	25.4	60.2
Zr	696	618	985	360	542	287	349	186	248	284	367
Nb	65.7	47.1	67.5	31.7	42.7	32.7	30.5	21.7	25.6	28.9	37.0
Mo	0.520	1.77	0.267	0.233	0.302	0.289	1.60	0.454	10.6	19.3	0.360
La	5.40	10.8	12.1	40.9	4.87	13.1	35.5	63.4	4.87	46.4	1425
Ce	13.1	23.1	29.4	103	21.1	65.1	73.4	116	16.0	128	3819
Pr	1.32	1.97	2.01	8.81	1.75	2.75	7.48	13.5	1.72	11.1	179
Nd	4.84	5.11	6.71	26.5	7.77	9.89	25.8	47.5	6.76	38.1	649
Sm	1.44	1.17	2.38	3.01	2.29	2.35	4.84	8.74	2.07	7.36	109
Eu	0.537	0.440	0.735	0.358	0.503	0.525	1.09	1.82	0.709	1.82	15.2
Gd	1.85	2.29	4.69	3.04	2.98	2.79	4.30	7.80	3.41	5.73	69.4
Tb	0.438	0.485	1.18	0.488	0.607	0.500	0.747	1.26	0.855	0.804	7.70
Dy	2.99	3.30	8.59	2.86	3.98	3.49	4.06	6.88	5.96	4.29	28.7
Ho	0.715	0.783	2.11	0.685	0.909	0.865	0.898	1.48	1.34	0.995	4.85
Er	2.14	2.34	6.28	2.14	2.54	2.71	2.69	4.21	3.61	2.89	13.1
Tm	0.350	0.364	1.03	0.344	0.390	0.443	0.406	0.587	0.529	0.420	1.90
Yb	2.54	2.77	7.76	2.51	2.70	3.25	2.94	4.04	3.95	2.99	14.7
Lu	0.353	0.426	1.18	0.365	0.390	0.486	0.432	0.598	0.574	0.440	2.16
Hf	19.5	17.7	34.8	8.99	15.7	7.66	9.68	5.11	10.3	6.91	15.8
Ta	4.77	3.59	8.19	2.22	3.24	2.39	2.22	1.66	3.03	2.04	4.57
W	18.1	6.84	23.8	102	6.23	3.16	22.9	13.7	13.6	4.57	13.8
Tl	0.011	0.213	0.905	0.807	0.219	1.10	0.956		0.520	0.721	1.46
Pb	9.22	33.1		16.3	7.71	36.9	212	25.3	34.0	34.6	44.3
Bi	1.14	0.765	0.409	0.330	1.27	0.454	0.279	0.014	0.620	0.559	1.56
Th	38.6	50.6	73.2	24.5	62.6	23.5	39.7	23.7	31.9	28.9	79.6
U	11.2	7.84	12.3	13.2	4.82	4.12	9.33	4.08	12.5	11.3	17.2

续表

矿区	新民										
样品号	XM-41	XM-39	XM-40	D-4	XM-38	XM-43	XM-30	XM-36	XM-32	XM-33	XM-34
位置	C_2h	C_2h	C_2h	C_2h	C_2h	C_2h	$S_{1-2}hj$	$S_{1-2}hj$	$S_{1-2}hj$	$S_{1-2}hj$	$S_{1-2}hj$
名称	Ls	Ls	Ls	Ls	Ls	Ls	Sh	Sh	Sh	Sh	Sh
SiO_2	0.74	0.92	1.05	1.37	1.62	2.80	54.21	58.76	62.36	63.30	67.83
TiO_2	0.06	0.08	0.07	0.02	0.05	0.06	0.32	0.26	0.42	0.37	0.27
Al_2O_3	1.73	1.15	0.79	0.61	0.50	0.61	22.46	21.23	21.58	18.52	16.55
Fe_2O_3	0.22	0.23	0.25	0.91	0.25	0.85	6.33	9.00	7.16	7.30	5.82
MnO	0.01	0.01	0.01	0.04	0.01	0.01	0.06	0.07	0.05	0.06	0.05
MgO	0.13	0.66	0.63	0.86	0.19	0.89	1.65	2.35	2.37	2.23	1.79
CaO	53.67	53.44	53.62	54.27	54.60	52.53	1.32	0.40	0.60	0.46	0.39
Na_2O	0.18	0.20	0.43	0.25	0.32	0.74	0.72	0.50	0.22	0.34	0.62
K_2O	0.08	0.28	0.32	0.08	0.35	0.22	2.74	2.38	2.31	2.34	1.98
P_2O_5	0.10	0.06	0.06	0.04	0.06	0.11	0.13	0.13	0.10	0.09	0.12
LOI	42.90	42.72	42.80	41.69	42.12	41.00	9.87	4.96	2.69	4.76	4.42
TOTAL	99.82	99.74	100.03	100.13	100.06	99.82	99.81	100.04	99.86	99.76	99.84
A/S	2.34	1.25	0.75	0.45	0.31	0.22	0.41	0.36	0.35	0.29	0.24
Li	22.8	49.6	64.5	2.25	82.6	23.5	50.1	2.50	40.3	42.8	37.5
Be	2.62	10.2	3.04	0.253	7.65	1.59	3.60	0.164	3.34	4.82	7.78
Sc	12.4	21.2	13.8	2.30	25.9	11.4	14.8	0.234	14.9	16.0	22.4
V	3.81	7.87	13.1	12.9	12.1	10.9	212	135	119	113	98.4
Cr	6.66	4.74	9.58	9.92	8.63	9.38	214	99.2	95.1	88.8	77.5
Co	4.60	4.01	4.98	18.2	4.06	4.39	16.5	21.8	18.5	18.7	18.1
Ni	16.6	17.1	19.2	14.6	17.0	16.4	47.9	49.0	47.8	45.8	41.2
Ag	0.485	0.672	0.398	0.031	0.910	0.194	0.426	0.421	0.581	0.357	0.527
Cd	0.075	3.44	0.455	0.534	3.49	0.145	0.100	0.531	0.103	0.140	0.326
In	0.070	0.149	0.075	0.006	0.155	0.073	0.079	0.013	0.079	0.084	0.120
Sn											
Sb	0.377	2.14	0.716	1.63	3.45	0.712	0.388	0.828	2.98	0.339	0.791
Cs	9.73	20.1	14.6	0.146	13.3	5.29	10.4	0.012	9.27	10.2	21.4
Ba	5.36	11.3	4.43	18.5	36.7	26.3	367	423	426	438	365
Cu	1.31	43.2	1.52		2.34	2.64	12.9	24.4	13.2	24.5	7.21
Zn	90.3	178	174	5.11	55.6	51.3	121	42.0	90.8	115	129
Ga	0.198	0.193	0.290	0.938	1.02	0.794	23.6	23.5	21.4	21.3	18.2
Ge	1.69	1.11	1.36	0.051	1.38	1.13	1.93	0.034	1.79	1.78	1.84
As	6.27	42.2	19.1	28.7	31.0	12.2	6.19	49.3	6.53	6.51	7.59
Rb	0.292	0.181	0.246	2.29	7.05	5.96	200	179	180	175	152
Sr	279	1700	1640	195	164	713	174	117	63.4	62.9	59.2
Y	10.7	1.77	0.659	5.40	4.92	4.68	41.7	30.4	32.2	31.3	26.2
Zr	0.830	1.66	3.52	3.99	8.37	5.76	142	148	160	157	202
Nb	0.204	0.221	0.279	0.371	0.797	0.725	20.8	16.7	17.2	16.5	15.9
Mo	0.164	11.3	8.74	0.182	0.399	0.643	0.183	0.135	4.34	0.243	0.376
La	2.48	0.823	0.468	2.86	3.06	4.27	45.4	47.9	44.1	44.2	40.6
Ce	2.06	0.913	0.909	9.68	3.87	7.25	90.7	93.0	85.0	86.4	71.0
Pr	0.546	0.147	0.102	0.961	0.689	0.866	10.2	10.6	10.0	10.1	8.90
Nd	2.48	0.574	0.352	4.42	2.95	3.53	37.5	37.9	37.3	37.6	31.9
Sm	0.614	0.129	0.073	1.08	0.639	0.806	8.55	6.88	7.72	7.69	6.06
Eu	0.240	0.024	0.019	0.261	0.148	0.217	2.17	1.48	1.74	1.70	1.19
Gd	0.975	0.142	0.086	1.15	0.710	0.886	11.6	6.54	7.56	7.51	5.58
Tb	0.137	0.021	0.011	0.128	0.096	0.120	1.76	1.00	1.11	1.11	0.834
Dy	0.814	0.126	0.070	0.704	0.526	0.607	8.41	5.18	5.77	5.76	4.40
Ho	0.202	0.032	0.014	0.143	0.106	0.129	1.72	1.15	1.21	1.20	0.96
Er	0.508	0.080	0.036	0.317	0.273	0.367	4.20	3.10	3.27	3.04	2.62
Tm	0.064	0.013	0.005	0.036	0.035	0.047	0.572	0.442	0.439	0.433	0.381
Yb	0.368	0.070	0.038	0.244	0.222	0.307	3.64	2.98	3.04	2.95	2.53
Lu	0.056	0.012	0.004	0.031	0.030	0.043	0.524	0.426	0.448	0.434	0.391
Hf	0.033	0.033	0.098	0.079	0.176	0.139	3.81	4.08	4.19	4.12	5.04
Ta	0.067	0.041	0.036	0.040	0.139	0.074	1.37	1.23	1.23	1.19	1.11
W	10.8	3.95	30.0	43.6	7.51	319	13.5	9.95	28.8	5.12	4.38
Tl	0.768	1.74	0.619		1.52	0.355	0.894		0.816	0.933	1.63
Pb	8.62	53.8	0.766	3.67	4.85	2.38	25.1	5.88	11.8	19.3	11.2
Bi	0.327	0.813	0.459	0.001	0.623	0.311	0.460	0.711	2.98	0.385	0.430
Th	0.126	0.123	0.227	0.352	0.634	0.570	19.4	18.6	17.0	17.0	16.3
U	0.125	2.53	1.44	3.77	6.38	1.97	3.67	3.08	2.70	2.80	2.87

矿区	新民		新木-晏溪								
样品号	XM-35	D-11	ZKg7-6-1	ZKm1-1-1	ZKg7-6-7	ZKg7-6-2	ZKm1-1-2	ZKg7-2-3	XMY-3	XMY-9	XMY-2
位置	$S_{1-2}hj$	$S_{1-2}hj$	P_2q+m	P_2q+m	P_2l	P_2l	P_2l	P_2l	P_2l	P_2l	P_2l
名称	Sh	Sh	Dol-L	Ls	C-Ms	C-Ms	C-Ms	AOPO	AOC	AOC	AOC
SiO_2	67.92	59.31	16.55	2.33	44.77	49.76	40.29	21.42	13.82	15.29	17.85
TiO_2	0.27	0.26	0.03	0.03	0.20	0.16	0.06	0.86	2.86	2.76	2.42
Al_2O_3	16.68	19.07	0.66	0.33	8.90	7.86	1.81	44.75	65.23	64.12	60.00
Fe_2O_3	5.86	7.53	0.49	0.41	4.17	6.78	1.83	10.68	2.07	1.43	2.43
MnO	0.05	0.05	0.50	0.05	0.48	1.10	0.70	0.01	0.01	0.01	0.01
MgO	1.90	1.93	5.26	2.40	1.74	4.52	5.12	4.23	0.49	0.51	1.71
CaO	0.45	1.24	39.12	51.80	21.60	2.25	24.11	1.30	0.11	0.20	0.15
Na_2O	0.69	0.91	0.17	0.29	0.25	0.21	0.31	0.33	1.61	1.73	1.28
K_2O	2.00	4.48	0.07	0.04	1.85	7.90	0.24	0.27	1.07	1.34	0.86
P_2O_5	0.12	0.05	0.03	0.03	0.03	0.03	0.04	0.05	0.10	0.10	0.06
LOI	3.85	5.01	36.96	42.13	15.84	19.14	25.59	15.81	12.48	12.32	13.35
TOTAL	99.79	99.48	99.84	99.84	99.86	99.73	100.10	99.71	99.82	99.81	100.12
A/S	0.25	0.32	0.04	0.14	0.20	0.16	0.04	2.09	4.72	4.19	3.36
Li	1.65	46.8	2.45	18.6	23.5	7.13	5.52	198	245	213	444
Be	0.639	4.14	0.278	0.084	1.59	0.723	1.16	5.99	7.70	8.17	6.51
Sc	0.572	17.5	1.59	1.59	11.4	4.52	2.08	20.4	12.4	17.1	34.4
V	130	136	33.4	5.13	61.0	75.9	47.4	425	310	311	267
Cr	78.2	96.9	29.3	15.8	47.0	82.5	34.3	437	110	146	129
Co	19.1	17.6	6.59	19.8	33.2	12.0	18.5	62.6	7.19	3.05	2.58
Ni	36.7	46.0	13.6	15.3	24.2	14.0	14.9	18.5	17.9	17.5	17.5
Ag	0.077	0.436	0.089	0.065	0.194	0.196	0.140	1.50	0.607	1.05	0.689
Cd	0.311	0.104	0.913	0.156	0.145	1.52	2.56	0.816	0.449	0.794	0.491
In	0.004	0.082	0.007	0.001	0.073	0.047	0.001	0.416	0.142	0.152	0.145
Sn		1.55		0.744	1.84		0.834	17.5			
Sb	0.119	2.70	1.86	0.799	0.712	2.36	1.55	8.85	1.90	0.729	0.469
Cs	0.283	9.92	0.175	0.104	5.29	1.86	0.525	1.30	1.83	1.66	2.45
Ba	378	488	12.7	3.59	224	59.3	31.9	63.2	144	119	94.8
Cu	792	20.5	5.76		13.8	4.97	2.74	37.5	15.4	16.2	14.0
Zn	16.7	115	10.0	5.80	51.3	25.6	46.1	54.5	23.0	24.7	37.6
Ga	18.6	25.7	0.705	0.304	11.8	5.59	2.34	79.5	26.5	34.5	27.9
Ge	0.063	2.16	0.039	0.013	1.13	0.254	0.257	2.78	0.803	1.13	0.757
As	6.58	13.8	10.2	10.3	12.2	18.2	17.5	62.0	15.4	7.87	6.99
Rb	152	204	3.82	0.219	91.3	48.3	11.0	9.10	52.3	58.9	36.4
Sr	62.4	73.4	1824	964	141	207	555	45.3	72.9	48.1	58.8
Y	28.1	28.2	3.16	1.18	54.8	13.9	2.60	60.9	14.0	22.7	22.0
Zr	195	138	5.87	2.48	89.0	38.2	13.0	902	306	566	370
Nb	16.3	13.8	0.503	0.258	7.27	4.25	1.52	61.7	31.7	50.6	36.4
Mo	0.327	0.305	0.588	1.13	0.643	18.1	7.50	5.59	2.71	0.778	0.733
La	36.9	43.8	1.88	0.825	32.3	10.5	3.59	2.38	5.44	5.33	5.00
Ce	71.2	83.4	2.93	0.989	75.9	19.9	6.14	19.5	22.1	20.8	21.3
Pr	8.68	9.31	0.407	0.147	10.2	2.62	0.885	0.737	2.06	1.82	1.91
Nd	33.5	34.0	1.84	0.603	42.3	10.9	3.56	3.43	7.49	6.69	6.83
Sm	7.54	6.09	0.375	0.108	12.1	2.83	0.677	2.39	1.76	1.93	1.97
Eu	1.61	1.16	0.082	0.019	2.73	0.655	0.162	0.976	0.521	0.604	0.594
Gd	7.41	5.58	0.432	0.128	12.1	2.83	0.513	4.96	1.82	2.51	2.61
Tb	1.07	0.827	0.060	0.017	1.79	0.431	0.077	1.49	0.431	0.600	0.640
Dy	5.35	4.63	0.349	0.133	9.49	2.32	0.411	11.4	2.85	4.17	4.32
Ho	1.07	1.01	0.081	0.030	1.98	0.482	0.091	2.75	0.647	1.00	0.981
Er	2.92	2.90	0.199	0.059	4.95	1.22	0.209	7.56	1.82	2.80	2.75
Tm	0.420	0.413	0.029	0.007	0.638	0.162	0.036	1.10	0.296	0.441	0.430
Yb	2.72	2.94	0.182	0.055	4.07	1.13	0.218	7.86	2.04	3.17	3.00
Lu	0.408	0.417	0.030	0.005	0.558	0.157	0.035	1.14	0.298	0.473	0.438
Hf	5.06	3.60	0.127	0.055	2.32	0.921	0.296	33.1	8.69	15.4	10.4
Ta	1.18	1.00	0.049	0.023	0.632	0.287	0.098	7.53	2.43	3.79	2.83
W	6.67	18.6	72.1	31.0	319	60.8	150	91.3	27.0	21.0	13.0
Tl	0.032	0.876	0.026	0.048	0.355	0.418	0.194	1.99	0.466	0.488	0.337
Pb	41.8	6.97	2.34	7.07	20.9	31.5	6.99	237	45.0	23.5	11.4
Bi	0.029	0.079	0.020	0.002	0.311	0.125	0.034	3.77	0.310	0.409	0.360
Th	17.4	16.2	0.469	0.232	9.96	4.37	1.44	229	22.7	30.8	30.3
U	7.31	2.97	1.64	4.40	1.62	6.15	4.64	14.7	14.0	8.93	8.37

矿区	新木–晏溪										
样品号	XMY-19	ZKg7-6-6	XMY-16	XMY-21	XMY-8	XMY-5	XMY-7	XMY-4	XMY-12	XMY-6	XMY-14
位置	P_2l	P_2l	P_2l	P_2l	P_2l	P_2l	P_2l	P_2l	P_2l	P_2l	P_2l
名称	AOC	AOC	AOC	AOE	AOE	AOE	AOE	AOE	AOE	AOE	AOE
SiO_2	18.02	12.95	12.08	1.60	1.70	1.90	2.00	3.17	3.20	3.72	4.18
TiO_2	2.65	2.42	3.10	3.10	3.02	3.06	2.85	3.25	2.83	3.15	3.06
Al_2O_3	58.23	60.81	71.50	71.06	71.52	71.63	66.07	76.20	77.50	71.16	76.30
Fe_2O_3	3.35	6.88	1.15	5.81	6.02	6.67	6.95	0.71	1.55	6.24	1.00
MnO	0.01	0.01		0.37	0.01	0.01	0.56	0.01		0.01	
MgO	1.90	1.20	0.15	1.34	1.10	0.51	3.94	0.08	0.15	0.10	0.26
CaO	0.20	1.34	0.40	0.39	0.40	0.36	0.16	0.91	0.40	0.65	0.43
Na_2O	1.31	0.27	0.37	1.21	0.95	1.06	1.64	0.16	0.34	0.23	0.39
K_2O	0.84	0.10	0.10	0.34	0.32	0.20	0.46	0.04		0.11	0.18
P_2O_5	0.07	0.05	0.03	0.12	0.10	0.10	0.10	0.07	0.03	0.08	0.03
LOI	13.32	13.91	11.04	14.50	14.66	14.29	15.32	15.30	14.08	14.34	13.98
TOTAL	99.90	99.94	99.92	99.84	99.80	99.79	100.07	99.90	100.08	99.79	99.81
A/S	3.23	4.70	5.92	44.41	42.07	37.70	33.04	24.04	24.22	19.13	18.25
Li	525	128	7.54	1360	1110	427	514	0.653	5.15	0.547	36.6
Be	10.9	8.54	7.72	9.26	15.0	27.7	12.5	10.1	6.18	8.96	7.55
Sc	16.3	21.0	4.53	33.2	29.3	11.7	39.4	4.67	2.38	5.50	2.94
V	280	245	126	334	322	365	343	262	105	305	109
Cr	297	288	38.5	520	465	372	539	148	29.1	177	49.2
Co	5.81	14.3	193	4.89	9.34	7.76	35.6	3.51	13.7	5.47	15.0
Ni	39.6	15.4	6.55	3.09	3.07	1.56	69.5	2.70	6.96	13.8	9.10
Ag	1.08	1.67	1.68	1.01	0.978	1.20	0.947	1.25	1.03	1.66	1.49
Cd	0.641	0.148	0.031	0.312	0.413	0.510	1.11	0.463	0.476	0.572	0.505
In	0.159	0.255	−0.004	0.346	0.411	0.532	0.473	0.134	0.113	0.164	0.155
Sn		18.1									
Sb	0.417	1.83	0.341	3.86	4.54	5.22	0.387	0.844	1.07	2.66	1.20
Cs	3.49	0.257	0.090	2.34	2.03	0.929	3.47	0.012	0.030	0.016	0.156
Ba	93.0	18.5	6.22	82.7	114	38.4	39.0	2.31	5.33	4.09	5.20
Cu	13.8	18.7	29.5	17.3	18.0	18.1	111	12.6	27.3	19.9	18.0
Zn	44.5	48.2	77.6	29.8	29.4	25.9	105	23.2	336	31.4	95.8
Ga	101	95.0	7.86	91.9	101	116	107	41.1	7.79	45.6	11.0
Ge	1.16	5.14	0.156	5.51	6.22	5.99	6.56	23.5	1.78	12.8	2.47
As	6.05	12.5	10.0	18.5	23.3	26.0	7.45	7.80	11.4	28.3	11.4
Rb	32.2	1.78	1.92	10.8	8.88	4.21	7.74	0.144	0.630	0.216	4.23
Sr	37.8	68.8	96.4	162	110	50.2	58.7	27.4	169	32.1	208
Y	36.9	61.7	19.7	42.0	34.6	21.9	43.6	16.6	26.1	20.3	23.3
Zr	597	879	1270	715	693	844	680	770	1290	946	1260
Nb	52.1	79.6	80.9	48.6	50.4	63.6	46.1	68.9	29.5	91.9	72.6
Mo	0.407	0.957	6.40	3.55	4.17	6.11	0.508	0.394	1.20	1.51	2.58
La	7.26	12.1	48.2	10.0	5.71	2.01	2.58	3.48	15.6	4.97	24.4
Ce	15.0	80.5	65.0	35.2	22.5	8.46	12.8	13.6	59.6	16.0	90.3
Pr	2.11	2.89	9.05	4.06	2.46	0.920	0.859	1.41	3.51	1.69	5.00
Nd	8.33	11.9	30.9	16.3	10.1	3.94	4.02	5.57	12.9	6.94	17.4
Sm	2.78	5.54	5.25	4.39	3.03	1.39	1.61	1.51	2.19	1.81	2.87
Eu	0.618	1.75	0.849	1.34	1.05	0.576	0.610	0.393	0.427	0.466	0.496
Gd	3.76	7.41	3.67	5.21	4.16	2.33	4.11	1.92	2.53	2.36	2.55
Tb	0.936	1.74	0.725	1.070	0.903	0.530	0.937	0.444	0.548	0.566	0.562
Dy	6.68	12.9	3.99	7.08	5.97	3.65	6.68	2.94	3.96	3.66	3.92
Ho	1.63	3.19	0.874	1.60	1.34	0.823	1.58	0.696	0.976	0.869	0.917
Er	4.87	9.25	2.49	4.39	3.66	2.32	4.48	2.04	2.98	2.52	2.76
Tm	0.757	1.37	0.330	0.660	0.533	0.339	0.642	0.332	0.397	0.403	0.391
Yb	5.10	9.69	2.26	4.41	3.70	2.43	4.51	2.39	2.74	2.92	2.71
Lu	0.776	1.39	0.315	0.638	0.505	0.356	0.668	0.345	0.377	0.440	0.371
Hf	15.9	32.0	33.9	19.8	19.4	23.3	17.2	21.2	36.1	26.0	36.1
Ta	3.91	9.57	5.12	3.50	3.58	4.65	3.50	5.21	0.99	7.05	5.70
W	28.0	55.9	1250	31.3	23.0	57.5	26.6	28.3	10.9	22.2	80.3
Tl	0.276	0.634	0.004	0.268	0.215	0.152	0.096		0.007	0.009	0.026
Pb	12.8	91.5	0.727	86.6	66.0	49.6	10.8	6.38	34.3	27.5	40.5
Bi	0.921	1.60	0.007	1.28	1.45	2.24	1.08	0.746	2.59	0.887	2.08
Th	42.6	115	31.8	96.0	84.0	49.1	120	23.8	21.9	30.4	27.1
U	6.30	15.6	39.6	15.4	16.8	23.6	7.23	11.3	30.8	14.5	25.6

矿区	新木－晏溪										
样品号	XMY-15	XMY-17	XMY-18	XMY-26	XMY-27	XMY-20	XMY-22	XMY-13	XMY-29	XMY-31	ZKg7-6-3
位置	P_2l	P_2l	P_2l	P_2l	P_2l	P_2l	P_2l	P_2l	P_2l	P_2l	P_2l
名称	AOE	AOE	AOB	ARL	ARL	ARL	ARL	ARL	ARL	ARL	ARL
SiO_2	5.99	8.69	26.63	24.89	38.70	40.41	41.34	41.64	42.15	43.85	39.23
TiO_2	2.95	2.87	1.57	0.53	0.69	1.01	1.02	0.78	1.05	0.38	0.89
Al_2O_3	71.16	72.20	51.00	26.20	32.26	35.66	34.03	38.43	34.71	27.67	32.68
Fe_2O_3	5.28	1.02	3.72	33.43	10.62	4.74	8.10	2.65	6.80	9.20	7.00
MnO					0.02	0.01	0.01		0.01	0.03	0.01
MgO	0.48	0.30	1.32	4.15	1.41	2.87	0.46	0.62	0.92	2.18	1.54
CaO	0.43	0.46	0.49	0.89	0.46	0.15	0.38	0.73	0.30	0.40	1.93
Na_2O	0.38	0.41	0.65	0.81	0.36	0.84	1.21	0.74	0.86	0.76	1.18
K_2O	0.18	0.43	0.81	0.43	3.80	0.69	3.02	0.24	4.67	3.97	3.56
P_2O_5	0.03	0.03	0.05	0.06	0.15	0.12	0.10	0.05	0.13	0.07	0.04
LOI	13.16	13.43	13.56	8.42	11.38	13.54	10.39	14.10	8.45	11.35	12.06
TOTAL	100.04	99.84	99.85	99.81	99.84	99.89	100.06	99.88	100.05	99.86	100.12
A/S	11.88	8.31	1.92	1.05	0.83	0.88	0.82	0.92	0.82	0.63	0.83
Li	4.44	3.74	1190	1.34	2.52	604	41.4	630	8.00	0.720	548
Be	7.36	9.16	8.30	0.230	0.532	6.53	3.51	3.93	0.518	0.125	6.91
Sc	8.32	5.28	15.3	1.09	1.34	31.1	15.4	3.00	2.00	0.50	10.0
V	213	165	285	208	338	230	271	129	344	284	189
Cr	33.5	47.8	228	62.6	253	286	201	65.2	330	258	414
Co	28.8	15.7	13.2	89.6	10.3	21.7	7.51	11.5	20.4	11.3	1.23
Ni	42.8	17.2	67.1	175	18.0	65.2	79.1	26.9	161	37.5	2.70
Ag	1.46	1.79	1.10	0.025	0.037	0.846	0.377	1.090	0.089	0.086	0.966
Cd	0.630	0.534	0.445	1.33	0.323	0.665	0.010	0.269	0.517	1.12	0.347
In	0.230	0.184	0.249	0.004	0.010	0.310	0.080	0.121	0.003	0.000	0.298
Sn											8.56
Sb	1.44	1.26	1.12	0.156	0.476	0.960	0.877	0.791	1.35	0.085	4.05
Cs	0.045	0.660	2.14	0.128	0.972	2.97	10.4	1.87	1.25	0.019	17.4
Ba	7.10	7.02	16.9	18.1	406	48.4	192	32.9	315	382	443
Cu	22.6	31.3	14.9	13.2	32.2	74.4	16.8	12.5	23.6	21.7	2.24
Zn	110	58.3	97.7	13.8	19.4	83.9	107	143	26.9	10.2	22.7
Ga	13.6	15.4	51.3	31.1	37.2	53.4	23.7	15.0	31.4	33.2	47.6
Ge	2.47	2.37	1.01	0.047	0.149	1.87	1.84	0.500	0.075	0.022	0.462
As	15.0	11.9	13.9	39.0	39.1	7.45	14.2	11.0	16.0	6.08	29.6
Rb	1.93	7.52	8.12	6.03	198	28.8	132	6.59	183	224	128
Sr	249	22.8	98.2	294	1060	163	99.2	17.5	178	248	159
Y	22.6	30.3	28.0	33.3	75.0	32.7	26.3	17.3	32.8	40.6	44.6
Zr	1100	1240	618	387	854	586	370	1300	381	236	767
Nb	72.5	77.0	56.2	29.2	34.7	46.9	36.2	45.7	35.2	28.6	38.5
Mo	7.39	2.25	11.8	0.350	0.489	0.219	1.44	31.0	0.062	13.4
La	35.1	23.2	103	262	70.8	7.13	24.8	12.7	81.4	63.4	3.24
Ce	92.7	38.1	156	959	192	41.9	37.7	22.0	121	141	10.8
Pr	6.75	3.88	15.8	85.0	23.2	2.29	6.18	1.96	16.1	14.5	1.00
Nd	22.4	13.1	41.9	359	113	9.67	22.1	6.33	50.2	52.6	5.14
Sm	3.68	2.70	4.47	46.5	31.4	2.72	3.73	1.15	6.26	10.8	2.38
Eu	0.542	0.425	0.732	1.93	6.67	0.642	0.680	0.237	0.988	2.46	1.08
Gd	2.89	3.22	3.10	13.0	20.1	3.76	3.31	1.62	4.79	10.5	4.07
Tb	0.596	0.752	0.815	2.50	3.12	0.772	0.688	0.378	0.929	1.54	1.05
Dy	3.75	5.02	5.28	8.19	14.7	5.22	4.67	2.71	5.66	7.90	7.89
Ho	0.944	1.19	1.31	1.84	2.79	1.21	1.18	0.64	1.43	1.59	2.00
Er	2.88	3.53	4.29	6.88	6.92	3.47	3.73	2.05	4.55	4.36	5.86
Tm	0.412	0.481	0.654	0.851	0.873	0.539	0.608	0.296	0.714	0.608	0.875
Yb	2.88	3.43	4.71	6.29	5.92	3.72	4.20	2.19	4.99	4.24	5.67
Lu	0.422	0.475	0.704	0.944	0.844	0.550	0.553	0.298	0.776	0.627	0.816
Hf	28.4	34.1	16.0	12.1	21.7	10.1	10.1	36.4	9.95	6.78	28.9
Ta	5.24	5.77	4.15	2.32	2.49	3.48	2.64	3.58	2.51	2.15	4.52
W	59.0	76.9	18.6	82.4	37.0	6.05	143	23.2	84.4	8.48	22.6
Tl	0.033	0.050	0.112	0.016	0.066	0.273	0.673	0.067	0.330		1.35
Pb	20.7	61.7	19.8	6.45	192	8.37	53.2	17.5	49.5	65.3	86.8
Bi	3.43	1.70	1.75	0.030	0.021	0.695	0.128	0.876	0.039	0.010	1.92
Th	21.4	21.6	44.0	29.8	34.9	59.9	30.1	9.87	30.4	32.3	213
U	22.1	25.2	17.5	12.5	15.1	5.24	4.96	13.1	4.90	9.37	14.4

矿区	新木–晏溪										
样品号	XMY-1	XMY-41	XMY-40	ZKg7-2-7	XMY-32	XMY-35	XMY-34	XMY-33	M-1	ZKg7-2-8	ZKg7-2-9
位置	P_2l	C_2h	C_2h	C_2h	$S_{1-2}hj$	$S_{1-2}hj$	$S_{1-2}hj$	$S_{1-2}hj$	$S_{1-2}hj$	$S_{1-2}hj$	$S_{1-2}hj$
名称	ARU	Ls	Ls	Ls	Sh	Sh	Sh	Sh	Sh	Sh	Sh
SiO_2	43.96	0.63	1.85	0.24	51.66	54.77	57.89	66.27	60.73	61.98	63.42
TiO_2	0.57	0.04	0.06	0.03	0.36	0.20	0.27	0.36	0.32	0.34	0.32
Al_2O_3	36.56	0.12	1.20	0.10	17.02	19.90	20.68	16.52	16.49	16.31	15.16
Fe_2O_3	3.75	0.27	0.42	0.21	8.55	4.17	8.12	5.26	6.97	7.19	7.10
MnO	0.02		0.01	0.20		0.48	0.04	0.06	0.04	0.05	0.06
MgO	1.06	0.24	0.60	0.53	1.45	1.74	2.21	1.85	3.18	2.80	2.20
CaO	0.17	55.06	53.62	55.27	0.61	0.60	0.49	0.93	2.25	2.40	2.79
Na_2O	0.71	0.20	0.23	0.18	0.61	0.25	0.37	0.61	0.91	0.67	0.73
K_2O	4.72		0.17	0.03	3.80	1.85	2.80	2.00	3.54	3.03	3.10
P_2O_5	0.07	0.03	0.10	0.03	0.05	0.03	0.04	0.13	0.06	0.06	0.06
LOI	8.26	43.18	41.60	43.09	15.68	15.84	6.93	5.89	5.52	5.33	5.12
TOTAL	99.85	99.77	99.86	99.91	99.79	99.86	99.91	99.88	99.73	100.16	100.05
A/S	0.83	0.19	0.65	0.42	0.33	0.36	0.36	0.25	0.27	0.26	0.24
Li	258	0.598	3.23		23.1	226	586	1.25	31.8	41.4	28.2
Be	1.20	0.603	0.782	0.021	0.040	10.8	2.85	0.266	3.20	3.51	3.43
Sc	18.2		0.51	2.46	1.36	17.4	32.2	0.56	15.8	15.4	15.0
V	169	2.23	10.7	1.70	224	61.0	126	91.1	116	110	108
Cr	117	15.7	8.69	10.3	139	47.0	94.7	71.0	91.0	85.2	82.3
Co	0.796	12.0	5.32	8.82	19.5	33.2	17.6	15.6	22.1	29.8	24.0
Ni	2.05	24.0	18.0	16.2	45.6	24.2	47.1	36.8	50.4	42.5	40.1
Ag	0.285	0.038	0.038	0.007	0.014	0.618	0.713	0.116	0.401	0.377	0.379
Cd	0.082	0.441	0.093	2.60	0.080	2.00	0.531	0.259	0.003	0.010	0.036
In	0.061		0.005		0.001	0.065	0.232	0.006	0.072	0.080	0.079
Sn									2.84	2.09	1.98
Sb	0.451	0.173	0.111	0.418	1.84	0.978	1.43	0.209	0.835	0.877	1.84
Cs	3.99	0.121	0.295	0.030	0.094	0.703	0.282	0.282	12.6	10.4	11.2
Ba	248	6.76	34.9	3.56	185	224	408	338	420	343	531
Cu	5.95	11.1	2.57		21.2	13.8	20.6	16.9	5.69	89.1	4.76
Zn	14.9	45.0	17.3	5.29	4.92	235	24.5	27.8	112	107	90.9
Ga	13.3	0.357	0.802	0.234	23.9	11.8	23.7	17.6	22.7	22.5	21.5
Ge	0.151	0.045	0.043	0.022	0.025	1.71	0.556	0.064	2.01	1.84	1.95
As	12.2	11.7	7.08	9.69	10.2	209	12.4	7.94	11.6	14.2	12.2
Rb	190	1.12	3.94	0.498	126	91.3	217	157	204	176	181
Sr	69.0	190	826	138	47.6	141	107	113	85.5	139	156
Y	10.9	3.63	3.12	12.4	25.7	54.8	23.0	30.0	23.2	29.8	33.3
Zr	175	2.17	5.47	1.30	195	89.0	131	177	121	145	144
Nb	13.5	0.195	0.668	0.114	19.0	7.27	16.0	15.0	13.3	14.7	14.2
Mo	3.53	0.306	0.454	0.229	0.899	0.443	0.570	0.561	0.299	0.219	0.332
La	2.09	1.72	2.88	2.06	49.2	32.3	44.8	37.8	45.3	42.4	40.3
Ce	6.62	3.13	4.99	1.42	103	75.9	82.2	74.1	87.8	85.3	83.0
Pr	0.741	0.378	0.616	0.452	9.52	10.2	9.12	8.73	9.59	9.36	9.69
Nd	3.67	1.52	2.47	2.26	31.9	42.3	31.7	33.3	34.4	34.2	36.5
Sm	1.19	0.352	0.503	0.781	5.67	12.1	5.21	7.14	5.65	6.44	7.92
Eu	0.342	0.105	0.146	0.210	1.21	2.73	1.05	1.53	1.12	1.25	1.63
Gd	1.25	0.460	0.465	1.25	4.58	12.1	4.57	6.82	4.70	5.70	7.40
Tb	0.309	0.065	0.074	0.158	0.876	1.79	0.739	1.03	0.709	0.913	1.11
Dy	2.00	0.412	0.416	0.827	4.83	9.49	4.04	5.56	4.00	4.91	5.98
Ho	0.427	0.097	0.089	0.181	1.06	1.98	0.894	1.19	0.896	1.13	1.26
Er	1.17	0.269	0.241	0.354	3.04	4.95	2.52	3.11	2.58	3.01	3.35
Tm	0.177	0.035	0.036	0.031	0.408	0.638	0.367	0.432	0.345	0.428	0.439
Yb	1.18	0.221	0.186	0.203	2.86	4.07	2.47	2.85	2.52	2.84	3.02
Lu	0.159	0.033	0.028	0.019	0.416	0.558	0.369	0.415	0.372	0.394	0.430
Hf	4.76	0.049	0.157	0.015	5.42	2.32	3.36	4.69	3.18	3.83	3.60
Ta	0.963	0.025	0.073	0.040	1.43	0.632	1.16	1.16	1.01	1.09	1.07
W	1.16	47.6	7.86	60.5	27.6	6.69	3.90	3.70	33.1	143	114
Tl	1.67	0.012	0.016	0.021	0.017	0.006	1.23	0.019	0.815	0.673	0.707
Pb	14.3	4.90	1.32	3.48	44.7	20.9	17.7	9.67	19.5	6.69	20.1
Bi	0.174	0.009	0.038			0.433	0.641	0.028	0.356	0.128	0.531
Th	15.0	0.515	0.777	0.086	19.7	9.96	18.1	16.1	16.7	16.8	17.1
U	6.39	0.202	2.59	0.103	6.20	1.62	2.90	2.03	2.42	2.33	2.44

注：位置 P_2q+m 为中二叠统栖霞–茅口组，P_2l 为中二叠统梁山组，务正道地区铝土矿含矿岩系，C_2h 为中石炭统黄龙组，$S_{1-2}hj$ 为中下志留统韩家店组；名称 Dol 为白云岩，Ls 为灰岩，Dol-L 为白云质灰岩，C-Ms 为碳质泥岩，Sh 为砂页岩，AOB 为块状铝土矿，AOE 为土状–半土状铝土矿，AOPO 为豆鲕状铝土矿，ARL 为矿层下部铝土岩，ARU 为矿层上部铝土岩。

附表 2　务正道地区碎屑锆石 U–Pb 定年分析数据（1#样品，瓦厂坪矿床，铝土矿）

测点号	U/ppm	Th/ppm	Pb/ppm	Th/U	$^{207}Pb/^{235}U$	±2δ/%	$^{206}Pb/^{238}U$	±2δ/%	$^{238}U/^{206}Pb$	±2δ/%	$^{207}Pb/^{206}Pb$	±2δ/%	Disc./%	年龄/Ma							
														$^{207}Pb/^{206}Pb$	±δ	$^{207}Pb/^{235}U$	±δ	$^{206}Pb/^{238}U$	±δ	$^{208}Pb/^{232}Th$	±δ
1@1	93	35	18	0.373	1.58145	2.81	0.1621	1.50	6.169	1.50	0.07075	2.37	2.05800	950	48	963	18	969	14	945	32
1@10	195	142	72	0.729	3.95340	1.63	0.2828	1.50	3.536	1.50	0.10138	0.62	-3.01489	1650	12	1625	13	1606	21	1611	46
1@11	165	439	41	2.667	1.20861	1.91	0.1304	1.51	7.672	1.51	0.06725	1.16	-6.98089	845	24	805	11	790	11	800	23
1@12	66	48	11	0.722	1.21387	2.42	0.1325	1.50	7.549	1.50	0.06646	1.89	-2.47587	821	39	807	14	802	11	817	26
1@13	182	122	39	0.673	1.66765	1.77	0.1670	1.52	5.989	1.52	0.07244	0.92	-0.32212	998	19	996	11	995	14	1029	29
1@14	130	86	12	0.658	0.54163	2.61	0.0709	1.54	14.108	1.54	0.05542	2.11	2.95762	429	46	440	9	442	7	465	15
1@15	159	259	21	1.628	0.64476	2.17	0.0833	1.50	12.001	1.50	0.05612	1.57	13.40484	457	34	505	9	516	7	520	15
1@16	172	139	36	0.811	1.52127	1.82	0.1594	1.50	6.273	1.50	0.06921	1.03	5.77754	905	21	939	11	954	13	965	27
1@17	270	94	57	0.347	1.81526	1.69	0.1767	1.50	5.660	1.50	0.07451	0.77	-0.67469	1055	16	1051	11	1049	15	1090	33
1@18	117	85	10	0.728	0.53739	2.65	0.0695	1.50	14.394	1.50	0.05610	2.19	-5.29532	456	48	437	10	433	6	438	14
1@19	517	43	95	0.082	1.67646	1.63	0.1681	1.50	5.949	1.50	0.07233	0.65	0.67385	995	13	1000	10	1002	14	1046	34
1@2	90	106	17	1.178	1.14975	2.35	0.1334	1.50	7.494	1.50	0.06249	1.81	17.92986	691	38	777	13	807	11	834	27
1@20	100	138	43	1.371	3.84405	1.73	0.2865	1.52	3.491	1.52	0.09732	0.83	3.63022	1573	16	1602	14	1624	22	1660	48
1@21	126	72	51	0.570	4.73564	1.65	0.3184	1.50	3.141	1.50	0.10787	0.67	1.18609	1764	12	1774	14	1782	23	1810	51
1@22	285	137	53	0.479	1.48246	1.77	0.1517	1.51	6.593	1.51	0.07089	0.91	-4.91518	954	19	923	11	910	13	935	27
1@3	258	247	17	0.959	0.34389	3.14	0.0481	1.50	20.773	1.50	0.05181	2.75	9.62620	277	62	300	8	303	4	301	10
1@4	54	0.22	19	0.004	5.07366	1.85	0.3270	1.50	3.058	1.50	0.11254	1.09	-1.07406	1841	205	1832	16	1824	24	no data	
1@5	188	140	32	0.743	1.19532	1.91	0.1315	1.50	7.603	1.50	0.06591	1.18	-0.93953	804	25	798	11	797	11	776	23
1@6	57	19	11	0.328	1.56289	2.64	0.1604	1.50	6.234	1.50	0.07066	2.17	1.28543	948	44	956	17	959	13	882	39
1@7	70	89	14	1.275	1.12378	2.71	0.1339	1.50	7.466	1.50	0.06085	2.26	29.56981	634	48	765	15	810	11	807	25
1@8	123	81	30	0.658	2.03375	1.92	0.1906	1.53	5.247	1.53	0.07740	1.17	-0.67154	1132	23	1127	13	1125	16	1108	34
1@9	77	43	15	0.563	1.44395	2.35	0.1536	1.50	6.512	1.50	0.06820	1.81	5.67316	875	37	907	14	921	13	900	30

续附表2：2#样品，瓦厂坪矿床，铝土矿

测点号	U/ppm	Th/ppm	Pb/ppm	Th/U	$^{207}Pb/^{235}U$	±2δ/%	$^{206}Pb/^{238}U$	±2δ/%	$^{238}U/^{206}Pb$	±2δ/%	$^{207}Pb/^{206}Pb$	±2δ/%	Disc./%	年龄/Ma							
														$^{207}Pb/^{206}Pb$	±δ	$^{207}Pb/^{235}U$	±δ	$^{206}Pb/^{238}U$	±δ	$^{208}Pb/^{232}Th$	±δ
2@1	89	35	18	0.396	1.73042	2.46	0.1679	1.50	5.957	1.50	0.07476	1.95	-6.26348	1062	39	1020	16	1000	14	997	32
2@10	76	103	10	1.356	0.69181	2.68	0.0862	1.51	11.607	1.51	0.05824	2.21	-1.15565	539	48	534	11	533	8	536	19
2@11	450	354	280	0.787	10.14956	1.52	0.4493	1.50	2.226	1.50	0.16384	0.25	-4.96850	2496	4	2449	14	2392	30	2396	62
2@12	463	181	133	0.390	2.99105	1.65	0.2390	1.56	4.184	1.56	0.09077	0.54	-4.63967	1442	10	1405	13	1382	19	1370	38
2@13	171	114	36	0.669	1.60337	1.82	0.1632	1.50	6.129	1.50	0.07127	1.03	1.03459	965	21	972	11	974	14	981	28
2@14	372	239	147	0.642	4.47228	1.56	0.3060	1.51	3.268	1.51	0.10601	0.41	-0.73493	1732	8	1726	13	1721	23	1724	46
2@15	77	93	11	1.206	0.81379	2.57	0.0960	1.53	10.416	1.53	0.06147	2.07	-10.35619	656	44	605	12	591	9	599	19
2@16	245	198	99	0.808	4.43786	1.59	0.3028	1.50	3.302	1.50	0.10628	0.52	-2.04127	1737	9	1719	13	1705	23	1714	50
2@17	141	223	18	1.582	0.66405	2.38	0.0829	1.51	12.069	1.51	0.05812	1.85	-4.14241	534	40	517	10	513	7	515	15
2@18	333	385	78	1.156	1.63417	1.93	0.1643	1.73	6.085	1.73	0.07212	0.87	-0.93198	989	18	984	12	981	16	997	47
2@19	115	211	24	1.846	1.15485	2.26	0.1275	1.51	7.841	1.51	0.06567	1.68	-2.94240	796	35	780	12	774	11	759	22
2@2	148	39	30	0.265	1.80719	2.35	0.1758	1.50	5.689	1.50	0.07456	1.80	-1.31915	1057	36	1048	16	1044	15	1105	34
2@20	184	173	38	0.943	1.49340	1.87	0.1561	1.50	6.408	1.50	0.06940	1.11	2.85591	911	23	928	11	935	13	892	34
2@21	92	147	12	1.594	0.67527	2.58	0.0829	1.52	12.065	1.52	0.05909	2.08	-10.39010	570	45	524	11	513	8	520	18
2@3	440	116	132	0.263	3.17330	1.61	0.2557	1.50	3.911	1.50	0.09002	0.57	3.26146	1426	11	1451	13	1468	20	1514	44
2@4	297	147	41	0.496	0.92961	4.68	0.1143	1.55	8.752	1.55	0.05901	4.42	24.17650	567	93	667	23	697	10	694	35
2@5	387	5	39	0.013	0.78195	1.89	0.0948	1.51	10.545	1.51	0.05980	1.13	-2.15595	596	24	587	8	584	8	524	60
2@6	143	132	24	0.929	1.12937	2.04	0.1267	1.50	7.890	1.50	0.06463	1.37	0.96567	762	29	768	11	769	11	776	22
2@7	150	359	24	2.403	0.69836	2.33	0.0870	1.50	11.494	1.50	0.05821	1.79	-0.00858	538	39	538	10	538	8	545	15
2@8	142	156	34	1.104	1.69668	2.16	0.1662	1.88	6.016	1.88	0.07403	1.07	-5.29943	1042	22	1007	14	991	17	1047	101
2@9	515	241	134	0.467	2.42613	1.67	0.2143	1.50	4.667	1.50	0.08212	0.73	0.27524	1248	14	1250	12	1252	17	1219	34

续附表 2：3#样品，新民矿床，铝土矿

测点号	U/ppm	Th/ppm	Pb/ppm	Th/U	$^{207}Pb/^{235}U$	±2δ/%	$^{206}Pb/^{238}U$	±2δ/%	$^{238}U/^{206}Pb$	±2δ/%	$^{207}Pb/^{206}Pb$	±2δ/%	Disc./%	年龄/Ma $^{207}Pb/^{206}Pb$	±δ	$^{207}Pb/^{235}U$	±δ	$^{206}Pb/^{238}U$	±δ	$^{208}Pb/^{232}Th$	±δ
3@1	141	214	40	1.520	1.99208	1.95	0.1873	1.50	5.340	1.50	0.07715	1.25	-1.79864	1125	25	1113	13	1107	15	1096	31
3@10	229	35	27	0.154	0.91477	1.90	0.1078	1.50	9.277	1.50	0.06155	1.17	0.24419	658	25	660	9	660	9	664	24
3@11	264	451	35	1.711	0.67723	2.17	0.0828	1.50	12.074	1.50	0.05930	1.57	-11.74562	578	34	525	9	513	7	529	15
3@12	134	50	32	0.374	2.20446	2.03	0.2030	1.75	4.926	1.75	0.07876	1.03	2.38419	1166	20	1183	14	1191	19	1214	61
3@13	253	169	23	0.666	0.54817	2.36	0.0714	1.65	14.000	1.65	0.05566	1.69	1.39501	439	37	444	9	445	7	445	15
3@14	117	37	23	0.318	1.61639	1.93	0.1649	1.50	6.063	1.50	0.07108	1.20	2.75822	960	24	977	12	984	14	1038	35
3@15	148	114	25	0.774	1.19647	2.02	0.1322	1.50	7.564	1.50	0.06564	1.35	0.74619	795	28	799	11	800	11	790	24
3@16	125	186	25	1.483	1.18302	2.19	0.1317	1.50	7.594	1.50	0.06516	1.59	2.44910	780	33	793	12	797	11	800	23
3@17	204	179	116	0.879	9.51426	1.65	0.4210	1.50	2.375	1.50	0.16391	0.69	-10.97985	2496	12	2389	15	2265	29	1737	47
3@18	251	102	139	0.405	9.82695	1.83	0.4349	1.80	2.299	1.80	0.16388	0.37	-8.02706	2496	6	2419	17	2328	35	2272	144
3@19	27	28	22	1.048	16.67000	1.79	0.5559	1.52	1.799	1.52	0.21750	0.95	-4.70351	2962	15	2916	17	2850	17	2604	79
3@2	476	258	54	0.542	0.74444	1.78	0.0920	1.50	10.874	1.50	0.05871	0.96	2.00148	557	21	565	8	567	8	581	17
3@20	67	59	11	0.883	1.06449	2.83	0.1249	1.50	8.007	1.50	0.06182	2.39	14.40269	668	50	736	15	759	11	746	25
3@21	172	105	130	0.610	15.34006	1.55	0.5538	1.50	1.806	1.50	0.20090	0.38	0.32590	2834	6	2837	15	2841	35	2722	72
3@3	441	361	128	0.817	2.68626	1.62	0.2208	1.51	4.528	1.51	0.08823	0.59	-8.04190	1387	11	1325	12	1286	18	1203	47
3@4	400	295	82	0.738	1.59661	1.74	0.1623	1.51	6.163	1.51	0.07137	0.87	0.14007	968	18	969	11	969	14	872	25
3@5	579	108	100	0.187	1.49046	1.63	0.1541	1.50	6.490	1.50	0.07015	0.65	-1.03662	933	13	927	10	924	13	886	28
3@6	197	207	55	1.050	2.32207	3.15	0.1970	1.51	5.076	1.51	0.08549	2.77	-13.77768	1327	53	1219	23	1159	16	1238	39
3@7	268	461	57	1.724	1.19734	1.90	0.1327	1.50	7.534	1.50	0.06542	1.17	2.09015	788	24	799	11	803	11	823	23
3@8	240	156	95	0.649	4.48404	1.60	0.3045	1.50	3.284	1.50	0.10679	0.54	-2.06657	1745	10	1728	13	1714	23	1725	47
3@9	892	1316	197	1.476	1.59302	1.85	0.1544	1.50	6.476	1.50	0.07482	1.09	-13.92613	1064	22	968	12	926	13	740	21

续附表 2:4#样品，新木－晏溪矿床，铝土矿

测点号	U/ppm	Th/ppm	Pb/ppm	Th/U	$^{207}Pb/^{235}U$	±2δ/%	$^{206}Pb/^{238}U$	±2δ/%	$^{238}U/^{206}Pb$	±2δ/%	$^{207}Pb/^{206}Pb$	±2δ/%	Disc./%	年龄/Ma							
														$^{207}Pb/^{206}Pb$	±δ	$^{207}Pb/^{235}U$	±δ	$^{206}Pb/^{238}U$	±δ	$^{208}Pb/^{232}Th$	±δ
4@1	234	108	50	0.459	1.79060	1.75	0.1764	1.50	5.667	1.50	0.07360	0.91	1.78909	1031	18	1042	12	1048	15	1009	29
4@10	188	132	49	0.700	2.27913	1.95	0.1987	1.60	5.032	1.60	0.08317	1.13	-8.98541	1273	22	1206	14	1169	17	1197	38
4@11	485	182	107	0.375	1.92630	1.59	0.1848	1.50	5.412	.50	0.07561	0.53	0.83187	1085	11	1090	11	1093	15	1121	31
4@12	847	71	264	0.084	4.14780	1.55	0.2752	1.50	3.634	.50	0.10932	0.40	-13.92075	1788	7	1664	13	1567	21	1496	44
4@13	248	89	44	0.359	1.44171	1.82	0.1508	1.51	6.630	1.51	0.06933	1.02	-0.34653	909	21	906	11	906	13	910	28
4@14	140	165	26	1.180	1.16398	2.43	0.1318	1.56	7.588	1.56	0.06406	1.87	7.80119	744	39	784	13	798	12	788	24
4@15	289	164	78	0.567	2.41985	1.68	0.2138	1.51	4.677	1.51	0.08208	0.74	0.15696	1247	15	1249	12	1249	17	1276	36
4@16	222	193	39	0.869	1.19601	2.06	0.1338	1.52	7.474	1.52	0.06483	1.40	5.63877	769	29	799	12	810	12	796	23
4@17	101	93	18	0.924	1.20884	2.36	0.1352	1.50	7.398	1.50	0.06486	1.82	6.55390	770	38	805	13	817	12	794	24
4@18	266	194	36	0.730	0.89687	1.82	0.1060	1.50	9.435	1.50	0.06137	1.02	-0.44929	652	22	650	9	649	9	657	19
4@19	653	450	137	0.689	1.60940	1.61	0.1637	1.50	6.110	1.50	0.07132	0.58	1.16949	967	12	974	10	977	14	978	27
4@2	151	597	32	3.941	0.79328	2.16	0.0947	1.50	10.563	1.50	0.06077	1.55	-7.96988	631	33	593	10	583	8	576	16
4@20	135	109	33	0.806	1.95808	2.08	0.1838	1.55	5.442	1.55	0.07728	1.39	-3.94660	1129	28	1101	14	1088	16	1096	32
4@21	212	100	40	0.470	1.47360	1.75	0.1535	1.50	6.516	1.50	0.06964	0.90	0.28847	918	18	920	11	920	13	935	27
4@22	64	96	19	1.493	2.09291	2.06	0.1966	1.50	5.086	1.50	0.07721	1.41	2.95145	1127	28	1147	14	1157	16	1164	33
4@3	133	69	26	0.523	1.56045	2.01	0.1607	1.50	6.223	1.50	0.07042	1.34	2.28742	941	27	955	13	961	13	939	30
4@4	274	347	37	1.266	0.73500	2.21	0.0923	1.50	10.833	1.50	0.05775	1.62	9.81739	520	35	560	10	569	8	567	16
4@5	212	135	36	0.640	1.22696	5.43	0.1362	1.52	7.343	1.52	0.06534	5.21	5.09972	785	106	813	31	823	12	804	39
4@6	74	51	14	0.692	1.36517	2.46	0.1454	1.50	6.877	1.50	0.06809	1.94	0.47871	871	40	874	15	875	12	905	31
4@7	202	155	35	0.769	1.23865	1.99	0.1342	1.50	7.454	1.50	0.06697	1.31	-3.20788	837	27	818	11	812	11	821	24
4@8	299	34	31	0.115	0.78357	1.87	0.0952	1.51	10.507	1.51	0.05971	1.11	-1.24710	593	24	588	8	586	8	630	23
4@9	250	122	56	0.487	1.88208	1.71	0.1834	1.51	5.454	1.51	0.07444	0.80	3.28689	1054	16	1075	11	1085	15	1071	31

续附表2：X-3样品，新民矿床，铝土矿

测点号	U/ppm	Th/ppm	Pb/ppm	Th/U	$^{207}Pb/^{235}U$	±1δ	$^{206}Pb/^{238}U$	±1δ	$^{208}Pb/^{232}Th$	±1δ	$^{207}Pb/^{206}Pb$	±1δ	年龄/Ma $^{207}Pb/^{206}Pb$	±1δ	$^{207}Pb/^{235}U$	±1δ	$^{206}Pb/^{238}U$	±1δ	$^{208}Pb/^{232}Th$	±1δ	谐和度/%
X-3-01	913	121	574	0.13	1.58242	0.01053	0.16100	0.00077	0.04629	0.00037	0.07125	0.00079	965	7	963	4	962	4	915	7	100
X-3-02	487	198	1549	0.41	48.61725	0.24809	0.84579	0.00123	0.20988	0.00123	0.41670	0.00423	3970	3	3964	5	3951	15	3851	21	100
X-3-03	213	103	106	0.48	1.11553	0.01542	0.12514	0.00074	0.03792	0.00037	0.06462	0.00107	762	19	761	7	760	4	752	7	100
X-3-04	88	28	60	0.32	1.87075	0.03324	0.17904	0.00130	0.05466	0.00091	0.07575	0.00152	1088	24	1071	12	1062	7	1076	17	102
X-3-05	62	24	118	0.38	11.34936	0.10609	0.48456	0.00316	0.13638	0.00161	0.16981	0.00216	2556	8	2552	9	2547	14	2584	29	100
X-3-06	265	72	167	0.27	1.59677	0.01728	0.16099	0.00089	0.04765	0.00052	0.07191	0.00102	983	13	969	7	962	5	941	10	101
X-3-07	1005	1178	588	1.17	1.61146	0.01128	0.15177	0.00074	0.03416	0.00017	0.07699	0.00088	1121	7	975	4	911	4	679	3	107
X-3-08	224	142	147	0.63	1.68600	0.01754	0.16717	0.00091	0.05052	0.00038	0.07313	0.00101	1018	12	1003	7	996	5	996	7	102
X-3-10	256	245	87	0.96	0.71553	0.01081	0.08751	0.00052	0.02688	0.00021	0.05929	0.00105	578	22	548	6	541	3	536	4	101
X-3-11	483	267	700	0.55	8.41195	0.09334	0.40008	0.00280	0.10387	0.00122	0.15247	0.00216	2374	10	2276	10	2169	13	1997	22	109
X-3-12	101	146	49	1.45	1.25840	0.02968	0.13474	0.00111	0.03841	0.00043	0.06773	0.00174	860	35	827	13	815	6	762	8	101
X-3-13	279	141	205	0.50	1.95043	0.02072	0.18550	0.00103	0.05803	0.00047	0.07625	0.00107	1102	13	1099	7	1097	6	1140	9	100
X-3-15	235	156	279	0.66	4.40048	0.03643	0.30404	0.00164	0.08841	0.00061	0.10496	0.00128	1714	8	1712	7	1711	8	1712	11	100
X-3-16	24	5	45	0.21	12.02645	0.22452	0.49533	0.00564	0.14986	0.00503	0.17608	0.00357	2616	17	2606	18	2594	24	2822	88	101
X-3-17	141	125	239	0.89	9.23068	0.11039	0.44009	0.00278	0.12322	0.00073	0.15212	0.00206	2370	24	2361	11	2351	12	2349	13	101
X-3-18	227	118	302	0.52	5.33556	0.03884	0.33720	0.00175	0.10193	0.00069	0.11476	0.00133	1876	6	1875	6	1873	8	1962	13	100
X-3-19	121	50	78	0.42	1.76561	0.03161	0.17085	0.00123	0.05603	0.00075	0.07495	0.00152	1067	24	1033	12	1017	7	1102	14	105
X-3-20	421	920	142	2.18	0.79710	0.01498	0.09347	0.00063	0.02971	0.00021	0.06185	0.00131	669	29	595	13	576	4	592	4	103
X-3-21	205	112	133	0.55	1.71584	0.01969	0.16872	0.00096	0.05314	0.00045	0.07376	0.00109	1035	14	1014	7	1005	5	1047	9	103
X-3-22	497	590	507	1.19	4.03734	0.03440	0.27593	0.00150	0.04320	0.00028	0.10612	0.00132	1734	8	1642	7	1571	8	855	5	110
X-3-23	263	110	162	0.42	1.54437	0.02192	0.15710	0.00097	0.05062	0.00060	0.07129	0.00121	966	19	948	9	941	5	998	12	101
X-3-24	237	146	126	0.61	1.28671	0.01776	0.13790	0.00083	0.04386	0.00040	0.06767	0.00113	858	19	840	8	833	5	868	8	101
X-3-25	307	243	84	0.79	0.56549	0.00986	0.07105	0.00044	0.02270	0.00021	0.05772	0.00115	519	27	455	6	442	3	454	4	103
X-3-26	364	168	238	0.46	1.67813	0.01578	0.16779	0.00088	0.05300	0.00040	0.07253	0.00096	1001	11	1000	6	1000	5	1044	8	100
X-3-27	124	151	43	1.21	0.85064	0.02125	0.09304	0.00076	0.03114	0.00035	0.06631	0.00180	816	38	625	12	573	4	620	7	109
X-3-28	645	545	688	0.84	3.76042	0.02497	0.27781	0.00137	0.08550	0.00046	0.09817	0.00111	1590	6	1584	5	1580	5	1658	9	101
X-3-29	210	75	162	0.36	2.24892	0.02562	0.20089	0.00117	0.06883	0.00070	0.08119	0.00119	1226	13	1196	8	1180	6	1345	13	104

续附表2：A-1样品，东山矿床，铝土矿

测点号	U/ppm	Th/ppm	Pb/ppm	Th/U	$^{207}Pb/^{235}U$	±1δ	$^{206}Pb/^{238}U$	±1δ	$^{208}Pb/^{232}Th$	±1δ	$^{207}Pb/^{206}Pb$	±1δ	年龄/Ma $^{207}Pb/^{206}Pb$	±1δ	$^{207}Pb/^{235}U$	±1δ	$^{206}Pb/^{238}U$	±1δ	$^{208}Pb/^{232}Th$	±1δ	谐和度/%
A-1-01	293	291	191	0.99	1.53901	0.02232	0.15685	0.00214	0.04336	0.00052	0.07119	0.00211	963	13	946	9	939	12	858	10	101
A-1-02	558	140	354	0.25	1.45276	0.02062	0.15083	0.00205	0.04851	0.00063	0.06988	0.00206	925	13	911	9	906	11	957	12	101
A-1-03	148	56	100	0.38	1.67280	0.02932	0.16746	0.00235	0.05155	0.00076	0.07247	0.00227	999	16	998	11	998	13	1016	15	100
A-1-04	324	227	95	0.70	0.54343	0.01027	0.07070	0.00098	0.02065	0.00028	0.05577	0.00180	443	20	441	7	440	6	413	6	100
A-1-06	268	145	365	0.54	5.10113	0.07025	0.32869	0.00447	0.09048	0.00112	0.11259	0.00332	1842	11	1836	12	1832	22	1751	21	101
A-1-07	188	178	116	0.95	1.41537	0.02303	0.14860	0.00205	0.04407	0.00056	0.06910	0.00213	902	15	895	10	893	12	872	11	100
A-1-08	320	88	180	0.27	1.27325	0.01894	0.13753	0.00187	0.04264	0.00057	0.06716	0.00202	843	14	834	8	831	11	844	11	100
A-1-10	84	16	55	0.19	1.63891	0.03133	0.16112	0.00228	0.06312	0.00120	0.07379	0.00240	1036	18	985	12	963	13	1237	23	108
A-1-11	776	399	447	0.51	1.31209	0.01837	0.14102	0.00190	0.04302	0.00053	0.06750	0.00202	853	13	851	8	850	11	851	10	100
A-1-12	103	30	68	0.29	1.58504	0.03110	0.16085	0.00228	0.05322	0.00100	0.07148	0.00236	971	19	964	12	961	13	1048	19	100
A-1-13	339	286	253	0.84	1.83841	0.02653	0.17743	0.00240	0.05292	0.00065	0.07516	0.00227	1073	13	1059	9	1053	13	1042	12	102
A-1-14	287	141	170	0.49	1.39142	0.02131	0.14313	0.00195	0.04352	0.00057	0.07052	0.00216	944	14	885	9	862	11	861	11	103
A-1-15	517	307	313	0.59	1.60088	0.02417	0.15037	0.00205	0.03608	0.00048	0.07723	0.00236	1127	13	971	9	903	11	716	9	108
A-1-16	189	93	79	0.49	0.82983	0.02653	0.10035	0.00143	0.03099	0.00040	0.05998	0.00210	603	78	614	15	616	8	617	8	100
A-1-17	235	83	169	0.35	1.80129	0.02744	0.17539	0.00239	0.05117	0.00072	0.07450	0.00229	1055	14	1046	10	1042	13	1009	14	101
A-1-18	235	116	442	0.49	9.95637	0.13697	0.45750	0.00619	0.12861	0.00163	0.15786	0.00474	2433	11	2431	13	2429	27	2445	29	100
A-1-19	175	110	104	0.63	1.39150	0.02423	0.14682	0.00203	0.04623	0.00065	0.06875	0.00220	891	17	885	10	883	11	913	13	100
A-1-20	450	379	677	0.84	7.60611	0.18016	0.38411	0.00570	0.10815	0.00154	0.14362	0.00401	2271	49	2186	21	2095	27	2076	28	108
A-1-22	246	159	119	0.64	1.06451	0.01856	0.11842	0.00163	0.04006	0.00055	0.06521	0.00210	781	17	736	9	721	9	794	11	102
A-1-23	582	88	326	0.15	1.21184	0.02147	0.13130	0.00176	0.04004	0.00053	0.06694	0.00149	836	47	806	10	795	10	794	10	101

续附表 2：S-2 样品，三清庙矿床，铝土矿

测点号	U/ppm	Th/ppm	Pb/ppm	Th/U	比值								年龄/Ma								谐和度/%
					207Pb/235U	±1σ	206Pb/238U	±1σ	208Pb/232Th	±1σ	207Pb/206Pb	±1σ	207Pb/206Pb	±1σ	207Pb/235U	±1σ	206Pb/238U	±1σ	208Pb/232Th	±1σ	
S-2-01	339	174	237	0.51	1.86385	0.02873	0.17896	0.00246	0.17896	0.00246	0.07552	0.00234	1082	61	1068	10	1061	13	1106	14	102
S-2-02	777	401	1965	0.52	27.83449	0.38327	0.6957	0.00949	0.6957	0.00949	0.2901	0.00874	3418	46	3413	14	3404	36	2875	34	100
S-2-03	165	101	65	0.61	0.89564	0.02132	0.10536	0.00153	0.10536	0.00153	0.06164	0.00222	662	75	649	11	646	9	641	11	100
S-2-04	226	184	224	0.81	3.13138	0.04862	0.24738	0.00342	0.24738	0.00342	0.09178	0.00285	1463	58	1440	12	1425	18	1423	19	103
S-2-05	144	119	105	0.82	2.20411	0.04648	0.19798	0.0029	0.19798	0.0029	0.08072	0.00276	1215	66	1182	15	1165	16	1166	19	104
S-2-06	655	334	466	0.51	1.88975	0.02782	0.18182	0.00248	0.18182	0.00248	0.07536	0.00231	1078	60	1078	10	1077	14	1037	13	100
S-2-07	109	57	221	0.52	13.18899	0.19476	0.51837	0.00725	0.51837	0.00725	0.18449	0.00563	2694	50	2693	14	2692	31	2601	35	100
S-2-08	183	142	143	0.77	2.17088	0.0371	0.19928	0.00279	0.19928	0.00279	0.07899	0.00251	1172	62	1172	12	1171	15	1163	16	100
S-2-09	181	168	120	0.93	1.70447	0.03544	0.16715	0.00242	0.16715	0.00242	0.07394	0.00252	1040	67	1010	13	996	13	992	14	104
S-2-10	281	169	359	0.60	5.34952	0.07957	0.33752	0.00466	0.33752	0.00466	0.11493	0.00352	1879	54	1877	13	1875	22	1839	23	100
S-2-11	27	35	14	1.27	1.22598	0.06157	0.13245	0.00255	0.13245	0.00255	0.06712	0.00387	842	116	813	28	802	15	810	19	101
S-2-12	119	57	67	0.48	1.39753	0.03276	0.14632	0.00215	0.14632	0.00215	0.06926	0.00248	907	72	888	14	880	12	909	16	101
S-2-13	118	144	104	1.22	5.67378	0.09529	0.2331	0.00337	0.2331	0.00337	0.1765	0.00558	2620	52	1927	15	1351	18	2118	28	104
S-2-14	162	160	98	0.99	1.50728	0.02689	0.15308	0.00215	0.15308	0.00215	0.0714	0.0023	969	64	933	11	918	12	930	12	102
S-2-15	202	174	193	0.86	2.9726	0.04588	0.24155	0.00334	0.24155	0.00334	0.08924	0.00275	1409	58	1401	12	1395	17	1367	17	101
S-2-16	118	181	39	1.53	0.69913	0.01893	0.08585	0.00128	0.08585	0.00128	0.05905	0.00226	569	81	538	11	531	8	512	8	101
S-2-17	321	229	125	0.71	0.80678	0.01466	0.09825	0.00137	0.09825	0.00137	0.05955	0.00193	587	69	601	8	604	8	580	8	101
S-2-18	417	226	748	0.54	10.10105	0.13945	0.46071	0.00628	0.46071	0.00628	0.15899	0.00477	2445	50	2444	13	2443	28	2051	26	100
S-2-19	382	361	645	0.95	9.87617	0.13943	0.4439	0.00609	0.4439	0.00609	0.16134	0.00487	2470	50	2423	13	2368	27	2290	28	104
S-2-20	332	177	211	0.53	1.51037	0.02409	0.1608	0.00222	0.1608	0.00222	0.06811	0.00212	872	63	935	10	961	12	947	13	97
S-2-21	228	205	367	0.90	8.95701	0.13038	0.40925	0.00567	0.40925	0.00567	0.15872	0.00481	2442	50	2334	13	2212	26	2157	27	110
S-2-22	112	96	251	0.86	111.83436	1.57736	1.10339	0.03794	2.85405	0.01558	0.73501	0.02204	4801	9	4799	14	4793	48	27269	199	100
S-2-23	31	9	20	0.30	1.5517	0.05311	0.16036	0.00265	0.16036	0.00265	0.07017	0.00307	933	87	951	21	959	15	1062	32	99
S-2-24	834	262	298	0.31	0.72129	0.01154	0.09168	0.00126	0.09168	0.00126	0.05706	0.00177	493	68	551	7	565	7	547	8	98
S-2-25	141	313	66	2.23	1.18986	0.0263	0.12028	0.00175	0.12028	0.00175	0.07174	0.00249	979	69	796	12	732	10	542	8	109
S-2-26	430	299	272	0.70	1.52784	0.02359	0.15717	0.00216	0.15717	0.00216	0.0705	0.00217	943	62	942	9	941	12	868	12	100
S-2-27	191	125	138	0.65	1.7735	0.03263	0.17419	0.00247	0.17419	0.00247	0.07384	0.00239	1037	64	1036	12	1035	14	1034	15	100
S-2-28	182	99	330	0.55	10.10959	0.14792	0.46264	0.00642	0.46264	0.00642	0.15988	0.00484	2454	50	2453	13	2451	28	2407	32	100
S-2-30	47	19	29	0.40	1.49555	0.04266	0.15477	0.00241	0.15477	0.00241	0.07008	0.00275	931	79	929	13	928	11	993	23	100
S-2-31	102	71	57	0.70	1.23112	0.0293	0.1347	0.00199	0.1347	0.00199	0.06628	0.00238	815	73	815	13	815	13	823	14	100
S-2-32	923	517	1434	0.56	9.05129	0.1253	0.41217	0.00563	0.41217	0.00563	0.15926	0.00476	2448	50	2343	12	2225	26	2064	26	110
S-2-33	98	257	33	2.61	0.68406	0.02003	0.08543	0.00129	0.08543	0.00129	0.05807	0.00231	532	85	529	13	529	8	520	7	100
S-2-34	159	71	205	0.44	4.58394	0.07155	0.31112	0.00435	0.31112	0.00435	0.10686	0.00329	1747	55	1746	13	1746	21	1784	26	100
S-2-35	355	188	590	0.53	11.28408	0.1631	0.47923	0.00666	0.47923	0.00666	0.17077	0.00515	2565	50	2547	13	2524	29	2222	31	102
S-2-36	167	291	143	1.74	2.37116	0.04121	0.21095	0.00297	0.21095	0.00297	0.08152	0.00259	1234	61	1234	12	1234	16	1261	17	100
S-2-37	219	191	149	0.87	1.6983	0.02933	0.16904	0.00237	0.16904	0.00237	0.07287	0.00231	1010	63	1008	11	1007	13	962	13	100

续附表2：T-1样品，桃园矿床，铝土矿

测点号	U/ppm	Th/ppm	Pb/ppm	Th/U	207Pb/235U	±1δ	206Pb/238U	±1δ	208Pb/232Th	±1δ	207Pb/206Pb	±1δ	年龄/Ma 207Pb/206Pb	±1δ	207Pb/235U	±1δ	206Pb/238U	±1δ	208Pb/232Th	±1δ	谐和度/%
T-1-01	69	62	92	0.89	5.53724	0.08300	0.34338	0.00491	0.10788	0.00360	0.11695	0.00141	1910	12	1906	13	1903	24	2071	26	100
T-1-02	278	195	190	0.70	1.92911	0.02876	0.18436	0.00263	0.05751	0.00233	0.07588	0.00075	1092	13	1091	10	1091	14	1130	14	100
T-1-03	242	111	156	0.46	1.72008	0.04327	0.16832	0.00247	0.05075	0.00216	0.07411	0.00070	1045	60	1016	16	1003	14	1001	14	104
T-1-04	159	171	295	1.08	10.67443	0.15560	0.47264	0.00672	0.13382	0.00501	0.16379	0.00172	2495	11	2495	14	2495	29	2539	31	100
T-1-05	150	307	50	2.05	0.75201	0.01267	0.08858	0.00127	0.02762	0.00196	0.06157	0.00036	659	16	569	7	547	8	551	7	104
T-1-06	293	177	116	0.60	0.94150	0.01436	0.10682	0.00152	0.03377	0.00197	0.06392	0.00044	739	14	674	8	654	9	671	9	103
T-1-07	519	1323	309	2.55	1.52300	0.02217	0.15630	0.00221	0.04635	0.00216	0.07067	0.00059	948	13	940	12	936	12	916	11	100
T-1-08	237	129	283	0.54	4.79777	0.06956	0.30591	0.00434	0.08781	0.00347	0.11374	0.00216	1860	12	1785	13	1721	21	1701	21	108
T-1-09	203	228	357	1.12	9.92270	0.14314	0.45366	0.00643	0.12157	0.00483	0.15862	0.00155	2441	11	2428	13	2412	28	2319	28	101
T-1-10	207	280	225	1.35	3.85279	0.05641	0.28173	0.00400	0.07918	0.00303	0.09917	0.00101	1609	12	1604	12	1600	19	1540	19	101
T-1-11	329	182	265	0.55	2.31475	0.06018	0.20868	0.00309	0.06236	0.00087	0.08045	0.00241	1208	60	1217	18	1222	16	1223	16	99
T-1-12	242	181	67	0.75	0.58516	0.02240	0.07137	0.00109	0.02206	0.00029	0.05947	0.00245	584	92	468	14	444	7	441	6	105
T-1-13	178	140	187	0.79	3.72897	0.05391	0.27116	0.00383	0.07789	0.00303	0.09973	0.00099	1619	12	1578	12	1547	19	1516	19	105
T-1-14	509	399	146	0.78	0.61498	0.00909	0.07404	0.00105	0.02299	0.00029	0.06023	0.00184	612	14	487	6	460	6	459	6	106
T-1-15	341	252	210	0.74	1.63681	0.02407	0.16309	0.00231	0.03788	0.00048	0.07278	0.00222	1008	13	984	9	974	9	751	13	103
T-1-16	747	183	290	0.24	0.81992	0.01184	0.09840	0.00139	0.03121	0.00183	0.06043	0.00040	619	14	608	7	605	8	621	8	100
T-1-17	669	96	457	0.14	1.77752	0.02542	0.17405	0.00245	0.05858	0.00224	0.07406	0.00075	1043	13	1037	9	1034	13	1151	14	101
T-1-18	127	151	51	1.19	0.97412	0.01560	0.10358	0.00147	0.03200	0.00212	0.06819	0.00041	874	15	691	8	635	8	637	9	109
T-1-19	329	230	237	0.70	1.88459	0.02719	0.18114	0.00255	0.05255	0.00228	0.07544	0.00066	1080	13	1076	10	1073	14	1035	13	101
T-1-20	106	78	133	0.74	4.86725	0.07058	0.32051	0.00453	0.09039	0.00334	0.11012	0.00115	1801	12	1797	12	1792	22	1749	21	101
T-1-21	245	218	182	0.89	1.92128	0.02773	0.18353	0.00258	0.05346	0.00229	0.07591	0.00067	1093	10	1089	10	1086	14	1053	13	101
T-1-22	344	214	235	0.62	1.87850	0.02712	0.17598	0.00247	0.04692	0.00234	0.07740	0.00059	1132	13	1074	10	1045	14	927	14	108
T-1-23	440	410	154	0.93	0.75875	0.01109	0.08747	0.00123	0.02562	0.00032	0.06290	0.00191	705	14	573	6	541	6	511	7	106
T-1-24	451	373	458	0.83	3.21634	0.04541	0.25361	0.00356	0.07526	0.00276	0.09195	0.00093	1466	12	1461	11	1457	17	1467	18	101
T-1-25	322	127	215	0.39	1.71582	0.02461	0.16852	0.00237	0.04771	0.00223	0.07382	0.00060	1037	13	1014	9	1004	12	942	13	103
T-1-26	293	204	82	0.69	0.56209	0.00848	0.07136	0.00100	0.02153	0.00027	0.05711	0.00174	496	15	453	6	444	6	431	5	102
T-1-27	61	78	41	1.27	1.84762	0.02963	0.17188	0.00245	0.05055	0.00241	0.07793	0.00065	1145	14	1063	11	1022	13	997	13	112
T-1-29	322	241	205	0.75	1.60846	0.02301	0.16261	0.00228	0.04566	0.00216	0.07171	0.00057	978	13	974	9	971	11	902	11	100
T-1-30	186	95	103	0.51	1.16940	0.01755	0.14021	0.00197	0.04239	0.00197	0.06046	0.00184	620	14	786	8	846	8	839	10	93
T-1-31	146	155	75	1.07	1.24286	0.01931	0.13281	0.00187	0.04048	0.00208	0.06784	0.00051	864	14	820	9	804	11	802	10	102

续附表2：A-2样品，东山矿床，$S_{1-2}hj$

测点号	U/ppm	Th/ppm	Pb/ppm	Th/U	$^{207}Pb/^{235}U$	±1δ	$^{206}Pb/^{238}U$	±1δ	$^{208}Pb/^{232}Th$	±1δ	$^{207}Pb/^{206}Pb$	±1δ	年龄/Ma								谐和度/%
													$^{207}Pb/^{206}Pb$	±1δ	$^{207}Pb/^{235}U$	±1δ	$^{206}Pb/^{238}U$	±1δ	$^{208}Pb/^{232}Th$	±1δ	
A-2-01	197	106	496	0.54	23.23099	0.33906	0.65165	0.00929	0.17185	0.00220	0.25850	0.00793	3238	10	3237	14	3235	36	3205	38	100
A-2-02	192	176	124	0.91	1.64099	0.02474	0.16417	0.00234	0.05123	0.00066	0.07248	0.00224	999	14	986	10	980	13	1010	13	101
A-2-03	247	156	669	0.63	27.54833	0.40161	0.69485	0.00989	0.19109	0.00244	0.28749	0.00882	3404	10	3403	14	3401	38	3534	41	100
A-2-04	463	699	153	1.51	0.70314	0.01089	0.08662	0.00124	0.02736	0.00035	0.05886	0.00183	562	15	541	6	536	7	546	7	101
A-2-05	51	34	98	0.66	11.92692	0.17754	0.49624	0.00711	0.14048	0.00184	0.17428	0.00537	2599	11	2599	14	2598	31	2657	33	100
A-2-06	460	236	281	0.51	1.56595	0.02340	0.15896	0.00226	0.04611	0.00059	0.07143	0.00221	970	14	957	9	951	13	911	11	101
A-2-07	374	318	123	0.85	0.73014	0.01140	0.08853	0.00126	0.02765	0.00036	0.05980	0.00187	596	15	557	7	547	7	551	7	102
A-2-08	114	70	71	0.62	1.62368	0.02563	0.16335	0.00234	0.04976	0.00066	0.07208	0.00226	988	14	979	10	975	13	982	13	100
A-2-09	424	215	414	0.51	3.13579	0.04609	0.25054	0.00356	0.07506	0.00096	0.09076	0.00279	1442	13	1442	11	1441	18	1463	18	100
A-2-10	661	747	259	1.13	0.88485	0.01334	0.10492	0.00149	0.03066	0.00039	0.06115	0.00189	645	15	644	7	643	9	610	8	100
A-2-11	306	216	202	0.70	1.72226	0.02570	0.16954	0.00241	0.05267	0.00067	0.07366	0.00228	1032	14	1017	10	1010	13	1037	13	102
A-2-12	73	160	24	2.18	0.76058	0.01550	0.08589	0.00126	0.02709	0.00036	0.06421	0.00218	749	21	574	9	531	7	540	7	108
A-2-13	220	325	74	1.48	0.79051	0.01297	0.08990	0.00129	0.02745	0.00035	0.06376	0.00202	734	16	591	7	555	8	547	7	106
A-2-14	153	5	57	0.03	0.77338	0.01419	0.09375	0.00132	0.02896	0.00062	0.05983	0.00139	597	51	582	8	578	8	577	12	101
A-2-15	283	110	203	0.39	1.98740	0.02960	0.18760	0.00267	0.05568	0.00072	0.07681	0.00238	1116	13	1111	8	1108	14	1095	14	101
A-2-16	198	253	115	1.28	1.36915	0.02092	0.14487	0.00206	0.04416	0.00056	0.06853	0.00213	885	14	876	9	872	12	873	11	100
A-2-17	108	101	99	0.93	3.15449	0.04917	0.24378	0.00349	0.07213	0.00094	0.09382	0.00294	1504	13	1446	12	1406	18	1408	18	107
A-2-18	318	83	203	0.26	1.78095	0.02729	0.17354	0.00247	0.05428	0.00072	0.07441	0.00232	1053	14	1039	10	1032	14	1068	14	102
A-2-19	425	60	260	0.14	1.57481	0.02355	0.15762	0.00224	0.03399	0.00047	0.07245	0.00225	999	14	960	9	944	12	676	9	102

续附表2：S-1样品，三清庙矿床，S$_{1-2}$bj

测点号	U/ppm	Th/ppm	Pb/ppm	Th/U	207Pb/235U	±1σ	206Pb/238U	±1σ	206Pb/232Th	±1σ	207Pb/206Pb	±1σ	年龄/Ma 207Pb/206Pb	±1σ	207Pb/235U	±1σ	206Pb/238U	±1σ	206Pb/232Th	±1σ	谐和度/%
S-1-01	66	27	25	0.40	0.77234	0.02482	0.09288	0.00139	0.02867	0.00042	0.06031	0.00214	615	78	581	14	573	8	571	8	101
S-1-02	472	449	249	0.95	1.23917	0.01901	0.13444	0.00182	0.04110	0.00052	0.06684	0.00209	833	14	819	9	813	10	814	10	101
S-1-03	131	74	280	0.57	13.58805	0.19288	0.52426	0.00714	0.14972	0.00195	0.18795	0.00577	2724	11	2721	13	2717	13	2820	34	100
S-1-04	934	623	1281	0.67	7.08047	0.10033	0.37988	0.00515	0.04223	0.00059	0.13516	0.00415	2166	11	2122	13	2076	13	836	24	104
S-1-05	207	147	102	0.71	1.18078	0.02093	0.12345	0.00166	0.03750	0.00050	0.06937	0.00155	910	47	792	10	750	10	744	10	106
S-1-06	139	57	63	0.41	1.01614	0.01919	0.11334	0.00158	0.03351	0.00054	0.06502	0.00216	775	19	712	13	692	10	666	9	103
S-1-07	884	1375	477	1.56	2.96653	0.05124	0.21604	0.00304	0.04913	0.00069	0.09958	0.00322	1616	15	1399	9	1261	13	969	16	128
S-1-08	462	258	307	0.56	1.67403	0.02483	0.16680	0.00226	0.05145	0.00066	0.07278	0.00226	1008	13	999	11	994	11	1014	12	101
S-1-09	153	72	109	0.47	1.79747	0.03054	0.17409	0.00241	0.05168	0.00071	0.07488	0.00241	1065	16	1045	12	1035	13	1018	14	103
S-1-10	841	122	648	0.14	3.76501	0.05792	0.27824	0.00383	0.07987	0.00124	0.09813	0.00308	1589	13	1585	8	1582	16	1553	19	100
S-1-11	349	132	146	0.38	0.92385	0.01574	0.10632	0.00147	0.03262	0.00047	0.06301	0.00203	709	16	664	13	651	8	649	9	102
S-1-12	354	166	671	0.47	10.82883	0.15210	0.47480	0.00645	0.13955	0.00176	0.16540	0.00508	2512	11	2509	12	2505	13	2640	31	100
S-1-13	128	108	101	0.84	2.22857	0.03802	0.20043	0.00280	0.06318	0.00086	0.08063	0.00260	1212	15	1190	10	1178	12	1238	16	103
S-1-14	700	490	497	0.70	1.95445	0.02852	0.17574	0.00239	0.04948	0.00063	0.08065	0.00250	1213	13	1100	14	1044	10	976	12	116
S-1-15	80	33	48	0.41	1.52644	0.03456	0.15091	0.00215	0.04555	0.00062	0.07336	0.00196	1024	55	941	16	906	14	900	12	104
S-1-16	51	26	37	0.52	2.05297	0.04856	0.18654	0.00272	0.05579	0.00078	0.07982	0.00222	1193	56	1133	18	1103	16	1097	15	108
S-1-17	71	116	49	1.64	1.94956	0.05108	0.18341	0.00275	0.05506	0.00078	0.07709	0.00233	1124	62	1098	10	1086	18	1083	15	103
S-1-18	471	140	345	0.30	1.91150	0.02805	0.18298	0.00250	0.05772	0.00075	0.07576	0.00236	1089	13	1085	12	1083	10	1134	14	101
S-1-19	154	132	81	0.86	1.33850	0.02754	0.13270	0.00186	0.04007	0.00055	0.07315	0.00182	1018	52	863	15	803	12	794	11	107
S-1-20	43	25	86	0.57	11.86916	0.18920	0.49501	0.00708	0.15405	0.00229	0.17388	0.00550	2595	12	2594	12	2592	15	2896	40	100
S-1-21	167	90	102	0.54	1.68144	0.03164	0.15479	0.00214	0.04636	0.00064	0.07878	0.00184	1167	47	1002	7	928	12	916	12	108
S-1-22	272	156	77	0.57	0.57466	0.01119	0.07007	0.00097	0.02166	0.00029	0.05948	0.00142	585	53	461	10	437	6	433	6	105
S-1-23	180	258	94	1.43	1.28078	0.02301	0.13640	0.00192	0.03972	0.00051	0.06809	0.00224	871	17	837	14	824	10	787	11	102
S-1-24	60	82	105	1.37	10.84402	0.16892	0.44431	0.00630	0.10739	0.00144	0.17699	0.00558	2625	12	2506	13	2370	14	2062	28	111
S-1-25	201	92	274	0.46	5.53576	0.08222	0.34332	0.00475	0.10351	0.00136	0.11693	0.00365	1910	12	1906	18	1903	13	1991	26	100
S-1-26	70	27	45	0.39	1.79715	0.04970	0.16848	0.00257	0.05056	0.00074	0.07736	0.00244	1131	64	1044	10	1004	14	997	14	104
S-1-27	349	146	230	0.42	1.71394	0.02750	0.17010	0.00237	0.05486	0.00075	0.07307	0.00233	1016	15	1014	13	1013	13	1079	13	100
S-1-28	171	78	294	0.46	8.63711	0.12726	0.42856	0.00595	0.12617	0.00166	0.14614	0.00456	2301	11	2300	12	2299	13	2402	27	100
S-1-29	205	21	124	0.10	1.49009	0.03124	0.15442	0.00216	0.04686	0.00064	0.06999	0.00176	928	53	926	11	926	12	926	12	100
S-1-30	140	92	76	0.66	1.35885	0.02824	0.13875	0.00196	0.04203	0.00058	0.07103	0.00179	958	53	871	11	838	11	832	11	104
S-1-31	273	362	182	1.32	1.78522	0.02913	0.17172	0.00240	0.05149	0.00067	0.07538	0.00241	1079	15	1040	11	1022	13	1015	13	106
S-1-32	579	348	386	0.60	1.81294	0.02829	0.17509	0.00244	0.04835	0.00064	0.07508	0.00238	1071	14	1050	10	1040	12	954	12	103
S-1-33	267	68	164	0.26	1.54346	0.02748	0.14857	0.00205	0.04471	0.00061	0.07535	0.00170	1078	46	948	14	893	13	884	13	106
S-1-35	441	326	316	0.74	1.84379	0.02912	0.17037	0.00238	0.03779	0.00050	0.07847	0.00249	1159	14	1061	11	1014	10	750	12	105
S-1-37	555	160	333	0.29	1.47489	0.02491	0.14985	0.00205	0.04537	0.00062	0.07139	0.00155	968	45	920	10	900	10	897	13	102
S-1-41	198	152	137	0.76	1.84745	0.03061	0.17359	0.00245	0.05271	0.00070	0.07715	0.00248	1125	15	1063	11	1032	11	1038	13	109

续附表2：T-2样品，桃园矿床，S$_{1-2}$hj

测点号	U/ppm	Th/ppm	Pb/ppm	Th/U	207Pb/235U	±1δ	206Pb/238U	±1δ	208Pb/232Th	±1δ	207Pb/206Pb	±1δ	年龄/Ma								谐和度/%
													207Pb/206Pb	±1δ	207Pb/235U	±1δ	206Pb/238U	±1δ	208Pb/232Th	±1δ	
T-2-01	75	33	48	0.45	1.10360	0.02021	0.11586	0.00168	0.04152	0.00062	0.06907	0.00223	901	17	755	10	707	10	822	12	107
T-2-02	185	117	129	0.63	1.79243	0.02634	0.17546	0.00249	0.05382	0.00067	0.07407	0.00224	1043	13	1043	10	1042	14	1060	13	100
T-2-03	536	141	933	0.26	10.39887	0.14721	0.45880	0.00648	0.12818	0.00158	0.16435	0.00493	2501	11	2471	13	2434	29	2438	28	103
T-2-04	174	237	67	1.36	0.94148	0.01527	0.10432	0.00149	0.03080	0.00039	0.06544	0.00204	789	15	674	8	640	9	613	8	105
T-2-05	475	152	209	0.32	1.02591	0.01588	0.11746	0.00167	0.02168	0.00030	0.06334	0.00195	720	15	717	8	716	10	434	6	100
T-2-06	861	1163	1490	1.35	10.26417	0.14670	0.45202	0.00640	0.12645	0.00155	0.16467	0.00497	2504	11	2459	13	2404	28	2407	28	104
T-2-07	205	166	122	0.81	1.47444	0.02203	0.15308	0.00218	0.04683	0.00059	0.06985	0.00213	924	14	920	9	918	12	925	11	100
T-2-09	158	125	53	0.79	0.72474	0.01251	0.08834	0.00127	0.02638	0.00035	0.05950	0.00190	585	17	553	7	546	8	526	7	101
T-2-10	105	130	36	1.24	0.74407	0.01366	0.09133	0.00132	0.02757	0.00036	0.05909	0.00192	570	18	565	8	563	8	550	7	100
T-2-11	146	140	100	0.95	1.97940	0.03097	0.18343	0.00263	0.05263	0.00067	0.07826	0.00243	1153	14	1109	11	1086	14	1037	13	106
T-2-12	115	99	59	0.85	1.26341	0.02051	0.13309	0.00192	0.04157	0.00054	0.06884	0.00217	894	15	829	9	805	11	823	10	103
T-2-13	322	400	201	1.23	1.63772	0.02441	0.15873	0.00227	0.03213	0.00040	0.07483	0.00230	1064	13	985	9	950	13	639	8	104
T-2-14	344	256	589	0.74	10.12189	0.14845	0.45151	0.00645	0.12210	0.00152	0.16258	0.00499	2483	11	2446	14	2402	29	2328	27	103
T-2-15	305	164	212	0.53	1.84743	0.02766	0.17906	0.00256	0.05213	0.00066	0.07482	0.00231	1064	14	1063	10	1062	14	1027	13	100
T-2-17	88	101	103	1.14	4.97227	0.07736	0.30809	0.00446	0.07197	0.00094	0.11704	0.00366	1912	12	1815	13	1731	22	1405	18	110
T-2-18	384	282	299	0.73	2.24461	0.03356	0.20348	0.00291	0.06050	0.00076	0.07999	0.00248	1197	13	1195	11	1194	16	1187	14	100
T-2-19	178	247	60	1.38	0.77594	0.01311	0.08705	0.00126	0.02687	0.00035	0.06464	0.00207	763	16	583	7	538	7	536	7	108

续附表2：X-1样品，新民矿床，S$_{1-2}$hj

测点号	U/ppm	Th/ppm	Pb/ppm	Th/U	$^{207}Pb/^{235}U$	±1σ	$^{206}Pb/^{238}U$	±1σ	$^{208}Pb/^{232}Th$	±1σ	$^{207}Pb/^{206}Pb$	±1σ	年龄/Ma $^{207}Pb/^{206}Pb$	±1σ	$^{207}Pb/^{235}U$	±1σ	$^{206}Pb/^{238}U$	±1σ	$^{208}Pb/^{232}Th$	±1σ	谐和度/%
X-1-01	302	316	485	1.05	9.69349	0.14252	0.43749	0.00628	0.1218	0.00156	0.16069	0.00492	2463	11	2406	14	2339	28	2323	28	105
X-1-02	212	112	377	0.53	11.49505	0.16935	0.48173	0.00692	0.13198	0.00172	0.17305	0.0053	2587	11	2564	14	2535	30	2506	31	102
X-1-03	428	70	703	0.16	13.03565	0.19855	0.50607	0.00722	0.13892	0.00201	0.18682	0.0039	2714	35	2682	14	2640	31	2629	36	103
X-1-04	274	231	485	0.84	10.83961	0.15898	0.47869	0.00686	0.13002	0.00167	0.16422	0.00502	2500	11	2509	14	2522	30	2471	30	99
X-1-05	239	127	276	0.53	4.3804	0.10065	0.30076	0.00451	0.08733	0.00126	0.10563	0.0029	1725	52	1709	19	1695	22	1692	23	102
X-1-06	651	199	251	0.31	0.85313	0.0126	0.098	0.0014	0.034	0.00044	0.06313	0.00193	713	14	626	7	603	8	676	9	104
X-1-07	113	57	286	0.51	22.35073	0.32569	0.64224	0.00919	0.17704	0.00228	0.25237	0.00769	3200	10	3199	14	3198	36	3295	39	100
X-1-08	223	287	145	1.29	1.67886	0.02512	0.16605	0.00238	0.04952	0.00063	0.07332	0.00225	1023	14	1001	10	990	13	977	12	103
X-1-09	46	84	16	1.84	0.82348	0.01667	0.09208	0.00136	0.0284	0.00038	0.06485	0.00218	769	20	610	9	568	8	566	7	107
X-1-10	82	95	49	1.16	1.46542	0.07074	0.15287	0.0025	0.04642	0.00063	0.06953	0.00354	914	108	916	29	917	14	917	12	100
X-1-11	268	164	113	0.61	0.83223	0.0302	0.09878	0.00151	0.03044	0.00042	0.06111	0.00241	643	87	615	17	607	9	606	8	101
X-1-12	411	244	213	0.59	1.33351	0.01981	0.13785	0.00197	0.04518	0.00058	0.07015	0.00214	933	14	860	9	832	11	893	11	103
X-1-14	385	218	669	0.57	10.38482	0.15008	0.46602	0.00664	0.12926	0.00164	0.16159	0.0049	2472	11	2470	13	2466	29	2457	29	100
X-1-15	314	94	325	0.30	3.72086	0.05447	0.26737	0.00381	0.08031	0.00104	0.10091	0.00307	1641	12	1576	12	1527	19	1561	19	107
X-1-16	99	151	54	1.53	1.3376	0.02114	0.14008	0.00201	0.04214	0.00054	0.06924	0.00215	906	15	862	9	845	11	834	10	102
X-1-17	200	73	229	0.36	4.23389	0.06178	0.29764	0.00424	0.09099	0.00116	0.10314	0.00313	1681	12	1681	12	1680	21	1760	21	100
X-1-18	135	198	208	1.46	9.73584	0.1516	0.44691	0.00652	0.12492	0.00164	0.15796	0.00487	2434	12	2410	14	2382	29	2379	29	102
X-1-19	175	78	111	0.45	1.66326	0.02533	0.16638	0.00238	0.05054	0.00065	0.07248	0.00223	999	14	995	10	992	13	997	13	100
X-1-20	167	65	115	0.39	1.78661	0.04323	0.17679	0.00259	0.05337	0.00074	0.0733	0.00207	1022	59	1041	16	1049	14	1051	14	97
X-1-21	175	150	97	0.86	1.27697	0.01918	0.13804	0.00197	0.04331	0.00055	0.06707	0.00205	840	14	836	9	834	11	857	11	100

续附表2：X-2样品，新民矿床，C_2h

测点号	U/ppm	Th/ppm	Pb/ppm	Th/U	$^{207}Pb/^{235}U$	±1δ	$^{206}Pb/^{238}U$	±1δ	$^{208}Pb/^{232}Th$	±1δ	$^{207}Pb/^{206}Pb$	±1δ	年龄/Ma $^{207}Pb/^{206}Pb$	±1δ	$^{207}Pb/^{235}U$	±1δ	$^{206}Pb/^{238}U$	±1δ	$^{208}Pb/^{232}Th$	±1δ	谐和度/%
X-2-01	142	247	48	1.74	0.69194	0.01140	0.08622	0.00123	0.02820	0.00037	0.05819	0.00185	537	16	534	7	533	7	562	7	100
X-2-02	281	194	272	0.69	1.37162	0.02136	0.13328	0.00190	0.04959	0.00066	0.07462	0.00233	1058	14	877	9	807	11	978	13	109
X-2-03	95	118	47	1.25	1.15954	0.01909	0.12794	0.00183	0.04020	0.00053	0.06572	0.00208	797	15	782	9	776	10	797	10	101
X-2-04	253	117	144	0.46	1.35088	0.02058	0.14380	0.00205	0.04635	0.00061	0.06812	0.00212	872	14	868	9	866	12	916	12	100
X-2-05	76	58	41	0.76	1.30624	0.02249	0.13798	0.00199	0.04522	0.00062	0.06865	0.00221	888	16	848	10	833	11	894	12	102
X-2-07	326	101	1016	0.31	53.96894	0.78653	0.87672	0.01245	0.22116	0.00285	0.44637	0.01373	4073	10	4068	15	4058	43	4038	47	100
X-2-08	327	215	286	0.66	2.69467	0.04000	0.22629	0.00322	0.06906	0.00089	0.08635	0.00267	1346	13	1327	11	1315	17	1350	17	102
X-2-09	156	78	121	0.50	2.14455	0.03255	0.19713	0.00281	0.05951	0.00078	0.07889	0.00245	1169	13	1163	11	1160	15	1168	15	101
X-2-10	129	210	236	1.63	10.67100	0.15719	0.46942	0.00668	0.14186	0.00182	0.16484	0.00509	2506	11	2495	14	2481	29	2681	32	101
X-2-11	280	279	206	1.00	2.04919	0.03084	0.19000	0.00270	0.06190	0.00080	0.07821	0.00243	1152	13	1132	10	1121	15	1214	15	103
X-2-12	52	57	26	1.10	1.24410	0.02627	0.13039	0.00194	0.04267	0.00062	0.06919	0.00239	904	21	821	12	790	11	845	12	104
X-2-13	104	110	54	1.05	1.32024	0.02269	0.13633	0.00197	0.04501	0.00060	0.07022	0.00226	935	16	855	10	824	12	890	12	104
X-2-14	99	31	40	0.31	0.82662	0.02246	0.09945	0.00146	0.03070	0.00042	0.06028	0.00186	614	68	612	12	611	9	611	8	100
X-2-15	124	165	45	1.33	0.77527	0.01350	0.09312	0.00134	0.02843	0.00038	0.06037	0.00195	617	17	583	8	574	8	567	7	102
X-2-16	509	399	822	0.78	9.68573	0.14328	0.44250	0.00630	0.12492	0.00161	0.15873	0.00491	2442	11	2405	14	2362	28	2379	29	103
X-2-17	102	77	56	0.75	1.30187	0.05105	0.13573	0.00213	0.04121	0.00057	0.06957	0.00294	916	89	847	23	820	12	816	11	103
X-2-18	77	68	129	0.89	9.61673	0.14827	0.44573	0.00643	0.12886	0.00172	0.15646	0.00489	2418	12	2399	14	2376	29	2450	31	102
X-2-19	202	130	117	0.65	1.41194	0.04520	0.14772	0.00224	0.04487	0.00061	0.06932	0.00245	908	75	894	19	888	13	887	12	101
X-2-20	148	88	75	0.60	1.10230	0.01778	0.12250	0.00175	0.03978	0.00053	0.06525	0.00207	782	15	754	9	745	10	788	10	101
X-2-21	250	163	224	0.65	2.59442	0.03880	0.22324	0.00318	0.06582	0.00085	0.08428	0.00262	1299	13	1299	11	1299	17	1288	16	100
X-2-22	54	68	30	1.25	1.40904	0.02552	0.14243	0.00207	0.04276	0.00058	0.07174	0.00235	979	17	893	11	858	12	846	11	104
X-2-23	135	83	75	0.62	1.27259	0.02035	0.13784	0.00197	0.04080	0.00054	0.06695	0.00212	836	15	834	11	832	11	808	11	100
X-2-24	135	179	73	1.32	1.15360	0.01814	0.12826	0.00183	0.03955	0.00051	0.06523	0.00205	782	15	779	9	778	10	784	10	100
X-2-25	98	50	67	0.51	1.73757	0.02748	0.17155	0.00246	0.05326	0.00071	0.07345	0.00232	1026	14	1023	10	1021	14	1049	14	100

续附表 2：S-3 样品，三清庙矿床，C_2h

测点号	U/ppm	Th/ppm	Pb/ppm	Th/U	比值								年龄/Ma								谐和度/%
					$^{207}Pb/^{235}U$	±1δ	$^{206}Pb/^{238}U$	±1δ	$^{208}Pb/^{232}Th$	±1δ	$^{207}Pb/^{206}Pb$	±1δ	$^{207}Pb/^{206}Pb$	±1δ	$^{207}Pb/^{235}U$	±1δ	$^{206}Pb/^{238}U$	±1δ	$^{208}Pb/^{232}Th$	±1δ	
S-3-01	197	243	272	1.24	7.55177	0.25479	0.38340	0.00654	0.10801	0.00171	0.14286	0.00540	2262	67	2179	30	2092	30	2073	31	108
S-3-02	117	111	91	0.94	2.19620	0.03420	0.19954	0.00288	0.06211	0.00082	0.07982	0.00251	1193	14	1180	11	1173	15	1218	16	102
S-3-03	276	227	179	0.83	1.74158	0.02665	0.16812	0.00242	0.05392	0.00070	0.07513	0.00235	1072	14	1024	10	1002	13	1061	13	107
S-3-04	291	209	253	0.72	2.69942	0.04099	0.22872	0.00330	0.07030	0.00092	0.08559	0.00267	1329	13	1328	11	1328	17	1373	17	100
S-3-05	306	90	419	0.29	7.76846	0.13728	0.38520	0.00563	0.10827	0.00159	0.14627	0.00336	2303	40	2205	16	2101	26	2078	29	110
S-3-06	300	164	180	0.55	1.48687	0.04377	0.15496	0.00235	0.04705	0.00066	0.06959	0.00231	916	70	925	18	929	13	929	13	100
S-3-07	254	178	210	0.70	2.39028	0.03668	0.21179	0.00308	0.06409	0.00085	0.08184	0.00255	1242	13	1240	11	1238	16	1256	16	100
S-3-08	457	117	291	0.26	1.64291	0.02502	0.16524	0.00240	0.05074	0.00068	0.07210	0.00224	989	14	987	10	986	13	1000	13	100
S-3-09	246	227	277	0.92	4.85447	0.07428	0.32095	0.00468	0.09150	0.00120	0.10967	0.00341	1794	13	1794	13	1794	23	1770	22	100
S-3-10	392	389	426	0.99	4.26411	0.06491	0.29115	0.00425	0.06461	0.00085	0.10619	0.00329	1735	13	1686	13	1647	21	1265	16	105
S-3-11	199	70	82	0.35	0.93335	0.01513	0.10836	0.00160	0.03467	0.00048	0.06245	0.00196	690	15	669	8	663	9	689	9	101
S-3-12	114	102	207	0.90	10.92593	0.16650	0.47512	0.00699	0.13423	0.00178	0.16673	0.00515	2525	12	2517	14	2506	31	2546	32	101
S-3-13	214	69	130	0.32	1.55455	0.02441	0.15900	0.00234	0.05031	0.00069	0.07089	0.00221	954	14	952	10	951	13	992	13	100
S-3-14	42	35	21	0.83	1.33980	0.02590	0.13391	0.00203	0.04904	0.00072	0.07254	0.00241	1001	18	863	11	810	12	968	14	107
S-3-15	419	349	176	0.83	1.18356	0.05340	0.13134	0.00216	0.04016	0.00056	0.06536	0.00314	786	103	793	25	795	12	796	12	100
S-3-16	344	202	310	0.59	2.94927	0.04513	0.23743	0.00351	0.07189	0.00096	0.09006	0.00278	1427	13	1395	12	1373	18	1403	18	104
S-3-18	138	156	66	1.12	1.10537	0.05609	0.12498	0.00210	0.03830	0.00053	0.06415	0.00343	746	116	756	27	759	12	760	10	100
S-3-19	405	164	228	0.40	1.49436	0.02321	0.15016	0.00223	0.04613	0.00062	0.07215	0.00223	990	14	928	9	902	15	912	12	103
S-3-20	29	46	15	1.60	1.52928	0.03668	0.14159	0.00226	0.04561	0.00069	0.07831	0.00282	1155	24	942	15	854	13	901	13	110
S-3-21	224	116	142	0.52	1.67345	0.04802	0.16850	0.00263	0.05097	0.00074	0.07203	0.00235	987	68	998	18	1004	14	1005	14	99

附表3 务正道地区碎屑锆石稀土元素含量（单位：ppm）及相关参数（A-1样品，东山矿床，铝土矿）

测点号	La	Ce	Pr	Nb	Sm	Eu	Gd	Tb	Dy	Ho	Er	Tm	Yb	Lu	Y	ΣREE	LREE	HREE	LR/HR	δEu	δCe	(La/Yb)N	(La/Sm)N	(Gd/Yb)N
A-1-01	2.87	22.7	1.47	7.91	5.18	0.32	17.5	6.03	70.7	26.3	114	23.7	217	38.4	754	1308	40.4	514	0.079	0.103	2.65	0.00892	0.34852	0.06510
A-1-02	0.01	10.4	0.03	0.62	2.11	0.44	13.3	4.60	40.7	9.83	25.4	3.34	21.5	2.73	294	429	13.6	121	0.112	0.254	143.96	0.00031	0.00298	0.49858
A-1-03	1.51	10.4	0.53	3.42	2.89	0.67	12.8	4.60	57.2	23.5	116	27.7	298	63.6	731	1354	19.4	603	0.032	0.337	2.79	0.00342	0.32866	0.03477
A-1-04	0.22	15.5	0.24	2.95	5.81	1.19	29.0	10.9	129	49.6	218	45.4	427	79.5	1370	2385	25.9	989	0.026	0.280	16.24	0.00035	0.02382	0.05484
A-1-05	0.09	19.8	0.23	1.74	2.23	0.66	7.29	2.50	28.7	11.2	54.4	13.9	157	35.1	344	679	24.8	310	0.080	0.501	33.16	0.00039	0.02539	0.03751
A-1-06	0.09	11.3	0.33	3.71	5.74	0.82	23.9	8.23	92.2	33.8	147	30.2	281	50.7	937	1626	22.0	667	0.033	0.214	15.74	0.00022	0.00986	0.06860
A-1-07	0.03	30.4	0.10	1.44	2.77	0.32	15.1	5.50	67.2	25.9	116	25.7	248	45.8	764	1348	35.1	549	0.064	0.151	133.76	0.00008	0.00681	0.04913
A-1-08	0.03	1.30	0.20	3.87	10.0	0.40	36.9	7.89	47.6	8.95	23.2	3.52	27.2	3.97	264	439	15.8	159	0.099	0.064	4.04	0.00074	0.00188	1.09451
A-1-09	0.05	57.9	0.33	5.21	8.54	2.41	36.4	12.8	149	53.6	236	51.6	491	89.3	1487	2680	74.4	1119	0.066	0.418	108.41	0.00007	0.00368	0.05993
A-1-10	0.02	5.45	0.03	0.62	1.85	0.42	11.3	4.40	56.4	23.8	114	26.0	264	52.4	711	1271	8.39	552	0.015	0.281	53.55	0.00005	0.00680	0.03445
A-1-11	0.04	11.9	0.32	5.42	7.61	0.71	22.9	6.00	49.7	12.8	41.0	7.14	56.0	8.65	404	634	26.0	204	0.127	0.165	25.34	0.00048	0.00331	0.32964
A-1-12	0.02	1.34	0.03	0.60	1.21	0.14	7.29	2.97	36.9	14.9	67.8	15.1	148	27.3	420	743	3.34	320	0.010	0.144	13.17	0.00009	0.01040	0.03988
A-1-13	0.03	15.6	0.24	4.72	9.72	0.79	49.9	17.3	195	70.4	292	58.4	521	87.3	1925	3247	31.1	1291	0.024	0.110	44.11	0.00004	0.00194	0.07737
A-1-14	12.64	50.2	5.12	26.7	11.0	0.31	35.1	12.6	155	60.0	267	56.0	512	86.4	1646	2936	106	1184	0.090	0.048	1.50	0.01665	0.72150	0.05529
A-1-15	1.92	27.0	4.31	30.0	24.9	5.54	59.9	18.1	161	43.7	153	28.3	238	37.1	1240	2073	93.7	739	0.127	0.438	2.25	0.00543	0.04843	0.20293
A-1-16	0.03	7.70	0.22	3.57	5.87	0.53	25.1	8.13	88.1	30.6	125	24.7	224	38.4	822	1404	17.9	564	0.032	0.134	22.81	0.00009	0.00321	0.09016
A-1-17	0.02	2.22	0.11	2.02	5.48	0.24	35.8	15.6	206	82.5	354	73.5	657	108	2281	3824	10.1	1532	0.007	0.052	11.39	0.00002	0.00230	0.04389
A-1-18	0.02	17.9	0.03	0.40	1.03	0.12	5.80	2.07	24.9	9.53	43.8	10.2	103	18.9	294	531	19.5	218	0.090	0.150	175.88	0.00013	0.01221	0.04555
A-1-19	0.02	9.99	0.07	1.05	2.32	0.14	12.5	4.71	55.7	20.3	88.0	18.4	174	30.1	575	992	13.6	403	0.034	0.079	64.26	0.00008	0.00542	0.05805
A-1-20	14.89	60.3	3.56	15.5	7.32	1.06	24.6	8.19	91.6	33.4	146	31.4	301	52.5	964	1755	103	688	0.149	0.242	1.99	0.03338	1.27955	0.06595
A-1-21	7.56	74.6	13.7	96.6	76.5	25.2	141	41.7	352	95.4	358	69.0	623	99.7	2583	4657	294	1780	0.165	0.741	1.76	0.00818	0.06213	0.18304
A-1-22	0.03	29.9	0.26	4.13	5.56	2.44	21.5	7.20	85.3	33.2	160	39.1	425	83.9	1027	1925	42.3	856	0.049	0.682	81.40	0.00005	0.00339	0.04078
A-1-23	0.02	1.64	0.11	2.19	5.59	0.20	18.4	3.82	25.9	5.67	16.0	2.55	20.0	2.99	163	268	9.75	95.4	0.102	0.060	8.42	0.00067	0.00225	0.74131

续附表3:S-2样品，三清庙矿床，铝土矿

测点号	La	Ce	Pr	Nb	Sm	Eu	Gd	Tb	Dy	Ho	Er	Tm	Yb	Lu	Y	ΣREE	LREE	HREE	LR/HR	δEu	δCe	$(La/Yb)_N$	$(La/Sm)_N$	$(Gd/Yb)_N$
S-2-01	0.17	72.4	0.49	8.91	18.1	1.73	93.8	31.9	351	125	501	100	893	153	3302	5653	102	2249	0.045	0.128	60.38	0.00013	0.00590	0.08480
S-2-02	1.58	50.6	1.57	12.4	14.1	4.79	47.2	15.2	155	54.9	238	52.0	510	93.5	1653	2905	85.1	1166	0.073	0.568	7.74	0.00209	0.07059	0.07473
S-2-03	0.03	8.34	0.25	4.43	7.91	1.07	31.2	9.58	100	34.2	138	27.2	246	43.1	942	1594	22.0	630	0.035	0.208	23.18	0.00008	0.00239	0.10258
S-2-04	0.29	8.02	0.35	3.12	4.26	0.59	19.7	6.92	79.8	30.2	130	27.0	252	45.6	857	1464	16.6	590	0.028	0.197	6.06	0.00078	0.04282	0.06326
S-2-05	1.58	41.1	0.65	5.31	6.73	0.98	29.0	10.5	121	46.2	203	43.5	409	74.4	1323	2316	56.4	937	0.060	0.214	9.77	0.00260	0.14768	0.05726
S-2-06	0.15	5.52	0.31	3.98	9.18	0.38	53.7	21.0	247	93.3	394	79.5	711	122	2603	4344	19.5	1721	0.011	0.052	6.16	0.00014	0.01028	0.06088
S-2-07	0.03	9.51	0.06	0.95	1.77	0.48	8.98	3.42	45.9	20.0	106	26.4	302	65.9	663	1255	12.8	579	0.022	0.368	53.95	0.00007	0.01066	0.02396
S-2-08	0.65	12.5	0.17	1.34	1.93	0.16	9.40	3.62	42.5	16.4	74.0	16.4	157	28.4	476	840	16.7	348	0.048	0.115	9.02	0.00279	0.21185	0.04825
S-2-09	11.6	31.5	4.08	23.7	13.9	0.47	51.7	16.8	188	66.8	277	54.3	492	85.5	1866	3182	85.3	1231	0.069	0.054	1.10	0.01594	0.52434	0.08493
S-2-10	0.04	8.09	0.09	1.55	2.82	0.13	14.0	4.97	57.2	21.3	91.9	19.1	175	30.4	622	1049	12.7	414	0.031	0.063	32.45	0.00015	0.00892	0.06482
S-2-11	0.04	11.7	0.11	2.44	5.09	3.27	28.3	10.3	129	51.7	229	47.6	448	85.8	1450	2503	22.7	1029	0.022	0.833	42.60	0.00006	0.00494	0.05097
S-2-12	0.04	10.6	0.06	1.03	2.32	0.22	14.0	5.22	65.9	26.6	121	26.0	247	44.9	766	1331	14.2	551	0.026	0.118	51.83	0.00011	0.01085	0.04569
S-2-13	10.5	29.3	1.52	6.98	6.68	1.80	26.5	7.78	73.9	23.5	92.0	18.5	165	29.7	690	1184	56.8	437	0.130	0.414	1.77	0.04275	0.98404	0.12985
S-2-14	0.13	11.2	0.15	1.84	2.87	0.14	13.6	4.88	58.5	21.5	93.3	19.3	179	31.4	615	1052	16.3	421	0.039	0.069	19.24	0.00049	0.02849	0.06128
S-2-15	0.04	27.9	0.31	5.38	9.53	0.23	50.4	18.8	218	78.5	315	60.2	509	82.4	2061	3437	43.3	1333	0.033	0.032	60.20	0.00005	0.00264	0.07977
S-2-16	0.04	19.4	0.12	2.08	4.60	1.97	19.9	6.08	62.2	21.9	90.2	18.8	179	34.0	633	1093	28.2	432	0.065	0.629	67.29	0.00015	0.00547	0.09000
S-2-17	0.2	13.4	1.42	21.5	26.2	1.71	79.0	20.3	185	56.6	210	39.1	339	57.8	1531	2581	64.4	986	0.065	0.115	6.03	0.00040	0.00479	0.18815
S-2-18	0.03	0.49	0.02	0.18	0.36	0.05	2.37	0.82	10.1	3.93	17.6	3.84	38.7	8.3	110	197	1.13	85.7	0.013	0.166	4.81	0.00052	0.05242	0.04948
S-2-19	0.19	24.5	0.28	3.22	5.49	1.29	28.1	12.0	161	67.2	325	74.1	741	137	2051	3632	34.9	1545	0.023	0.318	25.53	0.00017	0.02177	0.03060
S-2-20	0.12	18.0	0.22	2.80	4.11	0.78	15.6	4.81	51.9	19.3	85.8	18.6	184	34.6	584	1025	26.0	414	0.063	0.298	26.63	0.00044	0.01837	0.06838
S-2-21	0.04	3.95	0.11	2.27	5.85	0.13	26.0	7.34	63.5	16.0	46.2	6.66	45.0	5.85	467	695	12.4	216	0.057	0.032	14.33	0.00060	0.00430	0.46593
S-2-22	0.06	20.5	0.30	5.20	5.84	1.75	21.6	6.93	74.4	27.4	118	24.7	231	42.8	825	1406	33.7	547	0.062	0.476	36.81	0.00017	0.00646	0.07543
S-2-23	98.9	254	21.0	65.6	8.32	1.17	17.1	6.10	73.1	28.0	122	25.2	234	43.0	780	1776	449	548	0.820	0.300	1.34	0.28529	7.47505	0.05889
S-2-24	0.04	3.01	0.11	2.18	3.91	1.18	20.6	7.24	84.3	31.4	137	29.4	282	53.0	869	1525	10.4	645	0.016	0.402	10.92	0.00010	0.00644	0.05904
S-2-25	0.04	6.51	0.03	0.56	1.81	0.24	11.3	3.91	43.7	15.4	64.5	13.2	122	22.2	447	752	9.19	296	0.031	0.162	45.23	0.00022	0.01390	0.07493
S-2-26	3.05	12.1	1.69	25.9	165	60.9	801	259	2043	443	1118	143	937	136	13404	19553	268	5880	0.046	0.513	1.28	0.00220	0.01166	0.69010
S-2-27	0.05	4.53	0.23	3.31	8.64	0.25	55.0	22.6	273	105	450	93.3	833	145	2966	4959	17.0	1977	0.009	0.035	10.17	0.00004	0.00364	0.05325
S-2-28	0.52	10.7	0.13	0.92	1.42	0.10	7.83	3.43	43.2	17.9	85.8	19.4	190	35.1	520	936	13.8	402	0.034	0.092	9.92	0.00185	0.23035	0.03334
S-2-29	0.04	12.5	0.13	2.01	4.21	0.73	22.1	6.80	76.3	27.9	119	24.6	231	42.7	813	1383	19.6	550	0.036	0.231	47.57	0.00012	0.00598	0.07724
S-2-30	0.04	10.2	0.04	0.99	2.48	0.47	15.6	6.36	80.3	32.2	147	32.2	313	58.5	912	1611	14.2	686	0.021	0.231	61.19	0.00009	0.01015	0.04023
S-2-31	0.12	3.69	0.32	5.14	7.11	1.05	29.5	8.74	91.5	31.1	125	24.7	225	40.8	858	1451	17.4	576	0.030	0.222	4.53	0.00036	0.01062	0.10602
S-2-32	6.56	35.4	8.72	48.8	29.1	5.40	50.9	15.3	148	47.9	193	38.3	343	57.5	1339	2367	134	894	0.150	0.429	1.13	0.01291	0.14195	0.11987
S-2-33	0.03	32.3	0.22	4.11	7.99	1.31	33.9	9.48	97.0	32.1	126	24.4	217	38.5	908	1532	45.9	578	0.079	0.243	95.57	0.00009	0.00236	0.12605
S-2-34	0.03	5.41	0.05	1.04	2.30	0.14	14.4	5.48	66.6	25.9	116	24.2	233	42.5	757	1294	8.97	528	0.017	0.075	33.62	0.00009	0.00820	0.04966
S-2-35	0.27	11.8	0.36	3.08	4.46	1.09	20.0	7.30	87.5	34.3	157	35.4	361	72.4	1045	1841	21.0	776	0.027	0.353	9.08	0.00050	0.03808	0.04458
S-2-36	0.05	67.7	0.44	8.09	12.3	3.23	45.5	12.7	127	43.0	174	34.9	319	57.2	1227	2132	91.8	813	0.113	0.418	109.89	0.00011	0.00256	0.11488
S-2-37	0.18	7.00	0.63	7.83	11.3	0.97	53.8	18.4	208	75.4	312	61.5	549	95.6	2087	3487	27.9	1373	0.020	0.121	5.00	0.00022	0.01006	0.07915

续附表3：X-3样品,新民矿床,铝土矿

测点号	La	Ce	Pr	Nb	Sm	Eu	Gd	Tb	Dy	Ho	Er	Tm	Yb	Lu	Y	ΣREE	LREE	HREE	LR/HR	δEu	δCe	(La/Yb)$_N$	(La/Sm)$_N$	(Gd/Yb)$_N$
X-3-01	0.23	9.51	0.40	3.43	5.17	0.92	26.6	10.3	105	30.1	102	18.2	149	23.6	920	1405	19.7	465	0.042	0.240	7.546	0.06706	0.0298	0.00104
X-3-02	103	252	31.1	136	28.8	0.40	33.1	7.52	76.2	27.9	126	28.3	272	49.5	846	2018	552	621	0.889	0.040	1.070	0.75987	2.25744	0.25608
X-3-03	0.04	10.8	0.16	2.82	4.60	0.34	23.1	8.07	91.6	34.0	146	30.1	282	51.4	952	1637	18.8	666	0.028	0.101	32.523	0.01418	0.00547	0.00010
X-3-04	0.04	6.91	0.06	1.12	2.59	0.28	13.8	4.93	56.9	21.4	90.6	18.8	183	33.4	594	1027	11.0	422	0.026	0.143	33.949	0.03571	0.00971	0.00015
X-3-05	0.04	4.67	0.03	0.65	1.41	0.57	8.58	3.37	42.0	17.3	81.8	18.8	193	39.7	534	946	7.37	404	0.018	0.501	32.447	0.06154	0.01784	0.00014
X-3-06	2.37	25.4	0.02	0.77	2.47	0.23	16.7	7.59	107	47.9	246	61.3	665	131	1423	2736	28.9	1284	0.022	0.109	215.716	0.05195	0.01019	0.00004
X-3-07	0.04	94.3	6.85	56.3	48.6	12.65	80.5	23.5	210	64.3	250	50.1	460	78.3	1760	3197	221	1217	0.182	0.619	5.631	0.04213	0.03068	0.00348
X-3-08	0.04	3.04	0.13	2.49	6.18	0.18	36.2	13.3	161	61.0	262	53.1	491	87.2	1701	2877	12.1	1164	0.010	0.037	10.147	0.01606	0.00407	0.00005
X-3-09	0.12	17.9	0.40	4.45	6.01	1.17	21.4	7.10	78.8	29.2	128	26.9	258	47.8	855	1483	30.0	597	0.050	0.316	19.610	0.02697	0.01256	0.00031
X-3-10	22.8	77.5	5.59	22.9	6.43	0.81	14.8	4.50	46.4	16.1	68.0	14.6	140	24.9	468	933	136	329	0.414	0.254	1.653	0.99694	2.22949	0.11002
X-3-11	0.29	20.2	0.52	4.47	5.10	1.17	16.9	6.14	67.8	24.9	110	24.0	231	41.7	731	1285	31.7	522	0.061	0.385	12.514	0.06488	0.03577	0.00085
X-3-12	0.03	40.2	0.21	3.70	8.34	3.80	48.9	18.9	235	95.2	423	90.8	856	159	2660	4642	56.3	1926	0.029	0.575	121.931	0.00811	0.00226	0.00002
X-3-13	0.73	13.6	0.29	2.69	4.14	0.72	20.1	7.30	87.9	33.8	153	33.0	321	59.4	997	1734	22.1	715	0.031	0.241	7.099	0.27138	0.11092	0.00153
X-3-14	0.07	6.55	0.25	3.15	5.14	1.78	22.7	7.81	90.4	34.4	150	31.6	307	56.1	970	1687	16.9	700	0.024	0.504	11.917	0.02222	0.00857	0.00015
X-3-15	0.04	7.22	0.21	3.57	6.17	0.92	29.7	10.1	116	43.9	191	39.0	367	65.9	1274	2155	18.1	862	0.021	0.208	18.960	0.01120	0.00408	0.00007
X-3-16	0.04	5.98	0.03	0.40	0.98	0.44	6.88	2.78	38.2	16.4	80.7	19.9	211	40.4	495	920	7.87	417	0.019	0.518	41.549	0.10000	0.02567	0.00013
X-3-17	0.07	20.2	0.54	9.23	14.6	1.01	64.0	20.4	217	74.9	295	56.9	491	81.5	2054	3400	45.6	1301	0.035	0.101	24.945	0.00758	0.00302	0.00010
X-3-18	0.04	2.36	0.12	2.57	6.07	0.09	30.4	10.4	122	44.4	189	39.3	359	61.3	1301	2169	11.3	856	0.013	0.020	8.199	0.01556	0.00415	0.00008
X-3-19	0.03	9.94	0.05	0.74	1.47	0.15	7.19	2.52	28.1	10.2	43.4	9.07	86.8	15.1	296	511	12.4	202	0.061	0.141	61.772	0.04054	0.01284	0.00023
X-3-20	0.83	33.8	3.92	31.6	29.7	3.41	72.8	22.7	227	75.5	294	56.0	479	77.1	2038	3445	103	1304	0.079	0.224	4.509	0.02629	0.01757	0.00117
X-3-21	0.04	12.1	0.05	1.00	2.50	0.11	15.5	5.91	73.3	28.2	125	26.8	253	43.7	810	1397	15.8	571	0.028	0.054	65.013	0.04000	0.01006	0.00011
X-3-22	1.11	51.1	4.56	37.9	30.2	8.04	58.9	18.4	183	61.3	259	55.2	521	88.0	1723	3101	133	1245	0.107	0.583	5.464	0.02932	0.02315	0.00144
X-3-23	0.03	1.43	0.17	3.36	9.55	0.30	47.7	15.0	136	39.6	136	24.0	200	32.0	1101	1745	14.8	629	0.024	0.043	4.819	0.00893	0.00198	0.00010
X-3-24	0.05	12.8	0.05	0.97	2.09	0.23	12.1	4.46	52.9	20.0	86.0	18.7	178	31.0	567	986	16.2	403	0.040	0.140	61.760	0.05155	0.01505	0.00019
X-3-25	4.65	29.5	1.46	8.81	6.32	1.16	29.9	10.7	128	48.7	213	45.1	428	74.8	1348	2378	51.9	978	0.053	0.258	2.725	0.52781	0.46282	0.00733
X-3-26	0.04	7.47	0.03	0.48	1.36	0.05	7.06	2.89	36.4	14.1	63.7	14.1	135	23.4	408	714	9.43	296	0.032	0.049	51.901	0.08333	0.01850	0.00020
X-3-27	0.04	30.3	0.12	1.98	3.50	0.73	12.5	3.89	40.8	13.6	55.6	11.4	105	17.9	384	682	36.6	261	0.140	0.337	105.088	0.02020	0.00719	0.00026
X-3-28	0.03	26.0	0.05	1.20	4.08	0.70	29.4	12.6	168	68.3	319	72.9	730	129	1972	3534	32.1	1530	0.021	0.195	161.638	0.02500	0.00463	0.00003
X-3-29	0.27	6.13	0.11	0.94	1.47	0.18	8.52	3.20	40.8	16.3	75.0	16.6	163	29.8	464	827	9.10	354	0.026	0.156	8.561	0.28723	0.11554	0.00111

续附表3：T-1样品，桃园矿床，铝土矿

测点号	La	Ce	Pr	Nb	Sm	Eu	Gd	Tb	Dy	Ho	Er	Tm	Yb	Lu	Y	ΣREE	LREE	HREE	LR/HR	δEu	δCe	(La/Yb)$_N$	(La/Sm)$_N$	(Gd/Yb)$_N$
T-1-01	0.01	15.4	0.10	2.00	3.40	0.41	14.7	5.13	57.3	21.2	91.8	19.7	185	32.6	616	1065	21.3	427	0.050	0.177	117.36	0.00500	0.00185	0.00004
T-1-02	0.01	1.44	0.08	1.56	5.27	0.08	26.4	7.04	46.5	9.11	22.5	3.12	22.1	3.10	272	420	8.44	140	0.060	0.021	12.25	0.00641	0.00119	0.00031
T-1-03	0.05	14.9	0.44	5.67	9.13	1.63	42.1	15.0	169	61.7	258	52.6	473	80.3	1724	2908	31.9	1152	0.028	0.254	24.24	0.00882	0.00344	0.00007
T-1-04	0.03	20.9	0.14	2.32	4.21	0.50	19.4	6.60	74.9	27.3	115	24.0	221	38.2	783	1337	28.1	526	0.054	0.169	77.69	0.01293	0.00448	0.00009
T-1-05	0.03	14.4	0.22	4.60	8.61	0.43	37.3	11.7	125	41.6	164	32.1	273	45.4	1154	1912	28.3	730	0.039	0.073	42.63	0.00652	0.00219	0.00007
T-1-06	0.02	26.2	0.24	4.06	6.56	0.37	27.2	8.79	93.3	32.6	136	28.5	268	47.6	927	1606	37.5	642	0.058	0.085	91.12	0.00493	0.00192	0.00005
T-1-07	0.34	153	2.01	29.6	44.1	13.5	127	31.1	263	76.6	274	51.1	437	71.1	2256	3830	242	1332	0.182	0.550	44.50	0.01150	0.00486	0.00052
T-1-08	0.4	2.22	0.37	6.50	12.5	0.15	59.4	19.3	199	66.6	261	50.2	436	73.7	1958	3146	22.2	1165	0.019	0.017	1.39	0.06154	0.02008	0.00062
T-1-09	27.6	85.1	8.13	38.9	14.8	1.53	27.6	7.00	62.6	19.9	80.3	16.4	155	28.4	611	1184	176	397	0.443	0.232	1.37	0.71054	1.17874	0.11998
T-1-10	0.03	47.6	0.30	5.16	9.27	3.41	44.9	15.0	176	67.4	297	63.2	607	113	1954	3403	65.7	1383	0.048	0.511	120.66	0.00581	0.00204	0.00003
T-1-11	0.02	7.00	0.13	2.05	4.13	0.25	21.9	7.93	90.2	33.1	141	28.6	264	45.2	956	1601	13.6	632	0.022	0.080	33.04	0.00976	0.00305	0.00005
T-1-12	1.20	16.4	0.57	5.53	7.61	1.41	38.1	13.0	148	55.0	234	46.9	435	78.0	1528	2609	32.7	1049	0.031	0.253	4.76	0.21700	0.09919	0.00186
T-1-13	0.05	18.0	0.10	1.70	3.64	0.46	21.5	8.26	101	40.8	189	41.5	402	75.3	1221	2125	24.0	879	0.027	0.159	61.40	0.02941	0.00864	0.00008
T-1-14	0.02	33.2	0.09	1.44	2.88	1.31	13.6	4.61	53.2	21.2	102	25.1	276	58.9	700	1293	39.0	555	0.070	0.641	188.57	0.01389	0.00437	0.00005
T-1-15	0.1	6.80	0.41	5.28	8.25	1.10	40.0	12.9	140	49.1	201	39.8	557	62.6	1417	2342	21.9	902	0.024	0.185	8.08	0.01894	0.00762	0.00019
T-1-16	0.03	16.0	0.02	0.28	0.50	0.28	2.83	1.04	13.5	5.96	33	8.89	109	26.6	214	432	17.1	201	0.085	0.720	156.92	0.10714	0.03774	0.00019
T-1-17	0.51	2.14	0.20	1.60	3.63	0.09	27.9	15.2	215	85.3	375	79.6	722	123	2547	4199	8.17	1644	0.005	0.027	1.61	0.31875	0.08838	0.00048
T-1-18	0.48	26.4	0.28	3.48	4.86	1.93	16.8	4.94	47.6	15.8	64.2	13.1	126	22.9	479	828	37.5	312	0.120	0.653	17.36	0.13793	0.06213	0.00256
T-1-19	0.26	16.5	0.13	1.81	3.70	1.14	22.2	8.71	114	48.5	237	54.7	565	113	1514	2700	23.6	1162	0.020	0.385	21.65	0.14365	0.04420	0.00031
T-1-20	0.02	16.9	0.08	1.08	2.33	0.43	13.4	5.16	65.8	26.3	124	27.6	276	52.6	789	1401	20.9	591	0.035	0.235	101.75	0.01852	0.00540	0.00005
T-1-21	0.02	12.4	0.16	2.60	4.63	0.27	24.5	8.42	94.9	34.9	149	30.1	274	48.4	990	1674	20.1	663	0.030	0.078	52.93	0.00769	0.00272	0.00005
T-1-22	0.08	11.7	0.31	5.08	10.1	1.42	47.9	16.3	171	58.2	240	47.4	434	78.2	1676	2798	28.6	1094	0.026	0.198	17.88	0.01575	0.00501	0.00012
T-1-23	0.58	42.5	0.49	4.60	5.63	1.06	21.9	7.36	81.1	29.2	127	27.7	255	47.2	865	1526	54.9	606	0.091	0.292	19.19	0.12609	0.06480	0.00148
T-1-24	0.12	21.5	0.15	2.29	3.83	0.33	21.3	7.90	97.8	37.1	167	35.8	350	64.8	1056	1866	28.3	781	0.036	0.112	38.64	0.05240	0.01971	0.00023
T-1-25	0.03	7.33	0.16	2.31	3.32	0.18	13.3	4.38	52.1	21.2	101	22.6	225	45.2	611	1110	13.3	485	0.027	0.083	25.46	0.01299	0.00568	0.00009
T-1-26	0.05	15.6	0.14	2.83	5.37	1.15	31.0	11.1	136	52.6	236	49.8	478	87.9	1481	2588	25.2	1082	0.023	0.273	44.96	0.01767	0.00586	0.00007
T-1-27	0.02	6.45	0.22	3.50	5.68	0.25	25.4	8.05	88.2	31.0	124	24.2	216	37.9	838	1409	16.1	555	0.029	0.064	23.40	0.00571	0.00221	0.00006
T-1-28	0.14	27.4	0.47	7.11	10.8	3.87	41.9	12.0	119	38.8	152	28.8	263	46.9	1060	1812	49.8	702	0.071	0.555	25.72	0.01969	0.00812	0.00036
T-1-29	0.03	4.23	0.25	4.92	10.4	0.34	48.4	16.0	168	54.3	209	39.1	331	55.3	1515	2456	20.1	921	0.022	0.046	11.76	0.00610	0.00182	0.00006
T-1-30	0.37	6.85	0.21	1.78	2.42	0.46	11.7	4.45	56.4	23.6	117	27.4	293	60.2	727	1332	12.1	594	0.020	0.264	5.91	0.20787	0.09617	0.00085
T-1-31	0.05	78.8	0.10	1.41	3.20	1.38	21.2	8.96	124	54.0	268	61.7	618	118	1648	3007	85.0	1274	0.067	0.513	268.32	0.03546	0.00983	0.00005

续附表3：A-2样品，东山矿床，S₁₋₂hj

测点号	La	Ce	Pr	Nb	Sm	Eu	Gd	Tb	Dy	Ho	Er	Tm	Yb	Lu	Y	∑REE	LREE	HREE	LR/HR	δEu	δCe	(La/Yb)$_N$	(La/Sm)$_N$	(Gd/Yb)$_N$
A-2-01	0.03	6.08	0.01	0.25	0.61	0.25	4.83	2.34	32.7	14.2	71.5	18.4	204	40.5	426	821	7.23	389	0.019	0.445	84.49	0.00010	0.03094	0.01907
A-2-02	0.02	14.7	0.07	1.21	3.12	0.08	19.4	7.41	87.7	33.3	143	30.2	277	45.7	916	1579	19.2	643	0.030	0.031	94.75	0.00005	0.00403	0.05654
A-2-03	15.0	43.2	2.93	11.6	4.12	0.99	14.5	5.10	62.3	25.4	123	30.2	320	62.1	799	1519	77.7	643	0.121	0.391	1.57	0.03162	2.28864	0.03665
A-2-04	0.59	60.2	0.25	2.53	3.82	1.06	16.6	5.68	68.1	26.8	126	29.6	297	52.3	862	1552	68.4	622	0.110	0.407	37.71	0.00134	0.09715	0.04504
A-2-05	0.02	9.69	0.02	0.41	0.99	0.16	5.18	2.03	25.4	10.8	53.2	12.9	135	25.4	343	624	11.3	270	0.042	0.216	116.61	0.00010	0.01271	0.03090
A-2-06	0.08	8.31	0.18	1.86	4.44	0.61	25.9	11.1	148	62.0	293	68.0	675	121	1777	3197	15.5	1404	0.011	0.174	16.67	0.00008	0.01133	0.03096
A-2-07	0.08	21.4	0.08	1.27	2.63	0.11	13.4	4.96	58.5	22.0	95.5	20.9	198	33.2	622	1094	25.5	447	0.057	0.057	64.23	0.00027	0.01913	0.05450
A-2-08	0.03	7.82	0.05	0.87	1.83	0.24	10.3	3.82	45.1	17.0	73.4	15.9	150	26.0	481	834	10.8	341	0.032	0.169	48.60	0.00013	0.01031	0.05547
A-2-09	0.02	19.2	0.06	0.84	2.18	0.13	13.5	5.66	74.0	30.5	144	33.2	335	59.2	887	1604	22.4	694	0.032	0.073	133.40	0.00004	0.00577	0.03250
A-2-10	0.60	74.9	1.14	9.91	14.0	1.92	60.3	23.3	271	99.8	422	87.6	800	129	2743	4738	102	1892	0.054	0.202	21.78	0.00051	0.02700	0.06086
A-2-11	0.02	3.58	0.19	3.52	7.75	0.12	41.6	15.0	169	59.6	242	49.2	438	72.8	1687	2790	15.2	1087	0.014	0.020	13.98	0.00003	0.00162	0.07652
A-2-12	0.16	8.48	0.26	3.87	6.03	0.42	26.3	8.42	86.5	29.0	112	21.9	190	31.0	800	1324	19.2	505	0.038	0.102	10.01	0.00057	0.01669	0.11147
A-2-13	0.17	8.65	0.17	2.41	3.49	0.16	12.4	3.92	39.3	13.2	54.0	11.1	104	17.1	364	635	15.1	255	0.059	0.074	12.25	0.00110	0.03064	0.09600
A-2-14	0.02	1.49	0.02	0.22	0.63	0.46	4.01	1.26	11.7	3.54	12.6	2.48	22.5	3.84	114	179	2.84	61.9	0.046	0.885	17.93	0.00060	0.01997	0.14401
A-2-15	0.30	21.6	0.29	3.60	6.69	0.88	34.6	12.6	142	51.3	215	44.5	414	70.1	1424	2442	33.4	985	0.034	0.177	17.64	0.00049	0.02821	0.06743
A-2-16	0.06	22.7	0.49	7.70	11.4	2.54	57.5	19.3	218	78.5	325	66.7	609	108.1	2220	3746	44.9	1482	0.030	0.304	31.86	0.00007	0.00332	0.07620
A-2-17	0.02	9.89	0.04	0.97	2.64	0.28	14.6	5.51	67.5	26.0	114	24.3	232	41.0	753	1292	13.8	525	0.026	0.138	84.16	0.00006	0.00477	0.05086
A-2-18	0.03	2.70	0.14	2.01	5.68	0.28	30.8	10.3	99.5	30.1	113	21.6	185	30.6	861	1392	10.8	520	0.021	0.065	10.03	0.00011	0.00332	0.13434
A-2-19	0.21	1.13	0.18	1.75	3.54	0.33	15.3	4.44	36.2	9.55	31.9	5.82	49.0	7.39	284	451	7.14	160	0.045	0.137	1.40	0.00289	0.03732	0.25218

续附表 3：S-1 样品，三清庙矿床，S$_{1-2}$hj

测点号	La	Ce	Pr	Nd	Sm	Eu	Gd	Tb	Dy	Ho	Er	Tm	Yb	Lu	Y	ΣREE	LREE	HREE	LR/HR	δEu	δCe	(La/Yb)$_N$	(La/Sm)$_N$	(Gd/Yb)$_N$
S-1-01	0.03	18.6	0.13	2.22	3.75	1.47	13.0	3.88	39.5	12.5	50.5	10.4	102	17.4	351	627	26.2	249	0.105	0.643	71.80	0.00020	0.00503	0.10277
S-1-02	0.06	18.3	0.21	3.28	5.68	0.48	24.7	8.37	93.9	32.9	136	27.8	254	42.2	907	1555	28.0	620	0.045	0.124	39.22	0.00016	0.00664	0.07870
S-1-03	0.02	9.97	0.05	1.05	2.27	0.25	12.4	4.95	62.4	24.4	110	24.4	237	40.9	692	1223	13.6	517	0.026	0.144	75.88	0.0006	0.00554	0.04212
S-1-04	15.3	67.4	11.0	67.0	47.9	14.2	108.0	35.5	319	85.4	298	57.2	493	73.0	2302	3995	223	1470	0.152	0.603	1.25	0.02093	0.20101	0.17677
S-1-05	3.91	21.5	1.32	6.84	3.91	0.17	16.8	6.16	71.8	26.7	115	24.3	234	38.0	732	1302	37.7	533	0.071	0.064	2.28	0.01129	0.62903	0.05815
S-1-06	0.02	25.5	0.03	0.64	1.51	0.78	7.64	2.72	30.3	11.2	49.1	11.0	112	19.3	333	605	28.5	243	0.117	0.710	250.56	0.00012	0.00833	0.05514
S-1-07	19.11	316	32.3	189	122	32.9	164.4	49.2	442	117	421	84.0	751	111	3000	5852	712	2139	0.333	0.117	3.06	0.01716	0.09860	0.17670
S-1-08	0.08	8.50	0.08	1.53	3.33	0.23	16.4	5.91	70.4	27.1	120	26.2	255	44.4	760	1338	13.7	565	0.024	0.095	51.15	0.00005	0.00378	0.05181
S-1-09	0.01	9.54	0.04	0.69	1.80	0.28	10.1	3.96	52.2	20.8	96.8	22.3	226	41.4	585	1071	12.4	473	0.026	0.201	114.81	0.00003	0.00349	0.03610
S-1-10	2.35	24.5	3.99	23.2	16.0	3.82	27.9	10.3	119	46.0	220	55.2	597	107	1263	2520	73.9	1182	0.062	0.553	1.93	0.00266	0.09245	0.03766
S-1-11	0.02	11.0	0.08	1.35	2.93	0.12	14.7	5.28	63.3	23.2	100	20.9	195	32.8	637	1108	15.5	455	0.034	0.056	66.25	0.00007	0.00429	0.06063
S-1-12	0.04	10.1	0.10	1.25	2.21	0.18	12.0	4.48	55.1	20.8	92.2	19.8	188	31.8	596	1034	13.9	424	0.033	0.107	38.59	0.00014	0.01139	0.05144
S-1-13	5.57	25.4	1.77	9.26	4.58	0.40	17.2	5.93	68.8	25.5	110	23.6	224	38.1	720	1281	47.0	514	0.091	0.138	1.95	0.01675	0.76500	0.06188
S-1-14	0.62	14.4	0.73	6.94	9.75	0.56	40.9	14.3	159.4	55.9	229	46.7	420	68.4	1507	2575	33.2	1035	0.032	0.119	5.15	0.00099	0.04000	0.07862
S-1-15	0.02	3.42	0.03	1.27	1.57	0.40	16.4	6.12	73.0	15.4	111	23.3	219	37.2	713	1234	8.31	513	0.016	0.245	23.76	0.00006	0.00422	0.06036
S-1-16	0.02	12.2	0.03	0.54	1.57	0.40	8.26	3.14	39.1	15.4	72.1	17.0	174	32.2	450	827	14.8	361	0.041	0.340	119.88	0.00008	0.00801	0.03824
S-1-17	0.03	31.4	0.09	1.53	2.37	0.54	9.21	2.65	27.8	9.70	40.8	8.89	91.8	18.0	265	510	36.5	209	0.175	0.700	145.58	0.00022	0.00796	0.08099
S-1-18	0.02	3.68	0.08	1.50	4.58	1.52	31.0	12.6	156	56.5	227	45.5	405	64.8	1608	2617	10.4	999	0.010	0.138	22.14	0.00003	0.00275	0.06187
S-1-19	0.03	28.1	0.13	2.43	6.26	0.30	36.6	14.0	172	67.3	300	66.4	644	115	1847	3301	38.5	1416	0.027	0.307	108.45	0.00013	0.00301	0.04587
S-1-20	0.02	14.2	0.04	0.75	1.60	1.15	7.59	2.77	32.4	11.9	51.7	10.9	103	18.1	340	596	16.9	239	0.071	0.263	120.84	0.00010	0.00786	0.05923
S-1-21	11.2	32.5	3.85	22.8	11.5	1.95	42.7	14.2	159	58.2	238	47.4	424	70.4	1553	2692	83.8	1055	0.079	0.269	1.19	0.01779	0.61368	0.08127
S-1-22	0.03	11.6	0.14	2.45	5.66	1.05	31.5	11.5	139	53.8	234	49.8	468	83.2	1468	2560	20.9	1072	0.020	0.241	43.04	0.00004	0.00333	0.05420
S-1-23	0.18	26.4	0.36	3.74	6.21	1.62	29.0	6.47	119	44.2	196	43.7	434	75.5	1283	2283	48.8	951	0.051	0.369	38.04	0.00028	0.01823	0.05380
S-1-24	0.31	36.7	0.06	4.55	4.55	1.47	20.7	7.00	68.0	23.1	95.2	19.8	187	31.6	651	1141	38.4	452	0.085	0.429	19.01	0.00112	0.03679	0.08928
S-1-25	0.02	2.65	0.06	1.08	2.37	0.08	18.2	6.89	84.4	32.7	142	29.9	278	47.3	913	1558	6.74	639	0.011	0.034	18.41	0.00005	0.00441	0.05294
S-1-26	0.02	2.02	0.06	1.28	2.98	0.70	18.8	7.94	83.3	32.3	144	31.0	301	55.8	891	1574	9.48	673	0.014	0.286	30.85	0.00004	0.00422	0.05047
S-1-27	0.02	4.10	0.06	1.03	2.95	0.12	19.4	4.00	99.9	38.8	172	36.6	344	58.7	1097	1883	8.28	778	0.011	0.049	28.49	0.00004	0.00426	0.04537
S-1-28	0.02	7.60	0.10	1.83	3.02	1.15	12.9	11.8	42.7	15.5	66.1	14.1	136	25.3	436	767	13.7	317	0.043	0.564	40.90	0.00010	0.00417	0.07616
S-1-29	0.02	0.58	0.05	1.19	5.39	0.25	35.2	9.51	96.1	23.3	72.2	12.7	104	16.4	708	1087	7.48	372	0.020	0.055	50.65	0.00003	0.00233	0.27200
S-1-30	0.02	9.87	0.68	2.39	5.24	1.41	26.3	5.35	115	44.5	201	44.6	440	79.8	1277	2256	19.0	960	0.020	0.369	6.37	0.00012	0.00240	0.04769
S-1-31	0.14	8.17	0.68	9.47	17.8	2.43	89.3	31.3	343	119	467	91.6	790	127	3244	5342	38.7	2059	0.019	0.186	10.91	0.00106	0.04323	0.09115
S-1-32	0.29	16.6	0.46	3.61	4.22	0.67	14.7	4.66	60.5	21.1	91.3	19.3	184	31.8	604	1057	25.8	428	0.060	0.260	17.51	0.00019	0.01165	0.06460
S-1-33	0.06	7.56	0.18	2.06	3.24	0.55	13.3	12.5	54.4	21.0	94.7	21.5	2.5	41.0	600	1080	13.7	466	0.029	0.256	1.19	0.01015	0.30829	0.04991
S-1-34	4.95	14.4	1.69	10.8	10.1	0.76	36.9	11.6	132	44.5	182	36.0	329	56.5	1215	2089	44.9	829	0.054	0.478	8.04	0.00048	0.02387	0.09050
S-1-35	0.28	14.6	0.68	6.35	7.38	2.84	30.0	10.8	134	48.7	206	43.0	394	68.4	1361	2327	30.0	936	0.032	0.156	24.05	0.00028	0.00477	0.06150
S-1-36	0.09	25.1	0.70	10.1	11.9	1.0	38.0	14	104	33.1	127	24.6	215	34	929	1568	48.0	588	0.082	0.409	15	0.00002	0.00240	0.14239
S-1-37	0.02	2.70	0.08	1.74	5.24	0.08	34.3	15.6	197	60	321	67.9	620	103	2181	3624	9.86	1433	0.007	0.018	16.25	0.00002	0.00240	0.04461
S-1-38	31.0	76.3	9.41	47.8	20.3	2.06	59.9	18.6	203	71.7	295	58.7	527	90.6	2018	3529	186.8	1324	0.141	0.181	1.08	0.03963	0.96030	0.09182
S-1-39	0.22	22.7	0.44	4.63	8.05	5.10	48.0	16.1	169	57.8	228	45.2	403	68.0	1677	2753	41.1	1035	0.040	0.794	17.56	0.00037	0.01719	0.09599
S-1-40	0.15	17.6	0.10	1.83	2.59	0.71	13.5	4.90	58.3	23.1	106	24.0	240	45.3	687	1225	23.0	515	0.045	0.368	34.63	0.00042	0.03643	0.04520
S-1-41	0.02	4.71	0.09	1.76	4.86	0.20	27.5	9.82	113	42.4	182	37.4	345	60.5	1213	2042	11.6	817	0.014	0.053	26.72	0.00004	0.00259	0.06435

续附表3：X-1样品，新民矿床，$S_{1-2}hj$

测点号	La	Ce	Pr	Nb	Sm	Eu	Gd	Tb	Dy	Ho	Er	Tm	Yb	Lu	Y	ΣREE	LREE	HREE	LR/HR	δEu	δCe	(La/Yb)N	(La/Sm)N	(Gd/Yb)N
X-1-01	0.17	26.9	0.38	6.22	10.1	1.94	39.6	11.9	122	41.6	171	34.6	319	55.1	1199	2039	45.7	794	0.06	0.297	25.49	0.02733	0.01060	0.00036
X-1-02	0.10	12.0	0.14	2.24	4.75	1.50	25.4	9.24	111	42.3	192	42.1	413	76.5	1266	2197	20.7	911	0.02	0.417	24.37	0.04464	0.01324	0.00016
X-1-03	0.48	7.81	0.62	5.42	5.60	1.58	20.0	7.60	89.6	35.4	167	38.7	407	75.7	1025	1888	21.5	841	0.03	0.456	3.45	0.08856	0.05392	0.00079
X-1-04	0.02	36.3	0.08	1.75	3.67	1.33	17.7	5.65	59.1	21.0	91.1	20.2	204	38.9	647	1149	43.2	458	0.09	0.504	218.60	0.01143	0.00343	0.00007
X-1-05	1.12	16.1	0.31	1.92	2.07	0.45	10.9	4.20	53.8	21.3	97.2	21.9	211	38.2	621	1101	22.0	459	0.05	0.289	6.59	0.58333	0.34035	0.00358
X-1-06	0.23	24.6	0.15	1.49	2.98	0.43	18.2	8.21	110	45.9	230	57.4	619	118	1389	2626	29.9	1206	0.02	0.179	31.89	0.15436	0.04855	0.00025
X-1-07	0.09	3.30	0.06	0.53	0.88	0.40	5.78	2.35	30.6	13.2	64.9	15.7	167	33.3	417	755	5.26	333	0.02	0.542	10.81	0.16981	0.06433	0.00036
X-1-08	5.48	19.5	2.75	14.9	12.9	0.43	50.5	16.2	178	62.1	251	49.4	432	71.5	1716	2882	55.9	1111	0.05	0.052	1.21	0.36729	0.26742	0.00854
X-1-09	0.05	46.4	0.43	7.16	10.9	2.98	39.1	12.0	122	40.5	163	32.5	296	49.7	1125	1948	67.9	755	0.09	0.442	76.15	0.00698	0.00289	0.00011
X-1-10	0.77	9.37	0.4	4.75	6.54	0.72	27.6	9.22	102	36.7	151	30.0	271	46.0	1001	1697	22.6	673	0.03	0.164	4.06	0.16211	0.07406	0.00191
X-1-11	0.03	18.7	0.22	3.01	4.43	1.86	16.5	5.03	52.9	17.9	76	16.7	162	28.6	546	949	28.3	375	0.08	0.666	55.49	0.00997	0.00426	0.00013
X-1-12	0.82	8.91	0.83	6.47	8.72	0.91	37.8	14.3	162	60.2	253	51.5	467	78.3	1642	2792	26.7	1123	0.02	0.153	2.60	0.12674	0.05915	0.00118
X-1-13	2.79	25.7	5.46	38.9	34.7	13.9	64.2	21.2	204	62.2	266	61.6	606	102.6	1849	3358	122	1387	0.09	0.898	1.59	0.07165	0.05056	0.00310
X-1-14	0.08	15.9	0.15	2.09	3.70	0.91	16.7	5.69	65.7	25.2	113	25.0	245	44.6	755	1319	22.8	541	0.04	0.354	34.82	0.03828	0.01360	0.00022
X-1-15	0.37	10.4	0.31	1.90	2.21	0.45	8.47	3.82	52.1	22.5	112	26.7	274	49.6	677	1240	15.6	548	0.03	0.318	7.38	0.19474	0.10531	0.00091
X-1-16	0.03	29.8	0.21	2.94	4.63	2.04	16.8	5.36	56.8	20.4	88	19.3	191	35.1	576	1048	39.6	433	0.09	0.707	90.33	0.01020	0.00408	0.00011
X-1-17	0.06	4.57	0.06	1.25	2.97	0.24	17.8	7.48	96.8	40.0	190	45.3	464	85.4	1147	2103	9.2	947	0.01	0.101	18.33	0.04800	0.01271	0.00009
X-1-18	48.0	144	12.4	50.9	14.6	2.33	32.8	9.05	91.2	30.9	128	27.1	257	44.7	894	1787	272	621	0.44	0.326	1.42	0.94342	2.06891	0.12607
X-1-19	0.02	1.76	0.12	2.25	4.16	0.23	22.1	8.65	106	40.2	177	37.0	346	55.8	1110	1910	8.54	792	0.01	0.073	8.65	0.00889	0.00302	0.00004
X-1-20	0.02	1.91	0.11	2.25	5.34	0.41	31.6	11.9	133	44.6	169	32.2	281	43.4	1239	1995	10.0	747	0.01	0.097	9.80	0.00889	0.00236	0.00005
X-1-21	0.03	13.3	0.22	3.98	7.83	0.92	37.5	12.7	149	55.7	235	49.2	458	76.9	1510	2610	26.2	1073	0.02	0.164	39.25	0.00754	0.00241	0.00004

续附表 3：T-2 样品，桃园矿床，$S_{1-2}hj$

测点号	La	Ce	Pr	Nb	Sm	Eu	Gd	Tb	Dy	Ho	Er	Tm	Yb	Lu	Y	ΣREE	LREE	HREE	LR/HR	δEu	δCe	(La/Yb)N	(La/Sm)N	(Gd/Yb)N
T-2-01	5.74	18.9	1.94	10.9	6.65	0.70	27.4	9.92	118	42.6	178	37.0	333	53.8	1161	2006	44.9	800	0.056	0.159	1.37	0.52757	0.54295	0.01162
T-2-02	0.02	7.24	0.02	0.44	1.50	0.26	12.0	5.39	72.8	30.7	144	33.7	343	63.7	906	1621	9.48	705	0.013	0.188	87.13	0.04545	0.00839	0.00004
T-2-03	0.02	6.20	0.04	0.40	1.10	0.25	5.20	1.82	22.8	9.06	43.5	10.9	121	24.0	285	532	8.01	238	0.034	0.320	52.76	0.05000	0.01144	0.00011
T-2-04	0.11	46.0	0.37	5.27	7.22	2.46	23.9	7.32	78.0	27.4	114	24.3	234	41.7	780	1392	61.4	551	0.112	0.572	54.86	0.02087	0.00958	0.00032
T-2-05	0.07	2.84	0.37	5.20	9.71	1.05	44.9	15.7	175	64.4	268	56.0	515	89.5	1778	3026	19.2	1229	0.016	0.154	4.25	0.01346	0.00453	0.00009
T-2-06	1.38	66.4	4.40	35.5	34.2	6.30	89.2	28.4	283	91.7	352	69.3	597	97.0	2554	4310	148	1608	0.092	0.349	6.49	0.03883	0.02537	0.00156
T-2-07	0.03	5.95	0.19	3.63	6.92	0.36	25.4	7.15	59.6	15.9	53.2	9.44	78.9	12.4	439	718	17.1	262	0.065	0.083	18.97	0.00826	0.00273	0.00026
T-2-08	1.10	26.7	2.68	20.3	20.5	4.60	66.5	23.0	252	90.2	375	79.0	732	129	2473	4295	75.8	1746	0.043	0.381	3.74	0.05424	0.03377	0.00101
T-2-09	0.13	19.2	0.24	3.14	4.86	0.57	19.9	6.60	69.4	24.4	100	20.9	194	33.4	680	1177	28.2	469	0.060	0.177	26.22	0.04140	0.01683	0.00045
T-2-10	0.03	31.6	0.11	1.88	3.49	0.62	12.9	4.19	43.3	14.7	60.2	12.2	116	19.8	414	735	37.7	283	0.133	0.282	132.19	0.01596	0.00541	0.00017
T-2-11	0.07	5.54	0.26	3.76	7.25	1.13	35.3	12.0	133	47.5	196	40.0	369	63.7	1291	2204	18.0	896	0.020	0.216	9.88	0.01862	0.00607	0.00013
T-2-12	3.48	35.9	1.19	6.00	3.75	1.08	17.8	7.12	97.0	42.5	213	52.2	557	110	1286	2434	51.4	1096	0.047	0.404	4.24	0.58000	0.58374	0.00421
T-2-13	0.74	19.8	1.06	9.31	12.1	2.63	45.6	16.6	186	68.9	297	63.9	604	104	1900	3333	45.7	1387	0.033	0.342	5.39	0.07948	0.03837	0.00083
T-2-14	0.06	15.6	0.15	2.08	2.91	0.37	14.2	4.99	57.0	21.5	93.0	20.2	196	35.5	604	1068	21.2	442	0.048	0.176	39.65	0.02885	0.01297	0.00021
T-2-15	0.20	12.5	0.15	2.21	3.87	0.67	21.8	8.28	99.2	39.1	174	37.8	367	66.3	1101	1935	19.6	814	0.024	0.223	17.43	0.09050	0.03251	0.00037
T-2-16	2.28	47.7	7.94	64.2	63.4	19.2	113.3	31.8	258	69.0	241	48.3	433	66.4	1796	3262	205	1261	0.162	0.691	2.70	0.03553	0.02261	0.00355
T-2-17	0.75	14.3	0.51	4.23	5.27	0.81	17.4	5.96	61.1	21.0	85.5	17.4	160	26.3	569	990	25.9	395	0.066	0.259	5.57	0.17730	0.08952	0.00316
T-2-18	0.02	18.4	0.09	2.00	4.43	0.19	24.5	9.50	117	46.0	203	44.0	421	72.6	1269	2232	25.1	937	0.027	0.056	104.38	0.01000	0.00284	0.00003
T-2-19	18.3	60.5	5.09	24.0	8.75	1.05	20.1	5.89	56.7	18.5	71.1	14.4	130	21.5	497	953	118	339	0.348	0.242	1.51	0.76311	1.31773	0.09473

续附表3：X-2样品，新民矿床，C_2h

测点号	La	Ce	Pr	Nb	Sm	Eu	Gd	Tb	Dy	Ho	Er	Tm	Yb	Lu	Y	ΣREE	LREE	HREE	LR/HR	δEu	δCe	(La/Yb)$_N$	(La/Sm)$_N$	(Gd/Yb)$_N$
X-2-01	0.02	5.52	0.17	2.55	3.83	0.14	11.8	3.58	35.6	11.0	42.5	8.70	79.1	12.5	300	517	12.2	205	0.06	0.064	22.78	0.00784	0.00328	0.00017
X-2-02	0.03	45.2	0.13	2.06	4.73	0.98	27.6	11.1	142	57.8	276	64.2	650	119	1703	3104	53.1	1348	0.04	0.262	174.24	0.01456	0.00399	0.00003
X-2-03	0.04	42.3	0.16	2.97	6.80	3.93	42.8	16.5	209	83.6	369	81.5	778	138	2308	4083	56.2	1719	0.03	0.704	127.38	0.01347	0.00370	0.00003
X-2-04	2.15	16.4	0.68	4.01	3.33	0.96	15.7	5.57	65.7	25.7	120	28.7	305	59.3	771	1424	27.5	625	0.04	0.406	3.25	0.53616	0.40613	0.00476
X-2-05	0.16	6.24	0.14	1.79	3.71	0.47	18.6	6.32	71.9	26.2	109	22.8	214	36.0	692	1209	12.5	505	0.02	0.173	10.03	0.08939	0.02713	0.00050
X-2-06	0.24	21.0	0.13	1.66	2.61	0.76	10.8	3.62	39.1	14.3	64.3	14.7	149	27.2	420	769	26.4	323	0.08	0.437	28.63	0.14458	0.05784	0.00109
X-2-07	0.07	6.72	0.19	3.02	6.66	1.41	42.0	16.2	202	77.1	338	73.3	693	117	2077	3652	18.1	1558	0.01	0.258	14.02	0.02318	0.00661	0.00007
X-2-08	0.03	21.0	0.06	1.16	2.56	0.20	13.5	5.08	60.5	22.9	102	22.8	219	37.2	646	1154	25.0	483	0.05	0.104	118.85	0.02586	0.00737	0.00009
X-2-09	0.02	3.88	0.05	1.27	2.57	0.14	14.2	5.38	63.4	24.0	106	22.7	217	36.7	670	1167	7.93	489	0.02	0.071	29.53	0.01575	0.00490	0.00006
X-2-10	0.03	16.2	0.04	0.77	1.61	0.24	9.68	3.89	46.5	18.0	80.0	17.6	170	29.3	512	905	18.8	375	0.05	0.186	112.21	0.03896	0.01172	0.00012
X-2-11	0.05	30.7	0.30	3.92	5.88	2.26	23.4	7.19	79.8	29.8	135	30.9	323	64.2	887	1623	43.1	693	0.06	0.589	60.35	0.01276	0.00535	0.00010
X-2-12	0.27	19.3	0.15	1.52	2.77	0.99	13.2	4.89	60.7	25.2	120	28.7	310	60.5	763	1411	25.0	623	0.04	0.500	23.11	0.17763	0.06131	0.00059
X-2-13	23.2	75.8	8.03	41.6	13.1	3.45	34.4	11.45	135	53.7	245	55.3	545	100	1512	2858	165	1181	0.14	0.498	1.34	0.55729	1.11571	0.02868
X-2-14	0.02	2.29	0.04	0.81	1.65	0.07	7.99	2.67	29.2	10.5	45.9	9.78	94.2	16.6	299	521	4.88	217	0.02	0.059	19.49	0.02469	0.00762	0.00014
X-2-15	0.02	23.3	0.14	2.07	3.30	0.76	12.3	3.65	35.5	11.3	44.6	8.93	81.0	13.4	315	556	29.6	211	0.14	0.365	106.16	0.00966	0.00381	0.00017
X-2-16	0.03	28.1	0.10	1.59	3.07	0.33	16.2	5.86	67.4	24.7	109	24.0	228	39.0	721	1268	33.2	514	0.06	0.143	123.39	0.01887	0.00615	0.00009
X-2-17	0.07	13.4	0.05	0.82	1.55	0.64	9.16	3.59	47.7	21.2	110	28.3	320	68.2	663	1288	16.5	608	0.03	0.519	54.52	0.08537	0.02841	0.00015
X-2-18	0.02	11.3	0.06	1.22	2.86	0.11	17.0	6.86	85.6	32.5	144	30.4	279	46.5	905	1562	15.6	642	0.02	0.048	78.37	0.01639	0.00440	0.00005
X-2-19	0.02	40.4	0.04	0.68	2.05	0.50	10.6	4.19	53.2	21.6	104	24.9	255	46.1	650	1213	43.7	520	0.08	0.328	344.12	0.02941	0.00614	0.00005
X-2-20	1.09	18.8	0.32	1.81	2.09	0.83	9.67	3.46	42.8	17.8	88	21.9	246	50.8	548	1053	24.9	480	0.05	0.565	7.64	0.60221	0.32806	0.00299
X-2-21	1.27	15.9	0.40	2.56	2.25	0.10	14.4	6.00	75.9	30.1	134	28.4	263	44.9	812	1431	22.5	597	0.04	0.054	5.36	0.49609	0.35505	0.00325
X-2-22	0.02	41.2	0.16	3.45	6.32	2.46	30.3	10.7	125	48.6	217	46.8	459	84.4	1363	2438	53.6	1021	0.05	0.543	175.17	0.00580	0.00199	0.00003
X-2-23	0.03	9.05	0.03	0.89	2.22	0.37	13.0	5.12	63.2	25.2	117	25.8	255	46.3	722	1285	12.6	550	0.02	0.211	72.61	0.03371	0.00850	0.00008
X-2-24	0.04	38.6	0.31	5.74	9.99	3.61	47.4	16.6	197	76.3	331	72.2	699	126	2109	3733	58.3	1566	0.04	0.507	83.41	0.00697	0.00252	0.00004
X-2-25	0.03	0.88	0.07	1.69	4.60	0.14	30.6	11.9	145	55.6	239	50.0	462	80.5	1529	2612	7.41	1075	0.01	0.036	4.62	0.01775	0.00410	0.00004

续附表3:S-3样品,三清庙矿床,C_2h

测点号	La	Ce	Pr	Nb	Sm	Eu	Gd	Tb	Dy	Ho	Er	Tm	Yb	Lu	Y	ΣREE	LREE	HREE	LR/HR	δEu	δCe	(La/Yb)$_N$	(La/Sm)$_N$	(Gd/Yb)$_N$
S-3-01	0.14	27.9	0.33	4.54	6.55	1.55	25.6	7.68	76.9	25.6	101	20.2	183	31.4	727	1239	41.0	471	0.087	0.366	31.22	0.03084	0.01344	0.00052
S-3-02	0.02	12.3	0.07	1.30	2.58	0.25	11.4	3.96	45.5	16.7	70.5	14.9	140	23.9	465	808	16.5	327	0.050	0.141	79.06	0.01538	0.00488	0.00010
S-3-03	0.19	4.95	0.27	4.10	7.25	0.15	30.1	9.70	99.5	33.3	132	26.3	233	38.5	908	1527	16.9	602	0.028	0.031	5.26	0.04634	0.01648	0.00055
S-3-04	0.02	23.0	0.07	1.00	2.21	0.31	10.5	3.92	47.0	18.0	80.7	18.0	176	31.0	518	930	26.6	386	0.069	0.196	148.14	0.02000	0.00569	0.00008
S-3-05	0.14	10.3	0.25	3.44	6.19	1.64	25.1	8.96	103	38.3	167	36.3	351	61.7	1104	1918	21.9	791	0.028	0.402	13.19	0.04070	0.01423	0.00027
S-3-06	0.03	18.5	0.07	1.09	1.93	0.21	10.6	4.02	48.9	19.1	86.7	19.5	194	34.9	534	974	21.9	418	0.052	0.142	97.32	0.02752	0.00978	0.00010
S-3-07	0.03	19.6	0.21	3.60	6.76	0.28	33.9	12.6	147	54.2	220	42.9	365	56.0	1384	2347	30.4	933	0.033	0.057	59.28	0.00833	0.00279	0.00006
S-3-08	0.03	1.48	0.05	1.30	3.95	0.10	27.9	11.0	118	38.0	141	26.7	229	35.9	1063	1698	6.91	628	0.011	0.029	9.20	0.02308	0.00478	0.00009
S-3-09	0.03	23.3	0.23	3.86	5.57	1.29	18.2	4.96	49.4	16.1	66.3	13.9	133	23.3	461	821	34.3	325	0.105	0.392	67.60	0.00777	0.00339	0.00015
S-3-10	4.12	34.8	3.45	19.4	14.7	2.75	27.0	10.2	109	36.9	156	34.5	349	63.3	983	1848	79.3	786	0.101	0.422	2.22	0.21215	0.17642	0.00796
S-3-11	0.03	4.73	0.04	1.03	2.68	0.15	14.3	5.32	63.3	24.0	103	21.9	206	36.0	666	1149	8.66	474	0.018	0.074	32.86	0.02913	0.00704	0.00010
S-3-12	0.04	24.2	0.33	5.14	7.10	1.35	26.5	7.54	72.7	24.2	95.3	19.0	176	32.0	665	1156	38.1	453	0.084	0.301	50.63	0.00778	0.00354	0.00015
S-3-13	0.12	5.06	0.09	1.04	2.30	0.31	15.0	6.24	82.0	34.4	162	35.4	347	62.7	952	1705	8.92	744	0.012	0.161	11.72	0.11538	0.03282	0.00023
S-3-14	0.03	9.29	0.13	2.27	4.97	0.37	23.8	8.24	96.8	37.2	165	36.1	357	63.3	996	1800	17.1	787	0.022	0.104	35.80	0.01322	0.00380	0.00006
S-3-15	6.23	57.2	3.18	19.2	13.5	5.12	30.4	9.49	100	35.9	155	34.5	348	67.4	1275	2160	104	781	0.134	0.774	3.09	0.32482	0.29115	0.01208
S-3-16	0.03	11.7	0.18	3.40	6.43	0.50	30.7	9.85	111	40.3	169	34.7	319	56.2	1105	1897	22.2	770	0.029	0.109	38.19	0.00882	0.00293	0.00006
S-3-17	2.07	13.5	1.74	10.2	6.97	1.12	18.2	5.41	55.1	18.2	73.6	15.5	147	25.8	517	912	35.7	359	0.099	0.304	1.72	0.20215	0.18681	0.00948
S-3-18	0.17	23.2	0.13	1.91	3.42	1.10	17.2	6.24	76.0	31.3	149	35.1	378	77.0	957	1757	29.9	770	0.039	0.438	37.58	0.08901	0.03127	0.00030
S-3-19	0.03	2.19	0.15	3.61	8.27	0.45	38.4	10.2	85.1	24.3	90.8	18.1	164	28.5	691	1165	14.7	460	0.032	0.077	7.86	0.00831	0.00228	0.00012
S-3-20	8.98	29.9	2.12	12.1	8.41	2.36	33.6	10.5	114	40.0	160	32.2	291	51.0	1087	1883	63.9	732	0.087	0.429	1.65	0.74523	0.67167	0.02080
S-3-21	0.40	15.0	0.25	2.13	3.01	0.47	13.1	4.51	52.0	19.3	85.8	19.0	185	33.4	573	1006	21.3	412	0.052	0.229	11.43	0.18779	0.08359	0.00146

图 版 说 明

图版Ⅰ-A：务正道地区瓦厂坪铝土矿层状-似层状矿体，野外照片

图版Ⅰ-B：务正道地区瓦厂坪铝土矿层状-似层状矿体，野外照片

图版Ⅰ-C：务正道地区瓦厂坪铝土矿层状底部铁质黏土岩，野外照片

图版Ⅰ-D：务正道地区瓦厂坪铝土矿层状底部铁质风化壳，野外照片

图版Ⅰ-E：务正道地区瓦厂坪铝土矿碎屑状矿石，手标本

图版Ⅰ-F：务正道地区瓦厂坪铝土矿碎屑状矿石，手标本

图版Ⅰ-G：务正道地区瓦厂坪铝土矿致密块状矿石，手标本

图版Ⅰ-H：务正道地区瓦厂坪铝土矿土状-半土状矿石，手标本

图版Ⅱ-A：务正道地区瓦厂坪铝土矿豆状矿石，手标本

图版Ⅱ-B：务正道地区瓦厂坪铝土矿鲕状矿石，手标本

图版Ⅱ-C：务正道地区瓦厂坪铝土矿泥晶-微晶结构，单偏光，10×20

图版Ⅱ-D：务正道地区瓦厂坪铝土矿泥晶粒屑结构，单偏光，10×4

图版Ⅱ-E：务正道地区瓦厂坪铝土矿泥晶粒屑结构，单偏光，10×4

图版Ⅱ-F：务正道地区瓦厂坪铝土矿粒屑泥晶结构，单偏光，10×4

图版Ⅱ-G：务正道地区瓦厂坪铝土矿复粒屑结构，单偏光，10×10

图版Ⅱ-H：务正道地区瓦厂坪铝土矿复粒屑结构，单偏光，10×4

图版Ⅲ-A：务正道地区新民铝土矿土状-半土状矿石，手标本

图版Ⅲ-B：务正道地区新民铝土矿碎屑状矿石，手标本

图版Ⅲ-C：务正道地区新民铝土矿碎屑状矿石，手标本

图版Ⅲ-D：务正道地区新民铝土矿致密块状矿石，手标本

图版Ⅲ-E：务正道地区新民铝土矿豆状矿石，手标本

图版Ⅲ-F：务正道地区新民铝土矿鲕状矿石，手标本

图版Ⅲ-G：务正道地区新民铝土矿泥晶-微晶结构，正交，10×20

图版Ⅲ-H：务正道地区新民铝土矿泥晶粒屑结构，单偏光，10×4

图版Ⅳ-A：务正道地区新民铝土矿泥晶粒屑结构，单偏光，10×10

图版Ⅳ-B：务正道地区新民铝土矿粒屑泥晶结构，单偏光，10×10

图版Ⅳ-C：务正道地区新民铝土矿复粒屑结构，单偏光，10×10

图版Ⅳ-D：务正道地区新民铝土矿复粒屑结构，单偏光，10×10

图版Ⅳ-E：务正道地区新木-晏溪铝土矿豆状矿石，手标本

图版Ⅳ-F：务正道地区新木-晏溪铝土矿豆状矿石，手标本

图版Ⅳ-G：务正道地区新木-晏溪铝土矿鲕状矿石，手标本

图版Ⅳ-H：务正道地区新木-晏溪铝土矿土状-半土状矿石，手标本

图版Ⅴ-A：务正道地区新木–晏溪铝土矿碎屑状矿石，手标本

图版Ⅴ-B：务正道地区新木–晏溪铝土矿致密块状矿石，手标本

图版Ⅴ-C：务正道地区新木–晏溪铝土矿泥晶–微晶结构，基质因塑形流动而变形

图版Ⅴ-D：务正道地区新木–晏溪铝土矿泥晶–砂屑结构，单偏光，10×10

图版Ⅴ-E：务正道地区新木–晏溪铝土矿泥晶–假鲕状结构，单偏光，10×4

图版Ⅴ-F：务正道地区新木–晏溪铝土矿泥晶–鲕（假鲕）状结构，鲕粒，中心为硅质，单偏光，10×20

图版Ⅴ-G：务正道地区新木–晏溪铝土矿隐晶结构，正交，10×20

图版Ⅴ-H：务正道地区新木–晏溪铝土矿显微鳞片结构，单偏光，10×10

图版Ⅵ-A：务正道地区三清庙铝土矿土状–半土状矿石，岩心照片

图版Ⅵ-B：务正道地区三清庙铝土矿土状–半土状矿石，手标本

图版Ⅵ-C：务正道地区三清庙铝土矿碎屑状矿石，矿石堆

图版Ⅵ-D：务正道地区三清庙铝土矿致密块状矿石，手标本

图版Ⅵ-E：务正道地区三清庙铝土矿豆状矿石，手标本

图版Ⅵ-F：务正道地区三清庙铝土矿鲕状矿石，手标本

图版Ⅵ-G：务正道地区三清庙铝土矿泥晶–鲕状结构，单偏光，10×10

图版Ⅵ-H：务正道地区三清庙铝土矿泥晶–鲕状结构，鲕粒，单偏光，10×40

图版Ⅶ-A：电子探针背散射图像，样品号 Zkg7-6-6，新木–晏溪铝土矿床，碎屑状铝土矿，铝矿物呈隐晶质或集合体分布，Bau–铝矿物、Clay–黏土矿物、Rui–金红石、Zir–锆石

图版Ⅶ-B：电子探针背散射图像，样品号 Zkg7-6-6，新木–晏溪铝土矿床，碎屑状铝土矿，铝矿物呈隐晶质或集合体分布，Bau–铝矿物、Clay–黏土矿物、Rui–金红石、Zir–锆石

图版Ⅶ-C：电子探针背散射图像，样品号 Zkg7-6-6，新木–晏溪铝土矿床，碎屑状铝土矿，铝矿物呈隐晶质或集合体分布，测点 Zkg7-6-6-05 为一水铝石，Bau–铝矿物、Clay–黏土矿物、Rui–金红石

图版Ⅶ-D：电子探针背散射图像，样品号 D-7，新民铝土矿床，土状–半土状铝土矿，铝矿物呈隐晶质或集合体分布，Bau–铝矿物、Rui–金红石

图版Ⅶ-E：电子探针背散射图像，样品号 Zkg7-1-4，瓦厂坪铝土矿床，碎屑状铝土矿，铝矿物在黏土矿物中杂乱分布，Bau–铝矿物、Clay–黏土矿物、Rui–金红石

图版Ⅶ-F：电子探针背散射图像，样品号 Zkg7-1-4，瓦厂坪铝土矿床，碎屑状铝土矿，铝矿物在黏土矿物中杂乱分布，Bau–铝矿物、Clay–黏土矿物、Zir–锆石

图版Ⅷ-A：镜下照片，样品号 Zkg15-2-2，瓦厂坪铝土矿床，碎屑状铝土矿，矿石中的短柱状、半自形–自形一水铝石

图版Ⅷ-B：电子探针背散射图像，样品号 D-7，新民铝土矿床，土状–半土状铝土矿，矿石中的短柱状、半自形–自形一水铝石

图版Ⅷ-C：电子探针背散射图像，样品号 Zkg7-1-4，瓦厂坪铝土矿床，碎屑状铝土矿，铝矿物和黏土矿物集合体共生，Bau–铝矿物、Clay–黏土矿物、Rui–金红石

图版Ⅷ-D：电子探针背散射图像，样品号 Zkg7-6-6，新木-晏溪铝土矿床，碎屑状铝土
　　　　　矿，铝矿物和黏土矿物集合体共生，Al-Si-硅铝矿物、Bau-铝矿物、Clay-黏
　　　　　土矿物、Rui-金红石、Zir-锆石

图版Ⅷ-E：电子探针背散射图像，样品号 Zkg7-1-4，瓦厂坪铝土矿床，碎屑状铝土矿，
　　　　　铝矿物集合体边缘的圆形或椭圆形黏土矿物集合体，Bau-铝矿物、Clay-黏土
　　　　　矿物

图版Ⅷ-F：电子探针背散射图像，样品号 Zkg7-1-4，瓦厂坪铝土矿床，碎屑状铝土矿，
　　　　　铝矿物集合体边缘的圆形或椭圆形黏土矿物集合体，Bau-铝矿物、Clay-黏土
　　　　　矿物

图版Ⅸ-A：电子探针背散射图像，样品号 D-7，新民铝土矿床，土状-半土状铝土矿，铝
　　　　　矿物集合体边缘的磁铁矿，磁铁矿细脉将铝矿物集合体分为大小不等、形态
　　　　　各异的小集合体，测点 D-7-03 为一水铝石，Bau-铝矿物、Mag-磁铁矿

图版Ⅸ-B：电子探针背散射图像，样品号 D-7，新民铝土矿床，土状-半土状铝土矿，铝
　　　　　矿物集合体边缘的磁铁矿，Bau-铝矿物、Mag-磁铁矿

图版Ⅸ-C：电子探针背散射图像，样品号 D-7，新民铝土矿床，土状-半土状铝土矿，磁
　　　　　铁矿细脉将铝矿物集合体分为大小不等、形态各异的小集合体，Bau-铝矿物、
　　　　　Mag-磁铁矿、Zir-锆石

图版Ⅸ-D：电子探针背散射图像，样品号 D-7，新民铝土矿床，土状-半土状铝土矿，磁
　　　　　铁矿细脉将铝矿物集合体分为大小不等、形态各异的小集合体，Bau-铝矿物、
　　　　　Mag-磁铁矿

图版Ⅸ-E：电子探针背散射图像，样品号 Zkg7-6-6，新木-晏溪铝土矿床，碎屑状铝土
　　　　　矿，铝矿物边缘呈蠕虫状和细网脉状分布的黏土矿物，Bau-铝矿物、Clay-黏
　　　　　土矿物、Pyr-黄铁矿、Quz-石英、Rui-金红石、Zir-锆石

图版Ⅸ-F：电子探针背散射图像，样品号 Zkg7-6-6，新木-晏溪铝土矿床，碎屑状铝土
　　　　　矿，铝矿物中呈蠕虫状和细网脉状分布的黏土矿物，Al-Si-硅铝矿物、Bau-铝
　　　　　矿物、Clay-黏土矿物、Rui-金红石、Zir-锆石

图版Ⅹ-A：电子探针背散射图像，样品号 Zkg7-6-6，新木-晏溪铝土矿床，碎屑状铝土
　　　　　矿，铝矿物和黏土矿物集合体裂隙中的黄铁矿脉，测点 Zkg7-6-6-02 为一水
　　　　　铝石，Bau-铝矿物、Clay-黏土矿物、Pyr-黄铁矿、Rui-金红石

图版Ⅹ-B：电子探针背散射图像，样品号 Zkg7-6-6，新木-晏溪铝土矿床，碎屑状铝土
　　　　　矿，铝矿物和黏土矿物集合体裂隙中的黄铁矿脉，测点 Zkg7-6-6-04 为一水
　　　　　铝石，Bau-铝矿物、Clay-黏土矿物、Pyr-黄铁矿、Rui-金红石

图版Ⅹ-C：电子探针背散射图像，样品号 Zkg7-6-6，新木-晏溪铝土矿床，碎屑状铝土
　　　　　矿，铝矿物和黏土矿物集合体裂隙中的黄铁矿脉，Bau-铝矿物、Clay-黏土矿
　　　　　物、Pyr-黄铁矿、Rui-金红石、Zir-锆石

图版Ⅹ-D：电子探针背散射图像，样品号 Zkg7-6-6，新木-晏溪铝土矿床，碎屑状铝土
　　　　　矿，铝矿物和黏土矿物集合体裂隙中的黄铁矿脉，Bau-铝矿物、Clay-黏土矿
　　　　　物、Pyr-黄铁矿、Rui-金红石、Zir-锆石

图版 X-E：电子探针背散射图像，样品号 Zkg7-6-6，新木-晏溪铝土矿床，碎屑状铝土矿，铝矿物集合体裂隙中的粒状黄铁矿，Bau-铝矿物、Clay-黏土矿物、Pyr-黄铁矿

图版 X-F：电子探针背散射图像，样品号 ZK15-2-2，瓦厂坪铝土矿床，碎屑状铝土矿，铝矿物集合体中的交代残余黄铁矿，Bau-铝矿物、Pyr-黄铁矿

图版 XI-A：电子探针背散射图像，样品号 ZK15-2-2，瓦厂坪铝土矿床，碎屑状铝土矿，铝矿物集合体中黄铁矿交代其他矿物，Bau-铝矿物、Pyr-黄铁矿、Quz-石英

图版 XI-B：电子探针背散射图像，样品号 ZK15-2-2，瓦厂坪铝土矿床，碎屑状铝土矿，铝矿物集合体中黄铁矿交代其他矿物，测点 ZK15-2-2-02 为一水铝石，Bau-铝矿物、Clay-黏土矿物、Pyr-黄铁矿

图版 XI-C：电子探针背散射图像，样品号 ZK15-2-2，瓦厂坪铝土矿床，碎屑状铝土矿，围绕铝矿物集合体分布的针铁矿，Bau-铝矿物、Goe-针铁矿

图版 XI-D：电子探针背散射图像，样品号 Zkg7-6-6，新木-晏溪铝土矿床，碎屑状铝土矿，铝矿物集合体中的金红石和锆石，Bau-铝矿物、Rui-金红石、Zir-锆石

图版 XI-E：电子探针背散射图像，样品号 Zkg7-1-4，瓦厂坪铝土矿床，碎屑状铝土矿，铝矿物集合体中的金红石，Bau-铝矿物、Clay-黏土矿物、Rui-金红石

图版 XI-F：电子探针背散射图像，样品号 Zkg7-1-4，瓦厂坪铝土矿床，碎屑状铝土矿，铝矿物集合体边缘分布的金红石和锆石，Bau-铝矿物、Clay-黏土矿物、Rui-金红石、Zir-锆石

图版 XII-A：电子探针背散射图像，样品号 ZK15-2-2，瓦厂坪铝土矿床，碎屑状铝土矿，铝矿物集合体中磨圆度较好的金红石，Rui-金红石

图版 XII-B：电子探针背散射图像，样品号 Zkg7-6-6，新木-晏溪铝土矿床，碎屑状铝土矿，铝矿物集合体中磨圆度较好的锆石，Bau-铝矿物、Pyr-黄铁矿、Rui-金红石、Zir-锆石

图版 XII-C：电子探针背散射图像，样品号 ZK15-2-2，瓦厂坪铝土矿床，碎屑状铝土矿，铝矿物集合体中磨圆度较好的锆石，Bau-铝矿物、Pyr-黄铁矿、Zir-锆石

图版 XII-D：电子探针背散射图像，样品号 ZK15-2-2，瓦厂坪铝土矿床，碎屑状铝土矿，铝矿物集合体中的不规则状锆石，Bau-铝矿物、Rui-金红石、Zir-锆石

图版 XII-E：电子探针背散射图像，样品号 ZK15-2-2，瓦厂坪铝土矿床，碎屑状铝土矿，铝矿物集合体中的石英，Bau-铝矿物、Quz-石英

图版 XII-F：电子探针背散射图像，样品号 ZK15-2-2，瓦厂坪铝土矿床，碎屑状铝土矿，铝矿物集合体中的长石，Bau-铝矿物、Pl-长石、Zir-锆石

图 版 I

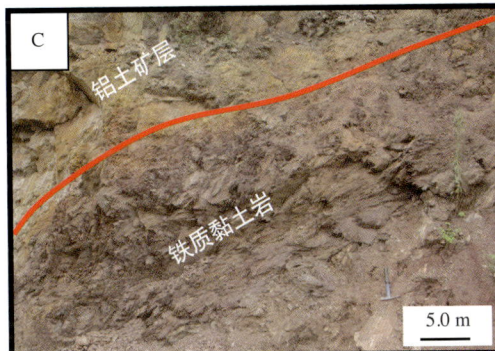

图 版 II

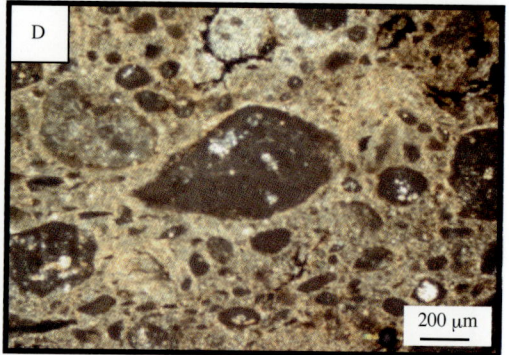

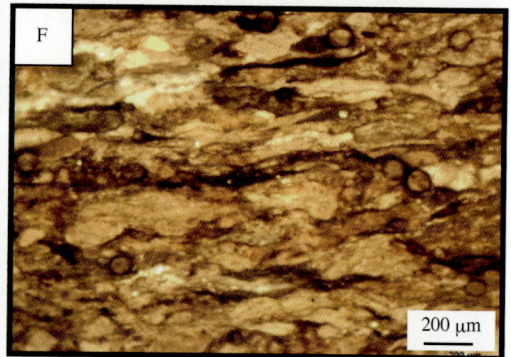

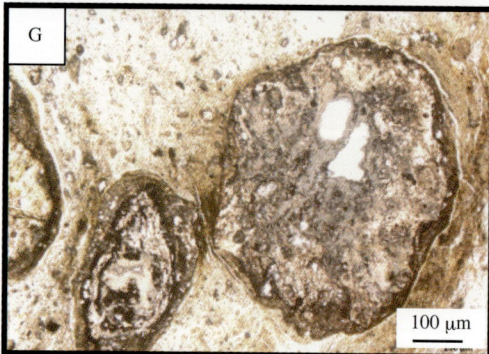

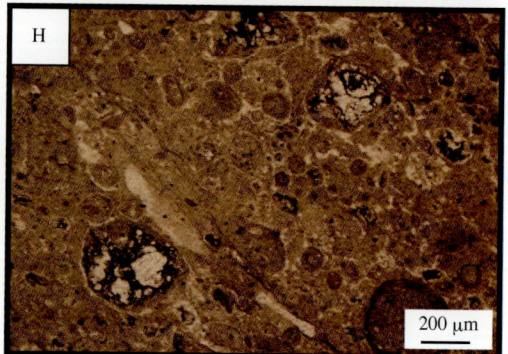

图　版　Ⅲ

A

1.0cm

B

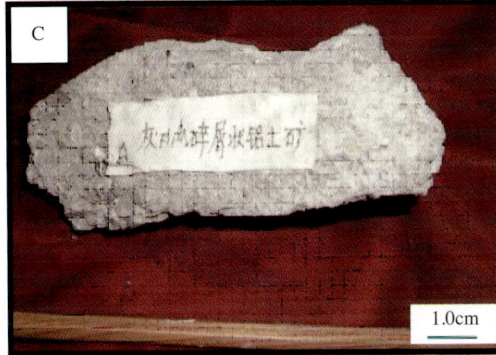

C

1.0cm

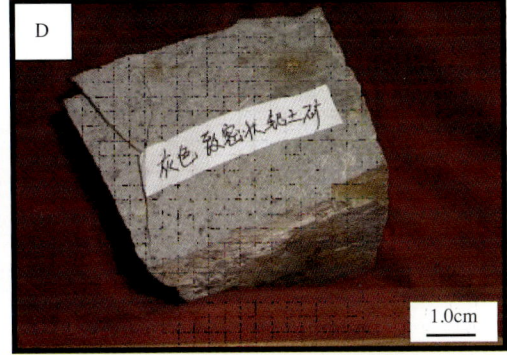

D

1.0cm

E

1.0cm

F

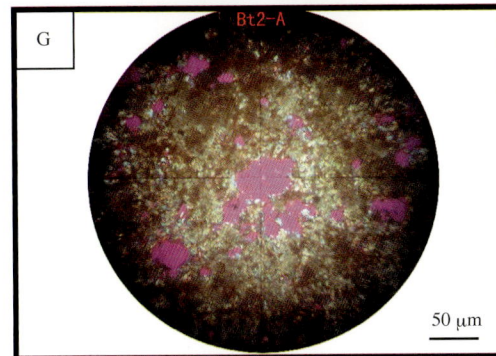

G

Bt2-A

50 μm

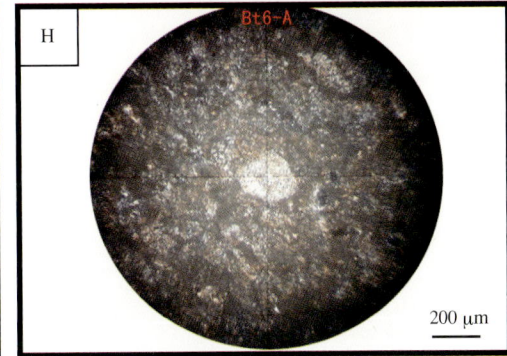

H

Bt6-A

200 μm

图 版 Ⅳ

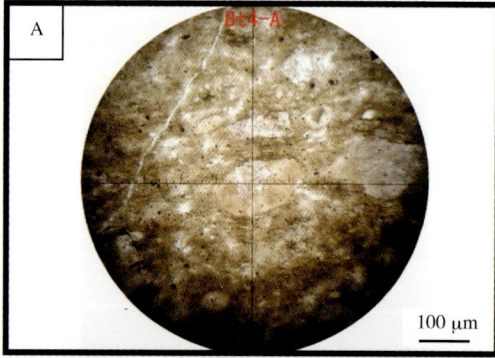

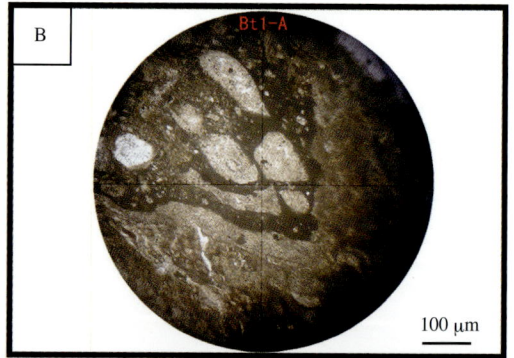

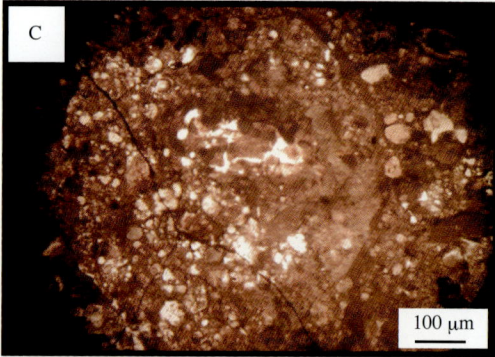

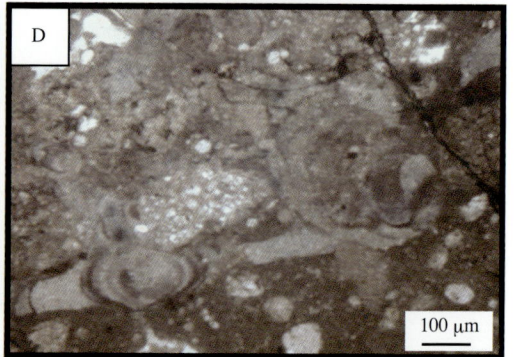

图 版 V

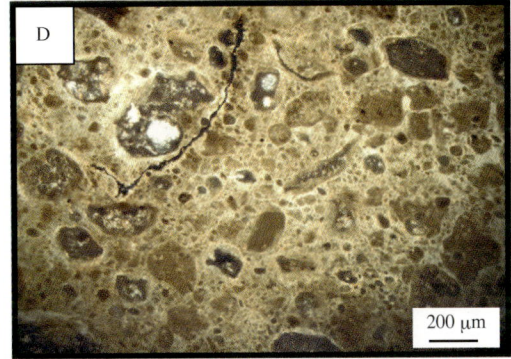

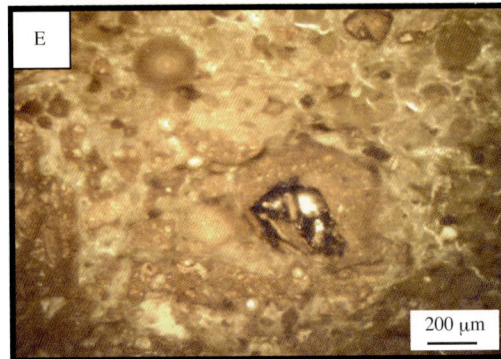

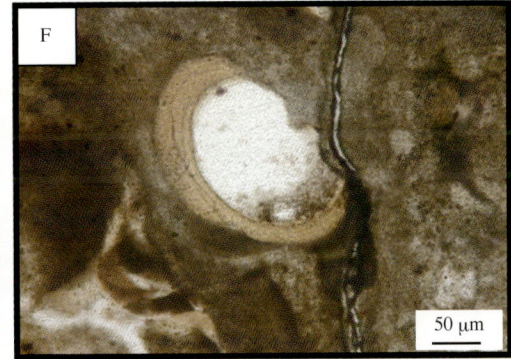

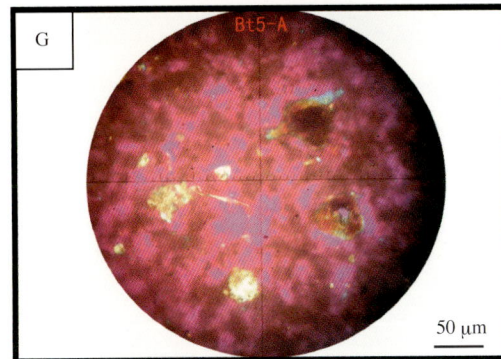

图 版 VI

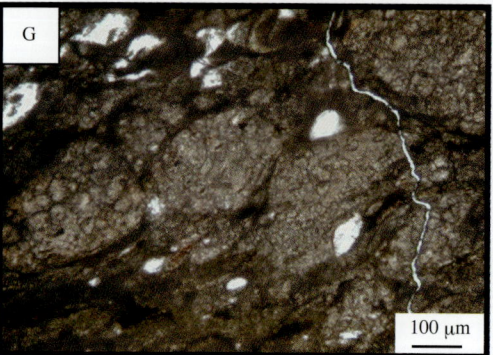

图 版 VII

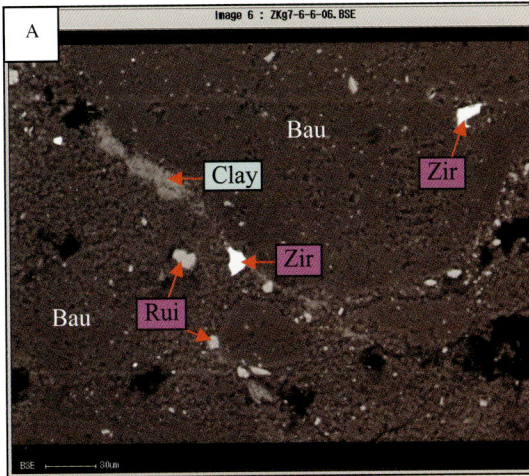

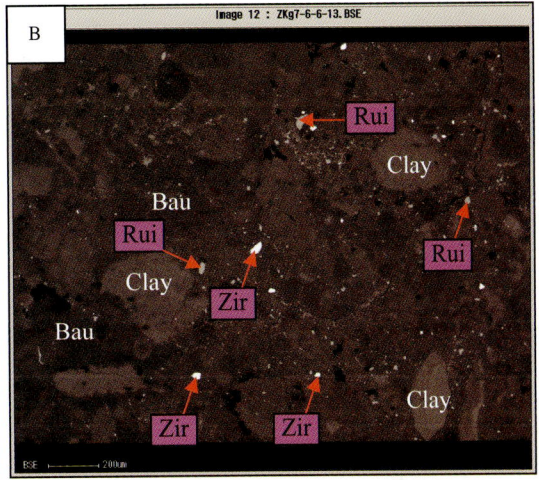

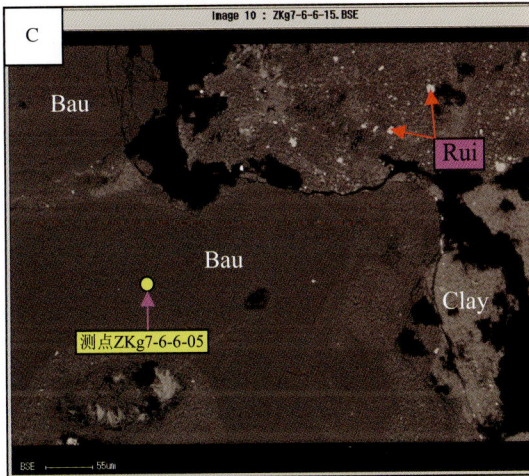

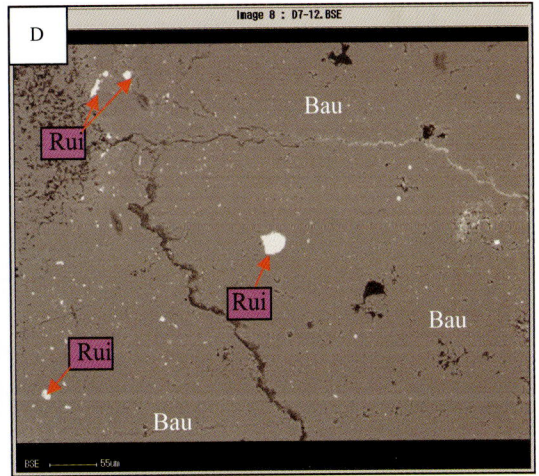

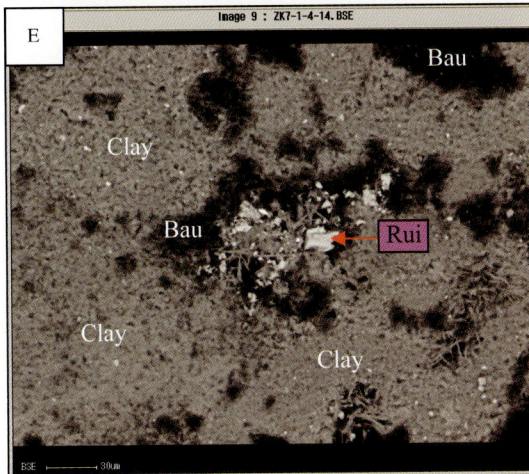

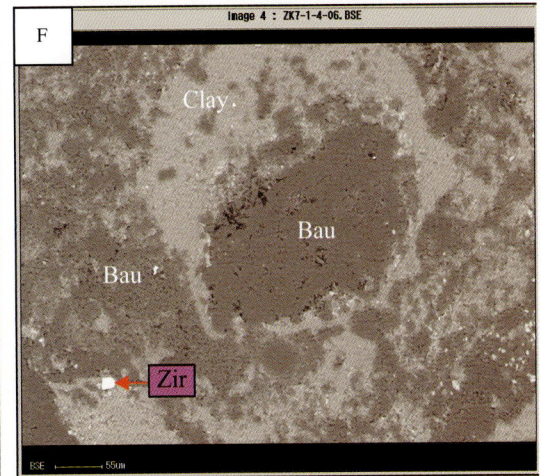

图 版 VIII

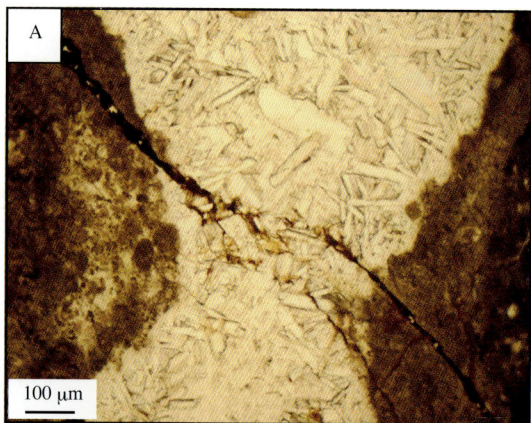

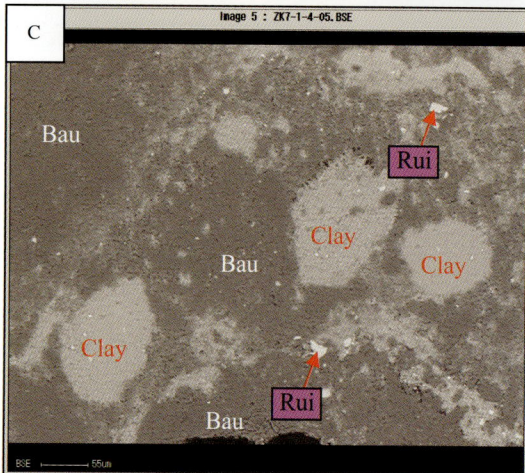

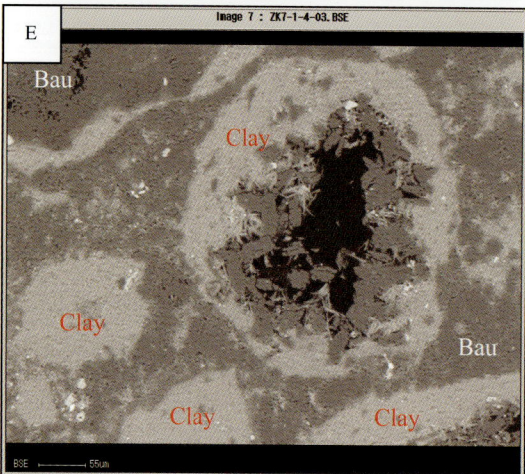

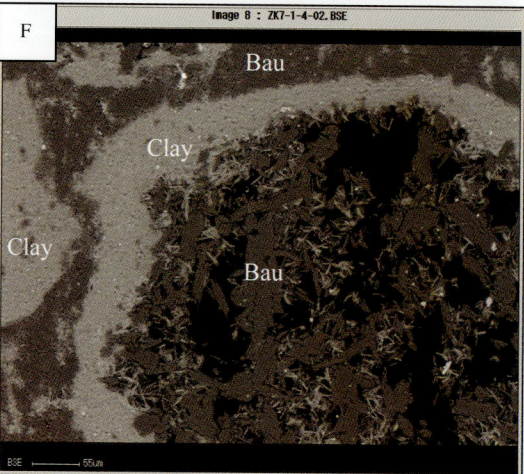

图　版　IX

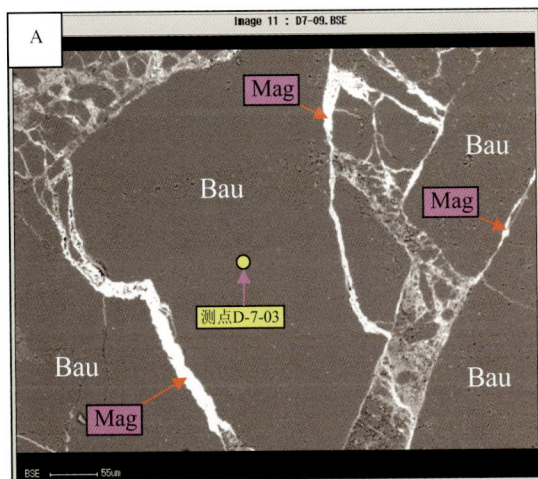

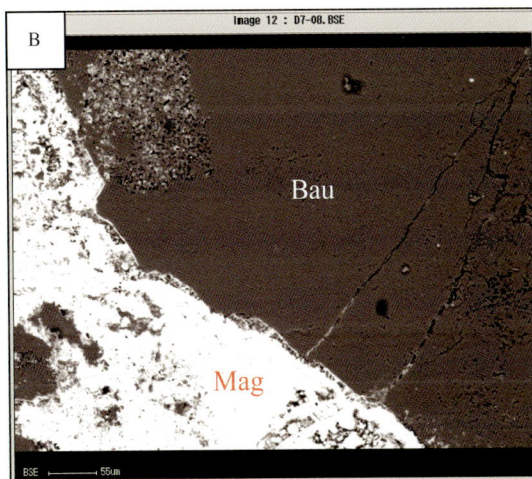

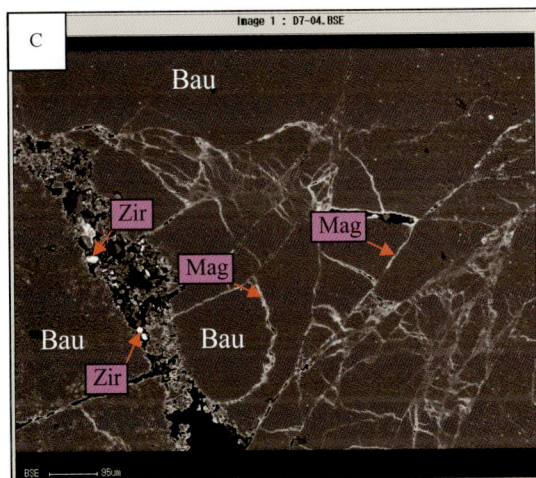

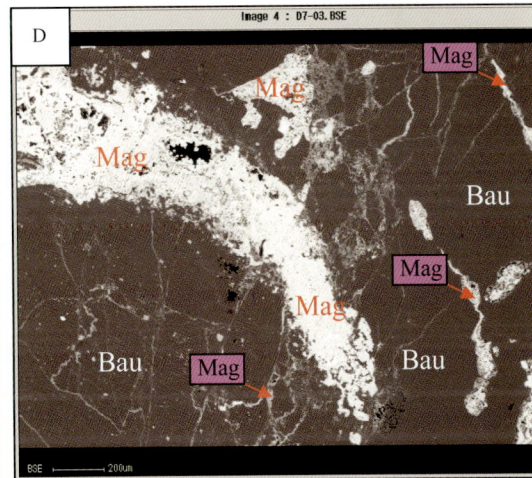

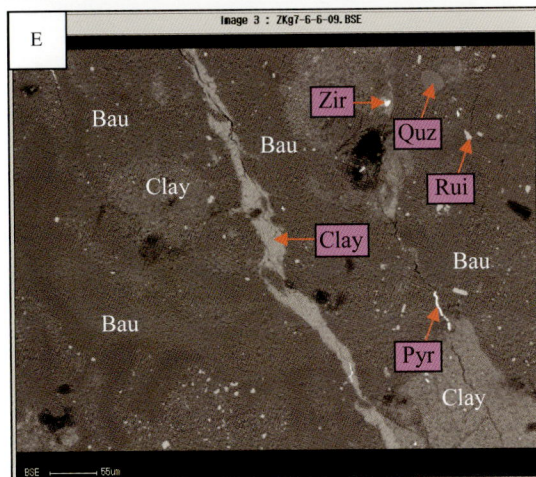

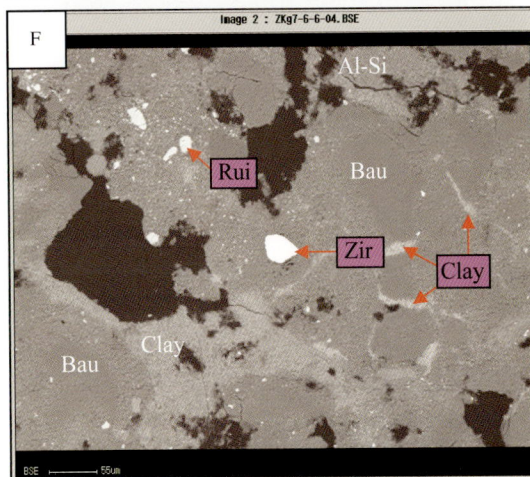

图 版 X

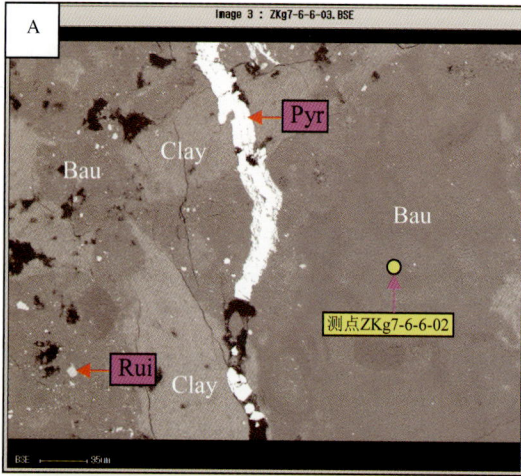

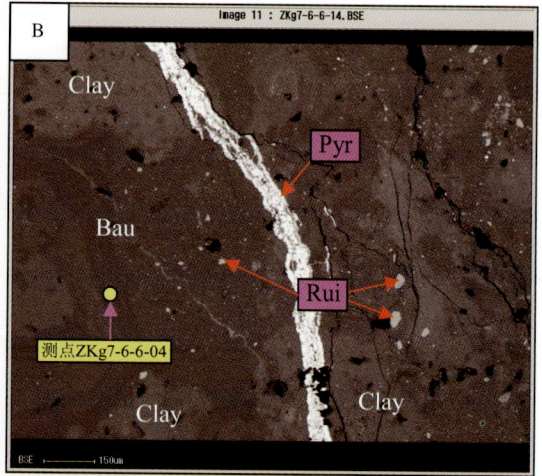

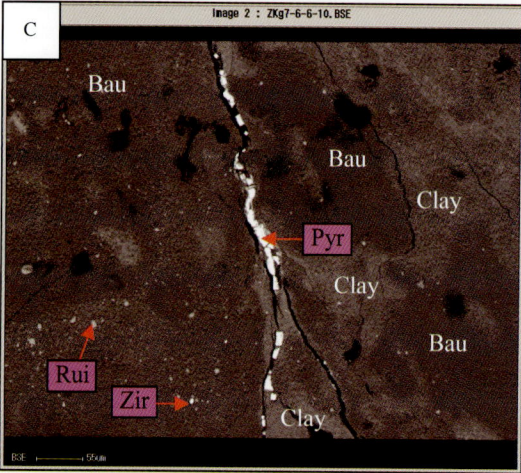

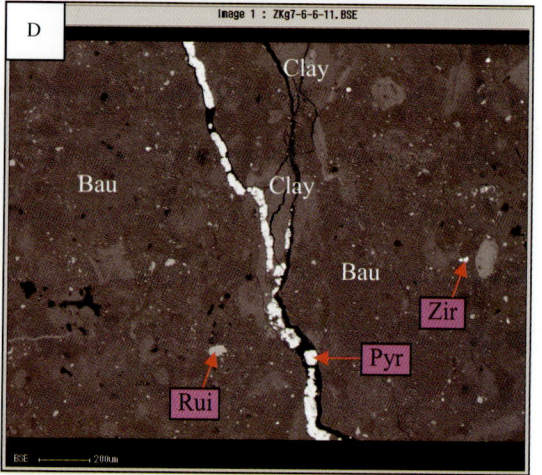

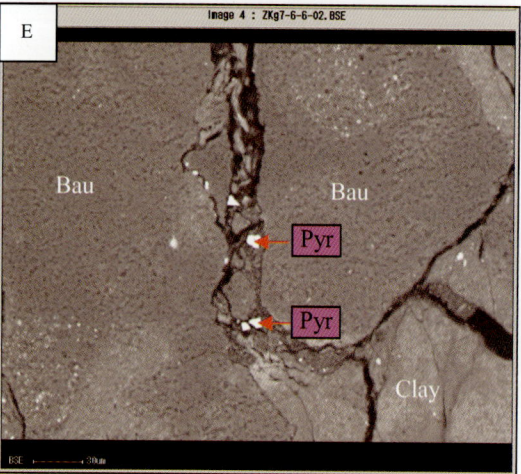

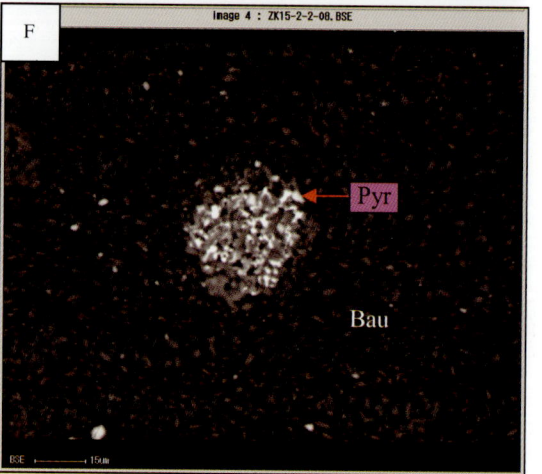

图 版 XI

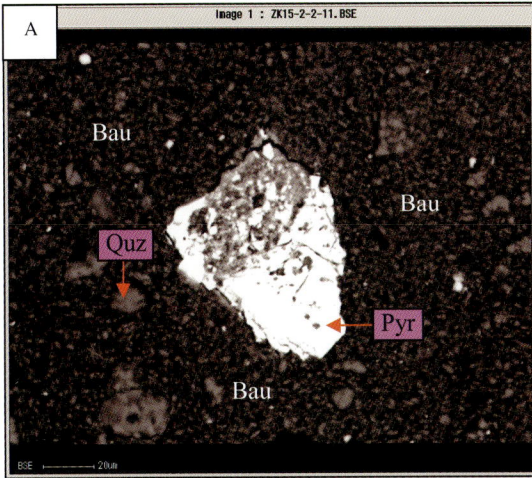

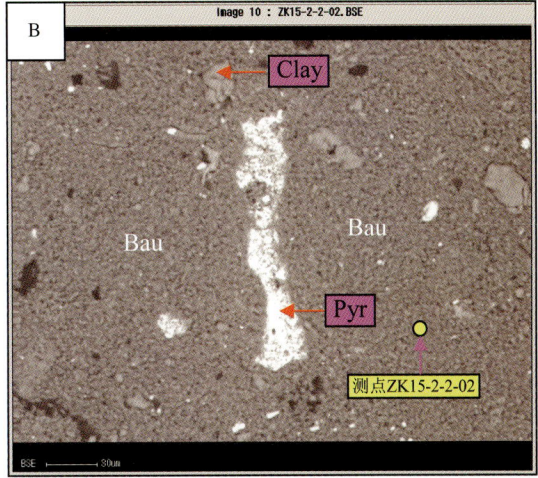

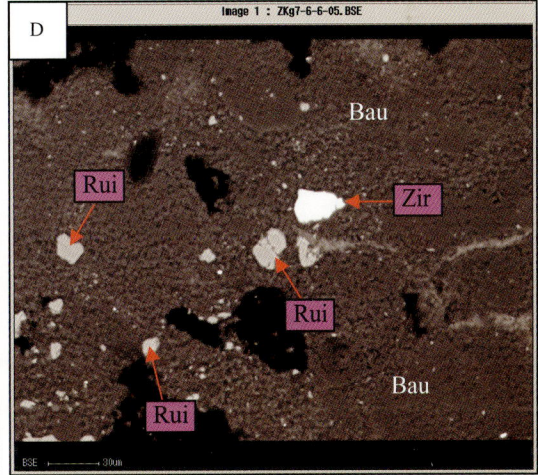

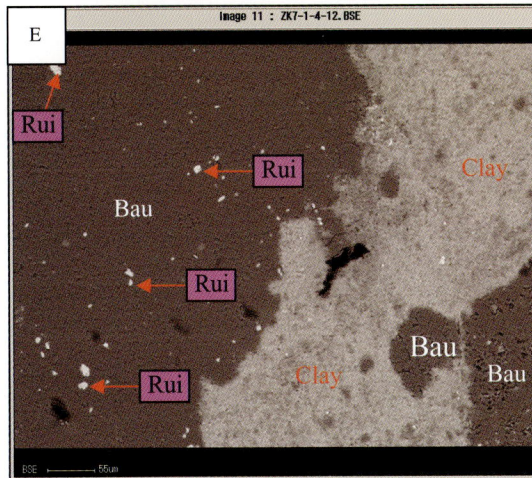

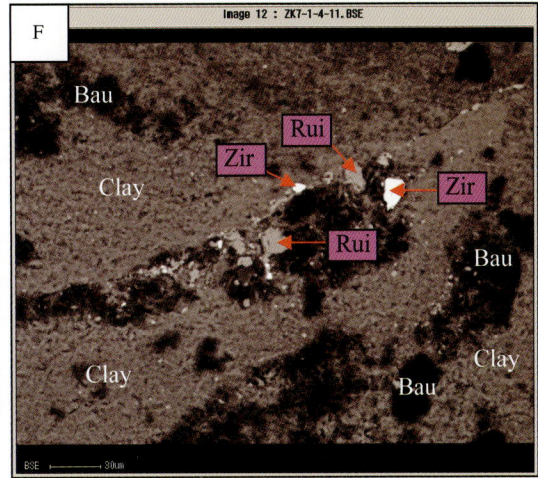

图 版 XII

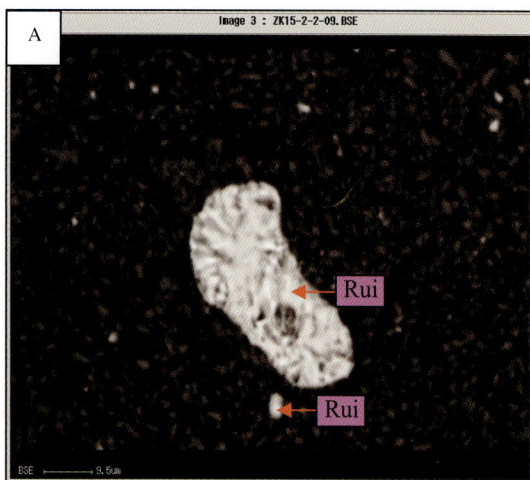

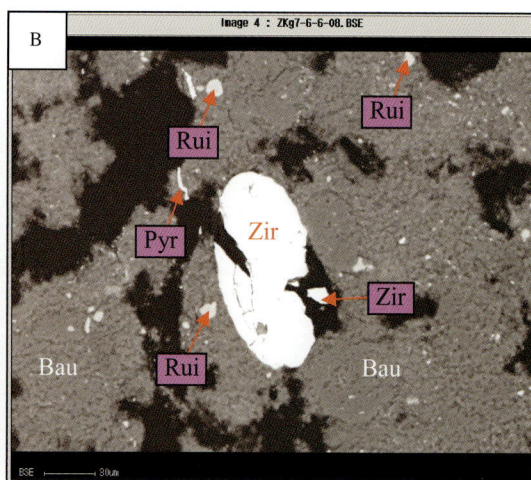

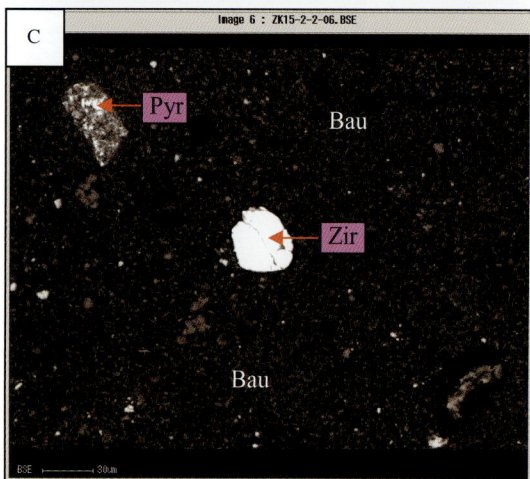

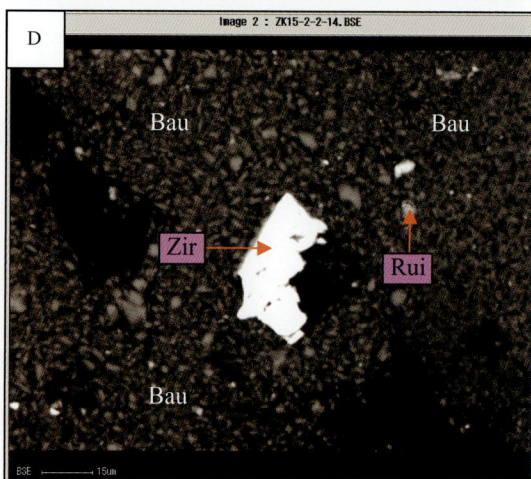

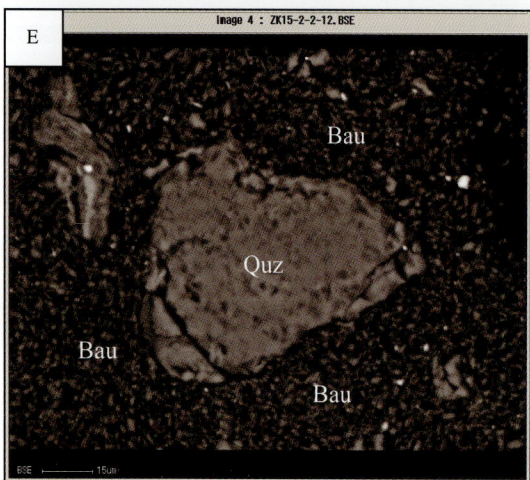

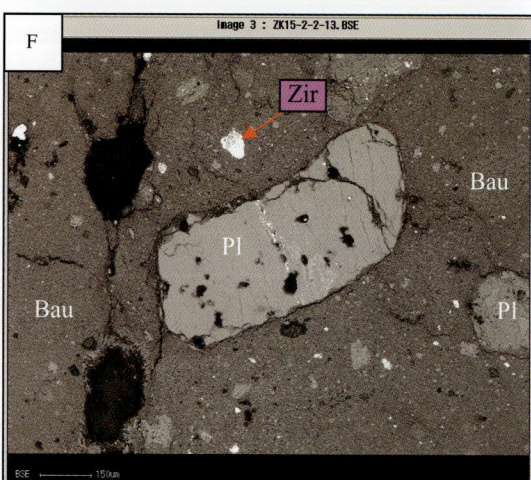